Flash Floods
Forecasting and Warning

突发性洪水预报预警

[英] Kevin Sene 著

张大伟　张洪斌　穆杰　吴滨滨　等译

U0239072

中国水利水电出版社
www.waterpub.com.cn
·北京·

北京市版权局著作权合同登记号：图字 01－2019－1330

Translation from the English language edition：
Flash Floods：Forecasting and Warning
by Kevin Sene
Copyright . Springer Science＋Business Media Dordrecht 2013
This Springer imprint is published by Springer Nature
The registered company is Springer Science＋Business Media B. V.
All Rights Reserved

图书在版编目（ＣＩＰ）数据

突发性洪水预报预警 ／（英）凯文·塞内
(Kevin Sene) 著；张大伟等译. -- 北京 ：中国水利水
电出版社，2019.2
　　书名原文: Flash Floods: Forecasting and
Warning
　　ISBN 978-7-5170-7504-2

　　Ⅰ．①突… Ⅱ．①凯… ②张… Ⅲ．①洪水预报－研
究②水库－大坝－安全管理－研究 Ⅳ．①P338
②TV698.2

中国版本图书馆CIP数据核字(2019)第145017号

审图号：GS（2019）2691号

书　　　名	**突发性洪水预报预警** TUFAXING HONGSHUI YUBAO YUJING
原 书 名	Flash Floods：Forecasting and Warning
原　　著	［英］Kevin Sene
译　　者	张大伟　张洪斌　穆杰　吴滨滨　等
出 版 发 行	中国水利水电出版社 （北京市海淀区玉渊潭南路 1 号 D 座　　100038） 网址：www. waterpub. com. cn E－mail：sales@waterpub. com. cn 电话：(010) 68367658（营销中心）
经　　售	北京科水图书销售中心（零售） 电话：(010) 88383994、63202643、68545874 全国各地新华书店和相关出版物销售网点
排　　版	中国水利水电出版社微机排版中心
印　　刷	北京博图彩色印刷有限公司
规　　格	170mm×240mm　16 开本　25.75 印张　462 千字
版　　次	2019 年 2 月第 1 版　2019 年 2 月第 1 次印刷
印　　数	0001—1000 册
定　　价	**160.00 元**

译 者 的 话

随着全球气候形势的变化，局地强降雨导致的超标准洪水事件在我国时有发生，常见的洪水类型有山洪、溃堤洪水、溃坝洪水、堰塞湖溃决洪水等，相比于大江大河洪水，这类洪水具有突发性的共同特点，洪水传播速度快，预报难度大，预警时效性要求更高。因此，突发性洪水的预报预警问题是行业内的重点和难点问题，其技术水平的高低与人民群众的生命财产安全息息相关。

在我国，洪涝灾害是自然灾害的主要致灾类型，而突发性洪水灾害已经成为洪涝灾害中造成人员伤亡的主要灾种。了解借鉴欧美等发达国家在突发性洪水预报预警方面的最新技术对提高我国突发性洪水预报预警水平具有重要的现实意义，Springer 出版社于2015 年出版的《Flash Flood：Forecasting and Warning》一书正是系统介绍突发性洪水预报预警最新技术和理念的一本综合性著作。

本书主要包括两部分内容，第一部分讨论了所用的主要技术，而第二部分介绍了一系列的应用。通常我们认为预警过程包括监测、预报、预警等环节。在监测方面，介绍了雨量计、气象雷达和卫星观测在内的降雨观测技术；在预报方面，系统介绍了预报模型的发展轨迹，重点介绍了近期发展的最新预报技术；在预警方面，介绍了最新的一些理念以及新技术在预警领域的应用，如在发布预警时使用社交媒体和多媒体系统，这些发展与以往的做法相比能更快地发布突发性洪水预警信息，并使更多的人能更主动地去采取行动。书中第二部分主要讨论了上述技术在突发性洪水预报预警方面的应用，针对每种洪水类型都有一些特殊的技术要求和业务挑战，如监测泥石流和评估城区洪水风险的技术都是有其特殊性的。

本书可作为水利工程专业从业人员，特别是从事洪水预报、洪水预警或防洪减灾技术人员的参考书目。本书的一大特色是在每个章节都设计了专栏，每个专栏都是一个独立的、完整的案例，读者如果时间有限也可以直接查看各专栏的内容。

参与本书翻译的人员有：张大伟、张洪斌、穆杰、吴滨滨、张娜、刘柏君、李开峰、常清睿、赵雪莹、王海军、王帆。全书由张大伟审校、统稿。感谢全体翻译人员的辛苦付出，使得该译著得以顺利出版。另外，本书的出版得到了水利部减灾中心丁留谦教高、向立云教高等多位专家、学者的指导，清华大学李丹勋教授、王睿禹博士在书稿校核过程中提供了帮助，本书封面图片由水利部减灾中心何秉顺教高提供。在此，一并表示诚挚的感谢。

本书出版得到国家重点研发计划课题（2017YFC1502602）"堤防险情演化机制与致溃机理研究"、国家重点研发计划课题（2017YFC1502703）"城市洪涝模拟仿真与预警预报"和中国水科院基本科研业务费项目（JZ0145B772017）"基于 Godunov 格式的高实用性水动力模型关键技术研究"的资助，在此诚表谢意。

由于书中涉及的知识面较广、专业术语较多，虽然译者进行了认真的查证和校核，但限于专业领域的限制，不当之处在所难免，肯请读者批评指正。

张大伟

2019 年 2 月

前言

在媒体报道中，"突发性洪水"一词常常让人们想起在干涸的河床中突然出现"水墙"的画面。尤其是在干旱和半干旱地区，这种类型的洪水时有发生，严重威胁着人们的生命和财产安全。它的科学定义非常广泛，但通常用强降雨和洪水出现之间的时间差来描述。常见的几种突发性洪水事件有泥石流以及由于冰塞、溃坝、溃堤和城市地表排水不畅引起的洪水。

为了降低突发性洪水带来的危害，预警系统被广泛用于配合防洪堤坝等工程性措施。因为准确且及时的预警可以提醒人们转移到更安全的地方，并为政府部门提供更多时间来做出有效的准备。几十年前，当首次引入基于遥测的洪水预警系统时，通常会使用 6h 的流域响应时间作为提供有效操作预警的最小值。但随着技术和程序上的改进，现在许多国家允许在短于 6h 的时间内提供预警服务。

尽管取得了诸多进展，但仍有许多途径可进一步减少时间延迟并提高预警的准确性和覆盖范围。例如，可以改进洪水预报模型同时引用更快的预警传播技术。对于自然灾害而言，现在越发广泛的社区参与对提高预警系统的有效性至关重要，其使用的是以人为中心，全覆盖或点对点的方法。

本书介绍了不同的主题。通常人们认为预警过程包括监测、预报、预警和准备部分，本书也采用了这个结构。第一部分讨论了所用的主要技术，而第二部分介绍了一系列的应用。本书提供了关于洪水风险管理方法的一般性背景知识，还简要讨论了会对突发性洪水预警方法产生影响的应急响应主题。始终考虑使用成本较低、技术较先进的系统，例如，在农村地区使用社区预警系统。

在大范围监测领域内，包括雨量计、气象雷达和卫星观测在内的降雨观测往往起着关键的作用。近期发展的降雨观测技术包括双偏振天气雷达和多传感器降雨估计。另外，还讨论了监测流域状况的方法，包括水位计和估算积雪和土壤湿度的技术。

为提高预警预见期，突发性洪水预报模型广为使用。起初的业务应用通常是基于经验的，主要包括使用河流水位相关性和降雨与径流之间的列表关系。然而，现在的选择更多，所考虑的类型可以有概念性的、数据驱动的和物理概念的降雨－径流模型以及水文和水动力洪水演进技术，本书也讨论了更简单的降雨阈值法和突发性洪水指南方法。降雨预报可提供潜在突发性洪水的早期迹象，近年来，气象模型结果的空间分辨率和准确性发生了阶跃变化。因此，本书还讨论了几个近期的发展，如概率临近预报技术、中尺度数据同化和强风暴的决策支持系统。

预警过程的另外两部分为洪水警报和准备，这两部分密切相关，书中介绍了一些关键原理。其中包括程序性问题，如编制防洪应急预案和性能监测，以及技术发展，如在发布预警时使用社交媒体和多媒体系统。基于网络的决策支持工具也越来越多地用于洪水预警和应急响应人员之间信息共享。总而言之，这些发展有助于比以往更快地发布突发性洪水预警，并使更多的人能有更好的意识去采取行动。

书中第二部分讨论了上述技术的应用，考虑了引发突发性洪水的多方面原因，如江河洪水、冰塞、泥石流、城市排水问题、溃坝、决堤和冰川湖溃决洪水，其通用原则是相同的，但每种类型的洪水都有一些特殊性，如开发监测泥石流和评估城市地区洪水风险的技术，以及估算溃坝和决堤的影响。书中还列举了几个业务系统的例子。

最后一章简要总结了当前与突发性洪水预报和预警系统相关的一些研究主题，包括监测技术，如相控阵天气雷达、自适应传感和粒子图像测速等，以及降雨和洪水预报相关的一系列发展。还论述了概率预测方面的几项最新进展，比如如何最好地将输出传达给决策者。总而言之，这些发展为未来进一步改进突发性洪水预警过程提供了一些开创性的想法。

凯文·塞内
英国

目录
CONTENTS

第 1 章

总　　论

摘　要：突发性洪水通常被描述为迅速发生的事件，人们几乎没有时间采取行动来减少其对财产的破坏和对生命的威胁。虽然突发性洪水发生的主要原因是强降雨，但也可能是由河流中的冰塞、溃坝或决堤以及城市地区地表排水不畅等问题引起的。泥石流也是一个与突发性洪水密切相关的灾害。为了降低风险，洪水预警系统得到了广泛的应用。可一旦洪水来临，留给人们对降雨、流量、水位及其他观测数据做出分析并采取行动的时间很短，这也是洪水预警系统所面临的关键挑战之一。然而，人们通过提高预警过程中某些阶段的效率，并结合降雨预报和洪水预报，从而延长预见期。在某些情况下，洪水发生后可以通过抗洪抢险来缩减洪水影响的范围。本章介绍了上述有关问题，并回顾了一些对突发性洪水的定义。
关键词：突发性洪水、洪水风险管理、洪水预警、洪水预报、河流洪水、冰塞、泥石流、城市洪水、溃坝、溃堤、溃决洪水

1.1　突发性洪水的类型

突发性洪水是最具毁灭性的自然灾害之一。它们的特征是水流快、水深大，留给人们的响应时间很短，进而加剧了其对生命和财产的危害。突发性洪水发生的主要原因通常是强降雨，从干燥的沙漠地区到温和湿润的地区都有可能发生，尤其是山区风险更大。其他的自然原因还包括冰塞以及冰川湖突发洪水。由基础设施所引发的突发性洪水往往是由于溃坝，城市排水不畅，以及堤防、堤岸等其他结构的失事。

　　表 1.1 列出了突发性洪水的几种类型与起因。为方便起见,下面将使用河流洪水一词,但是一定要将这种类型的洪水与发生在低地河流上的流速较慢的洪水区分开来,后者也可以称为平原洪水或平原河流洪水等。突发性洪水有时被描述为瞬间爆发的灾害,它与地震、龙卷风、火山爆发等自然灾害一样都是在极短时间内发生的。当然,在一次强降雨过程中可能同时引发几种类型的洪水。例如,在热带气旋或跨越锋面系统的降雨过程中,突发性洪水往往发生于流域地形较高的部分,而后随着河流洪水一同顺流而下导致下游洪水泛滥。乡镇和城市也常面临着被淹的风险。

表 1.1　　　　　　　　　　突发性洪水的几种类型与起因

类型	起 因	现 象
河流洪水	强降雨与(或)快速融雪	由于地区性强降雨,如雷暴雨或更大范围的降雨,江、河、小溪等的水位很高,流量很大,此现象也可能因垃圾碎片阻塞河道而越发严重(详见第8章)
冰塞	高速的水流也可能伴随着气温升高,导致冰块破裂	当浮冰受到桥梁等结构阻挡或是河道变窄时,水位累计升高导致溢流,当冰溶解时会突然释放洪水(详见第8章)
泥石流	强降雨与(或)快速融雪	暴雨引起泥浆、岩石和其他碎片的快速流动,此现象可能因近期发生野火造成的植被破坏而加剧(详见第9章)
城市洪水	强降雨与(或)快速融雪	当排水管网不能充分快速地排水时,就会发生地表水或雨季洪水泛滥,此现象还可能因河水泛滥等一系列其他因素而加剧(详见第10章)
溃坝	流量过大、坝体结构性损坏与(或)山体滑坡、泥石流进入水库	漫坝或溃坝导致流速加急,向下游演进。紧急泄洪或虹吸管的泄流也会对一些水库造成风险(详见第11章)
溃决洪水	正如溃坝	与溃坝效果类似,此处的突发性洪水是指由水流自然障碍物溃决或漫顶引起的洪水,例如冰川湖溃决洪水(详见第11章)
决堤	水位过高与(或)结构性失事	由水位过高和(或)结构性问题引起的漫堤或堤防失事导致受保护区域被迅速淹没(详见第11章)

　　一些著名的突发性洪水事件包括 1889 年发生在美国宾夕法尼亚州的约翰斯敦洪水和 1976 年发生在美国科罗拉多州的大汤普森洪水。第一个事件是由长时间强降雨后的大坝失事所引起的，造成 2000 多人死亡；第二个事件是由在陡峭的高山峡谷上空发生雷暴雨所引起的，死亡人数超过 140 人。表 1.2 提供了一些典型事件的相关背景，后面的章节将介绍更多的例子。第 4 章还简要介绍了突发性洪水的气象成因，和雷暴雨成因一样，包括大气河流、切断低压、锋面系统、中尺度对流系统、季风和热带气旋。各种成因组合的现象也会发生，例如嵌入多个锋面中的雷暴雨现象，而地形效应增强往往会加剧山区的降雨。

表 1.2　　　　　　　　　　典型突发性洪水事件

类型	地点	年份	描　述
河水泛滥	法国南部，加尔地区	2002	一个范围很广且移动缓慢的中尺度对流系统致使 24h 内降了超过 600mm 的雨水，导致 23 人死亡，经济损失约为 15 亿美元（Anquetin et al.，2009）
	美国，大汤普森峡谷	1976	近乎静止的雷暴，使得 4~5h 内的降雨达 300~350mm，导致 144 人死亡，418 户家庭和企业遭到破坏，还有许多移动房屋、车辆和桥梁受损（Gruntfest，1996；USGS，2006）
冰塞	美国，蒙彼利埃	1992	一座桥下形成冰塞，导致上游水位上升，一小时内造成该市洪水泛滥。在随后的洪水中，数百名居民被疏散，120 家企业遭到破坏（Abair et al.，1992）
泥石流	委内瑞拉北部	1999	连续强降雨 14 天，之后 3 天内又降雨 900mm，所引发的泥石流造成数千人死亡，沿海地区 50km 内的许多城镇遭到破坏（Lopez and Courtel，2008）
	中国，台湾南部	2009	缓慢移动的台风（莫拉克）在某些地区日降雨量达 1200mm，4 天的总降雨量超过 3000mm，引发大规模洪涝和泥石流，造成 700 多人死亡，经济损失约 5 亿美元（Chien and Kuo，2011）
城市洪水	美国，得克萨斯，路易斯安那	2001	强降雨和雷暴结合热带风暴阿利森引发突发性洪水，使得休斯敦地区几个小时内降雨量超过 250mm，造成 22 人死亡，45000 多户家庭和企业遭受洪水侵袭，哈里斯县 7 万辆车受到影响，还进一步影响了其他地区（U. S. Department of Commerce，2001）

续表

类型	地点	年份	描　述
城市洪水	英国，赫尔	2007	持续数周的潮湿天气，紧接着 10h 内持续强降雨达 110mm，引发洪水，因排水系统不堪重负导致约 8600 个房屋及 1300 家企业遭受洪灾（Coulthard et al.，2007）
溃坝	美国，约翰斯敦	1889	一场异常强烈的风暴穿越该地区，并一直持续到第二天，第一天的降雨估计有 150~250mm。溃坝时约翰斯敦镇上约有 2209 人遇难，2.7 万人无家可归（如 Frank，1988；见专栏 11.1）
溃堤	美国，新奥尔良	2005	卡特里娜飓风期间，1000 多人死亡。此次洪涝灾害主要起因是混凝土防洪岸壁的破裂或漫堤，防洪堤上有 50 余处被侵蚀（ASCE，2007）
溃决洪水	秘鲁，瓦拉斯	1941	冰瀑入湖导致位于帕尔卡湖的冰碛坝倒塌，造成下游 22~23km 处的瓦拉斯市有 6000 多人死亡（Llibourtry et al.，1977）

对一些国家来说，突发性洪水的长期风险是可评估的。例如在美国，一个对 1959—2005 年（不包括卡特里娜飓风）的分析表明，基本每年因洪水导致的死亡人数约为 100 人（Ashley and Ashley，2008），与突发性洪水相关的死亡人数超过了其他类型的洪水。大约 12% 的事件是由于大坝或堤防失事。在所有类型的洪水中，约 63% 的死亡人员死于车辆中。

相比之下，中国的研究表明，大约 2/3 与洪水有关的伤亡是源于山洪、山体滑坡和泥石流（Li，2006）。而据估计，1998—2008 年，在欧洲，死于突发性洪水等多种类型洪水的有 1000 多人（EEA，2010）。一项对重大洪水事件的研究（Barredo，2007）表明，1950—2006 年，欧洲大约 40% 的死亡率是由突发性洪水所致（约每年 50 人）。

概括来讲，对 1975—2002 年国际数据的分析（Jonkman，2005）表明，突发性洪水的死亡率（3.6%）明显高于其他类型的洪水，甚至与地震和风暴的死亡率不相上下。根据 2007 年国际气象水文部门的一项国际调查（World Meteorological Organisation，2008），突发性洪水被认定为仅次于强风暴的第二大主要灾害，并有 100 余个国家被确定受其影响。

然而，至少在水文气象方面，对突发性洪水的风险是否与日俱增的问题仍然要保留意见。不过在许多国家，一系列其他（人为的）因素增加了该风险。这些因素包括：

- 增加山区的居住和娱乐用途。
- 将住房和基础设施修建到现有的位于低洼地区的洪泛平原。
- 因城市地区发展建设而影响排水路径，增加了地面铺砌和其他不透水区域的比例，而且时常因缺乏维修而加剧此影响。
- 伴随道路交通网向山区和沿海地区延伸，增大的汽车和其他交通工具的持有量。
- 流域退化，导致沉积物增加，河道承载能力下降，增大泥石流风险。

图 1.1 说明了一些可能在城市内部和周围发生的复杂相互作用，其中洪水产生机理往往受到各种因素的影响。

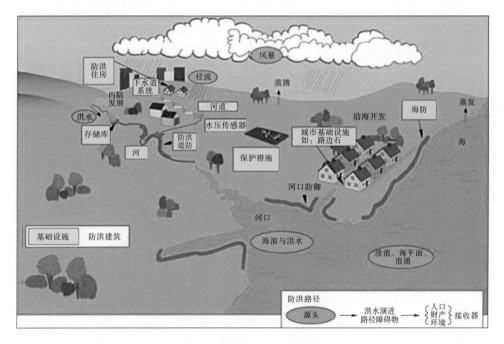

图 1.1　水力学角度的洪水系统图
(Office of Science and Technology，2003)

风险等级的评估也取决于对突发性洪水的定义（表 1.3）。在电影和书籍中流行的传统观点认为，突发性洪水就是在晴朗的天空下意外地涌来一墙之高的水。在干旱和半干旱地区，因溃坝引发的洪水就是其中的典型案例。然而，实际上突发性洪水往往是根据暴雨过后多久而致其发生来定义的，其中

4~6h 是最为广泛使用的。例如，在科学论文、指南和标准中所查到的 16 个定义中（Kobiyama and Goerl，2007），有 4 个提到了具体的流域响应时间（6h 或 12h），其余一些提到了小时这个概念或者引用了集水区、降雨时长、降雨规模等因素。正如后面的章节所提到的，相对于典型的流域规模而言的暴雨范围大小是非常值得考虑的（如 Kelsch，2001）。

表 1.3   突发性洪水定义方法的若干实例

参考文献	定　　义
洪水预报技术创新成果（ACTIF，2004）	突发性洪水可以被定义为使流域的关键位置受到威胁的洪水，洪水从上游流域演进下来的时间短于启动防洪预警的时间或对下游关键区域采取减灾措施的时间。因此，即使在现有技术预测的情况下，预留的时间也不足以采取预防措施（如疏散，建立防洪屏障等）
洪水管理联合方案（APFM，2006）	突发性洪水是由上游山地径流的快速积累并释放而导致的，这可能是由强降雨、雷暴、山体滑坡、突发冰塞溃决或防洪工程失事造成的。突发性洪水的特点是水位急剧上涨，随后又相对较快的衰退，导致高流速洪水。泄流量迅速达到最大值，并迅速减少。突发性洪水在山区和沙漠地区尤其常见，但在地形陡峭、地表径流量高、狭窄山谷中的溪流和雷暴天气盛行的任何地区也都有可能发生。它们比其他类型的洪水更具破坏性，因为它们具有不可预测性，异常强大的海流蕴藏着大量的泥沙、残骸等沉积物，也几乎不给在其所途经路上生活的居民任何时间来做准备，并对基础设施、人类、动物、水稻、农田和其他阻碍它们的东西造成重大破坏
美国国家海洋和大气管理局（NOAA，2010）	强降雨、溃坝、冰塞等导致大量水流以极高的速度流入通常为干燥状态的区域，或者河流的水位急剧上升高于预定洪水位导致突发性洪水，一般从上述起因出现到突发性洪水发生的时间间隔不会超过 6h。当然，实际的时间界定可能会因突发性洪水发生在该国的不同区域而有所差异。在强降雨导致洪水泛滥的情况下，持续的洪水更会使突发性洪水加剧（美国国家气象局）
世界气象组织（World Meteorological Organisation，2009）	突发性洪水能迅速聚集大量洪水是由过度降雨或溃坝所导致的。雨水引发的突发性洪水通常是指强降雨发生在山区或者表面具有大面积不透水区域的地区（如城市等），这种突发性洪水一般发生于几小时内，通常不超过 6h。尽管人们观测到大部分突发性洪水是由降雨导致的，但冰塞破裂、临时的废弃坝等天然坝或人造坝的失事也能引起短时间内释放过量的洪水而给下游带来灾难

　　另一种途径是将突发性洪水定义为没有足够时间来进行应急响应的事件。在这种情况下，集水响应时间只是要考虑的因素之一，同时还要考虑民众在接到突发性洪水预警后所采取行动的意识和民政部门的准备情况等其他因素。而正如后文所说，实际需要的预警预见期变化范围较大，通常采用更简化的程序和更先进的技术可以大大缩短对预警预见期的需求。

　　Montz 和 Gruntefst（2002）认为，通常情况下突发性洪水具有以下特点：

- 突然暴发，几乎没有时间预警。
- 移动迅速，水势猛烈，严重威胁生命、财产和基础设施安全。
- 影响范围普遍较小。
- 经常结合河流洪水、泥石流等一起发生。
- 较为罕见（Gruntfest and Handmer，2001）。

　　尽管上述对突发性洪水的定义有许多种，但对于最精确的定义仍持开放性态度，人们更关心的是在预测和预警系统中通常使用的基本技术和程序。这些都是使洪水风险管理做得更加完善的重要组成部分，下面会简要介绍这个专题。后面的段落和章节将讨论操作方法，第 2～第 5 章涵盖了监测和预报系统，第 6 章讲述了预警传播技术，第 7 章阐述了长期规划活动，第 8～第 11 章讨论了针对不同类型突发性洪水的解决办法，包括河流洪水、冰塞、泥石流、城市洪水、溃坝和溃堤以及冰川湖溃决洪水，第 12 章总结讨论了快速发展地区当前的一些研究主题。

1.2　洪水风险管理

　　风险管理这个概念贯穿于当今"如何行之有效地处理自然灾害（如洪水）"的思考中。洪水风险通常被定义为洪水发生概率与后果的结合。例如以受影响的财产数量或经济损失来表示。

　　与突发性洪水有关的应急计划正将年龄、健康和个人的流动性等因素考虑进去。考虑到预警预见期有限，如果一旦发生洪水，对护理院和医院的人员撤离需要做出特殊的安排。正如在第 7 章所讨论的，总体风险通常被称为"脆弱性"，它通常涉及的不仅仅是社会经济因素。例如在一次突发性洪水中，司机和住在地下室的人可能就成了弱势群体，易受侵害。

　　因此，脆弱性（UN/ISDR，2009）的一个定义是"一个社区、系统或资产受其特点和环境决定，容易受到危险侵害"。这通常包括一系列的物理、社会、经济和环境因素，比如"豆腐渣工程、资产保护不力、公众意识不足、官方对风险认知的不足和准备的不充分以及不妥当的环境管理"。再如法律环境与洪水对生计的影响等问题也需要考虑，表 1.4 就比较了减灾能力在贫、富国家之间是怎样变化的。

表 1.4   比较贫、富国家的减灾能力（DFID，2004）

富有的国家	贫穷的国家
建立了强制性的监管框架以减少灾害风险	监管框架薄弱或缺失，并（或）缺乏强制执行的能力
建立了有效的预警和信息机制，尽量减少生命损失	缺乏与预警、预防相关联的综合信息系统
有高度发达的应急和医疗体系	将发展项目的资金转移到紧急援助和恢复中
保险计划分担了财产损失的压力	受影响者承担全部财产损失，并可能失去生计

总之，这些因素都影响了洪水预报和预警系统的设计，后面的章节介绍了一些风险基准、成本效益、复合标准和其他方法来引导其发展的方向。

用于评估突发性洪水风险的方法差别很大，在第 8～第 11 章中对于河流洪水和泥石流等个别情形进行了讨论。示例中包括水文和水动力模型，基于历史记录的洪水淹没范围重建，以及将洪水级别与土壤类型、坡度等因素联系起来的多元回归方法。在这些类型的分析中经常使用地理信息系统（GIS）工具来生成危险地点的地图，该系统被广泛应用于洪水分区保险风险评估和应急计划中，在后面的章节中将介绍几个例子。应急管理人员在洪水期间也广泛使用洪水预警和疏散地图。例如该系统能提供安全通道和逃生路线，避难地点，医疗设施以及水厂、发电站等关键基础性设施的位置，同样在后面章节也会有举例说明。

在确定风险后，可能的缓解措施通常包括"降低概率、降低危害或两者同时降低"（Floodsite，2005）以及"控制、降低或转移风险"（如 UN/ISDR，2009）。降低洪水风险的方法包括工程措施，如建设堤防和拦污建筑物等；以及非工程措施，如保险激励措施、修订的规划政策、有组织的撤退和改进的建筑发展规范等。

洪水预警是另一种非工程措施，通常可被视为灾害风险管理周期的一部分，如图 1.2 所示。图 1.2 展示了一个持续改进的循环，在这个循环中，将每次在灾难中汲取的经验教训变成改进计划，如果可能的话应该在下次活动之前实施。尤其是性能监测技术，它在帮助理解和提高洪水预警系统的有效性方面扮演着越来越重要的角色，正如第 5 章和第 7 章中所论述的。

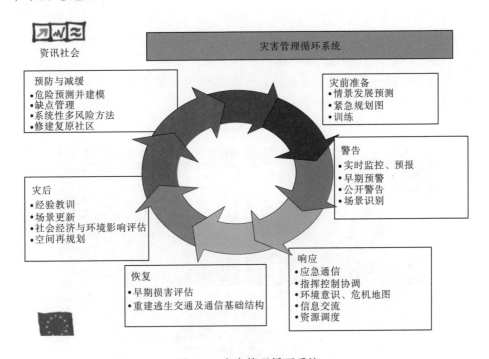

图 1.2　灾害管理循环系统

(© European Union，Information and Communication Technologies，
2006；CORDIS，http：//cordis. europa. eu/)

相比于其他类型的洪水，预警系统对突发性洪水更为重要（如 Creutin et al.，2009）。至少对河流洪水和泥石流来说，洪水总是发生在人口较少的地区，某些案例中都没有近期的洪水记载。因此，在防洪堤和其他工程措施方面进行重大投资是非常困难的。通俗来讲，即使采取了工程措施，仍然存在一定的剩余风险，因为工程措施通常是实现特定的保护标准，例如 100 年的重现期或每年 1％的超越概率。因此，即使在施工之后，也会安装或保留洪水预警系统以帮助减轻风险，但是最好的系统也不能完全消除风险。

1.3　突发性洪水预警系统

　　洪水预警系统的主要作用是为居民和组织提供更多的准备时间，从而降低威胁生命的风险和其造成的危害。一些典型的应急行动包括疏散（有组织的或自发的）、贵重物品转移、防洪以及减小洪水淹没范围等行为（图 1.3）。例如，在易北河和多瑙河流域的部分洪水事后调查中（Thieken et al.，2007），居民报告的应急措施包括：将可移动的物品放在楼上，将车辆驶向安全的地方，保护文件和贵重物品，保护建筑物不受水浸泡，关闭家中及公共场所里的燃气、电闸，断开家用电器，保护油箱，安装水泵，密封排水、防止回水，保护家养动物（宠物），改变水流方向。

图 1.3　从左上方顺时针方向：在洪水应急设备展览会上展示的
临时屏障（英国），堤防系统中的防洪闸门（美国），抗洪抢险
临时粮食储备是社区洪水预警系统的一部分（马拉维）

　　与其他类型的自然灾害一样，突发性洪水预警系统的运行通常包括以下步骤：

- 监测——对可能造成危害的情况进行接近实时的观测。
- 预测——基于可用的观测结果，使用计算机或纸基模型来估计事件可能发生的时间、地点和规模。
- 警告——根据所有可用信息作出警告，然后使用一系列直接和间接技术发布警告。

通常通过监测降雨量和河流水位的情势来评估洪水风险，并在适当情况下向易受影响的人群发出警告。洪水预报模型的输出也越来越多地作为决策过程的一部分，并可能有助于延长预警预见期。用于散播消息和预警通知的方法多种多样，包括电话（固定电话/移动电话）、警报器、逐户敲门和扬声器以及一系列间接方法，如电视、广播和互联网等。

随着洪水发展，消息通常从最初的预警升级到洪水警报。在气象学中，这有时被称为"预备—准备—开始"方法，其中随着对预测的信心的增加，警报的严重等级也随之增加。例如，可能会使用以下四类水文产品（NOAA，2010）：

- 水文展望（"预备"）——用于表明可能发生危险的洪水事件。它旨在提供信息给那些需要较长预见期（天）来做准备的人。通常以简单的语言叙述的形式发出。
- 突发性洪水观测（"准备"）——在洪水事件的可能性增加时使用，但其是否发生以及发生的位置和时间仍不确定。它的目的是给需要准备缓冲计划的人提供足够的预见期。
- 突发性洪水警告（"开始"）——没有具体的时间表，当事件正在发生、即将发生或发生的可能性很高的时候发出。
- 突发性洪水声明——根据需要发布各种建议和更新信息，来取消、终止、扩展或继续突发性洪水警告。

但是，正如第 6 章所说，各国之间所使用的消息差异很大，并且经常与诸如颜色代码（例如黄色、琥珀色、红色）的视觉警报以及表示预期洪水程度的关键字（例如轻微、中度、重大）相关联。

在两场洪水事件之间，大部分洪水预警服务系统都有改善系统和程序的持续性方案，也就是"准备水平"。尤其是社区的参与通常被看作系统成功的关键，这通常被称为以人为本、互相协调、点对点方法或整体性预警系统（如 Hall，1981；Basher，2006；Australian Government，2009；UN/ISDR，2006；World Meteorological Organisation，2006a）。表 1.5 总结了这类方法所需要的一些典型任务和构成，这些在后面的章节中会更详细地讨论。专栏

1.1还描述了流域范围内的一个建立时间较长的洪水预报和预警系统，并阐述了许多规则。

表 1.5   突发性洪水警报系统的关键特征

事项	说 明
监测	使用雨量计、气象雷达、河流水位计和流量计进行自然观测或人工观测，并在适当的条件下使用卫星观测和其他的仪器（如水库、湖泊水位仪等）。有时我们称其为监测、数据采集或数据收集（详见第 2 章、第 3 章、第 12 章或介绍特定类型的突发性洪水的第 8～第 11 章）
预报	使用大气模型和更简单的临近预报技术进行降雨预报，使用降雨-径流（水文）模型以及汇流（水文或水动力学）模型进行洪水预报。有时称为预测（参见第 4 章、第 5 章和第 12 章，以及介绍特定类型突发性洪水的第 8～第 11 章）
预警	在决策支持系统的帮助下决定发布预警，然后基于社区的和一系列直接、间接的技术，向社区、民防部门、紧急服务机构和其他机构发布预警。有时候被称为信息构建与通信、通知、预警通信或洪水威胁识别（参见第 6 章、第 12 章，以及介绍特定类型突发性洪水的第 8～第 11 章）
准备	事后回顾，性能监控并报告，洪水风险评估，编制防洪应急预案，协调、组织策划并进行全面的洪水响应演习，举办公众宣传活动，召开社区会议和磋商会议，制定并改进监测、预报和预警系统，将洪水预警服务扩大到新的地点并开展一系列其他活动（详见第 7 章）

后面章节还将简要讨论紧急响应的一些方面，因为在选择监测、预报和预警技术等方面时间因素通常要考虑在内。例如，人们离开危险地区或将财产和贵重物品转移到更安全的地方需要多久；如果一场严重的洪水正在蔓延，进行更广泛的疏散所需的时间。其他的例子包括估测抗洪所需时间，比如堤防加固或收集并摆放沙袋以保护个人财产。

当然实际所需的响应时间在个人和机构之间的差异较大，通常需要根据具体情况进行评估。例如对于村民、营地居民或旅行者来说几分钟就可以转移到地势较高的地方，但组建可拆卸的洪水防御设施或腾空水库来提供额外的库容则需要数小时。其他因素有时也会有影响，比如白天或黑夜以及过去发生过的洪水经历，可能最具挑战性的情况就是在冬天的夜里，居民区出现一场大规模的洪水，受洪水影响很多道路都被封堵。一些组织也将控制最短的预警预见期作为战略计划，或者将其包含在服务的契约里。

对于溃坝潜在的生命损失研究表明，有时在极短的预见期内也有可能挽救大量生命。一项有很多事实依据的研究表明，提前 90min 的预警能减少生命损失至 1‰ 以下（Brown and Graham，1988）。同样，对于另外一种迅速发生的自然灾害——龙卷风，对美国俄克拉荷马州 62 名应急管理者的民意调查表明：预警时间在 10～120min 范围内，理想预警中值时间是 23min（League et al.，2010）。然而，紧急响应程序通常要经过良好的规定和演练，才能用时这样短。而且最合适的响应类型在不同种突发性洪水之间也是有差异的。例如，对于溃坝和较小型的泥石流，人们主要关注疏散；而对河流洪水和地表洪水的响应可能就有其他的选择，比如跑到更高的楼层，使用沙袋或其他临时措施以减少洪水影响。

众所周知，许多研究表明如果有更长的预见期，经济财产损失和交通工具损失会有所降低，这个话题将在第 7 章深入讨论。警报的有效性也能通过公众宣传活动和紧急响应训练得到提高，从而让居民和紧急响应人员在接到警报后对自己所要做的事情更加明确。正如第 6 章所说，除了准确，预测和警报要覆盖到所有人，并且要清晰易懂，具有可靠性、及性时、权威性和协作性（World Meteorological Organisation，2006a）。所以在设计和操作预警系统时这些社会反应是一项需要考虑的重要因素，并且系统在这方面的不足通常会导致发挥不出全部潜力（如 Gruntfest，1993；Handmer，2002；Parker，2003；Australian Government，2009；Parker and Priest，2012）。

专栏 1.1 美国萨斯奎汉纳洪水预报和预警系统

萨斯奎汉纳河源于纽约州库珀斯顿的奥塞戈湖，流经 708km 到马里兰州的萨皮克湾。流域面积为 70400km^2，分为上萨斯奎汉纳、希芒、中萨斯奎汉纳、萨斯奎汉纳西支、朱尼塔和下萨斯奎汉纳六个子流域。主要的支流有希芒河、朱尼塔河和下萨斯奎汉纳河。

这个流域被普遍认为是美国最容易发生洪水的地区之一，流域内 1400 多个行政区中有 80％ 以上有被洪水部分淹没的风险。纽约宾厄姆顿、宾夕法尼亚州威尔克斯-巴里和哈里斯堡等社区都包括在内。典型的洪水事件有 1972 年的热带风暴艾格尼丝，1996 年的融雪和冰塞事件，2004 年的热带风暴伊万，2006 年的夏季风暴以及 2011 年的热带风暴艾琳和李。在重大事件中，一个典型的情况是突发性洪水发生在较小的小溪和支流上，在流域更下游的位置发展为缓慢的河流泛滥。

　　萨斯奎汉纳洪水预报和预警系统团队（SSFWS）成立于1986年，是萨斯奎汉纳河流域委员会（SRBC）、国家气象局（NWS）、美国陆军工程兵团（USACE）和美国地质调查局（USGS）的合作伙伴。其他合作组织包括宾夕法尼亚州的社区经济发展部门，以及纽约州、宾夕法尼亚州和马里兰州的环境和应急管理机构（图1.4）。2011年制订了以下计划目标（SRBC，2011）：

- 建立一个可持续的、先进的观测网络。
- 提供准确预报和预警，并尽可能给出更长的预见期。
- 评估流域洪灾损失的空间分布。
- 扩大洪水预警系统，使其可管理流域内公共供水、干旱和娱乐所需的水资源。
- 通过使用技术改进洪水预警传播。
- 提高公众意识，支持并使用国家气象局产品。
- 创建萨斯奎汉纳洪水预报和预警系统的管理机制和提供安全的资金来源。

美国纽约州地质调查局，宾夕法尼亚州和马里兰州

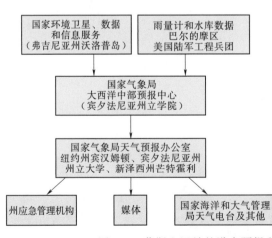

图1.4　萨斯奎汉纳的洪水预报和预警系统示意图
（SRBC 2011；图片来自系统网站 http：//www.susquehannafloodforecasting.org/）

萨斯奎汉纳洪水预报和预警系统安装了 70 多个雨量计、60 个河流仪表和 91 个数据采集平台。数据采集平台使用卫星遥测技术提供高速数据传输，固定电话链路传输作为备份。其他活动还包括制作水位-淹没图，将预期的淹没面积和水深与当地的水位计记录的水位关联起来；在有洪水危险的高速公路上安装"谨防溺水，请掉头"的标志；以及广泛提高公民意识和社区参与度等举措。近年来，随着预报和预警技术的不断完善，人们的关键目标在于扩大服务范围，以便在流域内易发生突发性洪水的支流上也能做出更快的响应。

据估计，该系统使洪水损失平均每年减少 3200 万美元（SRBC，2011）。例如，1996 年 6 月的突发性洪水事件的灾后分析表明，早期预警挽救了大量生命并减少了约 1 亿美元的财产损失，包括以下行动：

• 宾夕法尼亚州威尔克斯–巴里提前 6h 预警，使得 11 万人得以撤离。

• 哈里斯堡提前 4h 预警，给官员足够的时间来执行应急管理措施。

• 美国陆军工程师兵团的水坝拦蓄了 1670 亿加仑的洪水，减少 13 亿美元的财产损失。

河流水位预报和突发性洪水指南由国家气象局大西洋中部预报中心天气预报办公室、纽约州宾汉姆顿天气预报办公室和宾夕法尼亚州立大学天气预报办公室联合发布（图 1.5）。河流预报基于河流水位、水库、湖泊、雨量和天气雷达观测、多传感器降水估计、气温、降雨预报以及一系列其他信息，或河冰观察员在冬季提供的数据。从 2011 年起，预报还包括基于不同大气模型产生的多种降雨预报方案的集合。基于预期对生命和财产的威胁，人们将洪水的严重程度定义为以下几类：

• 小型洪水：几乎没有财产损失，但可能带来一些公共威胁或不便。

• 中型洪水：淹没一些流域附近的建筑和道路。此时有必要进行人员撤离且将财产转移到更高位置处。

• 大型洪水：淹没大量的建筑物和道路。人员务必撤离且将财产转移到更高位置处。

通过新闻媒体向国家应急管理机构、其他政府机构和公众发出警报。国家机构随后通知郡县当局，然后郡县当局通知当地应急管理官员和其他需要被告知的人员。

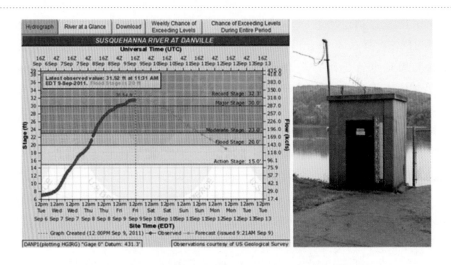

图 1.5　丹维尔站水位观测和预报以及洪水预警阈值的例子
（国家气象局 http：//water. weather. gov/ahps2/）
图为 2011 年 9 月的洪水，照片显示了正常流动状态下的河水以及测量亭

　　为进一步解读预警信息，也可使用互联网绘图工具——萨斯奎汉纳淹没地图查看器（SIMV）（http：//maps. srbc. net/）。在线地图查看器显示淹没范围和预测的水深，该水深值与美国当地的地质勘探局使用谷歌地图展示的河流水位值是相关的。该系统已设计用于公共和应急管理人员根据河流水位观测和预报结果来评估可能出现洪水的严重程度（Pratt et al.，2010）。该查看器是对原始方法的补充，该方法是在 20 世纪 70 年代由萨斯奎汉纳河流域委员会首创的，即将纸质版的洪水水位预报图分发于流域内居民手中。其他发展进程包括将洪水预警服务扩大到较小的支流，更广泛地利用降雨预报，扩大水资源和干旱预报系统的应用，改进传播警报的技术。

1.4　组织事宜

　　组织洪水预警服务有许多的途径。例如，1991 年的一项涉及 67 个国家的调查（World Meteorological Organisation，2001，2009）发现，全国水文或水文气象组织有四种类型：全国性的（51%），地区或地方政府的（1%），国家和地区共有的（42%），既不是国家级也不属于地区的（6%）。2007 年的一项调查（World Meteorological Organisation，2008）也显示，在 139 个响应国家中，将气象和水文服务相结合的国家不到半数。在许多情况下，人们只注意到能被全国人民接受的"准备水平"，也就是在接到警报时所采取的具体行动。虽然各项服务都是独立开展的，但是在灾害预警发布方面加强协调合作尤为重要。

图 1.6 展示了用于发布洪水预警的两个常用选项，包括一个国家跟社区相结合的方法和一个完全集中的系统。国家中心常见的选择是（通常是通过一个区域办事处网络）为主要河流提供警报，与基础社区结合的系统常用于小河、小溪面临突发性洪水的情况（见专栏 1.2）。

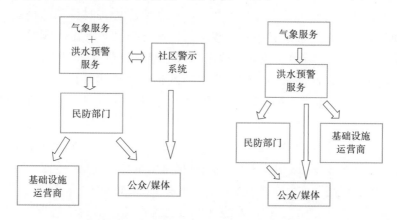

图 1.6　国家洪水预警服务组织开展的两种方法；这里的民防部门
包括地方政府和应急人员；箭头表示暴雨和洪水警报信息的传播
责任方向（注意社区代表也可直接向基础设施运营商发出警报）

根据国家的不同，洪水预警服务通常由国家水文部门、环境监管机构、河流管理机构或民防部门来执行操作（详见第 6 章）。某些情况下，警报将直接发给可能受到影响的人，或者通过紧急服务站等间接发出。一些洪水预警服务还负责协助应急工作，如疏散物资、防洪以及帮助保护重要资产等。这些活动通常由地区或当地办事处执行，国家中心则提供更长期的预测、技术和战略支持。相比之下，在与社区相结合的做法中，大多数活动都是在当地执行的，一些基本要素包括（Hall，1981）：

- 观测记录降雨和流量的志愿者。
- 具有紧急备份功能的可靠又快速的本地通信系统。
- 突发性洪水警告协调员和替补职员。
- 预测程序。
- 警告传播计划。

- 充分的备灾计划（包括公共教育）。

但这要常与国家和区域中心密切合作。例如，与社区结合的预警方式中，观察员通过实地实况信息的报告，来帮助进行区域洪水预报，提供降雨预报的气象和水文服务，进行大型河流的洪水预报，并提供建立和实施计划时的技术支持（如 USACE，1996；FEMA，2006；NOAA/NWS，2010）。

对于突发性洪水，人们想对降雨量做出快速反应的话，通常也需要气象和水文部门之间进行密切的合作，比如一些组织会为该学科的专家或熟练于联合预测系统的操作人员提供水文气象学家的职位。突发洪水期间，来自洪水巡逻队、应急反应小组、志愿者观察员和其他现场实时得到的信息对提供最新的洪水运动情况特别有用。一些国家将这种信息正式融入预警系统来协助决策过程（见第 6 章）。例如，瑞士有一个用于自然灾害管理的信息平台，用于发布有关突发性洪水的观测、预报和观察员的描述等信息反馈（Heil et al.，2010；Romang et al.，2011）。同样，美国也有一个由训练有素的志愿者观察员组成的信息网络，用于报告突发性洪水、龙卷风和其他迅速发生的灾害信息，网络平台受众人数已达 30 万（http：//www. skywarn. org/）。

在一些洪水预警服务中，所发出的警报主要是公告性的（例如"您所在地区的洪水风险很高"），但在某些情况下是规定性的（例如"请抛弃财产，火速撤离！"）。在后一种情况下，官方就有权强制执行其提供的任何指令。由于技术困难、成本较高或缺乏法律依据，一些类型的洪水可能被排除在所提供的预警服务之外。比如城市地表水或冰冻堵塞就是典型的例子，但大多数组织仍冒着风险试图提供至少一项基本服务。这些问题和服务的总体目标经常被归结为：与所有参与应急响应过程的机构和主要社区成员达成一致的整体战略计划或运作理念。世界气象组织（World Meteorological Organisation，2011）指出："现在已经认识到在管理洪水风险及影响时，全天候的、结构化的组织形式在洪水预报和预警过程中的重要性。它不再是一个机构内为履行像市政工程的其他主要职责而临时附加的应急操作。"

鉴于发布并响应警报的各个组织间的权威和能力不同，其所使用的方法也差别很大。近年来，一些国家在灾害应对的立法方面也做出了重大的更新。

例如，法国 2003 年出台的《风险预防法》（2003—699）和英国 1991 年出台的《水资源法》、1995 年出台的《环境法》和 2004 年出台的《民用应急法案》，很多国家已经大大改善了应对洪水和其他灾害的整体方法。尤其是对于突发性洪水，关键性问题是人们只有很短的时间进行磋商并请求许可，相比于其他的自然灾害这可能需要地方和区域更高水平的决策权和准备能力。

除了改变立法以外，许多国家发展洪水预警服务的典型进程都是从开展河流监测这项基础服务开始的，可以是人工监测，也可以是遥测。然后，利用这一过程中的降雨观测和预报，在一些情况下利用基于计算机的洪水预报模型，这一点后来有了进展。而且正在考虑对其他类型的洪水（如泥石流）也开始这样做。此外洪水事件中还有关键的一步，即决定在"尽最大努力"的基础上开始昼夜不停地工作。其他变化通常包括引入长期的洪水预警和预报战略，同时提供服务水平协议、日常业绩监测和事后报告。然而，即使在最复杂的系统中，非正式的本土方法仍然可以发挥重要的作用（如Handmer，2001；Australian Government，2009），当这些方法被整合到正式的系统中时，其效果更好。例如，非正式方法的一些好处包括：

- 增强正式的警报，以扩大预警在社区中的影响。
- 强化正式的警报，提高所收到信息的质量和差异性。
- 提升当地预警的可信度，使表达更富有感情、更有感染力。
- 将警报信息翻译成本地语言。
- 以对话形式传递预警，降低确认警报信息的必要性。

此外，遇到问题后的恢复能力也很重要，比如遥测、预报和警报传播系统等所有关键组成部分的备份或应急程序。例如，一些组织采用更简单的基于纸质的方法作为实时预报系统的备份，并与模型输出结果进行"实际检查"。其他考虑因素还包括备份电源和通信路线，以及在某些情况下是否需要在高风险位置使用双路径遥测和备份仪器。在一些洪水预警服务中，备份操作中心要一直保持工作状态，如果主站遭遇洪水或其他问题，将有既定的程序将操作地转换到另一个地点。

另一个选择是使用全自动的警报系统，当测量现场数据超过临界阈值时，警报器或警钟就会发出警报（见第6章）。但由于涉及许多不确定因素以及电源、测量仪器和其他可能导致失败的原因，这些类型的系统使用得较少，或在一些国家根本不使用，因为一般认为这类系统在警报发出前需要一些专家的审查和解释。然而，当误报或设备故障带来的后果可以接受时这种方法也是可以使用的，例如道路上出现低水位淹没时系统会使用闪光灯和自动屏障（见第12章）。此外，在溃坝等迅速发展的事件中，全自动系统有时是给靠近坝址的居民及时提供警报的唯一技术选择（见第11章）。一些国家近期的新发展是提供网站设施，允许公众定义降雨量和河流阈值，从而通过短信、电子邮件或合成语音信息来获取警报（见专栏3.1和第4章）。但这通常是以信息为基础的，接收者有责任做出决定采取最正确的行动。

专栏 1.2   菲律宾比娜翰河流洪水预警系统

菲律宾群岛包括7000多个岛屿，莱特是最大的岛屿之一。它位于米沙鄢群岛东部。莱特省拥有约170万人口，面积为5700km² (http: //www. leyte. org. ph/)。

莱特地形多山，特别是在台风季节，洪水、山体滑坡和泥石流产生的危险相当大。莱特主要位于菲律宾的第四类气候区，全年降雨量分布平均 (http: //www. pagasa. dost. gov. ph/)。

比娜翰流域位于莱特东北部。面积272km²，最高海拔为1330m。约有4000户家庭和至少2万人因洪水而面临风险 (Provincial Planning and Development Office，2009)。洪水风险主要发生在农业生产、牲畜、房屋和其他财产方面，且每年都会因洪水带来损失。

该流域是菲律宾建立的第一个以遥测为基础的社区洪水预警系统所在地 (Neussner，2009；Neussner et al.，2009；Kerle and Neussner，2010)。该系统建立于2007年，由莱特省与德国发展合作署 (GIZ) 合作开发。它构成了社区洪水预警系统网络的一部分，在那之前洪水预警系统都要依靠人工来观测降雨量以及河流水位 (Hernando，2007，2008)。

邦板牙河流域洪水预报和预警中心 (PRBFFWC) 在邦板牙等更大型河流上提供洪水预报和预警服务。该中心是菲律宾大气、地球物理和天文学服务管理局 (PAGASA) 的一部分，该局在水文系统的开发方面也提供了技术支持。

营运中心位于流域下游附近的帕洛镇，工作人员每天24h不间断地工作。实时信息通过无线电遥测接收流域上游的翻斗式雨量器、压力水位传感器以及位于运行中心的自动气象站的信息。最初使用手机 (GSM) 网络传输，后来为提高可靠性这种方式被 VHF/UHF 遥测取代。该网络还包括4个手动雨量器和3个河流水位仪表。这些地点由志愿观测员每天进行两次观测，在暴雨事件中观测会更频繁地进行，并使用短信 (SMS) 或手持无线电发送到指挥中心。天气预报、台风和热带风暴预警是从邦板牙河流域洪水预报和预警中心以及其他来源得到信息的。如果计算机、遥测或通信设备的电源出现问题，则可使用备用发电机。

随着河流水位的上升，会将观测结果与预先定义的警戒值和阈值进行比较，如果超过这些值，则向全市以及社区灾害协调委员会、教育部门和广播电台发出警报。如果在 3h 内观测到的降雨超过 20mm，也会发出初始警报。除了固定电话和移动电话外，手持无线电也被广泛用于洪水期间的通信，例如将对道路和财产的淹没情况的观测传达给作业中心。在暴雨期间，它们通常更为可靠。在社区层面，传播警报的方法包括铃铛、摩托车送信员和手持式扩音器；也可以动员志愿者搜救队，并配备执行船展开救援。

警报系统有三个级别可供使用，其中的警报级别包括一级——备用，二级——准备和三级——撤离。例如，对于二级警报，除了每小时报告外，社区级别的操作还包括：

- 将小孩、老人和残疾人转移到疏散地区。
- 确保可能疏散场所的安全。
- 保护或收起易透水的物品、设备、农具等。
- 为疏散中心提供照明、水、厕所、床铺、毛毯、药品等。

如果时间允许，食品店、家畜、家用电器、家具和车辆也可以搬移。通常在学校、教堂和其他社区中心建立疏散中心，但在紧急情况下也会使用高地和桥梁地区。应采取的应急响应行动会被记录在市政和社区灾害防备计划中，其中包括处于危险地区的洪水风险图（图 1.7）。

图 1.7 圣华金河村洪水图显示了风险区域、预计洪水深度和洪水路线以及面临风险的社区设备和基础设施

（德国发展合作署；莱特省政府 http：//www.leyte.org.ph/binahaan/）

为了评估系统的性能，每年会发布包括洪水事件的发生、警报发布、社区教育活动、已取得的进步、未来发展建议和系统性能统计等主题在内的年度报告。例如，在运营的第一个完整年之后，记录显示发出了五次三级警报，没有误报（Provincial Planning and Development Office，2009）。基于这个经验，人们将一些阈值改善以保证更长的预警时间。一直到2010年这段时间内，系统被激活了13次，给居民3～10h的时间转移财物并撤离到安全地点（Kerle and Neussner，2010）。

此外，积极的社区参与也是系统运作的一部分，这其中包括观察员培训计划、定期的洪水预警演习（演练和演习）、事后回顾和会议、研讨灾害预防、管理和应急计划。还计划提升洪水预报能力，以延长预警预见期，常用的方法也已经扩展到菲律宾的其他流域。

1.5 技术发展

自19世纪中后期电报通信技术和天气预报开始应用以来，技术的发展帮助改进了预测洪水以及向公众预警的方法。表1.6总结了在这一过程中曾经发挥或仍在发挥重要作用的一些关键事件。

表1.6   与突发性洪水预警有关的一些重大技术的
                里程碑（摘自Sene，2010）

时　期	描　述
1850—1900年	第一次例行的河流水位遥测和气象观测
	第一个公共气象服务（如美国陆军信号公司、英国气象局）
	径流峰值估算的合理方法（马尔瓦尼）
	圣维南方程组（圣维南）
1900—1929年	数值天气预报原理（比耶克内斯）
	数值天气预报方法的人工试验（理查德森）
	建立河流洪水预报服务（美国气象局）
	第一次通过无线电和引入的电传打印机进行的公众天气预报

续表

时　期	描　述
20 世纪 30 年代	单位线降雨径流模拟方法（谢尔曼）
	马斯京根演进法（马斯京根）
	首次实验性电视公共广播服务
20 世纪 40 年代	基于转换军用雷达的初始天气雷达试验
	美国风暴"观察员"网络建立
	数值天气预报的数据同化试验（帕诺夫斯基）
	彭曼蒸发公式（彭曼）
	第一台通用计算机（埃尼阿克-电子数字积分器和计算器）
20 世纪 50 年代	美国国家海洋和大气管理局 WSR－57 天气雷达网开始使用
	首次运行数值天气预报模型
	世界气象组织（WMO）成立
	应对自然灾害的社会因素研究（弗里茨）
20 世纪 60 年代	第一颗美国宇航局气象卫星发射（极轨/红外）
	世界气象组织建立世界天气监视网
	度日法融雪计算（马丁内茨）
	概念性降雨径流模型的广泛研究
	有物理基础的分布式模型的蓝图（弗里兹和哈伦）
	卡尔曼滤波技术的发展（卡尔曼）
20 世纪 70 年代	第一颗地球同步观测卫星发射（SMS－A，B）
	欧洲空间局（ESA）气象卫星一号卫星发射
	美国国家海洋和大气管理局/美国国家航空航天局 GOES 卫星计划启动
	基于警报的无线电协议介绍（国家气象局）
	突发性洪水指导技术介绍（国家气象局）
	水文预报数据驱动模型的研究与开发
	电子邮件和互联网协议介绍
20 世纪 80 年代	第一次运行海洋-大气耦合数值天气预报模式
	日集成流量预测方法（ESP）

续表

时　期	描　述
20世纪90年代	热带降雨测量任务（TRMM）星载降水雷达发射
	多普勒天气雷达网（美国国家海洋和大气管理局）
	可操作集成气象预报（欧洲中期天气预报中心，美国国家环境预报中心）
	水动力模型发布/商业化提供
	数值天气预报中陆-气成分日益复杂
	全球移动通信系统（GSM）和短信服务（SMS）引入
21世纪至今	提高多传感器降水监测产品的可用性
	X波段相控阵天气雷达技术的发展
	美国及其他地方开始双极化雷达升级
	中尺度对流尺度模式的业务实现
	概率临近预报技术发展
	概率洪水预报系统的应用
	二维水动力模型的日益应用
	分布式物理概念模型的实时应用
	多媒体警报传播系统可商业化使用
	社交媒体网络的广泛采用

　　表中列出的所有事件都显著地提高了洪水预警的准确性，并且延长了预见期。尤其是监测、预报和预警所需的时间，有时可以通过采用新的程序和技术大大减少，如图1.8中的简单例子所示。但正如前面所述，有效应对所需的预见期取决于许多社会因素和人为因素，因此每种情况都要单独考虑。

　　另一个选择是更多地利用降雨预报来延长可用时间。图1.9说明了如何在河流洪水预警过程中使用降雨预报。所显示的气象输入是英国特有的，而且某些时候已经被现在的方法所取代，如前文所述各国之间的洪水预警代码差异很大。然而，包括全球、区域或局部数值天气预报（NWP）模式的定量降水预报（QPF）和临近预报方法（在本例中称为Nimrod）在内，以及包括基于气象雷达观测资料、NWP模式输出和其他类型的实时观测资料在内的基本技术通常是相通的（见第4章）。

项目	延时 （初始）	延时 （修正）	采取行动
监测	75min	37min	• 将遥测轮询间隔从 1h 减少到 15min • 改进了一个用于接收降雨数据和气象部门预报的其他数据的通信链路
预报	40min	12min	• 为预测模型升级计算设备 • 审查并简化集合预报生成的方法 • 使模型的水动力部分简化/合理化
预警	45min	15min	• 开发一个新的决策支持工具以帮助预测者决定何时发出警报 • 采用一种新的多媒体手机拨号/电子邮件/短信预警系统，包括文字转变语音的选项以及生成警报信息的工具及模板
响应	2h	1h	• 在现场预先安置永久的关键应急响应设备，包括可拆卸的防护和道路封闭标志 • 指派/培训当地民防志愿者，帮助发出警报和应急响应
总计	4h40min	2h4min	

图 1.8　从洪水预警服务的角度来看，对于理想化的短期强降雨事件，减少洪水预警过程中平均时间延迟的一些方法。所示的数值都只是示意性的，完整的分析将考虑预警的范围和预测的不确定性

　　使用降雨预报通常会给预警过程带来更多的不确定性，尤其是在预见期较长的时候。但是，提供的额外时间通常对民事保护部门、紧急服务机构及早期人员调动和预防措施（例如检查和部署设备）大有用处。尽管预报通常会提供更长时间内的有用的信息，但在某些情况下，即使是提前几分钟的额外警报也是有价值的。

　　通常来说，由于使用洪水预警系统获得了经验和技术得到了改进，对

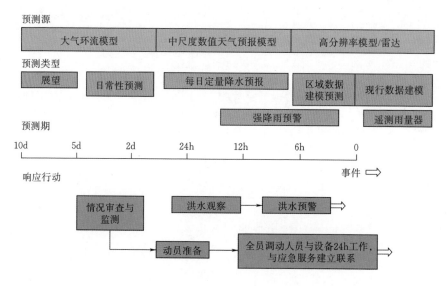

图 1.9　洪水预报预见期示意图
（由世界气象组织提供，World Meteorological Organisation，2011）

"可能性"的看法也会发生变化。例如，在一些国家，为降雨至洪水发生的响应时间仅为 1～3h 的地区提供了特定地点的洪水预警服务，而在另一些国家，这仍然是一个非常具有挑战性的目标。降雨预报和洪水预报还可能将预警服务扩展到发生突发性洪水的上游较小的支流。例如在一些地区，探索性分析表明，预留出充足的预见期的唯一方法可能是使用洪水预报模型，模型的输入条件是观测或预测的降雨量。警报的发布可能主要是基于预报，而不仅仅是基于观测得出的，正如后面的章节所讨论的那样，这是一个发展中的领域，在得出预报值之前需要进行广泛的性能测试。然而，基于降水深度-持续时间的阈值，以及对河流突发性洪水的指导意见，在流域或社区尺度内，更加概化的警报被广泛使用（见第 8～第 11 章）。分布式降雨-径流模型技术也越来越多地用于为无监测资料的流域提供洪水监测和预警（参见第 5 章、第 8 章和第 12 章）。监测和预报技术方面的新发展也有助于一些组织为泥石流、冰塞等其他类型的突发性洪水提供预警服务。

正如在后面的章节中所讨论的那样，对于"最先进的"洪水预警服务，所使用的监测技术通常包括雨量计、天气雷达、河流仪表和其他如监测泥石流和水库运行的传感器。使用多传感器的降水预估、临近预报和中尺度模型的输出作为洪水预报模型输入的情况越来越多。通常情况下，这些数据以基于网格的形式提供，气象服务每隔几分钟或几小时自动发送一次，发送间隔时间取决于所使用的方法。洪水预报模型的输出通常是在实时观测数据同化过程的基础上进行更新的。然后，发出警报的决定通常是在超过临界阈值的基础上做出的，实时决策支持系统、集成和概率预测作为该过程的一部分正越来越多地被使用。

但值得注意的是，目前并不是所有的组织都能够运行这种类型的系统。纵观 86 个国家（World Meteorological Organisation，2006b），约 1/3 介绍了完善的国家洪水预报和预警服务，其余国家只能提供中等、基础、不充分的服务，有的甚至完全不能提供服务。此外，约有 40% 的受访者表示需要加强水文气象观测网络，使普通的或者专门用于洪水预报目的的水文气象观测网络更加现代化（虽然这里所指出的改进计划已经在许多国家进行）。在预算或其他问题不允许采用更自动化方法的情况下，基于社区人工操作的洪水预警方案也是一种选择。

而概率洪水预报技术则允许采取更加基于风险的方法来发布预警，并最终为用户提供更多的信息以帮助做出决策，同时增加整个过程的透明度（如 Krzysztofowicz，2001；Schaake et al.，2007）。这个话题将在第 12 章进一步讨论，并且这是一个活跃的研究领域，近年来实施了一些可操作系统和前期操作系统。但是，与任何新技术一样，在整个监测、预报和预警过程中，都需要评估其影响力和好处所在。这种方法和其示例应用的背景将在后面的几章中介绍，第 12 章讨论了这个主题近期的一些研究发展。

1.6 总结

• 通常认为"突发性洪水"一词包含了几种类型的"急性子"或者是快速发生的事件，起因包括河流洪水、泥石流、冰川湖突发洪水、冰塞导致的洪水、城市地表水、溃坝和决堤等。

• 现已经提出了许多关于突发性洪水定义，通常定义分为以下三大类：基于典型集水区响应时间的定义、考虑可用于有效应急响应时间的定义以及基于流域和（或）暴雨规模的绝对值或相对值的定义。

• 洪水风险模型和基于风险的技术在突发性洪水的研究（包括发展预警系统）中得到了广泛的使用，因为其既有助于评估对人员和基础设施的风险，又是优先考虑结构性和非结构性干预措施的基础。除了考虑可能性及后果之外，还需要考虑个别群体的脆弱性。

• 至于其他类型的洪水，突发性洪水预警系统的目的通常是为人们提供更多的准备时间，以降低对生命和财产的风险。有了足够的预见期，有时也可以采取措施来降低某一局部（如通过使用沙袋）或整个社区（如通过安装可拆卸的防御设施或安装防洪工程）的洪水蔓延。

• 尽管文献中对不同响应类型（例如撤离）的预警预见期的最低时限要求进行了介绍，但实际所需时间仍要结合实际情况再考虑。因为这是由许多因素决定的，包括集水区响应时间、决策和发出警报所需的时间，以及社区和应急响应组织的准备水平。

• 警报过程通常被概念化为由以下关键部分组成：准备、监测、预报和预警。为了提高预警系统的有效性，将社会和技术因素都考虑在内的上述内容通常需要进行改进。以社区为基础（以人为本）、特别关注弱势群体的方法被广为引用，并通常被称为全面或点对点警报系统。

• 对于突发性洪水，一个首要考虑的因素往往是缩短整个系统的延迟时间，以提高警报预见期。洪水预报模型也被越来越多地用于帮助工作人员执行决策并提前发布警报，这就会比仅仅通过观测数据来做决定所用的时间更少。在一些组织中，由此产生的改善已经改变了对"突发性洪水"的观点。

• 在国际上，组织洪水预警服务的方法有很多种，所采用的技术和法律环境也有很多不同之处。一个突破性进展是从监测河流水位的方法转变为使用降雨观测和预报以及洪水预报模型的方法，并涵盖了更多类型的突发性洪水。通常把引入监测、事后报告和服务水平协议的方式作为长期战略提升的一部分。

• 基于社区的系统被广泛应用于突发性洪水易发的地区，以补充地区和国家的系统。在某些情况下，志愿者和现场工作人员有时通过使用程序和决策支持系统使他们的投入更加正规化，在监测突发性洪灾方面发挥了重要的作用。

• 在提供突发性洪水预警时，技术的发展使警报的准确性和预见期不断提高。例如，概率和集成预报技术正在被越来越多地使用，并且有可能允许用基于风险的方法来发布预警。互联网、智能手机和其他通信技术的发展也有助于向更多的人发出更有针对性的预警，并减少预警过程中的延时。

参 考 文 献

Abair J，Carnahan P，Grigsby A，Kowalkowski R，Racz I，Savage J，Slayton T，
　　Wild R（1992）Ice & Water：the Flood of 1992 - Montpelier. Ice and Water
　　Committee，Vermont http：//www. montpelier - vt. org/community/351/Flood -
　　of - 1992. html

ACTIF（2004）Some research needs for river flood forecasting in FP6. Achieving Technological Innovation in Flood Forecasting. European Commission Project EVK1 - CT - 2002 - 80014. http：//www. actif - ec. net/documents/ACTIFResearchNeedsfor% 20FP6V1. 4. pdf

Anquetin S, Ducrocq V, Braud I, Creutin J - D （2009） Hydrometeorological modelling for flashflood areas： the case of the 2002 Gard event in France. J Flood Risk Manag 2： 101 - 110

APFM （2006） Social aspects and stakeholder involvement in integrated flood management. WMO/GWP Associated Programme on Flood Management, Technical Document No. 4, Flood Management Policy Series, WMO - No. 1008, Geneva

ASCE （2007） The New Orleans hurricane protection system： what went wrong and why. Report by the American Society of Civil Engineers Hurricane Katrina External Review Panel. http：//www. pubs. asce. org

Ashley ST, Ashley WS （2008） Flood fatalities in the United States. J Appl Meteorol Clim 47： 805 - 818

Australian Government （2009） Manual 21 - Flood Warning. Australian Emergency Manuals Series. Attorney General's Department, Canberra. http：//www. em. gov. au/

Barredo JI （2007） Major flood disasters in Europe： 1950 - 2005. Nat Hazards 42 （1）： 125 - 148

Basher R （2006） Global early warning systems fornatural hazards： systematic and people - centred. Philos Trans R Soc A364： 2167 - 2182

Brown CA, Graham WJ （1988） Assessing the threat to life from dam failure. J Am Water Resour Assoc24 （6）： 1303 - 1309

Chien F - C, Kuo H - C （2011） On the extreme rainfall of Typhoon Morakot （2009）. J Geophys Res 116： D05104

Cloke HL, Pappenberger F （2009） Ensemble flood forecasting： a review. J Hydrol 375 （3 - 4）： 613 - 626

Coulthard T, Frostick L, Hardcastle H, Jones K, Rogers D, Scott M, Bankoff G （2007） The June 2007 floods in Hull. Final Report by the Independent Review Body, 21 November2007

Creutin JD, Borga M, Lutoff C, Scolobig A, Ruin I, Créton - Cazanave L （2009） Catchmentdynamics and social response during flash floods： the potential of radar rainfall monitoring for warning procedures. Meteorol Appl 16： 115 - 125

DFID （2004） Disaster risk reduction： a development concern： a scoping study on links between disaster risk reduction, poverty and development. Department for International Development，London/Overseas Development Group，Norwich

EEA（2010）Mapping the impacts of natural hazards and technological accidents in Europe：an overview of the last decade. European Environment Agency Technical Report No. 13/2010

European Commission（2006）Report on user practices and telecommunications：state of the art. Report SP1 – D3，Integrating communications for enhanced environmental risk management and citizen's safety（CHORIST），European Commissionproject033685，Brussels. http：//www. chorist. eu/

FEMA（2006）National Flood Insurance Program Community Rating System CRS Credit for Flood Warning Programs 2006. Federal Emergency Management Agency，Department of Homeland Security，Washington，DC. http：//www. fema. gov/

Floodsite（2005）Language of risk：project definitions. Floodsite Report T32 – 04 – 01，March 2005，Wallingford

Frank W（1988）The cause of the Johnstown Flood. ASCE J Civ Eng，58（5）：63 – 66

Gruntfest E（1993）A summary of the state of the art in flash flood warning systems in the United States. In：Nemec J et al（eds）Prediction and perception of natural hazards. Kluwer Academic Publishers，Dordrecht

Gruntfest E（1996）What we have learned since the Big Thompson Flood. Proceedings of a meeting 'Big Thompson Flood，Twenty Years Later'，Fort Collins，CO，13 – 15 July 1996

Gruntfest E，Handmer J（2001）Dealing with flash floods：contemporary issues and future possibilities. In：Gruntfest E，Handmer J（eds）Coping with flash floods. Kluwer，Dordrecht

Hall AJ（1981）Flash flood forecasting. World Meteorological Organisation，Operational Hydrology Report No. 18，Geneva

Handmer J（2002）Flood warning reviews in North America and Europe：statements and silence. Aust J Emerg Manage 17（3）：17 – 24，http：//www. em. gov. au/

Heil B，Petzold I，Romang H，Hess J（2010）The common information platform for natural hazards in Switzerland. Nat Hazards. doi：10. 1007/s11069 – 010 – 9606 – 6

Hernando HT（2007）General guidelines for setting – up a community – based flood forecasting and warning system（CBFFWS）. Philippine Atmospheric，Geophysical and Astronomical Services Administration（PAGASA）. http：//www. cbffws. webs. com/

Hernando HT（2008）General guidelines for setting – up a community – based flood forecasting and warning system（CBBFWS）. World Meteorological Organisation，

WMO/TD - No. 1472，Geneva

Jonkman SN （2005） Globalperspectives on loss ofhuman life caused by floods. Nat Hazards 34：151 - 175

Kelsch M （2001） Hydrometeorological characteristics of flash floods. In：Gruntfest E，Handmer J （eds） Coping with flash floods. Kluwer，Dordrecht

Kerle N，Neussner O （2010） Local flood early warning based on low - tech geoinformatics approaches and community involvement：a solution for rural areas in the Philippines. In：Altan O，Backhaus R，Boccardo P，Zlatanova S （eds） Geoinformation for disaster and risk manage - ment examples and best practices. United Nations，Geneva

Kobiyama M，Goerl RF （2007） Quantitative method to distinguish flood and flash flood as disasters. SUISUI Hydrol Res Lett 1：11 - 14

Krzysztofowicz R （2001） The case for probabilistic forecasting in hydrology. J Hydrol 249：2 - 9

League CE，Díaz W，Philips B，Bass EJ，Kloesel K，Gruntfest E，Gessner A （2010） Emergency manager decision - making and tornado warning communication. Meteorol Appl 17 （2）：163 - 172

Li K （2006） A critical issue of flood management in China：flash flood，landslide & mudflow disasters，weakness in defense，& countermeasures. In：Graham R （ed） Proceedings of the 2006 World Environmental and Water Resources Congress，Omaha，21 - 25 May 2006

Lliboutry L，Arnao BM，Pautre A，Schneider B （1977） Glaciological problems set by the control of dangerous lakes in Cordillera Blanca，Peru. I. Historical failures of morainic dams，their causes and prevention. J Glaciol 18 （79）：239 - 254

Lopez JL，Courtel F （2008） An integrated approach for debris - flow risk mitigation in the North Coastal Range of Venezuela. In：13th IWRA World Water Congress，Montpellier，1 - 4 Sept 2008

Montz BE，Gruntfest E （2002） Flash flood mitigation：recommendations for research and applications. Environ Hazards 4：15 - 22

Neussner O （2009） Manual：local flood early warning systems experiences from the Philippines. German Technical Cooperation Environment and Rural Development Program，Leyte. http：//www. planet - action. org/

Neussner O，Molen A，Fischer T （2009） Using geoinformation technology for the establishment of a local flood early warning system. Second international conference on geoinformation technology for natural disaster management and rehabilitation，Bangkok，30 - 31 January 2009. http：//e - geoinfo. net/ndm2008/conference. html

NOAA（2010）Flash flood early warning system reference guide. University Corporation for Atmospheric Research，Denver. http：//www. meted. ucar. edu

NOAA/NWS（2010）Flood Warning Systems Manual. National Weather Service Manual 10 – 942，Hydrologic Services Program，NWSPD 10 – 9，National Weather Service，Washington，DC

Office of Science and Technology（2003）Foresight flood and coastal defence project phase 1 technical report drivers，scenarios and work plan. Office of Science and Technology，London

Parker DJ（2003）Designing flood forecasting，warning and response systems from a societal perspective. In：Proceedings international conference on alpine meteorology and meso – alpine programme，Brig，21 May 2003

Parker DJ，Priest SJ（2012）The fallibility of flood warning chains：can Europe's flood warnings be effective? Water Resour Manage，26（10）：2927 – 2950

Pratt B，Geiger S，Rajasekar M（2010）Susquehanna inundation map viewer：strategies in webbased flood risk management. AWRA 2010 annual conference，Philadelphia，1 – 4 Nov 2010

Provincial Planning and Development Offi ce（2009）Binahaan River Local Flood Early Warning System Operation Centre. 2007/2008 Annual Report. http：//cbffws. webs. com/

Romang H，Zappa M，Hilker N，Gerber M，Dufour F，Frede V，Bérod D，Oplatka M，Hegg C，Rhyner J（2011）IFKIS – Hydro：an early warning and information system for floods and debris flows. Nat Hazards，56：509 – 527

Schaake JC，Hamill TM，Buizza R，Clark M（2007）HEPEX The Hydrological Ensemble Prediction Experiment. Bull Am Meteorol Soc，88（10）：1541 – 1547

Sene K（2010）Hydrometeorology：forecasting and applications. Springer，Dordrecht

SRBC（2011）Susquehanna River Basin Commission Information Sheet. Susquehanna River Basin Flood Forecast and Warning System. http：//www. susquehanna flood-forecasting. org/how – it – works. Html

Thieken AH，Kreibich H，Müller M，Merz B（2007）Coping with floods：preparedness，response and recovery of flood – affected residents in Germany in 2002. Hydrolog Sci J 52（5）：1016 – 1037

U. S. Department of Commerce（2001）Service assessment. Tropical Storm Allison heavy rains and floods Texas and Louisiana，June 2001

UN/ISDR（2006）Guidelines for reducing flood losses. International Strategy for Disaster Reduction，United Nations，Geneva. http：//www. unisdr. org

UN/ISDR（2009）UNISDR terminology on Disaster Risk Reduction. International

Strategy for Disaster Reduction, United Nations, Geneva. http：//www. unisdr. org

USACE (1996) Hydrologic aspects of flood warning preparedness programs. Report ETL 1110 - 2 - 540, U. S. Army Corps of Engineers, Washington DC

USGS (2006) 1976 Big Thompson Flood, Colorado - Thirty years later. U. S. Department of the Interior, U. S. Geological Survey, Fact Sheet 2006 - 3095, July 2006

World Meteorological Organisation (2001) The role and operation of national hydrological services. WMO/TD No. 1056, Geneva

World Meteorological Organisation (2006a) Preventing and mitigating natural disasters: working together for a safer world. WMO - No. 993, Geneva

World Meteorological Organisation (2006b) Strategy and action plan for the enhancement of cooperation between National Meteorological and Hydrological Services for improved flood forecasting, Geneva, December 2006

World Meteorological Organisation (2008) Capacity assessment of National Meteorological and Hydrological Services in support of disaster risk reduction: analysis of the 2006 WMO Disaster Risk Reduction Country - level Survey, Geneva

World Meteorological Organisation (2009) Guide to hydrological practices Volume II management of water resources and application of hydrological practices, 6th edn. WMO - No. 168, Geneva

World Meteorological Organisation (2011) Manual on flood forecasting and warning. WMO - No. 1072, Geneva

第 2 章

降 水 测 量

摘　要：降水观测经常作为突发性洪水预警过程的一部分。其所使用的主要测量技术有雨量计、天气雷达和卫星降水估算。每种方法能提供不同时空尺度的信息，但都存在自身的优势和局限性，它们在一定程度上是互补的。因此，一种结合了各种方法优势，并利用来自其他信息来源（如照明探测系统和大气模型等）的多传感器降水估算方法正越来越多地被使用。本章介绍了这些技术以及观测值的不确定性等常规话题。

关键词：雨量计、天气雷达、卫星降水估算、多传感器降水估计、气象观测

2.1　概述

降雨时间过长或降雨量过大是河流及城市地区发生泥石流和突发性洪水的主要原因，也可能是造成溃坝和其他类型突发性洪水的关键因素。降雨观测在洪水预警过程中有几种应用方式，其中包括利用降水深度-历时阈值以及突发性洪水指导方法来进行预警，同时也可作为洪水预报模型的直接输入资料（参见第 8～第 11 章）。

最广泛使用的监测技术是雨量计、天气雷达和卫星监测。天气雷达网络通常由国家气象局（NMS）操作，并结合国家核心雨量站网和其他气象仪器网络（图 2.1）使用。流域管理、水电、供水、洪水预警和其他主管部门则常使用其他的雨量计，并将其作为以社区为基础的洪水预警方案的一部分。相比之下，对地静止轨道卫星、极地轨道卫星和低地轨道卫星则由一系列国

际、国家和私营组织运营，用于电信、地球观测及其他应用。

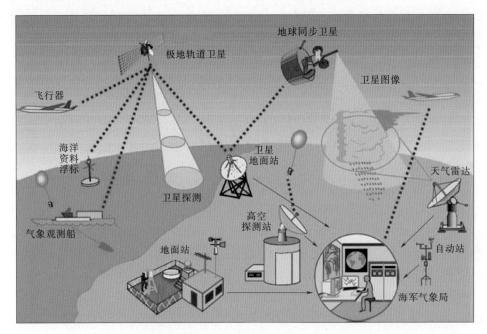

图 2.1　作为世界气象组织（WMO）计划和服务的基本组成部分的
全球观测系统示意图。数据收集自数百个海洋数据浮标、飞行器、
观测船和大约 1 万个陆基站。在全国范围内，国家气象局利用手动和
自动仪器观测气温、降水、风速和风向、大气压力等"天气"的其他
特征。这些数据所产生的观察、预测结果每天都通过全球电信系统发送
到世界各地（Meteorological Organisation，2006，courtesy of WMO）

　　具备雷达观测条件的国家通常优先采用雷达观测结果，而不是卫星观测
的估值，因为雷达观测有较高的空间和时间分辨率。但是，卫星观测往往可
用来填补雷达覆盖面的空白，并协助输出结果的后处理。雨量计观测作为观
测值的主要来源，也广泛用于校对并调整天气雷达和卫星系统的输出结果。
在特定的突发性洪水中选择使用哪种方法取决于事发所在地的空间覆盖率、
过往表现、组织政策、预算及其他因素。在突发性洪水指导计划中，卫星降
水估测也越来越多地用于雷达或雨量计覆盖较差或不存在的地区（详见第
8 章）。

　　在这三种主要方法中有一个关键的区别是，雨量计记录的是地面上一个
点的雨量值，而天气雷达和卫星系统是从侧面或上方远程观测降雨量。雨量
计观测值在用于突发性洪水预警之前要在空间上进行平均，而对于雷达和卫

星观测值，则需要一些额外的处理来推断相应地面位置的雨量值。这些技术的互补性使得多传感器降水估计（MPE）越来越多地被使用，其目的是结合每种方法的优点。此处降水一词用来描述大气中所有形式的液态或固态水，如雨、雪、冰雹、雨夹雪、毛毛雨和霰。最新的方法还利用了其他观测系统，如 GPS 湿度传感器、风廓线仪和雷电探测系统，以及数值天气预报模型的输出结果。

本章将对上述技术进行介绍，并讨论测量（尤其是气象雷达观测）的不确定性。例如，在运行使用中，特别是将观测值输入洪水预报模型或多传感器方法时，信息在空间和时间变化结构中的误差有助于判定该观测的可信度。正如第 12 章所述，还可能综合洪水发生的概率及后果，采取更大程度上基于风险的方法来发布洪水预警。

后面的章节将讨论遥测系统的相关主题（第 3 章）以及用于降雨观测和预报的验证技术（第 4 章）。从第 12 章的例子中可见，降水测量属于活跃的研究领域，目前正在实施许多国家性和国际性的举措。此外，世界气象组织（WMO）在界定技术标准和制定准则方面所起的作用同样值得关注，这方面的一些重要出版物包括 World Meteorological Organisation（2000，2007，2008，2011）。许多文本在该主题方面提供了更多的信息，包括 Strangeways（2007）、Michaelides et al.（2008）、Testik and Gebremichael（2010）。

2.2　雨量计

2.2.1　背景

雨量计也许是测量降雨量最广为使用的设备。仪表的安装可专门用于洪水预警，或用于一系列水资源管理、农业用水监测及其他应用。大多数气象站也至少有一个雨量计，有些情况下雨量计也安装在流量站内。

对于手动操作（非记录）雨量计，通常由志愿者或有偿观察员每天于固定时间在量筒中测量降雨的深度。例如，美国的社区合作冰雨雪网（CoCoRaHS）就拥有一万多名活跃的观察员（http：//www.cocorahs.org/）。国家气象服务合作观察员项目也做过有关天气、降雪和其他参数的数字报告（http：//www.nws.noaa.gov/om/coop/）。

在某些应用中将更大容量的雨量计与手动雨量计一起使用，用于检测更长时期内的逐日累计总雨量，比如月降雨量。这些类型的仪表在偏远地区用处很大，因为这些地区无法进行日常检查。在某些情况下，例如在发生大型突发性洪水事件后的事后分析中，水桶、废弃的容器和其他容器都能为事故中降雨量的估算提供有力的依据。

　　自动化仪表使用的技术则更为广泛。例如，翻斗式雨量计（图 2.2）的操作原理是杠杆臂上楔形的"水桶"交替填满，然后杠杆倾倒，使水排出，第二个容器再取代它的位置。当收集到一定量的水时，该机器会提示校准，用降雨深度来表达。然后，每个提示将产生一个适合电子数据记录器记录的电信号，如果需要的话，也可通过调制解调器转换成适合遥测发送的形式（参见第 3 章）。购买量表时，通常要根据测量地点的预期降雨强度来选择记录深度。例如，0.2mm 或 0.5mm 的量表广泛用于洪水预警应用中。

图 2.2　英国某气象站的雨量计（左）和美国安装的一个一体化洪水观测
和预警系统（右）。一体化洪水观测和预警系统（IFLOWS）在美国东部的
洪水预警体系中被广泛使用（如专栏 6.1），并且其与第 3 章讨论的
ALERT 协议的起源相似。在这里，仪表位于整个结构的顶部，
它是一个数据记录仪和遥测设备

　　自动测量降雨量的另一种方法是使用依靠收集雨水的自身重量或深度而获取雨量值的仪器。例如称重雨量计通常使用振弦、应变仪或称重传感器等方法，用电极或浮标来记录深度。点滴计数器（或计量器）也被广泛用于天气雷达的校准研究和多种其他应用。这些仪器将光纤或激光发射器与接收器摆放很近，利用光束间隙检测液滴的数量、尺寸和（或）速度以及穿过光束的其他类型的降水（图 12.1）。在冲击类雨量计中，使用压电传感器传递撞击仪器表面的液滴数量，并通过冲击力来计算每个液滴的尺寸。还可以对雨

量计进行设计，使得穿过仪器的雨滴大小几乎与降雨强度无关，因此只需要计算数量。

而冲击类雨量计已逐渐形成一个没有移动部件的小型低维护设备，正越来越多地用于道路天气信息系统和城市地区。基于微波的系统在千米级范围内也是一种估算路径平均降雨量的可行的方法，这个在第 12 章将会详细讨论。另一种固态仪器选择是热板仪，它由两个向上和向下加热的面板组成，用于测量雪水当量和降雨量。降水率是通过"计算向上面板的融雪、蒸发雪或蒸发雨水所需的功率，并减去向下面板补偿风力效应的功率"来估算的（Rasmussen et al.，2011）。

如果预算允许，突发性洪水通常使用自动测量仪，常用 1min、5min 或 15min 作为记录间隔。但手动操作雨量计已成功应用于许多以社区为基础的洪水预警系统，由志愿者观察员们支持其操作（例如专栏 1.2）。由于网络输出已为国家气象和水文部门提供了一个可靠的信息来源途径，天气爱好者正越来越多地使用低成本的自动雨量计和气象站仪器。

选择使用的类型和材质取决于许多因素，如性能、成本、可靠性、维护要求、组织标准以及供应商可提供的质量。然而，2008—2009 年世界气象组织对自动气象站固态降水量测量技术的调查（Nitu and Wong，2010）认为，当时国家气象和水文部门最常使用的仪器类型是翻斗式雨量计（约占 83%），其次的选择是称重传感器（16%），并且在所有类型的仪器中，最常用的记录间隔为 1min 或 1h。调查还汇报了制造商、计量孔口面积、容量、灵敏度和其他因素等多种变量，更侧重于国家服务，地方和区域组织的首选类型则可能会有所不同。

2.2.2 观测值解读

与其他类型的仪器一样，雨量计观测的准确性也有所局限。除了每种类型的仪器都存在的校准和机电问题之外，其他一些因素也很重要。例如，在大风期间，由于量表周围风场的局部变形常常会出现误差，在大雨中甚至会出现飞溅。来自附近建筑物、丘陵和树木的风也可能影响读数，安装位置低的仪表还面临被洪水淹没的风险。

为了评估并减少与风有关的问题，有时会将所谓的"参考仪表"安装在有网格覆盖的坑内，并在地面留有开口。在寒冷的气候中，尽管可以通过在仪表和（或）防风罩或防雪栅栏上添加电热器来克服一定的影响，但降雪仍会影响读数，甚至阻塞或覆盖仪表。设备维护有时也会带来一些问题，例如仪表周围生长的植物，以及草屑、沙子、昆虫或落叶会导致堵塞仪表。

为了避免这些问题，许多国家在安装和运行雨量计方面都制定了国家标准，并对结果的不确定性进行评估。评估通常基于国际准则以及比对实验的结果（如 World Meteorological Organisation，2008；Sevruk et al.，2009；Vuerich et al.，2009）。关于选址标准，有一些先例，如选择地面以上的最大高度以及给定高度下距离障碍物（树木、楼房等）的最小距离。但对于洪水预警，出于成本、实用性、安全性等因素的影响，相比于理想的安装方式常要做出妥协。在高于标准高度的位置上安装雨量计可能面临着技术上的难题，并且会导致精度降低，例如在大面积积雪的地区此现象会普遍发生，或者面临潜在的洪水风险。

当通过遥测系统接收测量数据时，常要与历史最大值和附近测量仪的读数进行比较来筛选数据，可疑值将被标记为"待调查"。在多传感器系统中（见第 2.5 节），其他类型如天气雷达、卫星或雷电探测系统的观测结果常常被用作质量控制过程中的一部分，因为这有助于确认极高值的出现是否是由风暴造成的，或者长时间的零值是否是由于测量仪被冻结或被雪阻塞造成的。特别是对于洪水预警应用，关键的作用是能够近乎实时地识别、排除或修正异常值，而不会无意中删除真正的极端观测值。经验修正也被广泛用于补偿风力影响和其他类型的误差（如 World Meteorological Organisation，2009）。

许多情况下，需要借助雨量站网的数据来获得降雨的空间分布，例如，协助进行天气雷达信号处理（详见第 2.3 节）以及建立某些类型的洪水预报模型（见第 5 章）。所使用的方法范围为从简单的泰森多边形和反向距离插值方法到表面拟合技术，如克里金法、样条法以及多重二次曲面法（如 Creutinand Obled，1982；Tabios and Salas，1985；Seo，1998；Goovaerts，2000；Daly，2006）。对于更复杂的方法，分析通常是在数字地形模型和地理信息系统（GIS）工具的辅助下进行的。一些技术还提供了对空间平均过程所产生的不确定性的估计。

虽然难以概括，但是相对简单的技术都主要用于低洼地带、平坦地形和（或）降雨事件相当广泛且均匀的地区，例如广泛的锋面风暴。相比之下，更复杂的技术往往在复杂地形中表现得更好，尤其是分析中包括诸如海拔等方面的附加变量，比如采用"联合克里金"方法。地理统计学方法也广泛用于天气雷达天气系统调整计划（见 2.3 节）。然而，对于所有的方法，雨量站网的密度是决定结果准确性的一个关键因素，尤其是在对流事件中。

相比之下，由于缺少手动输入的时间，在突发性洪水预警应用中很少使用专家判断或交互式计算机处理的方案（如等雨量线技术）。然而，由于这些方案精度较高，有时会将其广泛用于突发性洪水事件的事后分析。另外一个实际性的挑战是，当几个组织的记录需要合并时，可能要使用不同类型计量器的输出、不同记录的时间间隔和不同质量控制标准的数据。这通常需要大量的研究来决定怎样最好地对可用来源的数据进行组合。

通常来讲，在确定流域开发的一般方案时，由于规划网格密度通常高于遥测站点的密度，所以在分析中经常也会包含人工站。虽然数值通常只以天为基数来提供，但它们可以作为总降雨量的指示，有时也会揭示降雨的空间变化，这些变化则可纳入到实时方案中，如雨影区以及来自高程或其他方面的影响。有时考虑的其他因素包括描述诸如坡度、反演高度特征、风暴方向、沿海影响和典型事件（锋面、地形、对流等）特征等。基于 GIS 的方法也被广泛用于这些类型的分析中，例如通过参考以网格为基础的降水气候学来解释实时观测数值（如 Daly et al.，1994；Zhang et al.，2011）。

如果接收的天气雷达观测资料可以使用，则这些资料可进行比较，并且在某些情况下可能会决定使用雷达降雨量估计值作为洪水预报部分的输入。例如，对于强风暴雷达图像的时间序列有时会显示风暴轨迹、速度和规模的一致性，并显示地形效应增强的区域。然后比较各个观测点或整个流域的观测结果，并建议对某些雨量计给予更大的权重。在预算允许的情况下，使用密集的雨量计网络的实验研究对于调查降雨的空间分布和流域开发的平均方案也很实用（如 Krajewski et al.，2003；Villarini et al.，2008；Volkmann et al.，2010）。

但是仍存在一项挑战，突发性洪水所需的计量密度往往比其他许多应用要高。不同类型的突发性洪水需求不尽相同，后面的章节将举一些例子进行这方面的介绍。此外，一个更常见的问题是，由于造访困难且人口密度较低，如在高海拔地区的大型水库和实验站等，仪表的空间覆盖率往往很差，只有少数实时仪表可用。在这种情况下，另一种评估雨量计覆盖率是否合适的方法是调查由此产生的不确定性对预期模型性能的可能影响。例如，可以使用不同的雨量计和选择不同的平均方案，包括使用任何可用的非遥测的雨量计记录，采用和不采用数据同化技术来比较模型性能。有很多这类的研究，但结果往往倾向于个别流域的模型和应用（详见第 8～第 12 章）。

2.3 天气雷达

2.3.1 背景

雷达技术在 20 世纪 30 年代作为跟踪飞机的一种方式被首次引入。第二次世界大战之后不久就开始了气象应用的试验，当时意识到降雨的干扰可能正是一种远程观测降水的方法。最早的国家系统之一是美国的 WSR-57 网络，于 1959 年安装了第一批雷达。多数其他国家也很快跟进了，但由于成本和其他因素的影响，仍只有少数大型机场服务站或人口中心进行了安装，其余的地方并没有安装。

在网络可用的情况下，所得到的降雨强度图像被广泛用于突发性洪水之中，比如追踪雷暴的进程。降水量的估值也被用作小范围的降雨预报（或临近预报，参见第 4 章）的基础，并作为实时洪水预报模型和突发性洪水指导方法的录入数据（参见第 5 章和第 8 章）。气象服务也越来越多地将天气雷达的输出作为中尺度和对流尺度预报模式的数据同化过程中的一部分（见第4章）。

操作的基本原理是传输电磁（微波）信号，并从降雨及其他对象的背向来散射能量。磁控管或速调管发射机常用于此。信号在脉冲之间传输的时间延迟（或"收听"时间）比其本身的传输时间长得多。如遇降水，反射信号的功率可能与降水范围有关，这个参数则叫作雷达反射率因子，它取决于液滴尺寸的分布。通过一定的假设（后面会介绍），反射率可以与地面降雨强度相关联，而发射和接收之间的时间延迟则可以提供降雨范围的信息。

信号通常以每分钟几转的速度由旋转天线盘传输，并通过天线罩保护元件。天线通常安装在钢或混凝土塔上，关键设备保存在附近的一个或多个建筑物中（图 2.3）。

为了提供降雨和风向随高度变化的信息，通常会采用多个扫描角度在数分钟内完成全方位的扫描。光束角度通常在从水平或略高于水平到几度或更大角度的范围内变化，并且有时在山区中使用稍微偏负的角度以查看仪器高度以下的降水。在一些系统中，可以根据当前的大气条件来调整扫描方法。例如通过使用更快的旋转速度和更多不同的扫描高度来快速评估强降水，或者使用更少的扫描高度和更慢的扫描速度来提高晴空风廓线的灵敏度。

所使用的发射频率通常在 C 波段或 S 波段，波长分别为 5cm 和 10cm（图 2.4）。S 波段仪器的测距范围较大，在给定范围内降雨信号衰减较小。

雷达发射机/接收器

现场计算机

备用发电

图 2.3 天气雷达内部工作视图
(Met Office，2009；包含由 Open Government Licence
v1.0 许可的公共传感器信息)

图 2.4 英国气象局的 C 波段天气雷达（左）和美国国家海洋和
大气管理局/美国国家气象局 S 波段（NEXRAD）雷达（右）
(Met Office，2009；包含由 Open Government Licence v1.0 许可的
公共传感器信息，国家海洋和大气管理局 http：//www.erh.noaa.gov/)

然而，它们通常比 C 波段设备花费更多，当降雨量不大时也不敏感。作为一个参考，现代 C 波段或 S 波段仪器和相关基础设施的价格通常在 100 万美元左右或者更高，但是随着技术的提升，成本会不断降低。

在网络设计阶段，除了成本方面的考虑之外，通常还要在详细研究多个因素的基础上来选择场地、波长、波束宽度、扫描角度和其他设计特征（如 Leone et al.，1989；World Meteorological Organisation，2008）。需考虑的因素通常从选址切入，如地形和区域降雨特征（规模、地点、强度等）以及预期的应用（例如洪水预警、航空、天气预报）。通常是通过使用雨量计、卫星、雨滴测量器及其他观测展开现场试验。基于风险的或多标准的分析法也越来越多地被用来评估每个应用程序网络的适用性，例如在洪水风险较高的城市或流域中覆盖的雷达网络。

对于单个雷达，实际有用的探测范围由许多因素决定，包括当地的地形和仪器的高程，但 C 波段设备探测范围通常为 200～300km，S 波段则更远些。然而由于地球的曲率，即使在最大探测范围内的最低的扫描角度，光束也通常处于相当高的高度。由于光束的扩散，空间分辨率也会随之降低。例如，在地球表面上方约 4km 的高度处，一束 0.5°的光的探测范围在 200km 以内，"1°的光束在 0.9km、1.7km 和 3.5km 的高度下的探测范围分别在 50km、100km 和 200km 以内"（World Meteorological Organisation，2008）。对于降雨强度的定量估计，实际有效的范围小于最大的检测范围，并且由于大气和其他因素的影响，各季节之间可能会有较大变化。

在运行使用中，由于反射率与降雨率或降雨强度之间的幂律关系，可知背向散射功率通常与降雨有关（Marshall and Palmer，1948）。一般来说，上述关系中的参数是通过比较雨量计和雷达估计的降雨量来校准的，某些情况下也可通过使用雨滴测量器和其他气象仪器进行更详细的观测来进行校准。然后利用所得到的关系对某典型风暴地区的情况进行优化。当雨滴大小分布不同于这些情况时，降雨量可能会过高或较低，例如特大暴雨或小毛毛雨。但在一些系统中，可以根据当时所处的时间或运营商对当前条件下最合适的使用形式的判断来选择替代系数，例如选择层状、对流或热带降雨等。

自 20 世纪 70 年代以来，仪器越来越多地考虑了多普勒效应，使得它现在已成为大多数网络中的标准特征。由此产生的连续脉冲之间的相位或频率的变化允许估计脉动量（雨、雪、冰雹等）中水凝物的速度。由于多普勒效应同时依赖于物体的大小和类型，可以帮助区分降雨和其他类型的降水，以及来自飞机、鸟类、昆虫和地面杂波等虚假回声。

　　最近的一个发展是将现有雷达改造为具有双极化能力的雷达，并为新仪器都提供这个配置。有时这被称为双重政策，且属于综合极化范畴或多参数方法。在这里，微波脉冲不是仅仅使用一个平面（通常都是水平面，但不总是这样），而是以水平和垂直两种极化方式传输，反射信号的特性记录在两个平面上。如专栏 2.1 中所述，这样就可以计算出一些额外的参数，这些参数能提供关于降水类型和强度的进一步信息，而且能有效地控制观测的质量。这种方法最近开始在包括美国、英国、法国和日本在内的诸多国家的气象雷达网络中使用。

　　波长约 3cm、射程在 30～60km 及以上的 X 波段雷达的使用是近期的另一个发展，它们已经研究多年。其中一个局限是，与 C 波段和 S 波段仪器相比，X 波段雨量范围较小，信号衰减较大。然而，它主要的吸引力是成本更低且对降雨的灵敏度更高，而且也很容易为新的安装找到合适的位置，比如天线盘的代表直径为 1m，而 S 波段雷达约为 10m。已经使用这种方法或正在开发这种方法的一些地区包括美国、日本（见专栏 10.1）和丹麦的部分地区（如 Pedersen et al.，2007；Maki et al.，2010；McLaughlin et al.，2009）。另一个发展是使用自适应或"敏捷"的扫描策略将监测工作的重点放在风暴发展最迅速的地区（详见第 12 章）。

　　有时移动式 C 波段和 X 波段雷达也用于突发性洪水，通常用卡车将其运输到安装地点需要数周或数月的时间（如专栏 9.1）。如第 12 章所述，美国正在对新一代固态相控阵雷达进行重大投资。通常来讲，国际上使用的仪器类型信息很少，但可以推断出一些趋势。如在国家气象服务 NEXRAD 网络中，S 波段多普勒双极化设备是标准配置（参见专栏 2.1）。欧洲的情况更为复杂，30 余个国家的信息数据库（http：//www.knmi.nl/opera/）表明共装有 32 个 S 波段、162 个 C 波段和 2 个 X 波段仪器，其中有 170 个仪器具有多普勒功能，38 个仪器具有双极化能力（2012 年 6 月 1 日；1.18 版本的数据库）。

　　相比之下，世界气象组织在 66 个国家（包括美国和欧洲部分国家）的调查中，有 11 个国家表示目前没有气象雷达系统（Sireci et al.，2010）。在提供详细信息的 48 个国家中，前三名的应用是临近预报、大规模天气监测和洪水预警。而且磁控管和速调管发射机之间的差距大致相等，但总体而言，只有 7% 的仪器具有双偏振能力。但自那次调查以来，一些被调查的国家的双极化升级已经完成。

专栏 2.1 美国双极化天气监视雷达

自 20 世纪 40 年代以来，国家气象局已经运行了一个气象监视雷达网络，表 2.1 总结了一些关键的历史发展（NOAA，2010）。最近的变化是升级到双极化（或极化）。该技术的基础是微波脉冲在水平和垂直平面上传输，而不仅仅是水平传输。在不影响现有的扫描方法、数据分辨率或反射率以及速度算法的情况下，通过提供额外的信号和后处理软件，对现有 159 个雷达机组的天线硬件进行了修改。

除了水平极化 Z_h 的反射率因子之外，在两个平面中的反射功率和相位信息可用于计算几个新的参数，包括（Ryzhkov et al.，2005；Scharfenberg et al.，2005；Schlatter，2010）：

• 差分反射率（Z_{DR}）是反应水平与垂直功率之比的对数。对于球形水凝物，Z_{DR} 约为零；当水平取向时，Z_{DR} 变为正值；而在垂直取向时（例如在电场中），Z_{DR} 则为负值。它可验证冰雹的存在并指示雨滴形状和大小的中值。

• 差分相位（K_{DP}）是每千米差分相位的平均变化率，其中差分相位是水平和垂直相位之间的移位的量度，如穿过雨水时所引起的位移。对于球形物体，差分相位接近于零，而水平方向物体的差分相位则稍高一点，变化的幅度也随着微粒浓度的增加而增加。这样就对区分降水和其他回波很有帮助，即使存在冰雹也能识别液体含量高的地区，并估算降雨率。

• 相关系数（CC 或 ρ_{HV}）是水平和垂直极化功率之间的相关系数。对于像雨、雪等形状和大小相当一致的气象回波，这个值通常较高（接近于 1.0；几乎完全相关）；对于越不规则的形状相关系数会越低，如由空气（大气）回流造成的鸟类和昆虫聚集以及地面杂波。它有利于区分降水与非降水，并能识别熔化层、巨型冰雹和空中的龙卷风带来的残片。

使用差分相位参数的一些优点还包括其可以对雷达校准误差、降水减弱以及雷达波束的部分阻塞忽略不计（Ryzhkov et al.，2005）。虽然它们与降水特征的关系尚不明确，但也可以在透射和反射成分之间估计各种其他参数。

表 2.1   美国天气监视雷达网的若干重大发展

时　　间	描　　述
1947 年	美国基础雷达网络始于第二次世界大战的转换雷达
1959 年	S 波段天气雷达监测网络开始建立（WSR - 57 雷达）
1971 年	第一台多普勒雷达安装于国家强风暴实验室（NSSL）
1976 年	当地安装 C 波段雷达（WSR - 74C）和附加的 S 波段雷达（WSR - 74S）
1976—1979 年	作为多普勒联合业务项目的一部分，现场测试 4 台多普勒雷达
1984 年	国家强风暴实验室开始研究双极化雷达
1990—1997 年	美国安装下一代天气雷达计划 159 - S 波段多普勒雷达网络（WSR - 88D）
2002—2003 年	国家强风暴实验室联合双极化技术实验
2011—2012 年	将美国下一代天气雷达计划网络升级为双极化

基于大量的现场试验（Ryzhkov et al.，2005；Scharfenberg et al.，2005），现已取得的重大进展是在雷达数据质量和降雨量估算方面的改进，同时区分降水回波与其他类型的回波（例如由异常传播和非水文气象仪引起的回波）的能力也得到了提高。例如 Zrnic and Ryzhkov（1999）提出，偏振测定法可能有以下作用：

- 改进定量降水估算。
- 辨别冰雹并可能测量冰雹的大小。
- 确定冬季风暴中的降水类型（干/湿雪、雨夹雪、雨）。
- 识别风暴的电活性。
- 识别生物散射体（鸟类、昆虫）及其对风测量的影响。
- 确定谷壳的存在及其对降水测量的影响。

其他益处包括能够识别空降龙卷风碎片，并在降水估算方面带来质量上的改进。

对于 NEXRAD 双极化的提升，除了上面介绍的三种基本产品之外，还有三种新的算法可用（图 2.5）：

- 熔层检测算法——根据相关系数 CC 的衰减值检测熔化层。

- 水凝分类算法——使用以下分类方案，对每个波束的仰角主导的水凝物类型进行最佳推断：小雨/中雨、大雨、冰雹、"大雨滴"、霰、冰晶、干雪、湿雪、未知。
- 双极化定量降水估计法——一种利用双极化参数的高级降水估计算法。

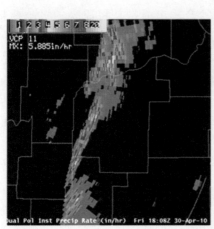
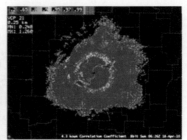

图 2.5　俄克拉荷马双极化雷达输出的几个例子。从右上角顺时针方向：
熔化层检测算法的输出清晰地显示了一个明亮的"环"；水凝分类算法
的输出（HR：强降雨；GR：霰；WS：湿雪；IC：冰晶；UK：未知）；
双极化定量降水估计法的输出显示了瞬时雨强分布，单位为 in[❶]/h
（NOAA/National Weather Service；Schlatter，2010）

2.3.2　观测值解读

与其他类型的仪器一样，天气雷达观测也有许多优点和局限。

对于突发性洪水应用，它最明显的优势是即使在没有雨量计的流域也能够观察更广泛区域的降水。但它也存在固有的物理限制，因为对于每个扫描角度，数值是被记录在高空上而不是地面，其中的波束宽度和最小检测高度随着与雷达距离的增加而增加。即使是最低的波束，也可能会越过某些形式

---

❶　1in=2.54cm。

的降水，比如低层的地形雨。其他的一些潜在因素包括来自高山、建筑物、风场和其他障碍物的堵塞和地面杂物，以及一些地方的海杂波。此外，对于快速发展的风暴，在进行全面扫描时可能会发生降水和风场的显著变化。

　　为了克服这些问题，雷达网络运行处理后的输出通常被组合拼接或合成图像，以充分利用所有可用的观测资料。有时这是唯一可用的产品，但在某些情况下，需要提供某个地点的原数据和（或）处理过的数值，比如有些用户希望使用他们自己的后处理算法。复合输出通常是将原来的极坐标扫描处理成基于网格的格式。例如，降雨强度值可能是在雷达站点四周 1km 网格内提供的 5min 的累计值，但随着分辨率降低到 2km 范围内，距离可扩大到 5km（尽管各组织所使用的值均不相同）。对于多传感器降雨量的测量产品（见 2.5 节），也对其他类型的雷达输出进行了研究，例如军用雷达、机场常用的多普勒雷达，以及某些国家电视台使用的私人操作 C 波段和 X 波段雷达。

　　通常会制作报道地图以协助解释输出，并适时公开。例如图 2.6 展示了美国国家气象雷达网络提供的一种反射率产品。

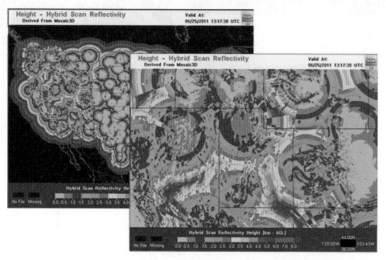

图 2.6　美国天气雷达网 2011 年 6 月 25 日显示输出的混合扫描
反射率高度（HSRH）。放大的区域显示犹他州、内华达州和
科罗拉多州部分地区的细节，说明了这些多山地区中覆盖率的
差距。混合扫描反射率高度是每个 NMQ 网格单元中单个雷达
混合扫描反射率的高度，并且以千米为单位。NMQ 具
体将在专栏 2.3 中详细讨论（http：//nmq.ou.edu/）

更简单的预定义杂波图或掩模也被广泛用于提供最大有效范围的信息。这些通常基于一次性数字地形模型分析，分析会将地形、障碍物（建筑物、风场等）以及某些标准大气条件下的光束功率分布都考虑在内。反射率的长期平均值也可以揭示不同季节观测中的固定现象及变化。

表 2.2 中总结了观测的覆盖范围、准确性和一些其他的潜在问题，并在图 2.5 和图 2.7 中进行了说明。有时这些问题也会带来新的思路，例如，研究昆虫和蝙蝠（在新兴的航空生态学领域），或基于已知地面杂波位置的传播时间变化，来获得大气模型中数据同化后的近地湿度（如 Weckwerth et al.，2005）。

表 2.2   除了降雨-反射率间关系和物理限制（地面杂波、范围相关问题等）的不确定性外其他影响天气雷达观测降水精度的因素

类 型	事 项	描 述
相关硬件	机械或电气	天线指向误差，电子稳定性问题，维修或修理的停机时间以及来自外部的信号干扰
	天线罩衰减	天线罩润湿后使得反射信号衰减。通常用防水涂层来减少这种影响，校正算法越来越多地被应用（如基于风暴排放的方法）
大气	空气生态学	来自鸟类、蝙蝠和昆虫的反射，有时被称为绽放或绽放回声
	异常传播	由于空气温度和湿度的梯度变化引起的折射而产生的光束弯曲，在某些情况下使光束撞击地面
	晴空回波	由湍流、反演、风切变等引起的折射率变化，对背向散射辐射的影响较小
降雨量	蒸发	在最低波束高度以下的降水蒸发
	地形增强	由最低扫描高度以下的地形影响引起的低层降水
	雪和冰雹	对流风暴中冰雹的反射率增加，雪花转为下雨的"亮带"效应，例如冬季里的一些层状条件（图 2.5）
	气流上升/下降	气流的上升和下降影响雨滴下降速度，特别是在对流风暴中影响更甚
	风切变	尤其表现在最低的波束下降水的水平对流，这种现象在毛毛雨和小雨时尤为明显

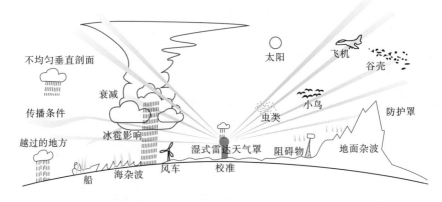

图 2.7　影响雷达数据质量的现象

（Holleman et al.，2006；OPERA 是 EUMETNET EIG 公司的
一个项目和操作服务）

但通常会采取更正措施来滤除或考虑进这些影响。分析的各个阶段通常包括信号处理、质量控制、水文分类和产品生成（如 Collier，1996；Bringi and Chandrasekar，2001；Meischner，2004；World Meteorological Organisation，2008；Villarini and Krajewski，2010）。

例如，自 20 世纪 90 年代以来广泛采用的一种方法是使用垂直反射率剖面（VPR）的假定值来改进对地表降水的估计。通常使用雷达站点的平均值（气候）或参数化值，或根据靠近雷达测量的剖面或实际扫描体积部分的平均值进行实时估算。剖面被典型地应用在区域范围或逐个像素上，有时还用于区分不同类型的降水（例如专栏 2.3 中图 2.9）。在某些情况下，卫星观测和大气模型的输出被当作校正过程的一部分，如用于估计冰点高程和风场的情况。在一些系统中，概念或统计模型被用来帮助解释最低波束仰角下面的地形和其他局部效应。

一般来说，遥测雨量计观测广泛用于调整雷达的输出。对于其是否为最佳测量方法的观点不尽相同，在一些组织中，是否应该进行实时调整特别值得考虑。例如，在雨量站密度很小的情况下，调整后会降低雨量预测值而不是改善雨量预测值。遥测雨量计观测更适用于降水相对均匀的正锋面事件，而不是对流事件。其主要选择是实时应用调整，或使用过去几天或更长时间内推导出的典型偏差和其他修正因子（如 Wood et al.，2000；Gjertsen et al.，2004）。在某些情况下，使用混合版本以结合这两种方法的优点。

这些调整通常以对应的网格及其周围网格的雷达和雨量计观测值之比的

函数形式来表示。就像在整个区域中应用的单个平均值一样简单，也可单独根据范围或空间变化来估计。在后一种情况下，使用的空间插值技术包括反距离、卡尔曼滤波、克里金、多尺度和贝叶斯方法（如 Wilson and Brandes，1979；Todini，2001；Moore，1999；Seo and Breidenbach，2002）。对最佳使用方法的选择，可参考雨量计在实验场地的过往表现和使用密集雨量站点进行分析。

对雨量计数据的使用有时被描述为雷达观测的偏差校正。然而，在雨量计观测中也存在误差，但在一些调整计划中对这些不确定性给予了补偿。或者说，雨量计调整后的输出可被视为只使用两个观测系统时多传感器降水产出的一种形式。除此之外的另一个步骤是使用附加类型的观测资料，如卫星和雷电探测系统的观测资料，该话题还将在 2.5 节中详细讨论。

2.3.3 天气雷达产品

天气雷达网络的输出通常作为一套产品提供，以满足一系列终端用户的需求，例如可提供降雨率、风速和风向以及其他参数的估计值。专栏 2.1 和专栏 2.3 显示了几个输出的类型。在一些组织中，产品可用于输出过程中的几个不同阶段，例如下面的几个关于降雨率的示例：

- 单站——原始反射率输出。用户需要应用自己的质量控制和信号处理算法，如果适用还要包括雨量计调整以及从极坐标转换到网格坐标。
- 复合Ⅰ级——基本的质量受控制的降雨复合产品。没有实时的雨量计调整，但可能包括每周（或其他）的偏差调整。
- 复合Ⅱ级——与Ⅰ级一样，但包括实时的雨量计调整和更复杂的校正程序。
- 复合Ⅲ级——与Ⅱ级相同，但由有经验的预测者进行检查，如果合适则在分配给最终用户之前会再次进行校准。
- 多传感器——为提高预测精度，使用雨量计、卫星、雷电，其他观测数据和大气模型输出结果的自动化产品（参见 2.5 节）。

这里提供的不同层次的产出仅仅是为了说明各组织之间所使用的术语差别很大。故常采用世界气象组织的分类：Ⅰ级（原始数据或仪器读数）、Ⅱ级（气象变量和处理数据）和Ⅲ级（派生气象参数）（World Meteorological Organisation，2007）。通常，有几种产品可用于输出诸如降雨、风廓线和云顶高度等参数，以及可用的双偏振雷达等新型产品。越来越多的产出包括数据质量指数或其他对输出不确定性的估计（见专栏 2.2）。

专栏 2.2　天气雷达产品的不确定性估算

对于实时操作，提供天气雷达产品的不确定性估算是有必要的。例如，当观察点是来自多个组织或国家时，我们要对来自多个工具的输出的信息进行合成后再使用。概率输出也可用于洪水预报模型的输入（见第 12 章），并指导集合临近预报方法的生成（见第 4 章）。其他潜在的应用包括"雷达及雨量计数据合并程序的验证、多种面降雨量均值计算方法的测试以及降雨-径流模型的敏感性分析"（Krajewski and Georgakakos，1985）。

迄今为止，最广为使用的方法或许是将数据质量标志或指标作为性能指标（如 Holleman et al.，2006；Einfalt et al.，2010）。它的值通常以 0~1、100 或 255 的等级来表示，其中关联的元数据描述反射率或其他校正应用的垂直分布。这些信息为数据输出提供了信心和指导，并且可以用于将多个站点的输出组合到复合产品的算法当中。当决定是否将天气雷达数据同化到数值天气预报模式时，这也是有用的。

静态（全局）指标和动态（实时）指标都要使用。通常数值的选定是以像素为基础，基于如距离、地面杂波、光束高度或长期（气候）观测等物理限制的静态估计。相比之下，实时数值通常基于预先定义的与反射率观测值相关的阈值或置信限值，以及卫星观测值等其他信息。

例如，在对欧洲的调查开展之后，Norman 等（2010）提出了以下三个复杂性的等级：（等级 1）反射率和一些全球质量因素；（等级 2）合并"气候"数据，如检测频率或杂波图；（等级 3）同时使用额外的动态信息，如数值天气预报模型中的冻结等级的高度。用户可能希望得到三种类型的质量信息：来自水凝物回波的可能性、反射率测量的质量以及将这些值转换为地面降雨强度的质量。

数据质量指标也能说明输出的不确定性，但这种方法存在一些局限性。另一种方法是直接估计误差协方差矩阵或其简化的表示，如集合估计。尽管还有许多因素可以了解误差结构（如 Krajewski and Smith，2002），但这种方法旨在代表降水场不确定性的空间和时间关系。然而，对于突发性洪水预警应用来说，推导出定量估计的不确定性的潜在优势是：当其用作洪水预报系统的输入时，可用将概率和结果组合的方式来进行风险决策，例如决定是否要操作防洪闸门或将居民撤离。但这仍是一个正在研究的领域，该问题将在第12章进一步讨论。

此外还使用随机法、误差分解法和其他方法对天气雷达观测中的不确定性进行了许多离线（模拟）研究。这种模拟和实践经验表明，空间取样误差随着区域面积、时间、降雨密度和降雨量的增加而减小（Wilson and Brandes，1979；Krajewski et al.，2010）。然而，用于实时使用的数据，不是尝试将各个误差源与其空间和时间相互关系的假设相结合，而是通过与雨量计观测值的比较来推导总体误差的估计值（如Ciach et al.，2007；Germann et al.，2009；Mandapaka and Germann，2010）。如果使用多传感器方法，这也可以扩展到包括对雨量计观测本身、卫星和其他观测系统的不确定性的考虑（详见2.5节）。

从水文角度来看，采用雨量计还是基于雷达的降雨估计，最好的办法是比较近几年内的一些降雨事件的输出，选择那些既作为降雨量又作为洪水预报模型输入的数据。例如，一些气象服务部门现在保存有十多年来的雷达观测档案。一些国家因考虑到分析期间雨量站网络和雷达硬件的变化以及信号处理技术的影响，计划或正在进行长期的产出再分析（如Delrieu et al.，2009；Moulin et al.，2009；Krajewski et al.，2010）。模拟值的目的是反映当前的网络运行表现，并将在开发洪水预报模型和其他水文应用方面发挥巨大的潜力。

当雷达的实时数据输出被用作洪水预报模型的输入时，通常需要考虑许多其他因素，包括建立可靠的传递方式（例如租用线路、高速宽带）、服务级别协议、数据归档设施和全天候支持操作。有时还需要额外的软件来接收、查看和后处理雷达输出，并且有几个系统是可以在市场上买到的。如果可能的话，还应建立一个控制系统版本，一旦发生可能会影响洪水预报应用的硬件或信号处理算法的重大变化，便立即通知终端用户。

此外，对各种可用的天气雷达产品和技术分析的比较还进行了许多研究，并共享了观测数据和最佳的实践经验。欧洲约有30个国家参加EUMETNET的OPERA计划（http：//www.knmi.nl/opera/）。

同样，对于世界气象组织对比实验，项目文件中引用的定量降水量估算（QPE）的优先概念清单（http：//www.wmo.int/）包括：

- 地面杂波和异常传播
- 反射传播的垂直分布

- 部分隐蔽
- 反射率偏差校准（监测）
- 衰减校正或处理
- 最小化水滴大小分布（DSD）变量的影响
- 量表调整（密度函数）
- 一致性验证和数据质量指标
- 不确定性/比例/概率等概念

2.4　卫星降水估计

2.4.1　背景

自 20 世纪 60 年代首次引入卫星观测系统以来，自然灾害监测的许多方面已经被其改变。对气象应用而言，可以测量或推断的量包括（World Meteorological Organisation，2008）：

- 温度剖面、云顶和海陆表面的温度
- 湿度分布图
- 云层及海面的风场
- 液体、总水量及降水率
- 净辐射及反照率
- 云类型和云顶高度
- 臭氧总量
- 覆盖面及冰雪的边缘

在突发性洪水应用中，所提供的图像通常用于帮助预报员跟踪锋面系统、热带气旋和其他方面的演进。不过，正如第 8～第 11 章所述，尽管卫星观测在数值天气预报模式的资料同化（见第 4 章）以及生产多传感器降雨的产品中起着至关重要的作用（参见 2.5 节），但由于空间分辨率问题，除了在雨量计覆盖稀少以及没有气候雷达网络覆盖的地区外，定量使用卫星降水估计值的次数有限。也如第 3 章和第 12 章所讨论的，对土壤湿度、积雪和土地利用的观察也可能作为分布式降雨-径流模型的输入。

卫星系统的两种主要使用类型是对地静止卫星和低地（或极地）轨道卫星。在气象观测方面，由气象卫星协调组（CGMS）提供国际协调，同时还提供设计和业务支持，例如在任何单个航天器出现问题的情况下，对对地静止卫星进行临时搬迁（http：//www.cgms-info.org/）。

对地静止卫星被放置在相对于地面一个固定位置的轨道上，高度约为36000km。在气象应用中，大约需要 6 颗卫星才能提供约南北 55°纬度之间的完整覆盖，同样也需要使用极轨卫星才能覆盖全球（World Meteorological Organisation，2007）。它通常每隔 15～30min，在空间分辨率为 1～4km 的情况下提供可见光、水汽和红外波段的图像。在一些系统中，也可以选择使用更快的快速扫描模式来聚焦地球表面上的较小区域。搭载空间观测的附加传感器的一些卫星还可用于监测二氧化碳、臭氧和其他成分。

目前，主要的气象对地静止卫星是美国 NOAA GOES，欧洲气象卫星和日本 MTSAT（原 GMS）计划以及印度、中国和俄罗斯运行的卫星。例如，GOES 和欧洲气象卫星计划包括 2～3 个主要卫星。这些都是由国家或国际机构运营的供给国家气象和水文部门用于天气预报和其他应用。自 20 世纪70 年代以来，这些卫星计划中也加入了一些替代卫星，每次升级都会提供额外的功能并提高分辨率和可靠性。使用的仪器通常包括成像仪和发声器。数据收集和分配系统通常也都包含在内，并广泛用于水文和气象数据的测量（见第 3 章）。

相比之下，低地（或极地）轨道（LEO）卫星运行高度更低，因此通常提供更高分辨率的观测，但对于地面上的固定位置会相对移动。例如，极地轨道的高度一般为 800～1000km，轨道运行时间约为 100min，并且在多个轨道上才能实现全球覆盖。对于单颗卫星来说，使用单一轨道意味着一个位置每天能够观测的时间是相当有限的，在一些低地轨道，间隔长达 1～3 天。例如，有人估计，仅就美国卫星而言，在高达 50°的纬度上，3h 的覆盖面约为地球的 80%（Huffman et al.，2007），因此这需要继续改善。然而，大多数气象卫星被置于太阳同步极地轨道上，因此卫星几乎能在每天相同的时间两次经过赤道上的给定位置。

在极地轨道卫星上安装的微波仪器通常用于湿度、土壤湿度等的观测。而一些军用、民用和商业运行的系统所提供的信息对于自然灾害或者天气预报相关的应用也可能是有价值的，例如美国国家海洋和大气管理局的 N 项目、美国宇航局的 Aqua 项目、欧洲的 MetOp 项目和美国宇航局 NPP 项目。各种系统之间的传感器通常是不同的，但是也有特例，比如特殊传感器微波成像仪（SSMIS；successor to SSM/I）、高级微波探测单元（AMSU）、微波湿度测深仪（MHS）以及可见和红外观测特高分辨率辐射计（AVHRR）。

尽管并非要具有与运行卫星相同的可行性和质量控制标准，但科学卫星的输出信息也可能是有用的。在突发性洪水应用中，有一个特别引人注目的

项目是美国 - 日本联合热带降雨测量任务，简称为 TRMM（http：//trmm. gsfc. nasa. gov/；http：//www. eorc. jaxa. jp/TRMM/）。这是第一颗携带星载降水雷达的卫星，其工作原理与地面仪器相同，但是使用较短的 K_u 波段（波长约 2cm），因此仪器更轻便、功耗更低。

该卫星于 1997 年发射，预计使用 3～5 年，但由于其所提供的信息很有价值而延长使用到 2010 年以后。它在赤道轨道上运行，高度约为 400km，路径约为北纬 35°～南纬 35°，每天绕轨道运行 16 圈，每圈时间约为 90min。雷达观测的水平分辨率大约为 5km，这些输出已被用于许多研究和一些实际应用操作。卫星还携带可见红外扫描、微波成像仪（TMI）、雷电成像和辐射能量仪器。不过它将被更先进的全球降水测量（GPM）卫星代替（Hou et al.，2008），该卫星可能对突发性洪水的应用具有非常重要的意义（http：//pmm. nasa. gov/GPM/），详见第 12 章。

2.4.2　观测值解读

为了解读卫星观测数据，需要对仪器、大气和其他因素进行大量的修正。除了原始辐射和图像输出之外，表 2.3 还显示了在气象应用中所使用的派生输出类型。由于各个传感器都有覆盖范围、精度和分辨率的限制，产品通常是基于多个传感器的输出。

降水产品形成另一类别，并且通常来自不同传感器和系统的输出（如World Meteorological Organisation，2000；Scofield and Kuligowski，2003；Vasiloff et al.，2007；Gebremichael and Hossain，2009；Sorooshian et al.，2011）。一般而言，除了基于 TRMM 雷达的方法（参见 2.4.1 节）之外，主要类型的技术还包括：

• 红外/可见光估算——通常对云顶亮度、温度和云的范围、形态进行对地静止观测来估算降雨强度。其中，一个关键的假设是接近地面的降雨强度更大，海拔越高温度越低。这个假设主要适用于对流云，对于其他类型如卷云、层状云和地形云以及云顶风切的情形，这种假设也同样有效。除了特定时间的图像外，在云系统的开发阶段，有时还基于一系列图像采用生命历史法来提供一些信息。在 20 世纪 70 年代首批对地静止卫星发射后不久，这种产品就开始投入使用。

• 基于微波的估算——利用极地轨道卫星的无源微波观测来推断基于云水排放的云层冰水含量。这种技术通常在水平辐射形成鲜明对比的海洋上效果最好。在陆地上要使用不同的方法观察云对亮度和温度的遮蔽效应。例如，这种技术在存在大量云冰粒的情况下效果最好，而对于较热的地形云则效果不佳。该类型投入使用的第一批产品是基于 SSM/I 传感器的，此传感器在 20 世纪 80 年代首次发布，此后还用于其他系统（AMSU、TMI 等，参考前一节）。

表 2.3　　　　　　　用于气象应用中的一些卫星产品类型
（分类基于 World Meteorological Organisation，2007）

类　别	典　型　输　入	产品实例
云的特征	红外线、可见光估算	云顶温度、类型、高度、遮盖等
大气的温度及湿度探测	红外线、微波估算	空气温度和湿度的垂直剖面
大气运动风	云、水汽、臭氧的场序列或图像序列	各级风速和风向的估计
陆地和海洋表面温度	红外估算（无云）、辐射计、微波估算（海水温度）	各种空间分辨率和覆盖范围的估计
雪和冰	红外线、可见光、微波估算	主动微波仪器的空间覆盖和雪深估计
植被	红外线、可见光估算	植被类型和长势，叶面积指数等
海洋面	微波估算（有源）、散射计	海平面（测高）、有效波高、风力强度等

这两种方法中，微波技术通常能提供更准确的降水估计，但是频率和空间分辨率更低。对于地面上的一个给定位置，要达到观测的最佳时间和空间分辨率，对地静止卫星降水产品通常为 15min/4km，基于微波无源的产品通常为 3～6h/15km（Vasiloff et al.，2007）。然而性能要取决于许多因素，如传感器的选择、使用的信号处理算法及大气因素（如 Sorooshian et al.，2011）。

目前已经开发了各种各样用于信号处理的技术，包括独立或组合使用基于物理概念和数据驱动的方法。组合的、合并的或称之为"数据融合"的产品也逐渐结合了不同方法的优势发展。这些方法利用了地球静止观测（频率更高）和基于极地轨道观测（准确度更高）的优势（如 Heinemann et al.，2002；Huffman et al.，2007；Kidd et al.，2008；专栏 2.3）。例如，一种广为使用的方法是利用基于对地静止观测的云跟踪或对流方案来"填充"基于微波观测中所缺失的周期（如 Joyce et al.，2004）。

一些算法也利用大气模型的输出，如风场和相对湿度（如 Scofield and Kuligowski，2003）。结合卫星观测和实时或近期雨量观测的产品也已研发成功（如 Xie and Arkin，1996；Tian et al.，2010）。在研究中，TRMM 星载降水雷达也被证明是对微波卫星降水产品进行评估和实时校准的有效工具。

随着卫星的一代代的发展，精度和分辨率都有所提高，当前的一些研究重点包括（如 Turk et al.，2008；Sorooshian et al.，2011）：

- 量化个别传感器和降水产品的不确定性。
- 针对不同气候区域的风暴状况、地面状况、季节和海拔的算法进行优化。
- 性能指标的进一步提升。

为了这项发展工作的有力开展，国际降水工作组织于 2001 年成立（Turk et al.，2008）。自 2003 年以来，一项雨量和气象雷达观测值比较的例行报告已经开展，涉及澳大利亚、欧洲、南美、日本和美国等在内若干地区。例如，基于 9 颗卫星降水产品的比较和 4 个数值天气预报（NWP）模型的输出发现（Ebert et al.，2007），对于约 25km 空间尺度上的土地进行观测有如下价值：在夏季和低纬度地区，降水率和降雨量的卫星估计是最准确的，而 NWP 模型在冬季和高纬度地区表现最好。一般而言，降水态势越趋向深度对流，卫星估算的准确度越高，模型估算的准确度越低。

2.5 多传感器降水估计

当从多个观测系统获得降水测量数据时，最为恰当的方式是将每种方法的最佳特征合并到一个降水估计中。在天气雷达研究中，这种类型的产品通常被称为多传感器降水估计（MPE），而高分辨率降水产品（HRPP）也被用于卫星基础应用。术语多参数、多传感器融合、混合、多源或数据融合等术语也用于其中。

这类产品的生成已经成为多年来研究的一个话题，在过去的一二十年中涌现了许多实践应用。发展的动力来自多个方面，其中的许多共同点就包括以下几个例子：

- 临近预报——天气雷达、雨量计、卫星、雷电探测和其他实时观测的数据混合，为短期天气预报提供初步降水、云量和能见度分析，有时以数值天气预报模型的输出为参考，参见 4.3 节（如 Golding，1998；Wilson，2004）。

• 卫星降水量估算——同时使用对地静止卫星和极轨卫星观测资料，有时包括实时降雨和天气雷达观测资料，并利用数值天气预报模式的输出结果，参见 2.4 节（如 Xie and Arkin，1996；Scofield and Kuligowski，2003；Turk et al.，2008）。

• 气象雷达——长期以来利用实时雨量计观测资料来调整雷达降水观测资料，最近又利用卫星和其他类型的观测资料以及数值天气预报模式来对输出进行质量控制，并对覆盖率差的地区进行加密，参见 2.3 节（如 Wilson and Brandes，1979；Zhang et al.，2011）。

从数值天气预报模式开始，在数据同化过程中使用多种观测资料的做法已经常规化。不过，正如第 4 章和第 12 章所说，近年来对高分辨率的对流尺度和中尺度模型的使用越来越多，所以需要考虑利用更大范围的观测系统（如 Dabberdt et al.，2005）。

表 2.4 提供了一些可能包含在多传感器降水产品中的观测类型的例子。在多传感器方法中，目标是使用能提供直接降雨预测的传感器或使用提供降水或暴雨线索的信息。例如，来自卫星的可见光估计和红外观测可以显示给定的像素是否包含可能产生降雨类型的云，而雷电观测通常会显示对流活动（例如雷暴）的存在。数值天气预报模式输出还提供了有关不同海拔高度的大气条件以及云和降水范围等有用的信息。表格中显示的许多示例都适用于多传感器方法，专栏 2.3 描述了一个将多种输入类型组合在一起的系统——美国国家拼接和多传感器 QPE（NMQ）系统。

表 2.4 　　除了雨量计、气象雷达和卫星观测之外，可用于
多传感器降水估计的一些例子

技　术	描　述
飞机和船载仪器	通过无线电或卫星遥测传输大气关键参数的自动化设备。例如，飞机通常报告风速和风向、气温、高度、湍流和飞机位置。在一些国家（例如美国），这种方法已经扩展到在比喷气式飞机更低海拔上操作的涡轮螺旋桨飞机上。在这些长期建立的志愿项目中已包括了几千架飞机和船只（World Meteorological Organisation，2007）
陆基导航	将地面全球定位系统接收机与地面气压观测结合使用，来估算大气可降水量或综合水汽。估计值是根据卫星和地面之间信号的时间延迟来表示的，以电离层、流体静力学和"湿度"或水蒸气相关成分表示。这种技术对于协助大气模式中的雷暴预报和数据同化是很有用处的，并且自 20 世纪 90 年代以来已被越来越多地用于气象服务中（图 12.1）

技　术	描　述
雷电探测系统	用于探测对地闪电位置的地面网络，通常是从低层电磁波在每个传感器上行进的时间差异推断出来的。这些低频辐射有时传播数百千米，这些观测也被越来越多地用作大气模型和雷暴预报中数据同化过程的一部分（详见第 4 章）
无线电探空仪	用于在大气中提供垂直剖面的消耗性气压、空气温度和湿度传感器，在充满氢气的气球上发射，通常使用无线电发射机来传输数据。作为 WMO 世界天气监视计划协调工作的一部分，每天发射两次共约 1000 次，高达 20～35km。无线电探空仪还提供风速和风向信息
气象站	自动或手动操作的场地通常结合了气温、气压、风速、风向、湿度、太阳辐射、降雨量和其他传感器，如用于监测土壤温度和积雪的传感器。天气观测站通常记录其他参数，如能见度、云量、当前天气和云层基础。仪器主要由陆基地点（包括机场和气象站）、海洋浮标和油气平台来运行。主要将固态传感器的小型仪器广泛应用于道路气象信息系统
风廓线仪	地面垂直指向的 UHF 和其他基于雷达的仪器，用于测量低层大气中的垂直风廓线，有时还配有无线电声学探测系统来估计空气温度分布。例如在一种广为使用的方法中，由于折射率的变化，可从垂直传播的几个光束的移动频率和行进时间推导出不同级别的风速，并且与由反向散射产生的垂线成一定角度。轮廓仪提供了持续监测风速的优势，在某些情况下还可测空气温度剖面，自 20 世纪 90 年代以来已被广泛使用（图 12.1）

专栏 2.3　美国 NMQ 多传感器降水估计系统

天气雷达、卫星和雨量计观测资料提供了不同时间和空间尺度的降水量估计值，并且具有不同程度的准确性。为了克服这些限制，多传感器产品的目的是在每个测量系统的优势上，填补覆盖面上的空白。数值天气预报模型的输出也可以帮助解释观测数据和进行空间插值。

十多年来，参与开发多传感器降水量估计的美国国家海洋和大气管理局的各个机构一直在努力开发一套运行产品。其中包括用于诸如突发性洪水预警和水资源管理以及三维雷达拼图工具等应用的定量降水估算

（QPE）产品，以协助恶劣天气探测、航空应用和大气模型数据同化。贡献单位包括国家强风暴实验室（NSSL）、水文开发办公室（NWS/OHD）、气候办公室、水务局和气象局以及联邦航空管理局（FAA）和中国台湾气象局。

整个计划被称为国家拼接和多途径定量降水估算 QPE（NMQ）系统（Zhang et al.，2011）。已确定的一些必要功能包括（Vasiloff et al.，2007）：

- 雷达、雨/雪测量仪、卫星、雷电和数值天气预报输出数据的实时处理
- 输入数据集的质量控制工具
- 输入数据和输出产品的可变分辨率和格式
- 长期回顾分析，即再分析
- 强大的验证和评估工具
- 外部降雨产品的整合
- 用于产品生成和传播的高带宽服务器

自 2006 年以来，已经产生了 1km 水平分辨率和 2.5min（以前 5min）更新周期的实验性产品。这些通过公开的网站（http：//nmq. ou. edu/）发布并直接提供给关键用户，并且还可以提供约 3 年的在线存档。产出范围覆盖美国大陆地区，不包括阿拉斯加和离岸地区。

自 2007 年以来，NMQ 降水输出与现有的多传感器降水估算器（MPE）的产品被同时提供给国家气象部门河流预报中心（RFCs）。从操作角度来看，除了包含新的数据源和算法之外，还有更多的自动化设备用于初始数据质量控制，填补空白和数据融合。作为开发计划的一部分，与其他降雨量估算器以及与分布式降雨径流模型一起使用时的输出结果也被进行了广泛的比较（如 Kitzmiller et al.，2011）。

接入系统的实时观测类型随着技术发展而变化，但主要投入包括（图 2.8）：

- 一个质量控制的三维反射率复合图以 1km 为网格尺度，31 个垂直测量线取自于美国的 140 多个 S 波段 NEXRAD WSR-88D 气象雷达以及加拿大环境部门运行中的 31 个 C 波段雷达网络。
- 通过数据收集平台向 GOES 东和 GOES 西对地静止卫星发送数千个地面观测雨量站的观测资料，以供水文气象自动数据系统 HADS 初步处理（http：//www. weather. gov/oh/hads/WhatIsHADS. html）。

· 据 NOAA/NCEP 快速更新周期/快速刷新大气模型的短期预报显示，该模式在 50 个垂直等级上有 13km 的网格尺度，并在 1～18h 之间每小时更新一次 (Benjamin et al.，2004，http：//rapidrefresh. noaa. gov/)。

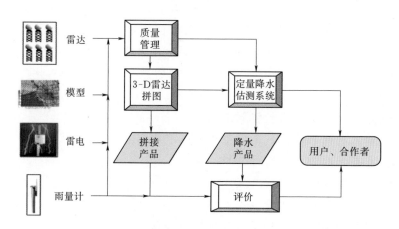

图 2.8　说明一些关键输入的 NMQ 系统的总流程图
(Zhang et al.，2011)

还有其他几种类型的观测，包括雷电观测和选定终端多普勒天气雷达和电视台雷达的观测。

多传感器产品是通过自动比较和组合这些单独系统的输出结果而得出的。例如，对强冰雹与最大冰雹大小的概率估计主要来自 3－D 雷达反射率和由模型得出的空气温度分析。

对于突发性洪水预测，整个系统的一个关键组成部分是下一代 QPE (Q2) 工具套件，它可以对降水类型和强度进行最佳估算。这包括自动雨水分类方案，该方案基于三维反射率拼接，模型输出和闪电、地表气温和湿度观测的信息。该算法区分层状、对流、暖雨、冰雹和雪的像元尺度，然后采用适合降水类型的自适应反射率关系。反射率修正的垂直剖面也被应用 (图 2.9)。

例如，区分对流和层状雨的过程要使用反射率的阈值，最后 5min 内在像素附近检测到的一个或多个对地闪电，以及大气模型中空气温度的垂直剖面 (Zhang et al.，2011)。

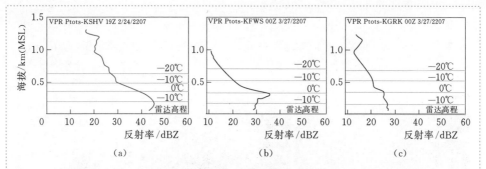

图 2.9 (a) 对流、(b) 层状和 (c) 热带降水的反射率垂直剖面
(VPRs) 的例子。水平线从上到下依次表示－20℃，－10℃，0℃和10℃
的雷达位置的高度。在剖面图中展现的一些特征包括：(a) 一个地区，在
大约1500m的云基地上方有立即形成大雨滴和冰雹的可能；(b) 冰冻线
附近的明亮带特征；(c) 在潮湿环境中继续大量增长的
中等大小的雨滴（Zhang et al.，2011）

其他第二季度的产品包括采用反距离加权方法得到的，并且经过雨
量计校正的雷达降雨输出，以及美国西部使用的基于高分辨率精度的降
水气候学原理的"山地图"雨量计产品（Daly et al.，1994；Schaake et
al.，2004）。在出现高雨量值的情况下，首先使用一组验证工具来检查这
些值，这些工具搜索异常值并去掉那些看似不合理的值。

总共有大约20种产品可供选择。其他例子包括对天气雷达覆盖率和
质量的实时评估，以及对美国和加拿大南部任何用户定义的三维反射率
截面的实时评估（图2.10）。

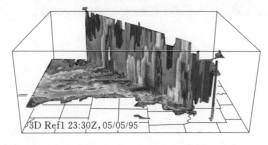

图 2.10 1995 年 5 月 5 日达拉斯冰雹三维反射率
拼接的水平和垂直剖面（Zhang et al.，2011）

NMQ系统和网站还包括一套实时验证输出，该输出基于与当地和地
区性雨量站网络的遥测值以及由国家志愿观测员网络提供的手动记录值的

比较（图 2.11；参见 http：//www. cocorahs. org/）。其他系统的输出也可用于比较，如基于卫星的 Hydro‒Estimator 产品（Scofield and Kuligowski，2003）。

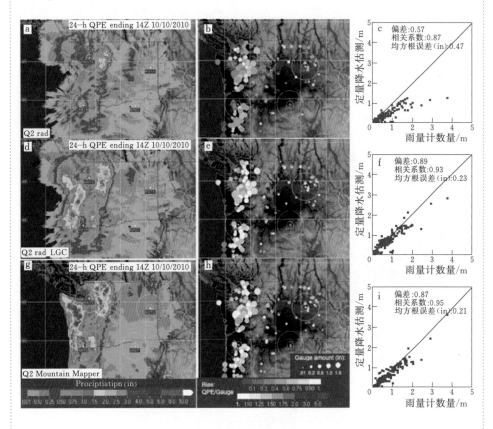

图 2.11 太平洋西北地区在截至 2011 年 10 月 10 日世界协调日结束时期的
累计 24h 降水量估计值；(a) Q_2 雷达，(d) 带有局部雨量计校正的
Q_2 雷达，(c) 只有山地图的 Q_2 雨量计测量。气泡图 [(b)、
(e) 和 (h)] 显示了三种不同的 Q_2 产品和手动记录雨量计（CoCoRaHS）
观测值之间的偏差比率，其中圆圈大小代表观测量，阴影强度代表 Q_2 的
每个仪器偏差。散点图 [(c)、(f) 和 (i)] 显示了 Q_2 估计值和雨量观测
值之间的相关性。对于其他类型的降雨图像（例如对流）和（或）美国其他地区
（例如美国西南部）的类似的图像通常会展现 Q_2 雷达-雨量计
测量产品的更优性能（Zhang et al. ，2011）

所报告的统计数据包括偏差、相关系数和均方根误差，输出数据以地图、表格和图形的形式提供。验证的重点是美国西部，由于此地为山区地形，在雷达覆盖方面存在着显著的差距（图 2.6）。

当前的一些研究领域包括：如何最好地利用 TRMM 卫星和它的后继星载雷达观测降水（GPM），改进使用双极化输出的水文气象识别和雷达数据质量控制，使用 X 波段和移动 C 波段雷达填充间隙，并开发量化每种产品不确定性的技术。实际上，正在采用的全社区方法很容易让研究人员获得数据，并提供一个现成的验证框架，以评估新技术。

至于天气雷达和卫星观测，重要的是了解输出的不确定性，无论是对多传感器终端产品还是所使用的多种输入。正在开发的大体方法与专栏 2.2 中描述的相似，即天气雷达观测结果显示为质量指数、集合输出和误差协方差矩阵。同样，为了评估极端事件的性能，通常需要使用传感器和算法的当前操作配置来执行再分析练习（如 Nelson et al.，2010）。但值得注意的是，如果在产品生成过程中使用数值天气预报模型输出（如第 4 章所述），将是非常值得期待的。

2.6　总结

- 雨量计可以直接测量某一地点的降雨量。翻斗式雨量计通常是最广为使用的类型，但称重仪和固态仪表也在越来越多地被使用。当测量站网可用时，流域范围和其他空间范围内的雨量估值通常使用加权或表面拟合的方法得出，估计的准确性取决于站网的密度、地形、典型的风暴类型和尺度及一系列其他因素。

- 许多国家都使用天气雷达网络，但由于价格高昂，因此只能覆盖全世界有限区域范围内。随着 20 世纪 90 年代多普勒技术的引入和一些国家最近采用的双极化方法使输出的精确度不断提高。降水的空间视角使得雷达成为雨量观测的一个有用的补充，但其中的一些假设需要估算地表数值并补充误差。在国家网络中通常使用 C 波段和 S 波段设备，而较短距离的 X 波段雷达也越来越多地用于空白填充和预防突发性洪水灾害等方面。

- 雨量计观测和气象雷达观测的互补性使得以雷达输出为主的雨量计调整方案能够被广泛使用。近年来，这种方法已被扩展到引入其他实时信息来源，如数值天气预测模型的输出、卫星以及雷电观测。由此产生的输出就包括了更多的质量指标或不确定性的整体估计。

- 卫星降水算法还提供降雨的空间估计，但通常空间分辨率较为粗糙，时间间隔也比天气雷达更长。许多产品都可以使用各种各样的技术和实时的信息来源。在数值天气预测模型下，这些技术正逐渐把来自对地静止卫星的可见光和红外观测与来自极轨气象卫星的微波观测结合在一起。

- 近年来，多传感器降水产品已经投入使用，在突发性洪水等应用中具有巨大的潜力。这种产品与任何一个观测系统都没有特定的联系，旨在提供多种来源的当前降水量的最佳估计，以及对产出不确定性的估计。

- 在独立测量系统中有许多指导方针和标准可供选择。当前已开展了对雨量计、气象雷达产品和卫星降水估算的国际比对研究。这些能够让用户比较不同风暴类型和气候区域的设备及算法的性能，在某些情况下（例如卫星降水估计）可以在项目网站上实时更新结果。

- 目前，可能有益于突发性洪水应用的研究主题包括：为所有类型的方法提供实时不确定性评估、双极化天气雷达输出的使用（和理解）增加、提升卫星降水估计的分辨率和精度。在未来，突发性洪水应用将对全球降水任务（GPM）的输出结果越发感兴趣。

参 考 文 献

Benjamin SG，Dévényi D，Weygandt SS，Brundage KJ，Brown JM，Grell GA，Kim D，Schwartz BE，Smirnova TG，Smith TL（2004）An hourly assimilation - forecast cycle：the RUC. Mon Wea Rev 132：495 – 518

Bringi VN，Chandrasekar V（2001）Polarimetric Doppler weather radar：principles and applications. Cambridge University Press，Cambridge

Ciach GJ，Krajewski WF，Villarini G（2007）Product – error – driven uncertainty model for probabilistic Quantitative Precipitation Estimation with NEXRAD data. J Hydrometeorol 8：1325 – 1347

Collier CG（1996）Applications of weather radar systems：a guide to uses of radar data in meteorology and hydrology，2nd edn. Wiley，Chichester

Creutin JD，Obled C（1982）Objective analyses and mapping techniques for rainfall fields：an objective comparison. Water Resour Res 18（2）：413 – 431

Dabberdt W，Schlatter T，Carr F，Friday E，Jorgensen D，Koch S，Pirone M，Ralph F，Sun J，Welsh P，Wilson J，Zou X（2005）Multifunctional mesoscale observing networks. Bull Am Meteorol Soc 86 (7): 961 - 982

Daly C (2006) Guidelines for assessing the suitability of spatial climate data sets. Int J Climat 26: 707 - 721

Daly C, Neilson RP, Phillips DL (1994) A statistical - topographic model for mapping climatological precipitation over mountainous terrain. J Appl Meteor 33: 140 - 158

Delrieu G, Braud I, Borga M, Boudevillain B, Fabry F, Freer J, Gaume E, Nakakita E, Seed A, Tabary P, Uijlenhoet R (2009) Weather radar and hydrology. Adv Water Resour 32: 969 - 974

Ebert EE, Janowiak JE, Kidd C (2007) Comparison of near - real - time precipitation estimates from satellite observations and numerical models. Bull Am Meteorol Soc 88 (1): 47 - 64

Einfalt T, Szturc J, Ośródka K (2010) The quality index for radar precipitation data: a tower of Babel? Atmos Sci Lett 11 (2): 139 - 144

Gebremichael M, Hossain F (eds) (2009) Satellite rainfall applications for surface hydrology. Springer, Dordrecht

Germann U, Berenguer M, Sempere - Torres D, Zappa M (2009) REAL - ensemble radar precipitation estimation for hydrology in a mountainous region. Q J R Meteorol Soc 135: 445 - 456

Gjertsen U, Šálek M, Michelson DB (2004) Gauge adjustment of radar - based precipitation estimates in Europe. In: ERAD 2004 3rd European conference on radar in meteorology and hydrology, Visby, 6 - 10 September 2004

Golding BW (1998) Nimrod: a system for generating automated very short range forecasts. Meteorol Appl 5: 1 - 16

Goovaerts P (2000) Geostatistical approaches for incorporating elevation into the spatial interpolation of rainfall. J Hydrol 228: 113 - 129

Heinemann T, Lattanzio A, Roveda F (2002) The EUMETSAT Multi - sensor Precipitation Estimate(MPE). In: Proceedings of the first International Precipitation Working Group (IPWG) meeting, Madrid, 23 - 27 September 2002. http://www.isac.cnr.it/

Holleman I, Michelson D, Galli G, Germann U, Peura M (2006) Quality information for radars and radar data. Deliverable: OPERA 2005 19, OPERA work package 1. 2. http://www.knmi.nl/opera/

Hou AY, Skofronick - Jackson G, Kummerow CD, Shepherd JM (2008) Global Precipitation Measurement. In: Michaelides S (ed) Precipitation: advances in measurement, estimation and prediction. Springer, Dordrecht

Huffman G, Adler R, Bolvin D, Gu G, Nelkin E, Bowman K, Hong Y, Stocker E, Wolff D (2007) The TRMM Multisatellite Precipitation Analysis (TMPA):

quasi – global，multiyear，combined – sensor precipitation estimates at fine scales. J Hydrometeorol 8：38 – 55

Joyce RJ，Janowiak JE，Arkin PA，Xie P（2004）A method that produces global precipitation estimates from passive microwave and infrared data at high spatial and temporal resolution. J Hydrometeorol 5（3）：487 – 503

Kidd C，Heinemann T，Levizzani V，Kniveton DR（2008）International Precipitation Working Group（IPWG）：inter – comparison of regional precipitation products. 2008 EUMETSAT meteorological satellite conference，Darmstadt，Germany，8 – 12 September 2008. http：//www. eumetsat. int/

Kitzmiller D，VanCooten S，Ding F，Howard K，Langston C，Zhang J，Moser H，Zhang Y，Gourley JJ，Kim D，Riley D（2011）Evolving multisensor precipitation estimation methods：their impacts on flow prediction using a distributed hydrologic model. J Hydrometeorol 12：1414 – 1431

Krajewski WF，Ciach GJ（2003）Ananalysis of small – scale rainfall variability indifferent climatic regimes. Hydrol Sci 48（2）：151 – 162

Krajewski WF，Georgakakos KP（1985）Synthesis of radar rainfall data. Water Resour Res，21（5）：764 – 768

Krajewski WF，Smith JA（2002）Radar hydrology：rainfall estimation. Adv Water Resour 25：1387 – 1394

Krajewski WF，Villarini G，Smith JA（2010）Radar – rainfall uncertainties：where-areweafterthirty years of effort? Bull Am Meteorol Soc 91（1）：87 – 94

Leone DA，Endlich RM，Petriĉeks J，Collis RTH，Porter JR（1989）Meteorological considerations used in planning the NEXRAD network. Bull Am Meteorol Soc 70（1）：4 – 13

Maki M，Maesaka T，Kato A，Shimizu S，Kim D – S，Iwanami K，Tsuchiya S，Kato T，Kikumori T，KiedaK（2010）X – band polarimetric radar networks in urban areas. ERAD 2010 – 6th European conference on radar in meteorology and hydrology，Sibiu，6 – 10 September 2010. http：//www. erad 2010. org/

Mandapaka PV，Germann U（2010）Radar – rainfall error models and ensemble generators. In：Testik FY，Gebremichael M（eds）Rainfall：state of the science，vol 191. American Geophysical Union，Geophysical Monograph Series，Washington，DC

Marshall J，Palmer W（1948）The distribution of raindrops with size. J Meteorol 5（4）：165 – 166

McLaughlin D，Pepyne D，Chandrasekar V，Philips B，Kurose J，Zink M，Droegemeier K，Cruz – Pol S，Junyent F，Brotzge J，Westbrook D，Bharadwaj N，Wang Y，Lyons E，Hondl K，Liu Y，Knapp E，Xue M，Hopf A，Kloesel K，DeFonzo A，Kollias P，

Brewster K, Contreras R, Dolan B, Djaferis T, Insanic E, Frasier S, Carr F (2009) Short - wavelength technology and the potential for distributed networks of small radar systems. Bull Am Meteorol Soc 90 (12): 1797 - 1817

Meischner P (2004) Weatherradar: principles and advanced applications, Series: Physics of Earth and Space Environments. Springer, NewYork

Met Office (2009) National Meteorological Library and Archive fact sheet 15 - weather radar (Version01), MetOffice, Exeter. http://www.metoffice.gov.uk/

Michaelides S (ed) (2008) Precipitation: advances in measurement, estimation and prediction. Springer, Dordrecht

Moore RJ (1999) Real - time flood forecasting systems: perspectives and prospects. In: Casale R, Margottini C (eds) Floods and landslides: integrated risk assessment. Springer, Berlin/Heidelberg

Moulin L, Tabary P, Parent du Châtelet J, Gueguen C, Laurantin O, Soubeyroux J - M,Dupuy P, L' Hénaff G, Andréassian V, Loumagne C, Andrieu H, Delrieu G (2009) The French Community Quantitative Precipitation Estimation (QPE) Re - analysis project: Establishment of a reference multi - year, multi - source, nation - wide, hourly QPE data base for hydrology and climate change studies. American Meteorological Society 34th conference on radar meteorology, Williamsburg, 5 - 9 October 2009. http://ams.confex.com/ams/

Nelson BR, Seo D-J, Kim D (2010) Multisensor precipitation reanalysis. J Hydrometeorol 11: 666 - 682

Nitu R, Wong K (2010) CIMO Survey on national summaries of methods and instruments for solid precipitation measurement at automatic weather stations. Instruments and observing methods Report No. 102, WMO/TD No. 1544, Geneva

NOAA (2010) An historical look at NEXRAD. NEXRAD Now, 20: 31 - 35. http://www.roc.noaa.gov/WSR88D/NNOW/NNOW.aspx

Norman K, Gaussiat N, Harrison D, Scovell R, Boscacci M (2010) Aqualityindex-schemetosup - port the exchange of volume radar reflectivity in Europe. ERAD 2010 - the sixth European conference on radar in meteorology and hydrology, Sibiu, 6 - 10 September 2010. http://www.erad2010.org/

Pedersen L, Jensen NE, Madsen H (2007) Network architecture for small X - band weather radars - test bed for automatic intercalibration and nowcasting. Paper 12B.2, 33rd conference on radar meteorology, 6 - 10 August 2005, Cairns, Australia

Rasmussen RM, Hallett J, Purcell R, Landolt SD, Cole J (2011) The hotplate precipitation gauge. J Atmos Oceanic Technol 28: 148 - 164

Ryzhkov AV，Schuur TJ，Burgess DW，Heinselman PL，Giangrande SE，Zrnic DS （2005）The Joint Polarization Experiment. Polarimetric Rainfall Measurements and Hydrometeor Classification. Bull Am Meteorol Soc 86 （6）：809 - 824

Schaake J，Henkel A，Cong S （2004）Application of PRISM climatologies for hydrologic modeling and forecasting in the western U. S. Paper 5. 3，American Meteorological Society 18th conference on hydrology，Seattle，10 - 15 January 2004. http：//ams. confex. com/

Scharfenberg KA，Miller DJ，Schuur TJ，Schlatter PT，Giangrande SE，Melnikov VM，Burgess DW，Andra DL，Foster MP，Krause JM （2005）The Joint Polarization Experiment：polarimetric radar in forecasting and warning decision making. Weather Forecast 20：775 - 788

Schlatter P （2010）The dual polarization radar technology update. Eastern Region Flash Flood Conference，Wilkes - Barre，2 - 4 June 2010. http：//www. erh. noaa. gov/bgm/research/ERFFW/

Scofield RA，Kuligowski RJ （2003）Status and outlook of operational satellite precipitation algorithms for extreme precipitation events. Weather Forecast 18：1037 - 1051

Seo D - J （1998）Real - time estimation of rainfall fields using rain gage data under fractionalcover - age conditions. J Hydrol 208 （1 - 2）：25 - 36

Seo D - J，Breidenbach JP （2002）Real - time correction of spatially nonuniform biasin radar rainfall data using rain gauge measurements. J Hydrometeorol 3：93 - 111

Sevruk B，Ondrás M，Chvílac B （2009）The WMO precipitation measurement inter-comparison. Atmos Res，92 （3）：376 - 380

Sireci O，Joe P，Eminoglu S，Akyildiz K （2010）A comprehensive worldwide web - based weather radar database. TECO 2010 WMO technical conference on meteorological and environmental instruments and methods of observation，Helsinki，30 August - 1 September 2010. http：//www. wmo. int/

Sorooshian S，AghaKouchak A，Arkin P，Eylander J，Foufoula - Georgiou E，Harmon R，Hendrickx JMH，Imam B，Kuligowski R，Skahill B，Skofronick - Jackson G （2011）Advancing the remote sensing of precipitation. Bull Am Meteorol Soc 92 （10）：1271 -1272

Strangeways I （2007）Precipitation：theory，measurement and distribution. Cambridge University Press，Cambridge

Tabios GQ，Salas JD （eds）（1985）A comparative analysis of techniques for spatial interpolation of precipitation. J Am Water Resour Ass 21 （3）：365 - 380

Testik FY，Gebremichael M （2010）Rainfall：state of the science，vol 191. American Ge-ophysical Union，Geophysical Monograph Series，Washington，DC

Tian Y, Peters - Lidard CD, Eylander JB (2010) Real - time bias reduction for satellite - based precipitation estimates. J Hydrometeorol 11: 1275 - 1285

Todini E (2001) A Bayesian technique for conditioningradar precipitatione stimates to rain-gauge measurements. Hydrol Earth Syst Sci 5 (2): 187 - 199

Turk FJ, Arkin P, Ebert EE, Sapiano MRP (2008) Evaluating High - Resolution Precipitation Products. Bull Am Meteorol Soc 89 (12): 1911 - 1916

Vasiloff SV, Seo D - J, Howard KW, Zhang J, Kitzmiller DH, Mullusky MG, Krajewski WF, Brandes EA, Rabin RM, Berkowitz DS, Brooks HE, McGinley JA, Kuligowski RJ, Brown BG (2007) Improving QPE and very short term QPF: an initiative for a community - wide integrated approach. Bull Am Meteorol Soc 88 (12): 1899 - 1911

Villarini G, Krajewski WF (2010) Review of the different sources of uncertainty in single polarization radar - based estimates of rainfall. Surv Geophys 31 (1): 107 - 129

Villarini G, Mandapaka PV, Krajewski WF, Moore RJ (2008) Rainfall and sampling uncertainties: a rain gauge perspective. J Geophys Res 113: D11102

Volkmann THM, Lyon SW, Gupta HV, Troch PA (2010) Multicriteria design of rain gauge networks for flash flood prediction in semiarid catchments with complex terrain. Water Resour Res 46: W11554

Vuerich E, Monesi C, Lanza LG, Stagi G, Lanzinger E (2009) WMO field inter-comparison of rainfall intensity gauges (Vigna di Valle, Italy) October 2007 - April 2009. Instruments and Observing Methods Report No. 99, WMO TD - 1504, Geneva

Weckwerth TM, Pettet CR, Fabry F, Park S, LeMone MA, Wilson JW (2005) Radar refractivity retrieval: validation and application to short-term forecasting. J Appl Meteorol 44: 285 - 300

Wilson JW (2004) Precipitation nowcasting: past, present and future. Sixth international symposium on hydrological applications of weather radar, Melbourne, 2 - 4 February 2004

Wilson JW, Brandes EA (1979) Radar measurement of rainfall - a summary. Bull Am Meteorol Soc 60 (9): 1048 - 1058

Wood SJ, Jones DA, Moore RJ (2000) Static and dynamic calibration of radar data for hydrological use. Hydrol Earth Syst Sci 4 (4): 545 - 554

World Meteorological Organisation (2000) Precipitation estimation and forecas-ting. Operational Hydrology Report No. 46, WMO - No. 887, Geneva

World Meteorological Organisation (2006) Preventing and mitigating natural disasters: Working together for a safer world. WMO - No. 993, Geneva

World Meteorological Organisation (2007) Guide to the Global Observing

System. WMO – No. 488，Geneva

World Meteorological Organisation （2008） Guide to meteorological instruments and methods of observation. WMO – No. 8，Geneva

World Meteorological Organisation （2009） Guide to hydrological practices，6th edn. WMO – No. 168，Geneva

World Meteorological Organisation （2011） Guide to climatological practices，3rd edn. WMO – No. 100，Geneva

Xie P，Arkin PA （1996） Analyses of global monthly precipitation using gauge observations，satellite estimates，and numerical model predictions. J Climate 9：840 – 858

Zhang J，Howard K，Langston C，Vasiloff S，Kaney B，Arthur A，Van Cooten S，Kelleher K，Kitzmiller D，Ding F，Seo D – J，Wells E，Dempsey C （2011） National Mosaic and Multi – sensor QPE （NMQ） System – description，results and future plans. Bull Am Meteorol Soc 92 （10）：1321 – 1338

Zrnic DS，Ryzhkov AV （1999） Polarimetry for weather surveillance radars. Bull Am Meteorol Soc 80 （3）：389 – 406

第3章

流 域 监 测

摘　要：在突发性洪水期间，河流测量广泛用于判定水位何时超过阈值，并为洪水预报模型提供数据输入。有时还需要对土壤湿度或积雪覆盖进行地面或卫星观测。为了估算流量，常通过水位-流量关系将水位转换为流量，或者使用超声波或电磁仪表进行速度测量。为了监测积雪和土壤湿度条件，使用了许多不同的方法，尽管地面观测存在空间取样问题，而卫星观测存在准确性和空间分辨率的问题。本章将讨论这些主题，以及测量点选址考虑和观测网络所需的一些支持技术，如遥测和信息系统。

关键词：河流水位、河流流量、水位-流量关系、流域条件、土壤湿度、雪情、遥测、信息系统、仪表选址

3.1　概述

　　水情观测结果是突发性洪水预报和预警系统的关键输入，有时还需要有关土壤湿度或雪情的信息。由于洪水演进速度极快，及时将所需的信息传递给决策者是一项挑战。通常这需要使用遥测系统在相关的数据处理和分析工具的配合下来传递观测数据。一旦仪表或遥测出现故障，作为备用的人工观测就起着至关重要的作用，并且能报告事件发生的特定因素，如碎片堵塞。事实上，一些流域的自动化仪器很少或基本没有，那么人工监测便是主要的信息来源。类似的原则也适用于其他类型的突发性洪水，如溃坝、冰塞洪水和泥石流。

　　本章介绍这些技术以及遥测和信息系统的相关主题。选址问题也有简要

的考虑。尽管这些技术里大多数都适用于所有类别的突发性洪水，但重点是河流洪水。后文讨论了其他类型洪水监测的具体方法，如用于监测泥石流的地震检波器（第 9 章），用于监测地表淹水的压差传感器（第 10 章）以及用于监测溃坝的压力计（第 11 章）。第 12 章还讨论了几个最近开发的监测技术，这些技术显示了在诸如大规模粒子图像测速（LSPIV）和无线传感器网络等的突发性洪水预警应用中的应用潜力。和降水监测技术（参见第 2 章）一样，常见的问题包括极端条件下仪器的性能和适应性，以及传感器输出不确定性的量化技术。

3.2　河流监测

3.2.1　河流水位

河流水位观测结果是许多突发性洪水预警系统的重要输入。例如，当水位超过危险位置的临界阈值时，会在该地点及时发布预警，同时下游地区也可发布警报，下游地区的这个警报是带预见期的（参见第 9 章、第 10 章、第 11 章）。简单的相关模型也被广泛用于将某处的水位与另一地点的水位进行关联（见第 5 章）。而正如下一节所述，如果有适当的水位-流量关系可用，水位可以转换成流量，用于输入到实时洪水预报模型中。

监测河流水位和流量（以及水文循环的其他要素）的科学被称为水文测量，在早期阶段，水位测量通常由观察员记录安装好的带有金属刻度的"人工计量器"上的读数。在一些地区，包括基于社区的突发性洪水预警系统，手动测量仍然是主要使用的方法，观测结果通常通过手机或手持无线电传送给同事。当预算紧张时，使用防水涂料在桥梁和其他结构上绘制标尺也是一种不失稳妥的选择。

对于突发性洪水预警应用，人工观测的一些限制包括观测者到达仪表所需的时间（除非在现场居住）及洪水期间的潜在安全问题，特别是在夜间和洪水泛滥时的安全问题。然而正如后文所述，即使在最复杂的系统中，工作人员和志愿者观察员的观测也可以作为遥测或仪器故障的备用手段，并可提供有关洪水情况的额外信息。另外，定期的现场检查和维护也极为重要。

历史上，自动记录河流水位的第一种方法是使用定时图表记录器。然后随着电信系统的改进，数据记录器与固定电话、手机、无线电广播、流星爆发通信系统或基于卫星的遥测技术相结合的方法越来越多地被采用。通常按照固定时间间隔（例如每 15min）输出或一旦超过临界阈值就提供输出。对于连续记录而言，使用浮子式消力井装置是最先采用的方法之一，表3.1总结了这种方法的基础知识及其他广为使用的技术。这些方法中，许多也适用于需要进行水平测量的其他应用，例如在水库、湖泊、河口和沿海地区。表3.1列出的操作注意事项是监测装置时常出现的维护及其他方面的问题，然而在很多情况下，这些问题可以通过良好的设计和明确的操作程序来缓解。

表3.1   河流、水库和其他水体中常用水位监测技术

类型	工作原理	操作注意事项
喷水式或充气式测深仪	通过浸入式喷嘴释放压缩空气或氮气，然后依据操作压力推断出水深（图3.4）	该装置需要一个小型泵或压缩机或定期充气的压缩气体钢瓶。喷嘴的供气管道容易受到碎屑或沉积物堵塞的损害
浮子式消力井	用钢丝绳或皮带将浮子从滑轮上吊下来，然后从滑轮的匝数推断水深。浮子通常安装于吊在水中的消力井内，或在河岸下面的竖井中，井通过地下管道或涵洞与水相连（图3.4）	有浮动干扰，有导线或皮带断裂以及从滑轮上脱落的危险。有时会出现进出消力井和竖式井的困难或密闭空间作业问题，以及碎屑或沉积物堵塞的风险。可以记录的最高水位受到滑轮高度的限制
压力传感器	一种固态浸没式压力传感装置，其深度与所记录的压力成比例（图3.1）	传感器的电缆容易受到损坏。过去，传感器的使用寿命相对较短，但现在已经大大改善
超声波或雷达	固定在桥或桅杆上的"非接触"装置。从反射信号的行进时间推断水位，并因此得出水深（图6.3）	反射信号可能被水面上的碎片等物体削弱或打断；超声波仪表要求温度校正

此外，视频和网络摄像头的安装广泛应用于城市河流和水道，来辅助确定洪水发生的位置，并检查桥梁、拦污栅和其他结构中的垃圾问题（见第10章）。如果可以看到标尺，则也可以从图像中读取近似值。另一种选择是使用简单的"开—关"浮动或电极装置来检测何时达到预定值。例如，如果所有其他系统都发生故障，则可以作为"终极手段"来发出警告。但正如第6章所述，这种方法需要考虑错失警报和发出错误警告的风

险问题。

对于所有类型的测量计，除了碎屑和沉积物带来的风险外，在洪水过程中，数据记录器和遥测设备都有可能被洪水淹没。这种情况通常都是可以避免的，但是在极端情况下，需要将关键设备重新放置在高于预估洪水水位的位置处。例如在美国地质调查局，这个过程的目的被称为"洪水硬化"，就是所有的河流测量仪都能够适用于约 200 年一遇重现期的洪水水位（见专栏 3.1）。

图 3.1　英国河流水位计压力传感器和数据记录器示例

这种情形需考虑的一个因素是测量仪的记录范围是否足以使其继续在极端条件下运行。

为提高抗灾能力，备用仪器有时会安装在例如城市中心等高风险地点，正如后面的章节所述，警报和预报系统通常设计成要能够承担个别仪器失灵的问题。在碎片问题严重的地方，例如在泥石流警报系统中（见第 9 章），非接触式测量计广为使用。而且更重要的是需定期核对当地或国家标准的测量基准值，因为其值有时会改变，例如当仪表被修理或更换时。在水动力洪水预报和洪水风险图模型（如第 5 章和第 8 章中所述）中使用河流水位时，也需要精确的基准值。此外，由于土地退化，许多国家的沉积问题越来越严重，容易形成突发性洪水的小支流尤为脆弱。例如，每十年或更久时间河床水位可能增加 1m 或更多，在某些情况下，需要定期恢复洪水预警阈值水位，甚至需要重装仪表。

3.2.2　河流流量

在一些应用中，河流流量的测量比水位值更有用。这样就可以估算河流或流域的水量平衡，并根据质量守恒原理和动力学原理来开发洪水预报模型（见第 5 章）。

有两种主要的流量自动测量方法。一种是连续水位测量，然后应用经验性的水位-流量关系（或流量特性曲线）推断流量；另一种是测量水流速度，并由此推断流量（如 Herschy，1999；Boiten，2008；World Meteorological

Organisation，2010)。第一种方法依赖临时的人工流量观测（或"现场测量"）来定义流量与水位的关系，而第二种方法所需的初始投资则要昂贵得多，但是能对流量提供更直接的估计。正如后文所述，这些技术的组合也在被使用。

历史上，人工测量流量的主要方法是使用水流计或流速计。将其通过桥上的移动框架或跨河的索道悬挂，或者当水位低到足以涉水时将其附着到杆上（图 3.2）。这种方法仍然被广泛使用，该技术的基础是在横跨河流的多个位置记录流速和水深，每次通常会测量一个或两个水深处对应的流速。然后将得到的值在横断面上进行积分，得到现场考察的平均流量估计值。通常还会考虑一些其他因素，例如悬索的阻力以及观测时河流水位的变化。

图 3.2　采用流速仪的低流速测量（左）和 2010 年洪水期间北达科他州野生稻河的声学多普勒观测（右，来自美国地质调查局 Don Becker 先生的照片，http：//gallery. usgs. gov/)

使用这种方法时，通常会在每个月或重大洪水事件期间进行定期测量。这样就可以通过在关注的测量站处利用水位-流量值来建立水位-流量关系曲线。假设幂律关系是迄今为止最广为使用的方法，尽管多项式函数也偶尔被使用，图 3.3 显示了在流量较大时经常出现的一些问题（如 ISO，1996，2010)。为了简单起见，图中假设零点处水位和流量值重合，但通常情况并非如此。

近年来，流速仪已经越来越多地被声学多普勒测流（ADCP）装置取代。这些仪器通过水中粒子反射的超声波信号频率（或相位）的变化提供了速度估计值，并且通常操作起来更快速更安全，如不会存在水下的

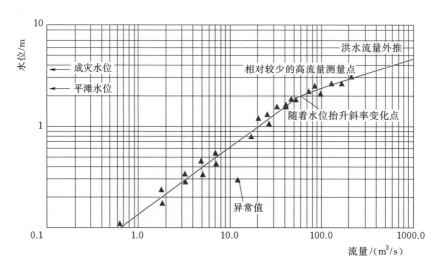

图 3.3　水位-流量关系示意图以及大流量下
常出现的一些校准问题

电线阻碍碎片通过的这种情况。特别是在非稳定和循环流动中其流量估算通常更精确。声学多普勒测流仪通常安装在浮动平台或船上，穿过河流，提供连续的水深和流速读数，然后将结果值自动整合以提供流量估计值。

　　偶尔会使用的另一种技术是稀释测流法。通过这种方法，化学示踪剂（如盐或染料）被添加到上游位置的河流中，在下游记录浓度变化。然后流量就可以通过理论关系估计出来。但是，这种方法更适合于中低流量情况而非洪水发生时。正如第 12 章所述，雷达和成像技术也有望在突发性洪水期间测量地表流速，从而估算出流量。

　　尽管取得了这些进展，但水位-流量关系仍然被广泛使用。它在应用中也存在着一些限制。例如，河道断面由于侵蚀和沉积而频繁发生变化会影响水位与流量的关系，这种影响在洪水过程中最有可能发生。此外在某些地区，这种关系可能会受到更下游地区的回水而暂时受到影响，例如大流量的支流入流、潮汐影响和控制工程运行。在某些测量仪上，由于某一水位对应的流量在流量过程线的上升段比下降段要高，所以会出现滞后现象（或"绳套曲线"效应）。这些效应有时只是洪水条件下的一个因素，并有可能导致严重的流量过高或过低估计。其他需要考虑的因素包括河冰、疏浚或植被生长。

　　在某些情况下，在洪水过程中进行测量也会给工作人员带来潜在的安全隐患，有时由于洪水原因会造成场地无法进入，不过在较安全的地点进行测量也是一种选择。另外，对于漫滩的河流来说，水一旦流出主槽，关系公式则会发生较大变化，如图 3.3 所示。理想情况下，这需要在河道和漫滩上进行流量测量。另一个考虑的因素是，对于易发突发性洪水的河流，由于事发突然，需要人员及时到达现场去记录最高流量往往是一个挑战。此外，夜间进行测量更具有特殊的风险，如果要进行测量，则需要点灯并执行更严格的风险评估和安全程序。

因此在实际情况下，在突发性洪水易发的河流上，可能很少有机会通过对大流量的测量来确定水位-流量关系的上限。因此水位-流量关系曲线通常在高流量下使用线性外推（以对数坐标）或水力学公式来获得，例如比降法（如 World Meteorological Organisation，2010）。然而，另一种可能性是使用流体动力学模型来估计大流量。例如，一维和/或二维水动力模型越来越多地用于指导外推，并估计新安装的仪表的初始额定曲线。通常情况下，对于要开发的模型，需要对河道和洪泛区进行一段距离测量，这段距离足以确定河段的水力特性。需要注意的是，一些测量点仍然是模型率定所需的，如果没有这些点，结果可能会有相当大的误差。

在某些情况下，也可以根据事后调查数据和水动力模型或公式得出洪峰流量的近似估计值。通常情况下，从垃圾标记、碎片、植被破坏和其他线索中可以估计出河流沿线的几个点的峰值水平。在高风险地区，另一种选择是安装仪器记录未来洪水事件的峰值。例如，一种便宜且广泛使用的最高水位（或洪峰）记录器由一个含有软木塞的金属管组成，该软木塞随着水平面的上升而向上浮动，随后由于软木塞膨胀而停于最高水位能达到的位置。

通常来讲，在使用水位-流量关系时，有许多技术可以用来估计测量的流量的不确定性和由曲线估测出的流量的不确定性（如 ISO，2010；World Meteorological Organisation，2010）。假定涉及坐标转换带来的误差服从高斯（正态）分布，来估算该误差的置信区间，而其他可能性包括误差分解、蒙特卡罗和贝叶斯技术（如 Sauer and Meyer，1992；Pappenberger et al.，2006；Petersen-Øverleir et al.，2008）。然而，当流量特性曲线的大流量末端存在不确定性时，许多水文测量服务会为计算出的流量指定一个上限值，并包含一个超高值警告标志，或者简单地截断超过该点的值。这些都是开发洪水风险图和洪水预报模型时要考虑的重要因素。

相比水位-流量关系的问题，自动流量记录装置具有许多潜在的优点。

然而，成本往往是一个限制因素，将其限制在仅能够安装在高风险地区或重点测量站。例如，一种解决方法是安装专用的测量结构，流动几何特性可以很好地被理解，从而一个理论的水位流量关系能被计算出来，通常会使用一些最初的现场测量值和之后的随机测量值来进行检查。一些应用实例包括薄壁堰、Crump 堰和宽顶堰。由于结构的类型不同，水位的最佳监测位置通常在坝顶或临近的上游位置。在某些情况下，可以使用堰等现有的河流上的建筑物，但可能需要进行水力模型研究来确定使用的水位-流量关系。而且，对于关键位置，偶尔还需要进行物理模型试验，在水力学实验室中使用比例缩放模型。

但是，对于任何类型的建筑物，除非它是专门为大流量设计的，否则就有可能在洪水条件下被淹没（即变成"非模块化"）或被绕过，所带来的其他影响包括可能从桥面或管道等横穿。这些因素都可能影响水位和流量之间的关系，而且水力或物理模型有时也被用来更好地定义大流量性能。此外，还可以通过使用安装在建筑物下游的第二水位遥测仪的观测值进行非模块化流量的校正。

连续流量监测的另一种选择是使用永久安装的超声波（水声）或电磁记录仪。其中，一种方法是在河岸的几个不同深度安装超声发射器和接收器。然后对得到的速度进行积分，以提供横截面总流量的估计值，然后按需进行重复计算（例如每 15min 一次）。另外一种更简单的方法需要的安装规模较小，就是使用一个或多个侧式或床式安装设备来记录一处或多个位置的速度，然后根据截面平均流速与指数值之间的回归（"流速-指数"）关系以及基于调查数据或其他技术的水位-面积关系来估计流量。虽然这仍然需要进行 ADCP 或测流计的测量来推导出这种关系，但与水位-流量关系相比，它具有一些优势，如关系更加稳定，不受前面讨论的一些因素的影响，并有能力处理回水的影响。另一种不太广为使用的方法是将电磁线圈装置放置在河床中，电极接收河岸的信号，其原理是检测到的磁场根据流速的变化而变化。

但是，对于所有这些技术，仍然需要偶尔进行现场测量来检查校准仪器。例如，随着时间的推移，传感器以及河道或建筑物中的仪器性能可能会受到诸如侵蚀、植被生长和沉降等因素的影响。河流横截面的宽度通常也有实际的限度，可以监测，但是原则上可以估计任何河流的水位-流量关系，最有名的例子是恒河、尼罗河和亚马孙河。

专栏 3.1   美国地质勘探局（USGS）河流监测网络

美国地质勘探局（USGS）负责协调整个美国的河流水位和流量的监测（http：//water.usgs.gov/）。历史记载和实时观测被广泛用于洪水、干旱、水资源、休闲及其他应用中。观测网络的资金是通过 USGS 合作水资源计划进行协调的，并由联邦水资源和环境机构以及大约 850 个资金合作伙伴提供的。USGS 国家河流流量信息计划也提供了资金用于建设一套核心测量仪（National Research Council，2004；NHWC，2006）。

1889 年于新墨西哥州格兰德河的 Embudo 建立了第一个站，不久之后便系统性展开流量监测。早期是用测流计观测流量，数据都是由观察员从仪表上读取的。最早的自动测量仪通常由带有图表或纸带记录仪的浮子式消力井组成，到 20 世纪 20 年代，这些设备已被广泛使用，但纸带记录仪随后被电子数据记录仪所取代。

尽管在某些地方使用了无线电和电话（手机或固定电话）遥测，但地球同步运行环境卫星（GOES）的卫星遥测系统是在 20 世纪 70 年代引入的，并且成为了当今传输数据的标准方法。它通常以 15min 或 1h 为间隔进行数值记录，然后每 1h 或每 4h 发送一次，在紧急情况下要更频繁地进行记录。超过 95% 的网络是由卫星遥测的。

近年来的另一个变化是对大多数新装置使用压力（充气或气泡）传感器（图 3.4）。这些系统具有维护要求低、性能（特别是对冰的性能）得到改善、健康和安全问题减少的优点，避免了在静水井中等密闭空间内工作的需要。同样，ADCP 设备已经在很大程度上取代了流速仪，因为在面对不稳定或复杂流动情况下，它们的成本更低，精度更高。

到 2010 年，该网络包括约 7600 个流量计、400 个湖泊测量仪、1300 个钻孔（井）仪表，以及 3600 个雨量站。近年来，为了防止未来的洪水事件，还针对现有仪表启动了一个"洪水加固"的计划。通常情况下该计划是通过提高和加强附近的仪器安装或安装备用仪器来完成的，最小的安装高程是以 200 年一遇的重现期洪水对应的估算水位为基准的。

图 3.4 美国地质勘探局在宾夕法尼亚州斯克兰顿拉克河地区
的压力传感器以及宾夕法尼亚州哈里斯堡
河漫滩上的浮子式消力井

对于河流测量仪，通过 WaterWatch 网站 (http：//water. usgs. gov/
waterwatch/) 可以获得 3000 多个长期测量仪的实时和历史流量数据以及
大量的统计数据、图表数据和基于地图的输出数据。近期其他的创新包
括涉水警报服务、实时流量以及在洪水期间部署临时河流仪表：

• 涉水警报。这项服务成立于 2010 年 (http：//water. usgs. gov/
wateralert/)，它允许用户根据其自定义的河流水位、河流流量、降水量
阈值和 (或) 选定的水质参数值，每日或每小时从任何 USGS 测量仪接
收通知。该服务是免费的，并通过选择所需的仪表、通知间隔和使用的
阈值来进行设置。当参数超过或低于某个值或落在给定范围内时，需要
重新定义阈值。当这些标准得到满足时，通知将通过电子邮件或短信的
形式进行发送。StreaMail 服务还允许用户通过电子邮件或短信向手机和
其他手持设备发送当前的河流水位及流量，但通常有 5min 的时间延迟。
有些网站还有语音调制解调器，当超过阈值标准时，可以将口头信息直
接发送给市政当局和其他紧急救援人员。

• 实时流量测量。USGS 是首批采用 ADCP 技术的组织之一，水声

设备的使用仍然是一个活跃的研究领域。近年来的研究重点是找到更快、更安全的方法来测量河流表面速度，进而得知实时流量，特别是在洪水或冰盖时期的需求更为明显（Fulton and Ostrowski，2008）。研究项目中正在评估的选项包括手持式雷达以及使用河床（向上观测）、桥梁以及框架安放超声波装置以提供河流流速和流量的实时遥测。

• 快速部署仪表。近年来，在洪水和其他紧急情况下，已经推出使用一套快速部署的河流水位计，用于在没有仪表的情况下来提供数据，或者用于暂时替代停用的仪表。该仪表设计轻便，可以由一个人安装，包括电池、天线、太阳能电池板和数据采集平台，并提供多种遥测选项。为应对可能发生的大洪水，这些仪表在2009年北达科他州詹姆斯河盆地及2010年和2011年在明尼苏达州进行了部署（图3.5）。除了国家仪器库之外，一些州政府还资助了购买当地更适用的仪器（如North Dakota State Water Commission，2011）。

图3.5 2010年洪水期间快速部署在明尼苏达河附近的
康斯托克沃尔弗顿红河谷的洪水监测仪器（第三代），
http：//water. usgs. gov/hif/programs/projects/
rapid _ deployment _ gage _ III/

3.3　流域条件

3.3.1　介绍

除了监测河流水位和流量外，在突发性洪水应用中，通常十分重要的是对流域内前期状况的了解。特别是土壤湿度会对洪水响应产生重大影响。而干旱地区则是例外，其地表径流的主要影响因素往往是地质和地形等因素，而在一些城市地区，景观还会因自然条件而严重改变（见第10章）。另外，在寒冷的气候下，可能还需要考虑积雪和融雪的影响。

流域前期状况是一个影响因素，但由于成本的原因，除少数地点外，直接进行地面测量通常是不切实际的。由于土壤类型、植被、地形和其他因素的变化，土壤湿度和积雪的分布往往变化很大，这就影响了抽样问题。因此，直接测量技术最有可能在土地覆盖相当均匀的平坦地区具有代表性，如大草原、低洼的北方森林和牧场。由于这些原因，以降雨和气象站观测为主要投入的经验性土壤水计算和积雪模型可能在操作上会得到更广泛的应用。但对于积雪，遥感观测被应用得越来越多，下面将更详细地讨论其中的一些技术。

3.3.2　土壤湿度

为了监测个别地点的土壤湿度，可能会使用几种技术。这些技术包括中子和γ射线探测器、重力（称重）技术、桅杆式辐射计、散热传感器以及时域和频域反射计（介电常数/电容）方法。例如，散热传感器记录由热脉冲引起的传感器温差，而时域方法通常测量两个或多个垂直探头之间传输的微波信号的变化（如 World Meteorological Organisation，2008，2009）。

其中许多技术适用于连续监测和遥测。例如美国农业部（USDA）运营一个由100多个气候监测点组成的全国网络，包括气象站和介电常数设备，可在一定深度范围内实时监测土壤湿度（Schaefer et al.，2007）。同样，在俄克拉荷马州正在运行一个密集的全州网络，它提供了来自100多个站点的实时观测资料。散热传感器以30min为间隔传输一个或多个深度的土壤湿度（http：//www.mesonet.org/；Illston et al.，2008）。

然而，虽然这些技术有可能应用于突发性洪水中（见后面的章节），但土壤湿度计算方法更广泛地被使用。采用这种方法的估算值来自于水量平衡，其中包括降雨、蒸发以及地表径流组成。还需考虑不同的土地利用类型和蒸散发率，并且有时包括地下水和其他条件。

实时输入通常包括雨量计或天气雷达的遥测值以及风速、湿度、太阳辐射和气温观测值，以推导彭曼或彭曼-蒙蒂斯蒸发估值（FAO，1998）。在某些系统中，如果数值偏离"实地"估计情况，则会定期调整（或更新）土壤湿度估计值。此类计算通常由水文、农业或其他机构运行的区域或国家服务来执行。

一些气象服务也使用这种方法，某些国家后处理的土壤水分输出可作为产品提供给其他应用来使用。例如在英国，按照双层水分平衡方法，以40km/h的时空尺度可以获得全国范围的网格值，而从地表模型可以获得2km/h的网格值（如Blyth，2002）。正如第8章所述，连续的土壤湿度计算方法被广泛用于突发性洪水的指导建议中。事实上，许多洪水预报模型并没有使用外部计算的值，而是采用了土壤水分计算组件，在每次运行开始时使用先前保存的值对模型进行初始化（见第5章）。偶尔还可以手动修正数值，或根据替代值自动更新，如当前的河流基流。手动更新的一个情形是在集水区土壤水分状态被广泛认为应该调整的情况下，例如在长期干旱或长时间的强降雨后。

虽然蒸散量估算往往是这些计算的一个组成部分，但由于测量困难，很少直接观测蒸发。虽然蒸发皿被广泛应用于气象台站，它由开放式容器组成，可记录由于蒸发的原因在给定时间段内水分流失的深度，但是由于集装箱受热、降雨和其他因素的影响，在洪水相关研究所需的时间尺度上该方法所提供数据的准确性往往很差。还有一些更直接的技术可用，但通常更多地是用于研究领域而非实际操作，如涡动相关技术已经很成熟，并且通过对湿度、气温以及水平和垂直速度的频繁采样来计算地面以上固定高度的水汽流量。

多年来，卫星观测被视为基于地面观测或土壤湿度估算技术的替代或补充。观测通常以极地轨道卫星的红外或微波频率进行，由于不同类型的土地覆盖和大气对信号的影响，还会对其进行后处理（如Alavi et al.，2009）。微波技术发挥了水文应用的最大潜力，并且使用了无源和有源（合成孔径雷达或散射计）传感器（如Wagner et al.，2007）。当这些传感器可用时，长波（L波段）传感器通常优于较短的C波段和X波段。例如，L波段信号几乎不受太阳照射、云层以及植被的影响，因此可以在白天和夜间，并在更广的层面上进行使用。由此得到的数值可为数厘米深的土壤提供接近实时土壤湿度的空间平均估算值。

美国国家航空航天局（NASA）研发了一套对洪水预报很有用的、能够监测土壤湿度的 SMAP 系统，该系统在近极地轨道运行，包括一个 L 波段辐射计和高分辨率合成孔径雷达，产生的发射和背向散射将被用于开发土壤湿度和土壤冻融条件的产品。其覆盖范围为全球，每 2~3d 完成一次全面扫描，土壤湿度的分辨率约为 10km，冻融状态的分辨率约 2~3km（http：//smap. jpl. nasa. gov/instrument/）。相比之下，美国国家航空航天局（NASA）的 AMSR－E 放射计（2002—2011）（http：//weather. msfc. nasa. gov/AMSR/）提供的分辨率为 25~50km，欧洲航天局 2009 年（http：//www. esa. int/）承担的土壤湿度和海洋盐度（SMOS）任务的分辨率为 35~50km。

有关卫星系统和轨道的更多背景信息可参见第 2 章。关于土壤湿度观测，已经在一定程度上用于分布式洪水预报模型中土壤水分数据的同化（参见第 12 章），以及在洪水事件和事后分析中估算洪水的淹没范围（详见第 7 章）。

3.3.3　雪

在一些地区，积雪的范围、深度和密度对突发性洪水具有影响，有时需测量风速、辐射和气温作为融雪预报模型的输入。在洪水预报模型中，对于土壤水分，常常使用质量或体积计算程序（见第 5 章），程序会基于观测结果进行定期更新。然而在某些情况下，特别是在水资源应用中，会直接使用卫星和地面观测资料。

在每年经历大幅降雪的国家，除了春季融雪带来的洪水风险之外，监测的主要驱动因素还包括雪崩风险、水库运营和（或）滑雪产业。手动记录和自动记录技术都广为使用（如 World Meteorological Organisation，1992，2009；Egli et al. ，2009；Rasmussen et al. ，2010）。手动方法的观察通常在固定地点定期进行（例如每天一次），而在穿过树林和开阔地带的雪道上，其间隔更加稀疏（例如每周一次）。一些典型的观测技术包括使用刻度尺、杆子、尺子或雪尺，以及每日清理积雪监测平台或平板。

然而，自动化方法的使用正在增加，尽管使用率仍然相对较低，据2008—2009 年度调查的国家气象和水文服务报告显示，其使用率不到 10%（Nitu and Wong，2010）。此外，当网站在可以访问的情况下，仍需要偶尔进行手动检查。最早使用的方法之一是添加一个加热元件来记录雨量，以提供雪水当量的指标（并有助于避免仪表冻结）。但是，仪表往往记录不到降雪，且由于诸如冰雪、风吹雪和当地地形影响等因素，其测量挑战通常大于对降雨量的测量。因此，河流水位仪有时安装在易发融雪区的下游，但其上游位于风险地点，这样可在发生重大融雪事件时提供附加的备份和预警功能。

其他用于监测雪水当量或密度的自动化技术包括 γ 辐射衰减传感器、放射型设备和雪枕。γ 射线探测器通常安装在地平面上，并通过含水量来测量自然本底辐射的吸收，从而提供雪水当量的值。放射性同位素传感器以类似的原理工作，但由于处理放射性材料需要预防措施，因此使用的较少。

相比之下，雪枕安装在地面上，以便在设备的顶部收集降雪，并且由包含防冻溶液的柔性橡胶或金属容器组成。测量压力变化是由于承载积雪压力下的容器变形而产生的，同样给出了雪水当量的指示。然而，由于成本问题和潜在的环境风险，已开发的一种更简单的替代方案是使用由大型仪器平板组成的固态载荷传感器，其变形取决于降雪的深度（Johnson et al.，2007）。

另一种只记录雪深的技术是使用安装在高达几米高的桅杆或框架上的向下式超声波传感器（图 3.6）。这种类型的设备可能是全球最广泛的地面传感器网络之一，即美国农业部在西部当地运营的 SNOTEL 网络。安装监测站点 700多个，通常包括雪枕和超声波传感器，一般还有自动气象站。通常以 15min 的时间间隔记录得到的观测结果，并使用流星遥测技术每小时传输一次。

图 3.6 雪深传感器

（Met Office，2010；包含开放式政府许可证 v1.0 授权的公共部门信息）

除了这些点观测技术之外，还有一些遥感技术可用。例如，地面穿透雷达可以由飞机或直升飞机进行飞行观测，由雪地摩托车牵引，或者安装在固定天线阵列上形成一个几公里范围的横断面，并提供对雪深、雪密度和雪水当量的估计值。低成本的垂向多普勒雷达也用于加利福尼亚州协助预测"降雨-径流"洪水预报模型输入的降雪量。

卫星观测也越来越多地用于监测积雪和其他参数（如反照率）的范围。使用最多的应用可能是积雪图，自从20世纪60年代开始使用可见光图像以来，这些地图便可呈现，最近则使用被动微波传感器来探测。对使用合成孔径雷达、散射计和其他方法进行的积雪深度和雪水当量的监测也进行了大量的研究，其中一些运行产品可用于每日或更长的时间尺度。例如，作为芬兰国家流量预报系统的组成部分，基于地面和卫星的积雪观测是作为常规操作模式的一部分。

3.4　观测网络

3.4.1　遥测系统

在水文测量的早期阶段，通常每天用雨量计对降雨量进行一次观测，对于河流水位每天则进行2~3次观测。数值由志愿者或付费的观察员手动记录，如果需要近乎实时的数据，则通过电话、无线电或电报进行转发。

但是，远程监测降雨和河流状况的能力已经提升了对突发性洪水的预警能力。如今信息在观测之后很快就可以传输出来，并以电子格式显示在地图和图表上，同时用于洪水预报和决策支持系统。如前所述，观察员仍然可以发挥重要作用，因为自动化设备的使用仍然有定期检查仪器、进行维护和校准核对的必要性。

在许多国家，自从20世纪70年代或80年代以来，遥测系统在突发性洪水应用中的使用才变得普遍。最初的主要制约因素是成本和可靠性，以及当时管理输入数据所需的计算机处理能力也略显不足，然而现在这些问题得到了明显的改善。例如在美国，一个显著的进步是在20世纪70年代引入了标准协议［实时自动本地评估（ALERT）协议］用于水文数据传输。随后被许多设备供应商和软件供应商所采用，并在美国以外的一些国家使用。该功能自此得到扩展，允许双向传输数据和持续报告信息。

一些国际举措也有助于推动遥测技术在水文应用中更为广泛地使用。例如在1963年，世界气象组织（WMO）推出了世界天气监视网计划，以促进气象信息交换被用于天气预报。信息通过 WMO 全球电信系统（GTS）进行交换，其中包括通过如固定电话和卫星遥测系统（http://www.wmo.int/）的各种方法等制定传输标准。采用分层方法，由连接区域网络和国家网络的主要（或核心）网络组成。对于国家气象服务，GTS 是交换数据和预测产品的关键方法。

卫星遥感技术在水文学中的应用也可以追溯到那个时期（如 Paulson and Shope，1984），并随着第一颗对地静止卫星的发射而加速推进，这颗卫星的发射正是美国国家海洋和大气管理局和欧洲气象卫星计划的一部分。卫星遥感技术含有数据的收集和分配能力，数据可用于地面环境监测站，如河流测量仪。一些商业运行的地球静止轨道卫星和低地轨道通信卫星现在也在使用，并可提供各种能见度的组合（按纬度和经度）、轮询选项和等待时间（在中继观测中）。当然，使用基于电话和无线电的遥测技术在这些发展之前就已存在。

为监测现场提供遥测连接，通常需要添加数据记录器（如果没有的话）、调制解调器、防雷保护，某些情况下还需要天线。所需的电源取决于其所使用的方法，选项包括太阳能、电池和（或）主电源。通常还包括额外的通道以监测电池充电和设备亭的温度等参数，而且对于卫星遥测，通常需要 GPS 接收器提供精确的时间和位置信息以用于传输。数据记录和传输设备的整体组合通常称为数据收集平台（DCP），如专栏 3.1 所示。

表 3.2 总结了可用于水文气象数据遥测的主要选项。在实践中，具体的使用方法取决于许多因素，包括初始成本和运营成本、所需的数据传输速率、当前系统、功率要求、站点安全性、当地实践以及覆盖的距离和地形。该方法的技术可行性还需要根据网络覆盖范围、可靠性、潜在的信号干扰、视线以及其他因素进行评估。此外为了加大灵活性，"双路径方法"被越来越多地使用，尤其是对于关键的仪表，设备供应商会更多地提供这种选择。在一些国家，另一种选择是通过现有的应急响应网络传输数据。

表 3.2　　　　　　一些可用于水文气象数据的遥测技术

方 法	基 本 技 术
移动电话	使用 GPRS 或 GSM 技术进行数据传输，某些情况下可以直接从仪表发送 SMS 警报短信到手机用户。然而，现有的设施和性能在不同的国家、网络和地点之间有所不同
固定电话	使用公用电话交换网络（PSTN），或租用/共用载波或专用线路

续表

方　法	基　本　技　术
流星爆发通信系统	从流星体留下的离子轨迹反射无线电信号，并能在 1000km 或更远处传播。在适当的条件下，信息以爆炸式传输
无线电	按要求提供中继站进行直接（视线）高频或超高频传输。中继器有时就在仪器旁边，例如自动气象站
卫星	既有国家又有私营部门运营的气象、通信或其他对地静止卫星、极地或低地轨道（LEO）卫星进行传输，有时使用 50 个或更多的低地轨道卫星

例如，在美国基于无线电的遥测技术被用于当地的洪水预警系统（见专栏 6.1），而卫星遥测广泛用于美国国家地质调查局的水文观测网络（见专栏 3.1）。正如前面所讨论的，美国农业部用流星爆发技术从雪地监测点进行遥测（见第 3.3 节）。相比之下，英国主要的洪水预警机构几乎只使用基于固定电话（PSTN）的遥测技术用于河流监测，还有雨量计现场监测。在一些情况下，使用组合或混合方法，例如通过无线电、租用线路、卫星或蜂窝方式与枢纽进行本地通信，以及通过卫星或广域网在区域中心之间进行最终传输（图 3.7）。

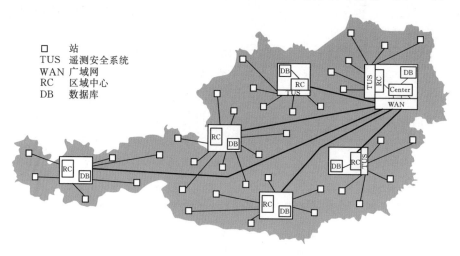

图 3.7　奥地利自动气象站网络数据流的图示
（中央气象和地球动力学研究所，奥地利国家气象局；Radel，2008）

通常来看，网络的所有权、许可证以及常规和紧急维护网络的问题都是需要考虑的因素。例如，流星爆发和无线电遥测系统通常需要最终的运营商来支付建立网络的初始成本，包括一些无线电网络中的中继站。不过一旦系统运行，通常不会收取数据传输费用，但电台执照以及维修、维护和成本提升等因素显然需要考虑。因特网、卫星、移动手机和固定电话系统的不同之处在于它们利用现有的传输网络，但是这些通常不是专门为应急通信而设计的，并且在最需要的时候可能会连接失败。此外，有时会产生连接费用，可能按照固定费用计算或者与数据量有关，但有些供应商可能为洪水预警和其他公共安全应用提供低成本或免费的传输选项。另外对于固定电话，如果站点不靠近现有线路，则可能需要额外的布线和信号放大器。在所有情况下，洪水运营中心通常都需要一个基站，并配备专用于所用方法的设备，例如无线电桅杆或卫星天线以及相关软件和计算机设备。

另一个考虑是使用双向（复式）还是单向（简式）系统。复式系统的优点是它允许操作员请求（或轮询）来自仪器的数据，执行诊断检查，更新软件并检查关键参数（如电池电量）。相比之下，简式系统（例如某些卫星和基于无线电的系统中使用的系统）通常仅以预定义的时间间隔和（或）超过临界降雨量或河流水位阈值进行传输，然而这种类型的系统仍然需要定期检查设备是否仍在运行，或者每天进行测试传输。

对于突发性洪水应用（和普通的洪水），强降雨和洪水条件下容易出现的性能表现也需要考虑。例如，对于一些共享网络，在电信中心发生紧急情况和（或）受洪水影响的情况下，系统可能会过载。减轻这些风险的一些可能的方法包括使用多条传输路线，并在关键站点采取备用安排（例如安排手持无线电的观察者）。备份或备用控制中心是另一个广为使用的选择，排练操作转移是洪水应急计划练习的一部分（详见第 6 章和第 7 章）。

突发性洪水警报系统需要考虑的另一个因素是传输频率。在水资源应用中，每天一次甚至每天几次的时间间隔被广泛使用，但这显然不能反映在几分钟到几小时内发生的突发性洪水事件的细节。因此，1min、5min 或 15min 的时间间隔被广泛使用，然而为了减少传输成本和（或）满足功率需求，在没有明显洪水风险的情况下，存储的值以较低的频率传输，如果存在任何洪水可能性，可以采用明确规定的方法切换到更频繁的轮询，或者在一些应用中使用事件信息传输。

3.4.2 信息系统

大多数遥测系统都使用专业计算机软件进行操作，以控制数据的接收和轮询。这种系统通常包括一系列用于监测单个仪器和整个系统状态的选项，并通常包含基于地图的界面来显示仪器的位置和实时读数。一些系统还包括电子邮件、短信和其他警报处理选项，用于在超过关键阈值时发出警报，还有远程测试和重新配置设备以及如摄像机和警报器等控制装备。

对于突发性洪水应用，由于时间较短，自动数据验证和检查程序尤为重要。在某些情况下，数据记录器软件会在每台仪器上进行初始检查，但更常见的情况是在基站进行。其目的应该是在信息用于洪水预警决策之前以及作为洪水预报系统的输入之前，至少可确定或消除严重错误，而不是无意之中排除真正的极端事件。一些系统也是可以编程的，允许用户定义更复杂的增长速率、多标准和其他阈值标准（见第 8 章）。通常两个或更多数据库并行操作：一个用于存储含有过去几天或几周的原始未检查数据，另一个是用于存储质量控制数据集的主要数据库。例如，世界气象组织（World Meteorological Organisation，2011）建议下列项目与洪水预报和预警系统相关：原始数据文件的保留、识别数据集起源的元数据、关于数据集重大更改的文件（例如基准的变化）和个别值更改的文件以及编辑目录、变更的原因和所使用的方法。

除了由气象和水文服务部门开发的系统和配置选项之外，商业上还提供了许多不同的系统和配置选项。例如，遥测方面有时会作为整体数据管理系统的一部分，提供数据归档和检索功能以及一系列数据验证、填充和分析选项。表 3.3 总结了这种类型系统的一些典型的功能。在其他情况下，这些组件作为洪水预报系统中的模块被包含在内，第 5 章描述了所提供的附加功能。另外，在某些组织中，遥测、数据管理和预测系统组件完全分开，例如来自不同的供应商或出于操作原因要使其分开。另一种办法是，现在一些供应商提供部分或完整的托管数据收集、管理和发布服务，包括从用户监测网络访问一个有密码保护的数据显示网站。

表 3.3　　　　　水文数据管理与遥测系统中的几种典型方案

选　　项	描　　述
界　　面	
数据采集	自动加载来自各种来源和传输路线的数据，包括便于加载人工记录的观测数据，这些数据来源于网络、电话、短信、传真或电子邮件
数据分布	自动将时间序列、网格数据和其他数据传输到决策支持、洪水预报及其他系统，可能使用开发人员工具包来开发软件，以便用户可以用自己的系统进行访问
监控与数据采集系统	水电厂和其他地点的专用监控与数据采集系统的链接

续表

选　项	描　述
数　据　处　理	
数据质量指标	可以将注释和数据质量标志或代码添加到单个值中，并且可以保留单个时间序列的多个副本（例如原始、校验、插值）
数据有效性（验证）	对输入数据进行质量控制的图形和自动化选项，有使用范围、阈值、持久性、变化率和其他标准，例如与其他数据流的比较
编辑	用于检查和更改数据值的交互式编辑器，还可添加数据质量控制标志和注释，通常在一定级别（视图、编辑、管理员等）上使用密码控制访问
填充	自动化和（或）交互式工具，用于在单个点填充数据（例如线性插值、常数值）
元数据	根据国家或国际网站的元数据标准、数据类型、地理空间标准等，存储在系统中的信息摘要
互联网服务	在网站上以图表、地图和表格形式呈现原始数据和校验数据，通常可以使用可扩展标记语言 XML、时间维度 netCDF、美国信息交换标准代码 ASCII、kml 或其他格式下载基础数据集
数　据　分　析	
一般性分析	一系列分析选项，如基本流量指数、双质量、流量持续时间、洪水频率、雨量以及其他可能
多点分析	根据其他地点记录的数据填写和扩展记录的工具（如回归、降雨径流模型、双质量分析）
水位流量关系曲线	用于显示、开发和应用水位-流量曲线、水位-库容曲线以及分析相关点测量结果和其他数据的工具
报告生成	生成汇总年鉴和其他报告格式，包括日以下、日、月和年值，以及平均值、最大值、最小值和其他统计输出，并可选择所使用的格式
洪　水　预　警	
阈值	单一阈值和其他类型阈值的定义，例如速率、上升或多标准阈值（可能使用一套编程工具）
报警处理	将实时数据与阈值进行比较，并在超出阈值时发出警报，还包括维护系统输出和用户条目的审计跟踪
传播	通过电子邮件、文本消息和其他选项自动发送警报，这里的其他选项包括在公开的和密码控制访问的网站上发布数值，以及连接到多媒体和其他系统

通常，决定使用哪种方法取决于成本、现有（传统）系统、可用性、供应商支持、系统安全性、与其他系统的连接性以及组织策略等因素。对于突发性洪水预警系统而言，所采用方法的适应能力是另一个关键考虑因素，例如，单独的遥测以及预报和警报传播系统有时不怕任何一个组件的故障，但管理起来更复杂（容易引入其他潜在风险）。如前所述，在主站点完全失效的情况下，通常在不同站点持有一个系统副本，并在每个位置配备备用电源和通信设施。

另一个要考虑的因素是，在某些情况下，气象和洪水预警服务使用独立的遥测和信息系统。在需要交换实时观测和预报数据的情况下，遥测和信息系统通常需要在洪水期间建立服务水平协议和全天候支持，有时还需要安装专用的通信链接。但是，有许多标准和技术可用于促进数据分享和产品预测，其中包括以下几项：

- 数据交换格式——用于组织间信息交换的协议格式，其中使用了可扩展标记语言（XML）。另一个例子是广泛用于交换气象数据的 BUFR 格式。

- 数据模型——针对不同类型数据的协议存储格式，通常使用关系数据库概念。例如，许多水文数据管理系统使用商业化的数据库系统，其数据模型有助于定义数据存储表格的结构以及它们之间的关系。例如，将 SQL 或定制的软件用于数据加载和检索。

- 地理配准——包含足够的信息来识别存储在系统中所有时间序列的位置或空间范围，以及系统中的其他记录，包括点位置（例如雨量器）、线要素（例如河流）、多边形（例如河流流域）和其他格式，遵循开放地理空间联盟（OGC）和其他标准。

- 元数据标准——用于识别和记录数据集的国际信息标准和其他信息标准（有时被称为"关于数据的数据"）。例如对于水文监测站，则可能包括名称、编号、位置、开放日期、操作员、记录的参数、间隔、单位、地图、照片和一些其他项目。

大多数现代水文信息系统都包含这些标准功能，就像许多实时洪水预报系统一样（参见第5章）。正如表3.4中的例子所表明的，这些进展大多是来自于一系列国家的和国际的标准化方法。

3.4.3　测量计选址的考虑因素

对于突发性洪水预警应用，可能需要额外的测量计来支持新的洪水预警

表 3.4 一些国家和国际上水文气象数据管理相关举措实例

项目	地点	描 述
CUAHSI	美国	水文信息系统（HIS）旨在开发数据模型、基于 XML 的数据交换格式、元数据标准、软件工具和 Web 服务，以便于水文数据的分析、可视化和建模（http://www.cuahsi.org/）
INSPIRE	欧洲	欧洲委员会发出在欧洲建立空间信息基础设施的倡议，包含多种主题，以及气象和自然灾害专题中的元数据和数据交换标准（http://inspire.jrc.ec.europa.eu/）
OpenMI	欧洲	一个标准界面用于在数据库、水文模型和其他与水及环境相关应用的建模工具之间的信息交换，该项目已被一些研究中心和商业组织采用（http://www.openmi.org/）
WIS	国际	世界气象组织倡议进行数据管理，以便尽可能利用国际元数据和互换标准，并在现有的全球电信系统基础上提供改进的数据获取、发现、交换和检索的服务（http://www.wmo.int/）

方案、洪水预报模型开发及一系列其他应用。如果要升级网络，那么设计通常会按照表 3.5 中的示例说明的多个阶段来进行。然而，所需的步骤在不同组织和国家之间的差异很大，每种情况都需要自己的解决方案。

表 3.5 升级洪水预警观测网络的几个典型阶段

阶段	描 述
可行性研究	审查当前的网络（位置、条件、性能等）、洪水风险、业务要求（例如预警预见期）、洪水预报要求、流域响应时间和特性、培训需求、遥测选择、费用估计等
详细设计	说明所需仪器的位置和类型、遥测和信息系统、培训要求、预测所需及其他产品、数据传播路线、预算估计、许可证、场地许可、批准等
试验装置	在某些情况下，初步评估一个或多个测试流域的仪器、软件、遥测系统和组织问题
安装启用	系统的安装和调试包括土木工程和工厂建设、现场验收测试和最终用户培训，以及运行和维护程序，同时还要准备说明书
操作和维护	系统的长期运行包括预防性维护、修理、升级和培训，以及正在进行的系统改进

对于水资源应用，根据气候、地形、海拔高度、准确度要求和其他因素，各种准则可用于帮助确定最佳的网络配置（如 Moss and Tasker，1991；World Meteorological Organisation，1994，2009）。然而，关于洪水预警应用网络设计的研究较少，尽管该主题在 NOAA/NWS（2010）、USACE（1996）、Mishra and Coulibaly（2009）、NOAA（2010）和 World Meteorological Organisation（2009，2011）等许多文献中都有所讨论。有时也采用基于风险的技术来为仪器的选址提供指导，例如对于给定的洪水风险等级，确定该等级下雨量站网最低的密度或者河流水位计位于洪水预警区上游或下游最大的距离（Andryszewski et al.，2005）。

基于理论的方法也被提出来用于雨量站的选址（如 Volkmann et al.，2010），如寻求最小的平均面雨量的估计方差，或者使用量表之间的相关关系作为仪器密度的选择标准。正如第5章所述，对于洪水预报应用的另一种选择是评估网络设计选项对模型性能的影响，例如，除了使用不同雨量计组合的敏感度测试外，还有一些需要考虑的因素，包括面临风险的社区所在的位置、所需的预测点、流域响应时间、典型的洪泛机制以及能对洪水预警做出有效响应的足够长的预见期。对以往洪水事件中的降雨和径流分布以及常见风暴的规模、路径和速度分析也提供了有用的信息，例如使用天气雷达图像和降雨强度估计值（参见第2章）。如果可以得到测量计精确的（例如基于 GPS 的）坐标，则还可以使用数字地形模型以三维方式查看常规设置，例如评估地形可能带来的影响。

但其实除了一些特制的洪水预警系统外，许多观测网络倾向于以更为特别的方式来满足多种应用的需求。如资源监测、农业、水库运营、航运、污染控制以及洪水预警等方面。此外，出于对道路通行、电力供应、土地所有者权限、现场安全、遥测选项以及当地工作人员数量的考虑，有时会导致仪器没有安装在从洪水预警角度所考虑的首选地点。例如，在更高的海拔高度，尤其是在河流流域的源头上，雨量计和自动气象站的覆盖范围通常较为稀疏。当然，如果各方条件和预算允许遵从基本原理来设计或升级网络，那么可以采用更客观的方法。

另一个考虑因素是一些国家的观测网络由若干组织运作。但是，如果能商定合适的数据交换协议，则可以在安装新设备时实时交换数据并汇集资源。如图 3.8 提供了监控网络数十年来发展的简单图解。这种情况虽然是假设的，但对于拥有悠久河流监测传统的组织来说却相当典型，尽管不同流域和国家之间的细节差别很大。

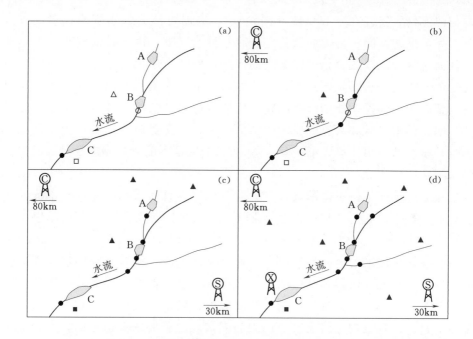

图 3.8　开发一个虚拟流域的洪水预警服务的示意图。(a) 阶段使用
水资源量表为 C 城市提供基础预警服务。(b) 阶段服务延伸到 B 镇，为 C 城
市开发流量演算预测模型；C 波段雷达作为国家网络的一部分安装于此，
为流域引入了突发性洪水指导方法。(c) 阶段有基于社区的村级洪水
预警系统、遥测气象站；安装了 S 波段雷达。(d) 阶段安装更多仪表
以支持所有风险地点的一体化流域模型的运行；安装 X 波段雷达，以支持
C 城的地表水（雨洪）预警服务。(三角形—雨量计；圆形—河流仪表；
正方形—气象站；塔—X/C/S 波段气象雷达；空心符号—人工观测；
实心符号—遥测站点)

通常情况下，洪水预警要素的发展速度与洪水风险等级、预算、现有量
表在大流量时的表现、组织政策、国家目标（如果有的话）以及某些情况下
的政治改进压力相关。其他因素有时也起作用，如国家气象雷达网络的发展
速度（如果有的话）以及支持洪水预报模式运行的要求。如在某些情况下，
可以安装额外的雨量计来填补天气雷达网络中的缺口或用于实时调整雷达降
雨输出（参见第 2 章）。其他河流仪表可安装在高风险位置作为备份，以防
在洪水过程中遥测或仪表发生故障，并安装临时仪表以满足防洪、水库施工
方案或现场安全评估的需求。

在某些情况下，也可以使用相同的站点用作不同的用途，例如雨量计通

常与河流仪表安装在一起（或共同设置），有时可能升级水资源计量仪以改善对大流量的监测。值得注意的是在后一种情况下，雨量计安装时通常不考虑其大流量性能以及其他难以解决的问题，例如由于洪泛平原上的窜流，以及受汇流或建筑物影响的回水。在这种情况下，水文和水动力模拟研究有时可以帮助评估仪器性能的潜在问题。比如可通过评估回水效应和洪泛区流量的影响，得出流域和河流响应时间的估算值，以便对可能的洪水预警预见期进行分析（参见第5章、第7章），并估算电气设备的最低高度要求，以避免洪水损坏的风险。

在某些情况下，可能的选择方案需要被视为总体成本收益的一部分，或者对第7章中讨论的类型进行多标准分析，考虑购买费用和运营成本以及一系列其他因素。例如世界气象组织（World Meteorological Organisation，2011）建议仪器采购合同涵盖以下内容：仪器供应、符合国际制造和性能标准、安装和校准、仪器和网络的测试和调试，以及保修、服务和备用零件的供应和维护。况且常规现场访问、校准检查和数据质量控制的需求怎么强调都不为过，还要维护电流表和ADCP设备等。这就要求有适当的长期资金来配备相关的人力资源、培训计划和职业结构（如NOAA，2010；World Meteorological Organisation，2009，2011）。

重要的升级或更换设备之间的时间间隔也需要考虑，还有如第7章所述的与其他潜在用户分摊成本的可能性，如用于水资源或农业应用。尤其当一个网络有多种用途，常要通过扩大用户数量和潜在的资金来源来帮助获得资金以及系统的长期维护和可持续性。如果一个地区有明显的汛期（或季节），这也有助于保持系统稳定并提升人员技能，因为关键设备在其他时间是很少使用的。

另一个考虑是盗窃或破坏行为的风险，这是一个困扰许多组织的问题。一些用于减少损失的方法包括"围墙、电镀、伪装和建造建筑物的内围墙"（Flood Control District of Maricopa County，1997）。在某些情况下（取决于成本和可靠性），小型低功率（无太阳能电池板）和低视觉冲击装置可能会减少问题，如非接触式雷达或超声波雨量计以及固态雷达。

在一些欠发达国家，选择离理想位置较远的地方也可能有优势，如安全的政府大院（对于雨量计）或有警察及其他检查站的公路桥梁（对于河流测量仪）。在农村地区，寻求当地社区的帮助通常会提供一些额外的保护，例如可通过提供更多的安全地点安装设备并招募志愿者或付费的观察员。如果破坏行为显著，那么提高社区意识的培训也会有所帮助，并且可以在当地提供实时数据，以便农民、船舶操作员或钓鱼者等用户从信息中获得一些直接收益。在后一种情况下，可能采用的传播路径包括在网站上发布观测结果，并使用短信、电子邮件和智能手机应用程序等选项直接进行数据交流。

3.5 总结

- 河流水位和流量观测在突发性洪水预警过程的许多方面起着关键作用，包括监测洪水预警阈值水位和作为洪水预报模型的输入。在一些地区，土壤水分估算也广泛应用于雪地观测。

- 用于河流水位监测的主要技术包括浮子式消力井、压力传感器和喷水式引水口，以及如下向式超声波和雷达装置等非接触式方法。对于突发性洪水应用，仪表需要选择合适的位置，以便电气设备高于可能的洪水水位，而仪表测量范围包括可能观察到的最高水位。

- 尽管传统的计量仪仍被广泛使用，但是目前的流量观测通常使用声学多普勒测流仪（ADCP）来进行。由此产生的点测量被用于推求水位-流量关系，用于将河流水位转换为流量。水位流量曲线的获取和维护需要考虑很多问题，包括沉淀、侵蚀、植被和回水影响带来的不确定性。鉴于这些原因，偶尔会使用特制的测量结构和超声波或电磁流量记录器，但成本往往是一个限制因素。

- 土壤湿度测量技术包括介电和散热探测器以及基于卫星的微波观测。不过因其数值的空间变化很大，土壤湿度核算技术可能比直接观测更广为使用。这类模型以网格为基础，常通过雨量计或天气雷达观测来估算土壤湿度，并从气象站观测获得的蒸散发数据来进行估计。

- 降雪的观测技术包括雪枕、向下式超声波测量仪和称重传感器。卫星观测广泛用于监测积雪，但用于估算雪水当量的频率较低。然而，人工观测技术仍然广泛用于固定观测点，它沿着横断面观测，并常通过雪地车和飞机进行观测。

- 遥测系统广泛用于突发性洪水预警和预报系统。其主要包括 UHF 或 VHF 无线电，以及蜂窝（GSM，GPRS）、卫星、流星爆发和固定电话技术。有时，为了提升网络故障的还原能力，每个测量仪不止采用一种方法来观测。对于突发性洪水应用，需要考虑的一些特殊问题是暴雨和洪水条件下的系统性能，特别是在紧急情况下共享网络超载或发生故障的风险。

- 信息系统在处理和归档观测中发挥关键的作用。一些常用的功能包括根据预先定义的阈值监视观测值以用于发布突发性洪水警报，同时可作为一系列数据的验证、分析和显示工具。越来越多的系统使用基于地图的用户界面，并采用国际公认的数据交换、数据存储和元数据标准。

- 尽管某些重要组件可以根据设计指南来设计，但突发性洪水观测网络往往倾向于以特别的方式来开发，而优化雨量计密度和位置的技术发展是一个活跃的研究领域。具体安装位置的问题也值得考虑，例如使用的便利性、遥测覆盖率以及面临洪水或破坏行为的风险。在某些情况下，需要使用成本效益方法或多重标准方法，并且考虑与洪水风险等级相关的所需的投资来进行调整。

参 考 文 献

Alavi N，Warland JS，Berg AA（2009）Assimilation of soil moisture and temperature data into land surface models：a survey. In：Park SK，Xu L（eds）Data assimilation for atmospheric，oceanic and hydrologic applications. Springer，Berlin/Heidelberg

Andryszewski A，Evans K，Haggett C，Mitchell B，Whit fi eld D，Harrison T（2005）Levels of service approach to flood forecasting and warning. ACTIF international conference on innovation advances and implementation of flood forecasting technology，Tromsø，Norway，17 – 19 Oct 2005. http：//www. actif - ec. net/conference2005/proceedings/index. html

Armstrong RL，Brun E（2008）Snow and climate physical processes，surface energy exchange and modeling. Cambridge University Press，Cambridge

Blyth E（2002）Modelling soil moisture for a grassland and a woodland site in south - east England. Hydrol Earth Syst Sci 6（1）：39 – 47

Boiten W（2008）Hydrometry，3rd edn. Taylor and Francis，London

Egli L，Jonas T，Meister R（2009）Comparison of different automatic methods for estimating snow water equivalent. Cold Reg Sci Technol 57（2 – 3）：107 – 115

FAO（1998）Crop evapotranspiration - guidelines for computing crop water require- ments. FAO irrigation and drainage paper No. 56，（Revised），by Allen RG，Pereira LS，Raes D，Smith M，Rome，Italy

Flood Control District of Maricopa County（1997）Guidelines for developing a comprehensive flood warning program. Modified from an original work by the Arizona Flood Plain Management Association Flood Warning Committee "Guidelines for developing comprehensive flood warning"，June 1996

Fulton J，Ostrowski J（2008）Measuring real - time stream flow using emerging technologies: radar, hydroacoustics, and the probability concept. J Hydrol 357: 1 – 10

Herschy RW (1999) Hydrometry: principles and practices. Wiley, New York

Illston B, Basara J, Fisher D, Elliott R, Fiebrich C, Crawford K, Humes K, Hunt E (2008) Mesoscale monitoring of soil moisture across a statewide network. J Atmos Oceanic Technol 25: 167 – 182

ISO (1996) Measurement of liquid flow in open channels. Part 1: Establishment and operation ofa gauging station. International Organisation for Standardization, ISO 1100 – 1, Geneva

ISO (2010) Measurement of liquid flow in open channels. Part 2: Determination of the stage discharge relation. International Organisation for Standardization, ISO 1100 – 2, Geneva

Johnson J, Gelvin A, Schaefer G (2007) An engineering design study of electronic snow water equivalent sensor performance. In: 75th annual Western snow conference, Kailua – Kona, Hawaii, 16 – 19 Apr 2007. http://www.westernsnowconference.org/proceedings/2007.htm

König M, Winther J – G, Isaksson E (2001) Measuring snow and glacier ice properties from satellite. Rev Geophys 39 (1): 1 – 27

Lundberg A, Granlund N, Gustafsson D (2008) "Ground truth" snow measurements – Review of operational and new measurement methods for Sweden, Norway, and Finland. 65th Eastern snow conference, Fairlee (Lake Morey), Vermont, 28 – 30 May 2008. http://www.easternsnow.org/

Met Office (2010) National Meteorological Library and Archive: fact sheet 17 – Weather observations over land (Version 01). Met Office, Exeter. www.metoffice.gov.uk

Mishra AK, Coulibaly P (2009) Developments in hydrometric network design: a review. Rev Geophys 47: RG2001

Moss ME, Tasker GD (1991) An intercomparison of hydrological network design technologies. IAHS J 3 (6): 209 – 220

National Research Council (2004) Assessing the National Streamflow Information Program. Washington, DC. http://www.nap.edu/

NHWC (2006) Flood management benefits of USGS streamgaging program. National Hydrologic Warning Council, San Diego

Nitu R, Wong K (2010) CIMO survey on national summaries of methods and instruments for solid precipitation measurement at automatic weather stations. Instruments and Observing Methods Report No. 102. WMO/TD No. 1544, Geneva

NOAA (2010) Flash flood early warning system reference guide. University Corporation for Atmospheric Research, Denver. http://www.meted.ucar.edu/

NOAA/NWS（2010）Flood Warning Systems Manual. National Weather Service Manual 10 – 942，Hydrologic Services Program，NWSPD 10 – 9，National Weather Service，Washington，DC

North Dakota State Water Commission（2011）SWC funds rapid deployment gages. North Dakota Water，May 2011. http：//www. swc. state. nd. us/4dlink9/4dcgi/GetContentPDF/PB – 1962/OxbowMay2011. pdf

Pappenberger F，Matgen P，Beven KJ，Henry J – B，Pfister L，de Fraipont P（2006）In fluence of uncertain boundary conditions and model structure on flood inundation predictions. Adv Water Resour 29：1430 – 1449

Paulson RW，Shope WG（1984）Development of earth satellite technology for the telemetry of hydrologic data. J Am Water Resour Ass 20（4）：611 – 618

Petersen – Øverleir A，Soot A，Reitan T（2008）Bayesian rating curve inference as a stream flow data quality assessment tool. J Water Resour Manag 23（9）：1835 – 1842

Rasmussen R，Baker B，Kochendorfer J，Myers T，Landolt S，Fisher A，Black J，Theriault J，Kucera P，Gochis D，Smith C，Nitu R，Hall M，Cristanelli S，Gutmann E（2010）The NOAA/FAA/NCAR Winter Precipitation Test Bed：how well are we measuring snow? Paper 8 – 4 – 10，TECO – 2010 – WMO technical conference on meteorological and environmental instruments and methods of observation，Helsinki，30 August – 1 September

Rudel E（2008）Design of the new Austrian surface meteorological network. TECO – 2008 – WMO technical conference on meteorological and environmental instruments and methods of observation，27 – 29 November 2008. http：//www. wmo. int/pages/prog/www/IMOP/TECO – 2008/

Sauer VB，Meyer RW（1992）Determination of error in individual discharge measurements，USGS open file Report 92 – 144

Schaefer GL，Paetzold RF（2000）SNOTEL（SNOwpack TELemetry）and SCAN（soil climate analysis network）. Automated weather stations for applications in agriculture and water resources management：current use and future perspectives，Lincoln，Nebraska，6 – 10 March 2000

Schaefer GL，Cosh MH，Jackson TJ（2007）The USDA Natural Resources Conservation Service Soil Climate Analysis Network（SCAN）. J Atmos Oceanic Technol 24（12）：2073 – 2077

Shunlin L（ed）（2008）Advances in land remote sensing：system，modeling，inversion and AQ1 application. Springer，Dordrecht

USACE（1996）Hydrologic Aspects of Flood Warning – Preparedness Programs. Report ETL 1110 – 2 –540，U. S. Army Corps of Engineers，Washington DC

Vehviläinen B, Huttunen M, Huttunen I (2005) Hydrological forecasting and real time monitoringin Finland: the watershed simulation and forecasting system (WSFS). ACTIF international conference on innovation advances and implementation of flood forecasting technology, Tromsø, Norway, 17 – 19 October 2005. http: //www. actif – ec. net/conference2005/proceedings/index. html

Volkmann THM, Lyon SW, Gupta HV, Troch PA (2010) Multicriteria design of rain gauge networks for flash flood prediction in semiarid catchments with complex terrain. Water Resour Res 46: W11554

Wagner W, Blöschl G, Pampaloni P, Calvet J-C, Bizarri B, Wigneron J-P, Kerr Y (2007) Operational readiness of microwave remote sensing of soil moisture for hydrologic applications. Nord Hydrol 38 (1): 1 – 20

White AB, Colman B, Carter GM, Ralph FM, Webb RS, Brandon DG, King CW, Neiman PJ, Gottas DJ, Jankov I, Brill KF, Zhu Y, Cook K, Buehner HE, Opitz H, Reynolds DW, Schick LJ (2012) NOAA's rapid response to the Howard A. Hanson Dam flood risk management crisis. Bull Am Meteor Soc 93 (2): 189 – 207

World Meteorological Organization (1992) Snow cover measurements and areal assessment of precipitation and soil moisture. Operational Hydrology Report No. 35. WMO – No. 749, Geneva

World Meteorological Organisation (1994) An overview of selected techniques for analyzing surface water data networks, Operational Hydrology Report No. 41, WMO – No. 806. Geneva

World Meteorological Organisation (2008) Guide to meteorological instruments and methods ofobservation. WMO – No. 8, Geneva

World Meteorological Organisation (2009) Guide to hydrological practices (6th edn.). WMO – No. 1072, Geneva

World Meteorological Organisation (2010) Manual on stream gauging. Volume I – Fieldwork, Volume II – Computation of discharge. WMO – No. 1044, Geneva

World Meteorological Organisation (2011) Manual on flood forecasting and warning. WMO – No. Report 1072, Geneva

第 4 章

降 雨 预 报

摘 要：降雨预报被广泛用作突发性洪水预警过程中的一部分，它可以在事件发生之前发出预警，而不是通过观测后才发出警报。近年来，大气模型的分辨率显著提高，并且影响范围大幅提升，在某些情况下已经接近洪水预报模型的分辨率。临近预报技术也被广泛使用。本章简要介绍了这些技术，以及与突发性洪水相关的气候学，还讨论了一些关键的操作注意事项，包括发布强降雨预警的方法、预测验证技术以及气象和水文服务之间的典型的预报传送机制。

关键词：突发性洪水气候学、临近预报、数值天气预报、后处理、预报员输入、强降雨预警、预报验证、预报传送机制

4.1 概述

降雨预报为洪水预警机构提供了早期发布突发性洪水危险预警的能力，而不是仅通过河流观测或降雨观测结果之后再发出预警。长期的预测也越来越多地用于判断是否采取预先的措施以防洪水的发生，例如安排值班人员名册、检查和预先安置设备。尽管各国使用的术语都不相同，但降雨预报通常包括下列方法：

• 突发性洪水警报——主要基于预报员的经验和模型的输出情况做出初步警报，这里的模型输出情况主要指会导致某地区发生暴雨或突发性洪水的情形。

• 强降雨预警——当预报显示可能超过典型洪水条件下的水深阈值时

发出警告；例如在 6h 内降水达 50mm，或者在 2h 内有 60% 的概率超过 30mm 降水。

• 突发性洪水指导技术——考虑当前集水条件的降雨阈值方法，例如根据当前的土壤湿度，估算至引发洪水时还需的降雨量。

• 洪水预报模型——使用降雨预报结果来直接提供一般或特定场地的突发性洪水预报，例如使用总体降雨预报结果（是以小时为单位提供网格分辨率为 1km 的，未来 24h 的降雨预报结果）。

降雨阈值广泛用于城市地区泥石流和地表淹没的预警过程中（见第 9 章和第 10 章），而突发性洪水指导技术和洪水预报模型常用于河流洪水的预警中（见第 8 章）。一般而言，对于给定的预见期，使用的方法越多，所能提供的细节数据（如时间、地点、洪水大小和持续时间等）也会越多，但不确定性会随之降低。

对于天气预报，使用的两种主要建模方法如下：

• 临近预报——一种长期存在的技术，根据当前和近期的天气雷达或卫星观测资料，如降雨、云层、雾和其他气象特征的运动，推断出未来的情况，有时模型的输出结果和其他来源的观测结果（如雷电检测系统）会对此有指导作用。

• 数值天气预报（NWP）——基于考虑陆地表面以及海洋表面水的动量和热量传递，近似求解对大气质量、动量和能量守恒方程的物理模型。典型情况下，局部或区域尺度模型嵌入在较粗尺度的全球模型中，并使用结合多方观测来源的数据同化过程进行初始化。

尽管一些研究中心和私立的预测机构也具有实际预测的能力，但这类模型通常由国家气象部门运营。临近预报通常用于提供较短的预见期，而数值天气预报模型输出则提供较长的预见期。例如，世界气象组织（World Meteorological Organisation，2010a）对时间尺度进行下列定义：临近预报（当前天气参数和 0～2h 内的），超短期（最多 12h），短期（12～72h），中期（72～240h），扩展期（10～30d），长期（30d～2 年）。在实践中，预见期可达 6h 的临近预报以及可以提前几小时到几天的数值天气预报输出通常被认为是有用的。

图 4.1 说明了这两种预报类型的输出是如何提供给终端用户的，如洪水预警服务。基于一系列的数据同化（或在临近预报情况下的分析）、模型运行和后期处理，每个产品都以固定的时间间隔发布。在这个假设的例子中，数值天气预报每 6h 可提前预测 0～36h 的数据，而临近预报每 1h 可提前预

测 6h 的数据。为了方便起见，图中省略了后处理所需的时间。

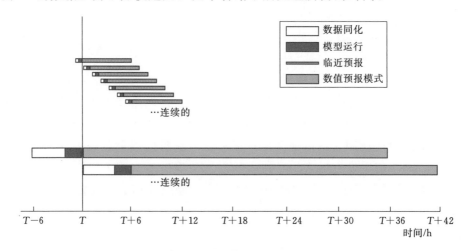

图 4.1   两套数值天气预报模型的预测和数据
同化周期的说明，详见正文

然而，临近预报的频率通常比这更频繁，而且通常以基于天气雷达观测的 1h 以内的（如 15min）时间间隔进行提供。空间分辨率受底层观测系统的限制，天气雷达分辨率一般为 1～5km，卫星分辨率估计为 5～15km（见第 2 章）。虽然预报时间往往长达 6～8h，不过有时实际有效的预见期会比这短得多，如雷暴，在某些情况下预见期不超过 1～2h。

将数值天气预报模型的输出应用于突发性洪水中是一个近期发展的热点。过去没能提出来的主要原因是其分辨率与水文尺度相比较为粗糙。例如，在 20 世纪 90 年代，区域尺度模型的典型网格尺度在 10～25km 范围内，通常预测期长达 36～120h，并且每 6～12h 更新一次。另外，在实践中，得到的无衰减的空间尺度或波长通常是网格长度的 3～5 倍，这对可解决的大气尺度特征造成了一些限制（如 Lean and Clark，2003；Persson，2011）。

近年来，一些气象服务已开始运用非静水压的中尺度模式。水平分辨率现在通常为 4km 或更小，在某些情况下每小时可提供 12～24h 或更长预见期的更新。这里的术语"中尺度"被定义为"与大气现象有关的水平尺度，从几公里到几百公里不等的雷暴、飑线、前锋、热带和温带气旋中的降水带，以及地形产生的天气系统，如地形波和海陆风"（AMS，2012）。然而，当模型网格长度为 1～2km 时，通常被称为"对流尺度"。

这种方法通常可以显著地改善降雨预报的准确性（图 4.2）。后处理技术也越来越多地用于将结果在感兴趣的地点进行降尺度输出，此外还有统计、天气匹配（模拟）和动态的方法。自 20 世纪 90 年代以来，集合预报的使用已成为许多气象服务的标准做法，并且其产出日益用于洪水预报当中。近期的另一个进展是概率临近预报产品，第一次实际应用大致在 2005—2010 年。

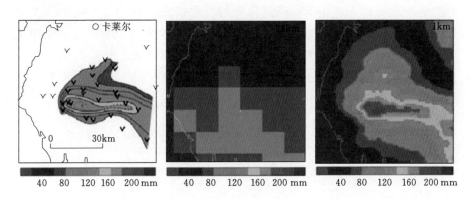

图 4.2 在 12km 和 1km 的分辨率下，对 2005 年 1 月英格兰西北部的
一次强降雨事件的观测值和后报值（由英国气象局统一模型计算得到）
进行比较，此次事件导致了卡莱尔市近 2000 余处发生水灾
（Cabinet Office，2008；© Crown Copyright，2008）

本章首先讨论了引发突发性洪水灾害的气象原因，然后介绍了以上这些技术。一些关键的操作问题也有所涉及，如发布强降雨预警的方法、预测验证技术以及在气象和水文服务之间转换预报产品的机制。有关基础理论的说明可在气象预报相关的许多文献中找到，如：World Meteorological Organisation（2000）、Kalnay（2002）、Stensrud（2007）和 Markowski and Richardson（2010）。

第 12 章也简要讨论了与突发性洪水应用相关的降雨预报技术的最新研究进展，其中包括开发不间断预测或混合预测以及改进极端事件的决策支持系统。在这里，不间断预测的目的是提供从现在（如包括观测值）到长期季节性预报的空间一致性概率估计，该预测一旦达到目标就可能结合多传感器降水估计值（见第 2 章）、临近预报以及全球、区域和地方模型输出到一系列的产品中，这一领域的几项气象服务已经顺利开展。例如在产品操作方面的研究将临近预报和短期模型输出结合到一个集成产品当中。

4.2   突发性洪水气候学

突发性洪水预测的难点之一是确定可能导致人员、财产和基础设施风险的条件或条件组合。因此，了解暴雨前兆是气象和洪水预报应用的必要条件。因为这还有助于提供潜在风险位置的指示以及尽可能将预报的预见期最大化。例如，雷雨的存在周期有时不到 1h，而在季风季节和缓慢移动的热带气旋中，强降雨可持续 1 天或更长时间。一般来说，较大规模的气象特征在较长的时间尺度上比小规模的对流事件更容易预测（图 4.3）。然而对流风暴可能与较大尺度的特征有关，从而导致局部地区的强降水，这种情况是更难预料的。

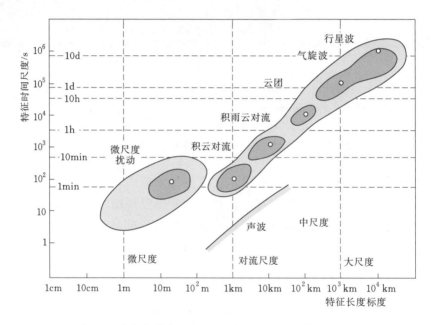

图 4.3   大气规模与时间尺度关系示意图。典型的预测
目前大约是时间尺度的 2 倍，但最终可能是时间尺度的 3 倍
（Persson，2011；Source ECMWF）

有关突发性洪水产生的原因已有许多研究，但各国家和地区之间的差异却很大。例如在干旱地区，传统的径流形成机制之一是在遥远的山丘上发生雷暴，在先前干燥的下游河床中引起突发性洪水。相反在热带地区，突发性洪水往往是由热带气旋引起的，进而在几小时或几天后引起广泛的低地（平

原）河流泛滥。山丘和山脉的局部地形影响也可能对降雨的时间、地点和等级产生重大影响，部分还要取决于坡度与风向的相对关系。

尽管存在这些困难，但通常可以判断出局部或地区突发性洪水发生的可能性，表 4.1 总结了欧洲和美国研究及评论中的一些发现。国际上，文献中引用的一些气象成因包括大气河流、低界点、锋面系统、中尺度对流系统、季风、雷暴和热带气旋。这些术语在表 4.2 中有所定义，且第 8～11 章提供了很多例子。美国科学院（National Academy of Sciences，2005）研究表明，引发突发性洪水的暴雨形成的关键要素（至少在美国）如下：

- 充足和持久的水蒸气供应；
- 一种促进空气中水分凝结和沉淀形成后的上升机制；
- 使降雨在同一区域连续或重复发生的集中机制（或集中机制的组合）。

表 4.1　　　　　　　　　由气象因素导致突发性洪水的实例

地　　点	描　　　述
中南欧地区	根据对 7 个国家易发洪水区域的研究，一些常见突发性洪水的原因可能是地中海地区有大面积（有时为 $1000km^2$ 或更广）的秋季强烈对流性暴雨事件。相比之下，在中欧国家（奥地利、斯洛伐克和罗马尼亚），这些极端事件往往发生在夏季，通常发生于较小的流域（小于 $500km^2$），是由不同的气候原因而导致的。而意大利北部的突发性洪水机制则处于这两种情况之间（Gaume et al.，2009）
英国	在对 20 世纪英国 50 个极端降雨事件的研究中，30 个被确定其主要成因为对流（如雷暴）所致，15 个为锋面雨所致，5 个为地形原因所致。6—9 月的夏季为事故发生率最高的时段。所有的地形所致的事件"发生在冬季，潮湿的气流从西部转移到西南部，80% 的锋面雨涉及南部或东部缓慢移动的低气压以及锋面系统"（Hand et al.，2004）
美国、南欧	一项关于美国大陆和欧洲地中海突发性洪水事件的研究考虑了以下气候区长期高强度降水的气象参数：热带气候；多山、中纬度、潮湿、山区干燥气候；美国大平原。以及取决于地区的一些相关参数，如低层气流的强度、静止或缓慢移动的风暴（如热带气旋）、低层露点温度、地表可降水量、较厚的冻云层、气象边界（如先前存在的冷锋或来自早期雷暴导致雨水冷凝和相对致密的空气）和地形影响（如再生、增强的低空升力）（Kelsch，2001）

续表

地　点	描　述
美国	美国突发性洪水灾害的主要气象成因被确定为"缓慢移动的雷暴造成的强降雨，反复在同一地点移动的雷暴，或飓风及其他热带系统的过度降雨"。相反，美国西海岸的突发性洪水经常是由地形降水引起的，也就是降水受山区地形的影响。在那里，突发性洪水通常与冬季月份登陆的温带气旋和前锋相关，而不是夏季的雷暴（National Academy of Sciences，2005）。例如，1996—2005年期间（Ashley and Ashley，2008）的分析表明，"中尺度对流系统占该时期洪水死亡总人数的36％""美国各地都有突发性洪水，并常伴有五种主要的地表特征，但主要是由锋面抬升这一主导类型所引起的"

表4.2　　　突发性洪水的气象成因及相关的事件（定义来自
NOAA/NWS，2012，除非另有说明）

类型	定　义	突发性洪水事件实例
大气河流	在几百公里宽的低层大气中延伸数千公里，有时是跨越整个海洋的狭窄的水汽输送通道（Ralph and Dettinger，2011）	见专栏4.1
切断低压	一种闭合的高空低压，与西风气流完全切断，独立于气流移动。切断的低点可能持续数天几乎静止不动，有时也可能向西移动，与盛行的高空气流相反（即退化）	2003年3月，在南非的夸祖鲁-纳塔尔省，持续3天的强降雨和突发性洪水（Singleton and Reason，2007）
锋	不同密度的两个气团之间的边界或过渡区，因此（通常）具有不同的温度。移动的锋根据前进的空气团命名，如果冷空气正在前进，则叫冷锋	2007年，英格兰赫尔因城市排水有关原因引发洪水泛滥（Coulthard et al.，2007；见第10章）
中尺度对流系统	一种复杂的雷暴，其规模比单个雷暴大，通常持续几个小时或更长时间。中尺度对流系统可能是圆形或线形，包括如热带气旋系统、飑线系统、中尺度对流复合体等。中尺度对流系统通常用来描述一组符合中尺度对流复合体大小、形状或持续时间的雷暴（MCC＝中尺度对流复合体）	2002年加尔省的强降雨导致法国南部有史以来最严重的洪水事件之一（Anquetin et al.，2009；见第8章）

续表

类型	定　义	突发性洪水事件实例
季风	由陆地块体和相邻海洋之间的温度差异引起的热驱动风,并季节性地改变其方向	印度孟买 2005 年严重的地表淹没(Gupta,2007;见第 10 章)
雷暴	由积雨云产生的局地暴雨,并伴有闪电和雷电	1976 年,美国大汤普森峡谷发生特大洪水(Gruntfest,1996;见第 8 章)
热带气旋	起源于热带或亚热带水域的暖核、非锋面天气尺度气旋,有规律的深层对流和带有固定中心的封闭地面风环流系统	由中国台湾热带气旋莫拉克引起的泥石流和突发性洪水(Chien and Kuo,2011;见第 9 章)

尽管没有普遍适用的突发规范或准则来预测引发突发性洪水的暴雨,但地区(气象和水文)的预报员往往会对典型的风险因素有所了解。在一些组织中,这些因素被发现并已经嵌入到了经验法则和决策支持工具中,该主题将在第 4.4 节中进一步讨论。

专栏 4.1　大气河流

大气河流是在几百千米宽的低层大气中的狭窄的水汽走廊,有时在海洋上空延伸数千千米(Ralph and Dettinger,2011)。通常,它们是在冷锋前快速移动的低空急流,这些冷锋位于冬季气旋的暖区(如 Neiman et al.,2008;Stohl et al.,2008;Dettinger et al.,2012)。

这些过程的气象学解释得到了美国加利福尼亚州一系列野外实验观测数据的大力支持(见专栏 12.1)。特别是已经表明在加利福尼亚州和太平洋西北地区,地形强降水和洪水往往与这种类型的气象事件有关。随后的研究表明,大气河流还可能发生在其他中纬度沿海地区,如挪威西南部海岸(Stohl et al.,2008)、南美洲西部(Viale and Nuñez,2011)和美国东部的部分地区(Moore et al.,2012)。

图 4.4 以极地轨道卫星为基础的 SSM/I 微波图像显示了大气河流降水的例子。这一事件导致 2009 年 10 月 13—14 日在加利福尼亚海岸几百公里内的降雨量超过 200mm,并在某地观测到了 410mm 以上的降雨(Ralph and Dettinger,2011)。与其他类似的极端降水事件一样,这个事件与西太平洋的一个热带水汽团有很强的联系,这是一种有时被称为"热带水龙头"的状况。

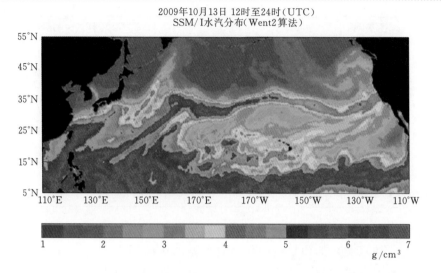

2009年10月13日 12时至24时（UTC）
SSM/I水汽分布（Went2算法）

图 4.4   2009 年 10 月 13 日大气河流降水示例，显示了从 SSM/I 微波
图像获得的 12—24 时（UTC）共 12h 的垂直一体化水汽分布
（美国国家海洋和大气局/地球系统研究实验室
http：//www. esrl. noaa. gov/psd/atmrivers/）

当一条大气河流经过复杂的山脉地形时，预测降雨的范围和强度尤其具有挑战性。例如，图 4.5 展示了一个事件的概念表征，该事件的发生源于太平洋的湿润低空气流穿过了位于加利福尼亚州的圣克鲁斯山脉西部（Ralph et al.，2003）。这导致了在迎风斜坡上的大量降水，尽管圣卢西亚山脉偏南方向的雨影区降雨量较低。

图 4.5 还显示了雨影区和西部较强降雨区之间的流线划分估计值。活动期间，该流线以西的佩斯卡德罗溪经历了洪水过程，而圣洛伦索河以东的降雨则不太强烈，仅仅导致了第四高的洪水位。这突出了在大气河流降水事件中，风向在确定哪些流域将经历最严重的降雨和可能性的洪水中起到的关键作用。

这些观测是在密集的气象观测活动中进行的，并且值得注意的是它们还研究了飞机对近海大气河流状况的观测。这样在监测到洪水出现之前几小时就会发出突发性洪水警报，并且可以预先安排超过 100 人的当地应急救援人员（Morss and Ralph，2007）。

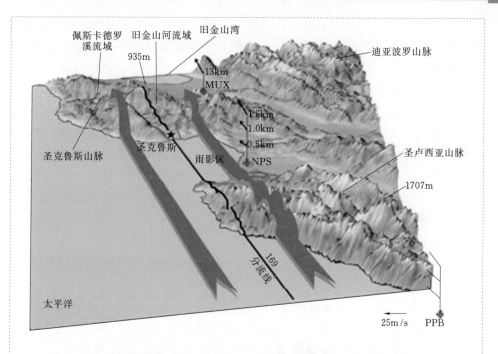

图 4.5　在关键的 4～6h 期间，由 1998 年沿加利福尼亚州中部
海岸沿岸的一条大气河流引发了严重的洪水。带状线代表了
1998 年 2 月 2 日 22 时（UTC）至 1998 年 2 月 3 日 04 时（UTC）
期间的平均气流。还显示了 S 波段（NEXRAD）天气监视雷达
（MUX）和两个风廓线仪（NPS，PPB）的位置（Ralph et al.，2003）

4.3　预测技术

4.3.1　临近预报

4.3.1.1　技术基础

临近预报是最早的气象预报技术之一，并被用于降雨、雾、降雪和其他气象特征的预报。临近预报也可称为外推预测，或是超短期定量降雨预报。

临近预报方法的基础是基于观察其位置、范围、速度和（或）强度的增长或衰减来推断特征的演变方向。目前这种类型的计算主要通过计算机来完成，模型用于自动识别关键特征并估计其未来的轨迹。数值天气预报模型输出越来越多地被用于该过程中的一部分，因此临近预报有时会被视为输出后处理的一种形式。然而，临近预报具有运行速度快很多倍，并能够以更高的分辨率提供更频繁的输出结果的优点。因此，在诸如雷暴等快速发展事件中应用临近预报是一个活跃的研究领域。

对于降雨预报而言，临近预报能提供的最大预见期取决于诸多因素，包括风暴类型、地形影响、基础观测的质量和分辨率，以及所用的算法。实际预见期通常被限制在 6h 以内，但正如前文所述，对流事件的预见期可能会更短。在使用数值天气预报模型输出的情况下，随着初始条件的衰变，临近预报产品通常会将更大的权重给予具有更长预见期的组件。除了外推过程之外，产品之间的一些关键区别特征还包括以下几种（例如 Browning and Collier，1989；Golding，1998，2000，2009；Ebert et al.，2004；Wilson，2004；Wilson et al.，2010；World Meteorological Organisation，2010b）：

- 模型指导——是否使用风场和数值天气预报模型中的其他输出来指导临近预报过程。

- 概率内容——预测是确定性的还是随机性的，在后一种情况下将使用集合生成过程。

- 补充意见——是否使用补充信息来帮助识别降雨区域和平流过程，例如雷电定位、风廓线仪、多普勒风、GPS 湿度和基于卫星的云、风观测。

在外推或平流部分，现已经开发了许多不同的方法来识别和转化降雨区域。主要包括根据实体、形心或逐个网格考虑降雨区域，然后将数值转换为不变的或允许增长、分裂和消散的。一些典型的方法包括相关性分析、时间序列分析、人工智能和（或）模式匹配技术。尺度分解方法也被开发用于某些实例。

例如，图 4.6 说明了最简单类型的临近预测系统（简单地外推降雨区域）与更复杂的形式（利用模型输出并允许增长、分裂和衰减）之间的差异。这个例子是当风暴接近城镇时的理想情况，并可显示当前时间（"现在的时间"）的风暴位置以及 1h 和 2h 后的预测值。更复杂的方案可以预测可能将穿过该镇的一场强降雨的区域，这并非单凭持久性预测就能完成的。

如前文所述，许多降雨临近预报产品都是为了与天气雷达观测结合使用而设计的。但是，卫星遥测方案有时会被用来填补覆盖范围或是没有雷达网络的地方，如在一些区域的突发性洪水指导系统中（见第 8 章）。尽管有其他方法可用，通常情况下是利用连续的对地静止卫星对云的类型、强度和大小进行红外观测，再结合对地静止轨道卫星和极地轨道卫星的观测资料，以

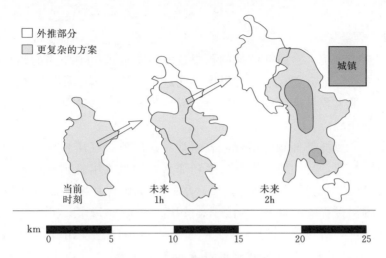

图 4.6　两种方法的临近预报图；单独外推方法，
或一种允许风暴增长、分裂和衰减的方法（Sene，2010）

得出降水场的初始估计值（见第 2 章）。

更一般地，最新的临近预报技术通常使用多个观测系统并提供概率输出，举例如下：

• NORA——MeteoSwiss 公司开发的一种模拟技术（Panziera et al.，2011），是瑞士阿尔卑斯山脉使用的多种临近预报技术和其他预测技术之一。主要输入是天气雷达在上、中、下层的多普勒风速和交叉屏障流量（以提供大气稳定性的指示）以及自动气象站在两个不同海拔高度的气温、压力和湿度测量值，然后搜索数据库以选择与当前情况最相似的历史条件，并从中选择事件样本。并基于相关雷达降水场与当前值的统计来比较并选择所用部分。然后使用雷达降雨序列形成一个集合降雨预报，输出间隔为 5min，时间长达 8h。

• STEPS——由英国气象局和澳大利亚气象局联合开发的概率临近预报技术（Bowleret al.，2006；Pierce et al.，2005）。在这种方法中考虑到一组离散的空间尺度，模拟了瞬时降雨强度分布场的演变。其中技术匮乏的尺度特征被经过综合分析后得到的降水所替代，然后得到临近预报和数值天气预报输出的最优组合。再由这些组件的加权混合，得到一个当前与预报条件下同样可能输出的集合。

对于雷暴预报，一些气象服务也开发了交互式决策支持系统，然而这是临近预报技术最具挑战性的应用之一，该主题将在第 4.4 节中进一步讨论。

4.3.1.2   热带气旋

用于热带气旋、台风和飓风的预报技术与临近预报中使用的预报技术有很多相似之处，为方便起见，这里将对此进行讨论。其中所考虑的空间尺度通常较大，最大预见期可能延长到一天或更长时间，这通常是属于数值天气预报模型的领域。

由于观测海洋条件较为困难，故通常对强风速、气压梯度和气旋的数值预报是一项挑战，特别是对风暴强度和降水的预报（尽管预报监测通常很有用）。因此这是一个活跃的研究领域，尽管多模式和其他集成方法越来越多地被用作预测过程的一部分（例如 Hamill et al.，2012）。

在实践中，持续性的统计和气候学技术也被广泛使用（例如 Holland，2012），有时与数值天气预报模型（统计动力学模型）和大尺度环流预报（轨迹模型）的预报因子建立回归关系。在美国等国家，机载和下投式探空仪观测通常由侦察机定期完成，以提供关于风速和压力等参数的额外信息。模型的输出通常包括不同预见期的位置与规模的不确定性，例如预报以羽状物或锥体形式表现的不确定性。

涌浪预测模型通常与风暴追踪模型结合使用，以提供沿海地区可能的水位估计。例如，美国国家飓风中心在墨西哥湾、佛罗里达海岸以及美国东部沿海地区使用一套水动力沿海流域模型（Jelesnianski et al.，1992；http：//www.nhc.noaa.gov/）。模型基于曲线极坐标网格，并且网格尺度和形状适用于解决河口、海湾和建筑物对波浪传播和陆上流动的影响。在实时操作中，将根据对飓风轨道、大小和速度的预测选择合适的模型，并在预计登陆时间之前的 24h 内运行。

一般来说，世界气象组织（WMO）热带气旋计划在各个预测中心之间的建设能力和经验分享方面具有一定的影响力（http：//www.wmo.int/）。其主要目标是鼓励和协助 WMO 会员提供有关轨迹、强度、暴风、涌浪、暴雨和洪水的可靠预报以及实时预警。其他功能包括提高公众意识、开展风险和危害评估、收集基本数据以及制定国家防灾和预防措施。其中包括在受到热带气旋、台风和飓风影响的主要地区建立若干专门的区域气象和热带气旋警报中心。该计划还编制了一系列指导方针和手册，涵盖预警消息的设计、气旋前后的活动、热带气旋的命名惯例以及监测和预报技术等主题（如 Holland et al.，2012）。

4.3.2　数值天气预报

4.3.2.1　介绍

除了临近预报技术之外，数值天气预报模型是气象预报的另一个重要工具。它的目的是为大气中的热量交换和循环提供质量、动量和能量方程的近似解，如陆地表面和相应的海洋表面的相互作用。输出内容包括直接可观测的量（如降雨量和风速），以及导出的变量（如潜在的涡流量和水分通量）有时可作为恶劣天气的预报器。其解决方案通常使用大气、海洋和上层土壤层的网格化表示来进行推导。由于计算能力的限制，需要在网格点之间的水平间距与模型的空间范围之间进行折中。通常，全球尺度模型以相对粗糙的网格尺度（如 10～40km）运行，其中嵌套着更精细尺度的模型。然后全局模型为嵌套模型提供横向边界条件，如图 4.7 所示。

图 4.7　2011 年法国石油公司数字天气预报模型的实例，分辨率和
预报预见期为：（a）全球模式 ARPEGE，10km，12～168h；
（b）区域模式 ALADIN，7.5km，6～48h；（c）当地模式
AROME，2.5km，最高到 36h。请注意，ALADIN 模型已经
不再在实际中使用了（Météo France；Carrière et al.，2011）

全球尺度模型通常由少数研究中心、国家中心以及 WMO 专业区域气象中心运营，然后将输出提供给其他气象服务供区域模型使用。在某些情况下

还为邻国提供了便利，例如在非洲南部，南非气象局采用全区域 12km 分辨率模式，并为该区域内的国家提供指导性预测（de Coning and Poolman，2011）。

通常使用一系列统计和其他方法对每个网格单元内的过程进行参数化，如图 4.8 所示。这是为了考虑诸如"亚网格"尺度扰动、陆地-大气相互作用、云内的微物理学、地形影响和辐射传输等因素（如 Stensrud，2007）。通常使用地形跟踪坐标，有多达 90～100 个垂直层，而且靠近地表面的各层之间具有更近的垂直间距。

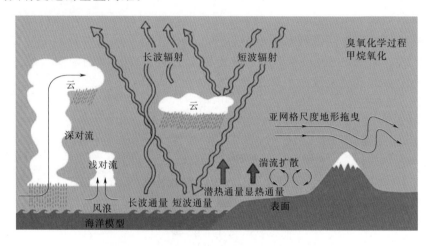

图 4.8   ECMWF 模型中的主要物理过程
(Persson and Grazzini，2007；Source：ECMWF)

为了初始化每个模型的运行，需要为当前的大气状态推导出一个估计值（如 Kalnay，2002；Park and Liang，2009），通常情况下的"4 个主要的挑战"是（Schlatter，2000）：

• 建立与同化模型具有相同质量平衡的数值预报的初始状态。

• 处理普遍的高度不均匀分布的观测问题。

• 利用近似观测值（当模型中没有明确表达的参数）。

• 确定观测系统和数值模型的统计误差属性，以便为每个信息源提供适当权重。

作为数据同化周期的一部分，观测资料通常来源广泛。对于全球和区域尺度模型而言，通常包括卫星和气象站观测（陆地、船舶、浮标），天气雷达多普勒风观测、雷电观测以及由风、无线电声波廓线仪和/或无线电探空仪得到垂向分布，除此之外，还包括来自商用飞机观测的气温、风速和湿度的观测值（见第2章）。这些信息通常来自中心自己的观测系统，或直接来自卫星运营商和其他提供商，以及通过 WMO 全球电信系统（GTS）在全球发布的数据。在使用之前，通常会对观察结果进行异常值和其他异常情况的筛选。

近年来，随着观测精度的提高，卫星观测的作用越来越大。通常，它提供了全球覆盖陆地和海洋表面的优势，并使预测精度显著提高，特别是在表面观测有限的地区。所使用的观测和产品类型包括云顶温度、云类型、空气温度和湿度的垂直分布（或它们所基于的辐射），以及各级风速和风向的估计（见第2章）。

数据同化有许多方法，其中三维和四维技术是目前应用最广泛的技术。例如，三维变分技术（3D – Var）试图根据当前的分析和基于最新观测值的结果之间的差异，以及对当前情况的预测来最小化目标（成本）函数。四维变分技术和集合卡尔曼滤波技术也允许在实践中出现观察时间的差异（"第四维"是时间）；而代价则是复杂性和计算所需时间的增加。其他程序有时也包括诸如降水和云层覆盖等参数。

由于数据同化和建模过程是计算密集型的，故常会限制预测运行的频率。通常对于全球或区域尺度模型，每6h或12h发布一次输出，根据模型类型提供提前36～240h或更久的预测。一些预测中心也会以较低的频率发布较长预见期的预测，例如每周或每月发布一次延长至几个月后的预测。统计模型也被广泛用于这些更长的时间尺度。

4.3.2.2　集合预报

集合技术在20世纪80年代末和90年代初开始被一些机构所使用，例如美国国家海洋和大气局/国家环境预报中心和欧洲中期天气预报中心（ECMWF）。从那时起，这种技术开始成为数值天气预报的标准实践方法。

集合输出提供了许多可能的结果，这反映了当前大气条件分析的不确定性。在某些情况下，要考虑包括模型参数和（或）侧向边界条件的不确定性。特别是，由于大气的不稳定和混沌特性，有时初始分析中的小误差会导致最终预测的巨大差异（如 Lorenz，1963），如图4.9所示。一些集合体生成方案在使用这种趋势时通常是寻找在给定预见期对预测具有最大影响的集合成员。

就操作使用而言，可视化技术提供了一个有力的方法来解读所得到的集合输出。一些广为使用的形式包括基于地图（"邮票"）输出的页面或羽状

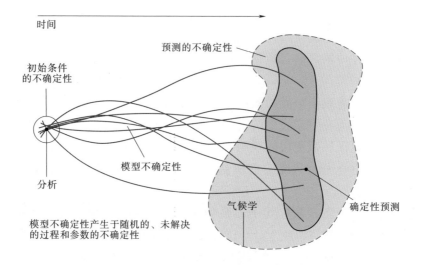

图 4.9　集合预测系统的概念以及各种不确定性来源
（Met Office，2010；Contains public sector information
licensed under the Open Government Licence v1.0）

图、箱形图以及线形图。例如在第 12 章中包括一个热带气旋来袭的概率图的插图，还有后面的章节中所显示的线形图的例子。气象预报员通常使用这些类型的信息来评估模型输出的置信度并帮助进行预测。一些终端用户也结合原始或后期处理的信息作为他们自己决策过程的一部分，例如其在能源、石油和天然气行业，以及在越来越多的洪水预警的应用当中（详见第 5 章和第 12 章）。

在一些国家，输出数据也会有选择地向公众开放。例如，美国飓风路径预报的不确定性在很早之前就已经使用不确定性锥体来表示。一些气象服务还会在其网站上提供常规的集合或概率输出，并且如后文所述，以概率的形式发布强降雨警报。然而，在沟通和解释不确定性时需要考虑许多问题，这些将在第 12 章结合突发性洪水预警应用的内容做进一步讨论。

目前这一代数值天气预报模型每次预测运行通常会产生 20～50 个集合成员。但是由于计算限制，这些通常是在粗糙的网格尺度上而不是在确定性的预测基础上导出的，并且有时输出间隔不太频繁。另一种选择是把来自几个不同预测中心的全球尺度模型的输出进行组合，以产生多模式的集合。这也表明了不同类型的模型所具有的不确定性，即模型结构问题。这种方法有时也是本地模式和区域模式的一种选择，例如在欧洲的一些地区，由于靠近其他预测中心，所关注的降雨区域通常属于几个模型的预测范围。

4.3.2.3 中尺度模型和对流尺度模型

近年来，中尺度模型和对流尺度模型已在多个气象中心运用。对于许多应用程序而言这是一个值得尝试的开发，包括突发性洪水预警。

这种模型的两处改进包括采用非流体静力学方法以及显著缩小水平网格尺度。这些变化提供了对整个环流和深层对流过程更为直接（明确）的表示。考虑的水的状态通常包括蒸汽、云雾、雨水、霰以及冰和雪。

其一种典型的配置是 1~4km 的网格尺度，每 1~6h 运行一次，输出时间长达 18~48h。使用当前的计算设备，通常提供 10~20 个集合成员。除了新的参数化方案外，这种方法需要开发更高分辨率的数据同化技术，并考虑过去未广泛使用的观测类型，如雷达反射率和 GPS 湿度值（例如 Stensrud et al.，2009；Benjamin et al.，2010）。正如第 12 章所述，未来可能使用的其他技术包括相位矩阵的天气雷达输出和自适应传感技术。

采用这种方法的气象中心包括法国气象局（Seity et al.，2011；Box 12.2）、英国气象局（Golding，2009）和美国国家气象局（Benjamin et al.，2010）。该方法通常会导致预测准确度的显著提高，但具体益处仍在评估当中。从洪水预警的角度来看，其益处是通过第 4.4.2 节和第 5 章所述类型的预测验证研究来进行最好的评估。

未来许多气象服务部门都将沿着既提高模型分辨率又增加所生成的集合成员数量的这个方向来进行。例如，Stensrud et al.（2009）表明："由于与'高影响'天气相关的不确定性很大，对于对流尺度的预测而言，随机预测方法是绝对必要的。"

4.3.2.4 模型输出的后处理

对高分辨率模型使用的不断增加也导致了模型输出的后处理或降尺度产生了变化。这里的目标通常是调整模型输出以在需要预测的特定地点提供更好的估计。这一步通常是必需的，因为输出只能以网格为基础并会受到各种模型误差的影响。使用的方法类型包括：

• 模拟或天气匹配技术——先前模型运行和（或）观测的数据库（如来自无线电探空仪）被搜索以识别与当前预测相似的条件。通常这是针对原则上比降雨更好预测的变量来执行的（如 Van den Dool，2007；Obled et al.，2002）。然后使用在所选事件期间观察到的降雨场序列产生可能场景的集合。使用的预测因子类型通常包括地面气压、可降水量和位置高度。

- 统计降尺度——回归或时间序列分析技术是基于历史观察和先前模型在理想的预见期内得出的结果而开发的。一个众所周知的例子是美国使用的模型输出统计（MOS）方法（例如 Glahn and Lowry，1972；Antolik，2000；Wilks，2011），其中单独或组合使用的预测类型包括可降水量、地区平均温度、最近观测值和位置高度。参数有时依季节和其他因素而变化。

- 动态降尺度——在操作模型中嵌套更高分辨率的模型，使用改进的物理特征，和（或）更好地根据本地条件对模型进行校准。在某些情况下会使用更简单的概念模型，例如地形降雨或海拔对空气温度的影响，或将单列模型集中在特定的网格上。

模拟技术的优势在于保留了以前许多事件中观测到的降雨的空间变异性。但是，其性能取决于所使用的选择标准和预测因子。统计技术更易于应用，然而在应用调整时，变量之间的空间和时间关系可能会发生变化，若对许多表面变量使用相同的预报方法，可以在一定程度上避免这种情况。这些系数还需要定期审查并尽可能地进行更新，以考虑模型和仪器的变化。此外，还需要根据目前状态下的模型，将历史预测存档以便建立联系。通常情况下，这可以通过预报模型输出存档或通过一次性重新预报操作（参见后文）随着时间的推移而建立起来。一些更为简单的技术如模型输出的空间插值和高程应用（高度相关）校正也被使用。

相比之下，动态技术原则上应该能提供比上述两种方法更好的表示，特别是在极端事件期间超出校准范围的时候。然而，这最好通过使用后文描述的预测验证措施进行比较来确认。其性能还取决于用于提供横向边界条件的模型分辨率和性能。这种方法当然与在气象中心使用嵌套的全球、区域和当地模型类似，需要类似的专业知识、计算和数据同化能力。此外，由于国家中心越来越多地使用高分辨率模型，这在一定程度上消除了对动态降尺度技术的需求。但是，其在具体应用时仍然具有优势。例如在美国西部便采用地形降水模式进行操作，以提供对内华达山区流域降水量和降雪量的估计，时间长达 5d（Hay，1998）。统计方法和天气匹配技术也得到了广泛的使用，并且在某些情况下，它们为一些特定客户或增值服务提供了气象服务的基础，例如道路结冰、航空和农业咨询服务。

在许多情况下我们还需要对集合预报进行后处理，特别是当输出结果被定量使用时，例如在突发性洪水预警系统中采用成本损失的方法时（见第 12 章）。集合预报不完善的一些原因包括所采用抽样方法的局限性、未考虑一些误差的来源（例如模型参数）、样本量的限制以及在某些情况下更为基本的模型结构问题。这是一个发展中的领域（如 Jolliffe and Stephenson，2011；Wilks，2011），一种方法是使用过去预测的统计模型，如模型输出统计方法的集合版本；另一种方法是使用卡尔曼滤波和相关技术（图 4.10）。类似的方法越来越多地用于概率性的突发性洪水预报模型，这一主题将在第 12 章中进一步讨论。

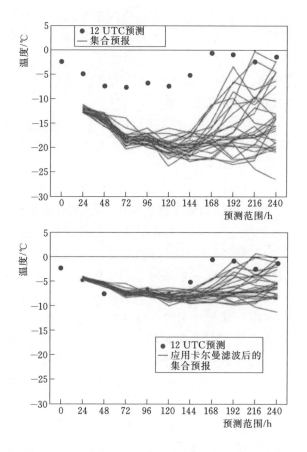

图 4.10　卡尔曼滤波对集合预报输出进行后处理的展示。
2011 年 2 月 12 日特罗姆瑟 2m 高度位置的气温预报（上），
因太冷导致 50%～100% 的气温低于 −15℃。在应用卡尔曼
滤波误差方程（下）之后，温和期的预测几乎没有改变，而
预测的寒冷期已大幅变暖，使得扩散更少且概率更真实，
如 2m 处气温时低于 −15℃ 的概率为 0
（Persson，2011；Source ECMWF）

4.4 实际应用

4.4.1 暴雨预警

尽管基于计算机的预报技术取得了巨大进展，但其输出结果通常只是预报员在发布恶劣天气或暴雨预警时考虑的信息来源之一。对于快速发展的风暴来说尤其如此，除了当地的气象学解释之外，其他一些信息来源通常包括以下几种：

- 决策支持工具——包含以往经验的纸质版和电子版工具，使用启发式规则、指标、阈值和其他决策标准。
- 预报讨论——通过电话、网络研讨会、聊天室等方式与其他预报中心的同事、预测用户和专家进行商讨，讨论包括在突发性洪水事件期间的洪水预警和工作人员的应急响应。
- 事故报告——对当前与天气相关的事件提供反馈，例如由应急服务机构、政府官员、"观察员"和公众提供暴雨、强风和洪水事件的反馈报告。
- 观测——近期通过卫星、气象雷达、无线电探空仪、气象站、GPS湿度传感器、风廓线仪和其他方法进行的地面和大气观测（见第2章）。

在较大的预报中心，通常有一系列基于计算机的工具可用于查看不同来源的信息以及为不同用户准备的天气图表和预测产品。通常，模型输出也可以从其他预报中心获得，模型之间的一致性以及先前的预报结果是需要考虑的两个重要因素。而且基于对业务预报员的调查，Morss and Ralph（2007）注意到预报员将他们的气象知识、经验和模式识别技能应用于以下方面：

- 由其他信息来推断气象场（例如从等压力线的信息推断出风场、辐射以及向上的提升力）。
- 选择重要的气象特征，将信息收集、解读和预报工作集中到这些气象特征上来（基于当天的预报问题）。
- 解释什么独特的信息可用作天气预报。

更普遍的是，自从计算机模型首次被引入以来，关于自动化将在一定程度上改变预报者角色的争议一直存在（如 Doswell，2004）。但是 Persson（2011）指出："是否搬离某地的决定永远不会纯粹以自动化的数值天气预报（NWP）输出作为根据，尤其是在威胁严重的情况下或影响较大的天气时，也可能永远不会以协定好的 NWP 或 EPS 单一信息来源来判定。"当然，对于应急管理人员来说，由此产生的预测或预报结果只是用于决定做出适当响应的一条信息来源，该主题将在第6、第7、第12章中进一步对突发性洪水事件的情况作出讨论。

为了帮助确定导致大量降雨和其他恶劣天气的成因类型，许多预报中心都有当地适用的经验法则或程序来协助预报过程。通常都是基于前面4.2节中描述的气候学研究类型来制定适用于当地的法则，其目标通常是开发科学性工具来协助发布预警（如Doswell et al.，1996）。例如，Doswell and Schulz（2006）建议用于恶劣天气的诊断变量可以做如下分类，每种方法都有其自身的优点和局限性：

- 简单的观察变量
- 简单的计算变量
- 简单观测或计算变量的导数或积分（空间上或时间上的）
- 组合变量
- 指标

使用的直接可观测变量通常包括空气温度、相对湿度、风速、冰雹、闪电、云幕、降雨量和GPS湿度值。相反，其他类别的例子包括对流有效位能（CAPE）、极端预报指数（EFI）、螺旋度、抬升指数、低水位通量、混合比、位涡、可降水量、暖云深度以及风的切变、收敛和发散。在许多情况下，以上变量都是专门为帮助雷暴和其他强对流风暴的预警工作提供单独使用或组合使用的变量，尽管它们的科学依据各不相同。这里，混合比是简单计算变量的一个例子，对流有效位能是组合变量的一个例子。

基于所考虑的参数，可以根据模型输出或观测结果（或两种方法一起）来估算变量值，然后通常再根据阈值超标作出决定。阈值往往是以绝对值、概率条件定义的，或者通过比率或异常来判定的，例如气候平均值的标准偏差数。方法单独或组合使用，并且倾向于针对个别区域使用。其他因素，如地形、海拔高度、离海岸的距离以及风暴的类型（见第4.2节）等情况通常也需要考虑。在某些情况下还要考虑潜在的影响，例如根据前期的降雨量、当前的河流水位或土壤湿度等因素，适当调整预警的严重等级或相关信息。

越来越多的决策支持系统被用来帮助进行这些类型的分析。例如，专栏12.1描述了大气河流（在专栏4.1中描述的现象）的系统，该系统利用了预报模型输出、GPS湿度、风廓线仪和天气雷达观测资料。关于影响瑞士阿尔卑斯山地区降雨量的关键因素的观点也支持了第4.3节中对模拟临近预报系统的描述。

对于突发性洪水研究，一个热点领域是雷暴临近预报，而决策支持工具在此应用中被证明是特别有用的。通常它会提供基于雷达反射率和其他观测得出的风暴位置和轨迹的初始识别（如 Dixon and Wiener，1993；Wilson et al.，1998；Mueller et al.，2003；Bally，2004；Hering et al.，2008）。在软件的用户界面中，这些界面通常显示为多边形，显示每个风暴的估计边界，箭头显示了预报速度和运动方向，以及道路、河流、地形和其他特征的背景。在某些系统中，风速、阵风速度、冰雹和降雨的观测结果也显示在预估的风暴轨迹上。

通常情况下，预报员可以选择调整单元格的位置、边界和轨迹，以及定义新的单元格或删除错误的值。而后的分析也可以根据这些决定进行重新调整。为了节省时间，在一些系统中提供了模板以帮助自动生成基于文本和图形的预警消息（例如 Deslandes et al.，2008）。然而，至于其他类型的恶劣天气预报，通常的技术并不是完全自动化的，"在下列例子中的领域里，预报员可以进行相关操作（Brovelli et al.，2005）：

• 为观测对象设置关联的重要天气属性，或者监视其自动初始化，如阵风、冰雹风险、雨水累积。

• 指示衰减/增长趋势和相关的重要天气。

• 设置位置、持续时间、属性等非线性趋势。

• 为错过的对流对象或未预见的对流现象创建对象。

• 在必要时合并具有类似行为的对流临近预报对象（CONO）。"

此处对流临时预报对象（CONO）这个术语描述了由系统以图形方式识别和显示的各个风暴（"对象"）。

在芬兰，另一项进展是将雷暴信息与紧急事件报告相结合，并通过全国范围内的紧急呼叫中心进行记录（Halmevaara et al.，2010）。在这种方法中，自动化程序根据物体的大小和轨迹来识别事件和风暴之间的可能联系，并向预报员发出潜在危险预警或可能造成破坏的预警（图 4.11），以便做进一步的调查，例如记录的事件是与降雨有关的。还可以根据事件发生的时间和类型以自由形式的口头描述来传达信息。像这样的技术都有可能帮助预报员针对雷暴及相关降雨发布更准确和更及时的警报，因此对于突发性洪水预警的应用非常有帮助。

4.4.2　预报验证

预报验证研究广泛被用于解决天气预报模型中的不确定性和局限性及改进它们的方法，验证经常分为行政、科学和经济等方面（如 Jolliffe and

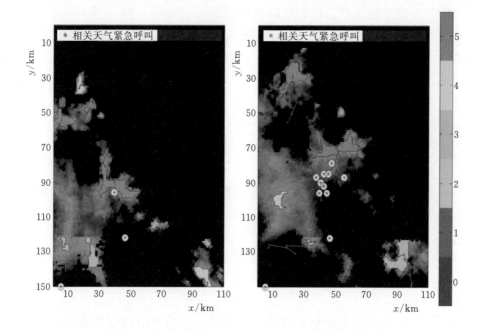

图 4.11　芬兰气象研究所和阿尔托大学科学技术学院开发的
对流单元决策支持工具的展示。图中显示了 2007 年 8 月 14 日
14 时 20 分（UTC）和 14 时 45 分（UTC）的严重程度分类，
当天出现了几次强雷暴。红线表示单元轨迹，彩色多边形
使用 0～5 的规模来识别对流单元，其中 5 是最严重的。显示
屏中央的严重风暴导致多次紧急呼叫，在图像中被
标记为红色星星（Rossi et al.，2010）

Stephenson，2011）。例如，用于内部监测、报告、研究、开发以及调查传递给终端用户（经济或其他）的预测值。

大多数气象服务机构都有验证计划，并且在某些情况下定期公布可用的性能报告。这可以包括预测交付流程本身的可靠性信息，例如预报是否按时发布以及是否全年都坚持发布。几年之后，通常可以看到预测的表现是如何随着时间的推移而改善的，以及与其他预报中心的输出相比较时的表现。

无论是在某个点上还是插值到网格上，大多数验证方案将模型输出与地面观测值来进行比较。所使用的方法包括：

• 分类统计——使用诸如检测概率（POD）和误报率（FAR）等指标，基于跨越临界阈值，并通过许多事件而得出的统计数据。

• 大小和时间误差——观测值和预报值的统计比较，如最大值、最小值、偏差、均方根误差、最大时间和相关系数。

- 技术评分——通过比较是否使用某一技术的预报模型的预报结果，来衡量该技术的表现，例如基于气候值的预测与准确预测的等值比率。

第 5 章在洪水预报的预报验证中提供了上述技术的更多细节，并且包括了用于计算分类统计的一个例表。

对于降雨预报的验证，主要方法通常是将预报输出与雷达降雨观测值或空间平均降雨量估值进行比较。通常建议考虑一系列适用于实际应用的措施，并在一系列的预见期内估算数值，从而提供预报能力或准确性随预见期延长而降低的指标。例如，Murphy（1993）确定了一个好的气象预报应具备的以下 3 个特征：

- 连贯性——预报员判断与预报之间的对应关系。
- 优质性——预报与对应观测之间的对应关系。
- 价值性——决策者通过预报而实现的经济利益和（或）其他利益的增量。

在此，预报的质量由包括偏差、关联性、准确性、技巧性、可靠性、分辨率、灵敏性、辨别力和不确定性等方面的指标来评价。第 5 章和第 12 章中也简要讨论了在概率洪水预报的背景下预报值本身以及可靠性、分辨率和灵敏性等问题。

对于集成预测，广泛使用诸如连续性概率排名得分和相对操作特性等指标。通常，这些类型的度量表达了概率分布与阈值交叉性能之间的对应关系，也暗示出对某地或某区域进行了长期的观测。在某种程度上还得益于朝着更高分辨率模型的方向发展，空间验证技术正越来越多地被使用。这些技术不太重视点对点或网格对网格的比较，而是从图像和信号处理等领域借鉴想法，以确定是否捕获了该领域的主要特征（Rossa et al.，2008；Jolliffe and Stephenson，2011）。所使用方法的一些示例包括邻近（"模糊"）方法、面向对象方法和尺度分解方法。

预报验证的另一个关键工具是模型输出的重新预报或后报。在这种方法中，预报模型以代表其当前操作配置的形式离线运行，包括数据同化部分。然后重建几年或更长时间的预测。通常情况下，随着时间的推移，仪器的类型和位置发生了变化，往往需要根据对模型性能的影响来考虑进行调整。此外，还需要考虑用于天气雷达和卫星的硬件和信号处理技术随时间的变化。对于极端事件的研究，如引发洪水的风暴，理想情况下可以考虑从几十年的时间内抽样选择一系列的事件。

即使仅考虑过去大气条件的重建（重新分析），除了预报验证这一项重大的任务外，二次预报还有许多其他的用途。迄今为止，二次预报重点在于重新分析，这些工作由许多气象中心完成（例如 Dee et al.，2011；ECMWF，2007），有些模拟可追溯到 20 世纪 40 年代或之前。然而，二次预报对于评估集合预报输出、匹配过去（气候）概率的程度以及校准模拟和统计后处理方案可能特别有用。例如，Hamill 等（2006）指出："对于诸如长周期预报、罕见事件预报或具有显著偏差的表面变量预报等很多难题，二次预报提供的大规模训练样本可能是特别有益的。"当使用降雨预报输入时，这些结果对于突发性洪水预报模型的开发也是有用的（参见第 12 章）。

更加普遍地讲，预报验证在推动气象预报模型的改进方面发挥着关键作用，并且该主题有大量的文献可供参考。这里讨论的许多技术还用于验证卫星、天气雷达或雨量计观测值以及何时使用多传感器降水估计值。为了进一步了解所使用的方法，可参考的一些综合论述包括报告、书籍和评论文章，如 Stanski et al.（1989），Jolliffe and Stephenson（2011），Casati et al.（2008），Wilks（2011）和 World Meteorological Organisation（2008）。

4.4.3　预报传送

大多数气象服务使用多种方法发布预报，如电视和电台广播、网站，以及直接向终端用户发送电子邮件和短信。预报员也可以详述极端天气情况，尤其是对民防和应急工作人员。在预报有恶劣天气或强降雨的情况下，通常会有明确的程序用于给相关人员和其他重要组织发送预警。

预警消息的格式差异很大，范围从文本的描述到交互式网络地图，以及降雨和其他变量的动画序列。近年来，手机应用程序越来越普及，并成为接收预测信息的流行方式。通常，用户可以指定感兴趣的位置或区域，在地图和列表的基础上查看预报和雷达信息。借助支持 GPS 的智能手机，预报也可以根据用户的当前位置来进行调整。

为了给洪水预警服务和其他专家用户提供最切实需要的预警，兼顾概率和后果的随机降雨阈值正越来越多地被使用。这将在第 8 章和第 12 章中进一步讨论。聊天室、博客、网络论坛和社交媒体也越来越多地用于在紧急情况下提供定期的更新，并允许预报者和终端用户之间的双向信息互动（见第 6 章）。

对于突发性洪水应用，另一个常见的要求是提供原始或后处理的预报输出，以用作洪水预报模型的输入。这通常需要建立一条安全的传输路线，以

供在强降雨和洪水事件期间适应断电和其他问题的发生，并可建立全天候
（24/7）技术支持和服务水平协议。还需要建立版本控制系统，以便用户了
解可能影响洪水预报模型性能的气象预报系统或算法的任何重大变化。同时
还需要对预报进行归档，以备将来在事后分析、模型校准研究和操作员培训
练习中使用。

例如，对于最新一代的气象模型，传输通常需要概率临近预报的输出，
并集合中尺度或对流尺度模型的输出。因此，典型的方案是每5min发送一
次即时广播输出，由20个集合成员组成，网格分辨率为1km，预报间隔为
5min，预见期为6h。然后，NWP组件将在提前24～36h时段内，每小时为
每个事件的参数增加10～20个集合成员（通常为降雨和气温），网格尺度为
1～4km。使用多模型方法时，也需要从其他预报中心或执行此集合任务的中
央机构得到模型的输出。

这些要求通常会导致数据量巨大，但完全可以通过现代通信网络以及预
报和数据管理系统进行管理。另一个问题是是否/如何将预报员的经验融入
到此过程中。然而，在突发性洪水情况下，尽管在前面介绍的一些最新的雷
暴临近预报系统中是可能做到的，但是提供输入的时间有限。

正如第12章所讨论的，还有相当多的研究正在进行，以开发交互式建
模系统，使预报员能够查看模型输出并启动运行新的模型，例如更新初始条
件，在事故易发地区提高分辨率，以及更好地定义大气特征（锋面，降雨区
等）。在发布突发性洪水预警之前，气象预报员和水文预报员在解释洪水预
报模型的输出结果时通常还有更大的合作空间，从而将更多的气象经验融入
到洪水预报过程中。这对突发性洪水尤为重要，并且促进这一过程的一些可
能的方式包括建立联合水文气象操作中心（永久的或在洪水紧急情况期间）、
对事件的发展定期开展电话和网络讨论、各中心之间人员临时互相借调、在
气象中心建立水文学家的岗位（反之同理）以及联合培训和应急演习。

4.5　总结

- 与仅仅使用观测资料相比，降雨预报具备发布超早期突发性洪水预
警的潜力，使人们有更多时间采取措施降低生命和财产风险。预报所使用的
主要方式包括发布突发性洪水指导意见和暴雨预警，以及作为突发性洪水指
导技术和洪水预警模型的输入。

- 大多数突发性洪水是由于大量降雨造成的，而对突发性洪水气候学

的理解有助于开发工具来识别洪水的风险和可能的时间尺度。虽然其发生的地理位置差异很大，但基本包括雷暴、切断低压、中尺度对流系统、锋面系统、季风和热带气旋。近年来，大气河流也被认定为造成部分沿海地区暴雨和洪水的重要原因之一。

- 在约 6h 以下的预见期的情况下临近预报被广泛使用。临近预报外推天气雷达或卫星能观测到的降雨区域的运动，并且在某些情况下允许风暴单元的增长、分裂和衰减。其他的信息来源越来越多地用于改进模型运行的初始条件并指导平流过程。其中包括雷达观测、雷电探测系统和风廓线仪以及数值天气预报模型的输出。当预见期更长时，类似的技术被用于预测热带气旋、飓风和台风的发展。

- 近年来，数值天气预报模式的方案出现了一些变化。因此，现在的输出更接近突发性洪水预警应用所需要的模式。例如，中尺度模型和对流尺度模型越来越多地在小时预报运行中使用，并在 1～4km 的网格尺度上进行输出。这需要开发新的数据同化方法，包括使用天气雷达反射率和基于 GPS 的可降水量的观测。

- 尽管取得了这些进展，但后处理技术仍被广泛用于提高预报的准确性，其中包括模拟（天气匹配）、统计和动态技术。典型的应用包括将模型输出缩小到合理的位置或区域，并校准集合预报的概率内容以用于突发性洪水预警和其他应用。

- 气象预报员在发布强降雨预警和利用许多来源的信息方面发挥着重要作用，包括预报模型输出、本地情况、观测和与同事讨论等方面。在决定是否发布预警时，还应该对关键指标和其他指标进行大量研究。进而促进了决策支持工具的开发，特别是对于雷暴相关的预警。

- 预报验证在评估预报质量和帮助确定需要改进的领域方面起着关键的作用，在降雨预报中这通常包括一系列分类统计和技能评分。使用高分辨率模型也越来越强调空间验证技术的重要性。二次预报或后报技术在这些类型的研究中发挥着重要的作用，特别是在极端事件和随机技术的验证方面。

- 在突发性洪水预警应用中，向洪水预报人员提供降雨预报结果的主要方式包括与气象预报员进行讨论、发送公开提供的或特定的预报产品，以及提供原始集合模型输出以用于洪水预警模型。在后一种情况下，需要考虑的问题包括数据量、服务水平协议、版本控制以及预报员专业知识等方面。

参 考 文 献

AMS (2012) Glossary of meteorology. http：//amsglossary. allenpress. com/glossary

Anquetin S, Ducrocq V, Braud I, Creutin J-D (2009) Hydrometeorological modelling for flashflood areas：the case of the 2002 Gard event in France. J Flood Risk Manag 2：101-10

Antolik MS (2000) An overview of the National Weather Service centralized Quantitative Precipitation Forecasts. J Hydrol 239：306-337

Ashley ST, Ashley WS (2008) The storm morphology of deadly flooding events in the United States. Int J Climatol 28：493-503

Bally J (2004) The Thunderstorm Interactive Forecast System：turning automated thunder stormtracks into severe weather warnings. Weather Forecast 19：64-72

Benjamin S, Jamison B, Moninger W, Sahm S, Schwartz B, Schlatter T (2010) Relative short-range forecast impact from aircraft, profiler, radiosonde, VAD, GPS-PW, METAR, and mesonet observations via the RUC hourly assimilation cycle. Mon Wea Rev 138：1319-1343

Bowler NE, Pierce CE, Seed AW (2006) STEPS：a probabilistic precipitation forecasting scheme which merges an extrapolation nowcast with downscaled NWP. Q J R Meteorol Soc 132：2127-2155

Brovelli P, Sénési S, Arbogast E, Cau P, Cazabat S, Bouzom M, Reynaud J (2005) Nowcasting thunderstorms with SIGOONS：a significant weather object oriented nowcasting system. In：Proceedings of the international symposium on nowcasting and very short range forecasting (WSN05), Toulouse, France

Browning KA, Collier CG (1989) Nowcasting of precipitation systems. Rev Geophys 27 (3)：345-370

Cabinet Office (2008) The Pitt Review：lessons learned from the 2007 floods. Cabinet Office, London. http：//www. cabinetoffice. gov. uk/thepittreview

Carrière J-M, Vincendon B, Brovelli P, Tabary P (2011) Current developments for flash flood forecasting at Météo France. Workshop on flash flood and debris flow forecasting in Mediterranean areas：current advances and examples of local operational systems, Toulouse, 4 February 2011

Casati B, Wilson LJ, Stephenson DB, Nurmi P, Ghelli A, Pocernich M, Damrath U, Ebert EE, Brown BG, Mason S (2008) Forecast verification：current status and future directions. Meteorol Appl 15 (1)：3-18

Chien F-C，Kuo H-C （2011） On the extreme rainfall of Typhoon Morakot （2009）. J Geophys Res 116：D05104. doi：10. 1029/2010JD015092

Coulthard T，Frostick L，Hardcastle H，Jones K，Rogers D，Scott M，Bankoff G （2007） The June 2007 floods in Hull. Final Report by the Independent Review Body，21st November 2007

De Coning E，Poolman E （2011） South African Weather Service operational satellite based precipitation estimation technique：applications and improvements. Hydrol Earth Syst Sci15：1131－1145

Dee DP et al. （2011） The ERA－interim reanalysis：configuration and performance of the data assimilation system. Q J R Meteorol Soc 137：553－597

Deslandes R，Richter H，Bannister T （2008） The end－to－end severe thunderstorm forecasting system in Australia：overview and training issues. Aust Met Mag 57：329－343

Dettinger MD，Ralph FM，Hughes M，Das T，Neiman P，Cox D，Estes G，Reynolds D，Hartman R，Cayan D，Jones L （2012） Design and quantification of an extreme winter storm scenario for emergency preparedness and planning exercises in California. Nat Hazards. 60：1085－1111

Dixon M，Wiener G （1993） TITAN：Thunderstorm Identification，Tracking，Analysis，and Nowcasting a radar－based methodology. J Atmos Oceanic Technol 10：785－797

Doswell CA （2004） Weather forecasting by humans－heuristics and decision making. Weather Forecast 19：1115－1126

Doswell CA，Schultz DM （2006） On the use of indices and parameters in forecasting severe storms. Journal Severe Storms Meteor 1 （3）：1－22. http：//www. ejssm. org/

Doswell CA，Brooks HE，Maddox RA （1996） Flash flood forecasting：an ingredients－based methodology. Weather Forecast 11：560－581

Ebert E，Wilson LJ，Brown BG，Nurmi P，Brooks HE，Bally J，Jaeneke M （2004） Verification of nowcasts from the WWRP Sydney 2000 Forecast Demonstration Project. Weather Forecast 19：73－96

ECMWF （2007） Newsletter No. 110－Winter 2006/2007. http：//www. ecmwf. int/publications/

Gaume E，Bain V，Bernardara P，Newinger O，Barbuc M，Bateman A，Blaškovicová L，Blösch G，Borga M，Dumitrescu A，Daliakopoulos I，Garcia J，Irimescu A，Kohnova S，Koutroulis A，Marchi L，Matreata S，Medina C，Preciso E，Sempere－Torres D，Stancalie G，Szolgay J，Tsanis I，Velasco D，

Viglione A (2009) A compilation of data on European flash floods. J Hydrol 367: 70 - 78

Glahn HR, Lowry DA (1972) The use of Model Output Statistics (MOS) in objective weather forecasting. J Appl Meteorol 11: 1203 - 1211

Golding BW (1998) Nimrod: a system for generating automated very short range forecasts. Meteorol Appl 5: 1 - 16

Golding BW (2000) Quantitative Precipitation Forecasting in the UK. J Hydrol 239: 286 - 305

Golding BW (2009) Long lead time warnings: reality of fantasy? Meteorol Appl 16: 3 - 12

Gruntfest E (1996) What we have learned since the Big Thompson Flood. In: Proceedings of a meeting 'Big Thompson Flood, Twenty Years Later', Fort Collins, CO, 13 - 15 July 1996

Gupta K (2007) Urban flood resilience planning and management and lessons for the future: a case study of Mumbai, India. Urban Water J 4 (3): 183 - 194

Halmevaara K, Rossi P, Mäkelä A, Koistinen J, Hasu V (2010) Supplementing convective objects with national emergency report data. ERAD 2010 - the sixth European conference on radar in meteorology and hydrology, Sibiu, 6 - 10 September 2010

Hamill TM, Whitaker JS, Mullen SL (2006) Reforecasts: an important dataset for improving weather predictions. Bull Am Meteorol Soc 87: 33 - 46

Hamill TM, Brennan MJ, Brown B, DeMaria M, Rappaport EN, Toth Z (2012) NOAA'S Future ensemble - based hurricane forecast products. Bull Am Meteorol Soc 93: 209 - 220

Hand WH, Fox NI, Collier CG (2004) A study of twentieth - century extreme rainfall events in the United Kingdom with implications for forecasting. Meteorol Appl 11: 15 - 31

Hay LE (1998) Stochastic calibration of an orographic precipitation model. Hydrol Process 12: 613 - 634

Hering AM, Germann U, Boscacci M, Sénési S (2008) Operational nowcasting of thunderstorms in the Alps during MAP D - PHASE. ERAD 2008 - the fifth European conference on radar in meteorology and hydrology, Helsinki, 30 June - 4 July 2008

Holland G (ed) (2012) Global guide to tropical cyclone forecasting. Bureau of Meteorology Research Centre (Australia) WMO/TD - No. 560, Report No. TCP - 31, World Meteorological Organization, Geneva

Jelesnianski CP, Chen J, Schaffer WA (1992) SLOSH: sea, lake and overland surges from hurricanes. NOAA Technical Report NWS 48, Silver Spring

Jolliffe IT, Stephenson DB (2011) Forecast verification. A practitioner's guide in atmospheric science, 2nd edn. Wiley, Chichester

Kalnay E (2002) Atmospheric modeling, data assimilation, and predictability. Cambridge University Press, Cambridge

Kelsch M (2001) Hydrometeorological characteristics of flash floods. In: Gruntfest E, Handmer J (eds) Coping with flash floods. Kluwer, Dordrecht

Lean HW, Clark PA (2003) The effects of changing resolution on mesoscale modelling of line convection and slantwise circulations in FASTEX IOP16. Q J R Meteorol Soc 129 (592): 2255 - 2278

Markowski P, Richardson Y (2010) Mesoscale meteorology in midlatitudes. Wiley, London

Met Office (2010) Met Office Science Strategy 2010 - 2015: unified science and modelling for unified prediction. Met Office, Exeter. www. metoffice. gov. uk

Moore BJ, Neiman PJ, Ralph FM, Barthold FE (2012) Physical processes associated with heavy flooding rainfall in Nashville, Tennessee, and vicinity during 1 - 2 May 2010: the role of an Atmospheric River and Mesoscale Convective Systems. Monthly Weather Review, 140: 358 - 378

Morss RE, Ralph FM (2007) Use of information by National Weather Service forecasters and emergency managers during CALJET and PACJET - 2001. Weather Forecast 22: 539 - 555

Mueller C, Saxen T, Roberts R, Wilson J, Betancourt T, Dettling S, Oien N, Yee Y (2003) NCAR Auto - Nowcast system. Weather Forecast 18: 545 - 561

Murphy AH (1993) What is a good forecast? an essay on the nature of goodness in weather forecasting. Weather Forecast 8 (2): 281 - 293

National Academy of Sciences (2005) Flash flood forecasting over complex terrain: with an assessment of the Sulphur Mountain NEXRAD in Southern California. National Academies Press, Washington, DC. http: //www. nap. edu

Neiman PJ, Ralph FM, Wick GA, Lundquist JD, Dettinger MD (2008) Meteorological characteristics and overland precipitation impacts of atmospheric rivers affecting the west coast of North America based on eight years of SSM/I satellite observations. J Hydrometeorol 9: 22 - 47

NOAA/NWS (2012) National Weather Service glossary. http: //weather. gov/glossary/

Obled C, Bontron G, Garcon R (2002) Quantitative Precipitation Forecasts: a statistical adaptation of model outputs through an analogues sorting approach. Atmos Res 63: 303 – 324

Panziera L, Germann U, Gabella PV, Mandapaka PV (2011) NORA – Nowcasting of Orographic Rainfall by means of Analogues. Q. J. R. Meteorol. Soc. , 137 (661): 2106 – 2123

Park SK, Liang X (eds) (2009) Data assimilation for atmospheric, oceanic and hydrologic applications. Springer, Dordrecht

Persson A (2011) User guide to ECMWF forecast products, October 2011. ECMWF, Reading. http: //www. ecmwf. int/

Persson A, Grazzini, F (2007) User guide to ECMWF forecast products, Version 4. 0, 14 March 2007. ECMWF, Reading. http: //www. ecmwf. int/

Pierce C, Bowler N, Seed A, Jones D, Moore R (2005) Towards stochastic fluvial flood forecasting: quantification of uncertainty in very short range QPF's and its propagation through hydrological and decision making models. Second ACTIF workshop on Quantification, Reduction and Dissemination of Uncertainty in Flood Forecasting, Delft, 23 – 24 November 2004. http: //www. actif – ec. net/Workshop2/ ACTIF _ WS2 _ Session1 – cont. html

Ralph FM, Dettinger MD (2011) Storms, floods, and the science of atmospheric rivers. Eos Tran Am Geophys Union 92 (32): 265 – 272

Ralph FM, Neiman PJ, Kingsmill DE, Persson POG, White AB, Strem ET, Andrews ED, Antweiler RC (2003) The impact of a prominent rain shadow on flooding in California's Santa Cruz mountains: a CALJET case study and sensitivity to the ENSO cycle. J Hydrometeorol 4: 1243 – 1264

Rossa A, Nurmi P, Ebert E (2008) Overview of methods for the verification of quantitative precipitation forecasts. In: Michaelides S (ed) Precipitation: advances in measurement, estimation and prediction. Springer, Dordrecht

Rossi P, Halmevaara K, Mäkelä A, Koistinen J, Hasu V (2010) Radar and lightning data based classification scheme for the severity of convective cells. ERAD 2010 – the sixth European conference on radar in meteorology and hydrology, Sibiu, 6 – 10 September 2010

Schlatter TW (2000) Variational assimilation of meteorological observations in the lower atmosphere: a tutorial on how it works. J Atmos Sol – Terr Phy 62 (12): 1057 – 1070

Seity Y, Brousseau P, Malardel S, Hello G, Bénard P, Bouttier F, Lac C, Masson V (2011) The AROME-France convective-scale operational model. Mon Wea Rev 139: 976 – 991

Sene KJ（2010）Hydrometeorology: forecasting and applications. Springer, Dordrecht

Singleton AT, Reason CJC（2007）Anumerical model study of an intense cutoff low pressure system over South Africa. Mon Wea Rev 135: 1128 – 1150

Stanski HR, Wilson LJ, Burrows WR（1989）Survey of common verification methods in meteorology. World Weather Watch Technical Report No. 8, WMO/TD No. 358, World Meteorological Organisation, Geneva

Stensrud DJ（2007）Parameterization schemes: keys to understanding Numerical Weather Prediction models. Cambridge University Press, Cambridge

Stensrud DJ, Xue M, Wicker LJ, Kelleher KE, Foster MP, Schaefer T, Schneider RS, Benjamin SG, Weygandt SS, Ferree JT, Tuell JP（2009）Convective – scale warn-on-forecast system: a vision for 2020. Bull Am Meteorol Soc 90: 1487 – 1499

Stohl A, Forster C, Sodemann H（2008）Remote sources of water vapor forming precipitation on the Norwegian west coast at 60°N – a tale of hurricanes and an atmospheric river. J Geophys Res 113: D05102. doi: 10. 1029/2007JD009006

Van den Dool H（2007）Empirical methods in short – term climate prediction. Oxford University Press, Oxford

Viale M, Nuñez MN（2011）Climatology of winter orographic precipitation over the subtropical central Andes and associated synoptic and regional characteristics. J Hydrometeorol 12: 481 – 507

Wilks DS（2011）Statistical methods in the atmospheric sciences, 3rd edn. Academic Press Amsterdam

Wilson JW（2004）Precipitation nowcasting: past, present and future. In: Sixth international symposium on hydrological applications of weather radar, Melbourne, 2 – 4 February 2004

Wilson JW, Crook NA, Mueller CK, Sun J, Dixon M（1998）Nowcasting thunderstorms: a status report. Bull Am Meteorol Soc 79: 2079 – 2099

Wilson JW, Feng Y, Chen M, Roberts RD（2010）Status of nowcasting convective storms. ERAD 2010 – the sixth European conference on radar in meteorology and hydrology, Sibiu, 6 – 10 September 2010

World Meteorological Organisation（2000）Precipitation estimation and forecasting. Operational Hydrology Report No. 46, WMO – No. 887, Geneva

World Meteorological Organisation（2008）Recommendations for the verification and intercomparison of QPFs and PQPFs from operational NWP models. WMO/TD – No. 1485, Revision 2, Geneva

World Meteorological Organisation (2010a) Manual on the Global Data Processing and Forecasting System. Vol I – global aspects. WMO – No. 485，Geneva

World Meteorological Organisation (2010b) Guidelines on early warning systems and application of nowcasting and warning operations. WMO/TD – No. 1559，Geneva

第 5 章

洪 水 预 报

摘　要：洪水预报模型通常用来估算未来的洪水水位和流量。相比于仅仅依靠根据观测形成的预警，洪水预报模型的输出可提供预见期更长的洪水警报，而且适用于复杂条件下的洪水预报。洪水预报模型的主要类型有数据驱动型、概念型和物理降雨径流模型以及水文水动力学模型。同时，在洪水预报中广泛使用数据同化技术，且越来越注重采用概率预报或集合预报。本章将介绍这些技术的应用背景以及用于洪水预报中的一些考量因素，如解读输出时的决策过程、预报验证技术和预报系统的作用。

关键词：降雨径流、流量演算、水文、水动力学、数据同化、预报解读、预报验证、预报系统

5.1　概述

洪水预报模型有助于延长洪水预警发布所预留的预见期，并提供更多信息以辅助决策。因此，可以为公共机构和民防组织预留出更多的时间来做好洪水防御工作，理论上可以减少错报或漏报概率。如果预警预见期足够长，有时可以通过防洪措施来减轻洪水淹没程度，保护个人财产，并合理调度河道上的流量控制工程。

河流洪水预报模型所需的主要输入数据通常包括河流水位或流量观测值，以及雨量计、气象雷达或卫星数据。虽然在某些系统中使用了人工观测数据，但通常还是采用遥测信息。有时需要其他类型的观测来支持水库调度、融雪和其他子模型的运行。降雨预报也越来越多地用于进一步延长预报

预见期，有时还需要预报其他变量，例如用于融雪模型中的气温数据。最初的洪水预报方法包括：

- 相关法——沿同一条河流测站测出的峰值水位或流量之间的关系，并指示洪峰可能的到达时间，有时还有一系列相同范围的曲线或方程，用来考虑诸如融雪、流域前期条件或支流汇入等因素。

- 上升速率法——通过固定上升速率值或通过实时观测获得的变量估计，推断个别测站的河流水位上涨量，以指示是否可能超过洪水阈值的方法。

- 行进时间法——基于历史观测或水文模拟研究得到的用于展示时间延迟的地图或表格，时间延迟包括集水区不同区域位置洪峰之间的延迟，以及降雨和洪峰流量之间的延迟。

上述这些方法目前仍用于社区洪水预警系统，并作为备用措施，可对复杂模型的输出进行实时校正。降雨深度-持续时间阈值也广泛用于初始警报（见第 8～第 11 章）和突发性洪水指南法（见第 8 章）。这些方法虽然重要有效，但已经越来越多地被复杂模型所补充，主要的模型类型包括：

- 降雨-径流（或水文）模型——基于降雨观测和（某些情况下的）降雨预报来提供未来河流流量或地表径流的估计。主要类型包括数据驱动型、概念型和物理模型，在集中、半分布式或分布式的基础上运行，具体形式取决于相应类型。

- 流量演算模型——将上游位置的河流水位或流量转化为下游其他位置的河流水位或流量，有时可以考虑诸如潮汐影响和小流控制工程调度等复杂因素。主要类型是水文和水动力模型。

通常，研究人员需要在这些模型所提供的预见期、预报准确度和产出的不确定性之间进行权衡。比如人们熟知的降雨-径流模型可以提供更长的预见期，但是与流量演算模型相比，它的不确定性更高。对于这两类的模型，要尽可能根据与实时观测值的比较来调整预报。这个过程就是实时更新或数据同化，也是区分洪水预报模型和离线水文预报模型的关键特征，并且通过实时更新或数据同化，预报水平也会显著提升。概率与集合技术也越来越多地用于估计模型输出的不确定性。

预报方法的选择通常取决于很多因素，见表 5.1 和专栏 5.1 中所列的河流预报应用程序。类似的原则也适用于其他类型的突发性洪水灾害。在实践中，这些影响因素都很重要，而且通常采用基于风险的方法来指导所需的复杂程度，有时通过成本收益或多标准分析支持。例如，较为简单的模型可能更适合于农村地区而不适用于有数千人面临潜在风险的大城市，因为农村地区相对独立，影响不大。以下各节将进一步讨论这些建模技术以及一些相关的操作问题，例如预报的解读、预报验证技术和洪水预报系统的作用。第8～第11章进一步给出了这些技术在特定类型的突发性洪水灾害中应用的实例。

表 5.1　　影响河流洪水预报模型建模方法选择的因素

类别	事项	描述/评论
整体问题	用户需求	根据预算和技术可行性要求，需要考虑的问题通常包括需要预警位置（预报点）、理想情况下所需的预警预见期以及模型提供的详细信息数量等方面；例如，仅仅是对一个地区的一般性警报，或针对特定地点的河流水位预报，或实时洪水风险图，通常需要通过与终端用户的磋商以及政策、程序等的审查来确定需求
技术问题	集水响应时间	风险区降雨和洪水之间的响应时间是除了使用降雨预报外最长预警时间。在某些情况下，流域响应时间需要考虑诸如水库、湖泊和水流控制工程等因素的影响
	洪水风险	风险通常被定义为概率和结果的组合，在洪水应用中广泛使用基于风险的方法，优先考虑投资决策和运营改进
	概率预报	是需要单值（确定性）预报，还是集合或概率估计来判定初始和边界条件和（或）模型参数的不确定性
	流域特征	在拟议的预报点上，影响流域洪水范围和程度的主要因素是什么？可能包括湖泊、湿地、人为影响（水库、水流控制工程等）、土壤类型、地质和其他因素
数据问题	历史记载	如后文所述，模型的选择常常受模型校准和验证质量、验证数据完整性和可用记录总量的限制
	气象预报	无论是使用确定性还是集合输入，空间分辨率、最长有效预见期和预报更新间隔是需要考虑的关键因素
	遥测	如专栏 5.1 中所述，模型设计很大程度上受到可用于输入、数据同化和后处理的实时数据的位置、质量和频率的影响

续表

类别	事项	描述/评论
制度问题	预算/人力资源	模型开发相关成本通常包括软件许可购买、员工工资、数据购买等。如果使用流体动力学模型，可能需要河道测量和数字地形数据
	预警机制	尽管开放式的服务体系结构变得越来越普遍（见后文），并且有多个预警服务供应商可供选择，但某些预报系统限制了采用模型的类型。然而，并非所有系统都能够处理基于网格或集合输入（如果需要），并且可能会影响模型运行时间和数据量
	组织问题	过去积累的模型经验往往是模型选择的重要因素；特别是与经验较少的建模者使用不熟悉的模型类型相比，经验丰富的建模者使用简单、易懂的模型是否可能获得更好的结果？许多机构建立了模型类型和供应商的偏好或选择清单

专栏 5.1　特定地点的建模考虑因素（河流）

站点预报提供对某个特定地点未来河流水位和（或）流量的估算，通常称为预报点。这与雨量警报和突发性洪水指南法提供的普遍性警报形成了鲜明的对比。预报点的典型位置包括：

- 受洪水威胁的地区（城镇、城市等）。
- 关键基础设施（发电站、医院等）。
- 河流控制工程（防洪闸、潮汐屏障等）。
- 河流测站（用于实时评估和更新预报）。
- 水库（协助防洪调度）。

在预报中通常会指定一个最长的预见期，超过该最长预见期则会因预报结果的不确定性太高而影响运行使用。

在开发模型时，通常重点关注的是如何模拟水文循环中对洪水有显著影响的过程（图 5.1），当然每种预报模型都需要根据具体情况进行考虑。例如，尽管地下水的影响通常不包括在洪水预报模型中，但较高的地下水位有时会对径流产生重大影响，导致洪水的降雨深度和持续时间低于正常预期。其他一般性原则（Environment Agency，2002）可以降低输出结果的不确定性，包括确保以下几点：

- 所选模型的功能和结构适用于所考虑的预报问题。
- 模型中的假设易于理解和记录，并可以实时使用。
- 模型采用可靠的、数据质量相同的、类型相同的数据进行校准，校准数据集可以实时使用。
- 校准由专业人员开展。
- 当校准数据可靠，足以支持这种方法时，使用合理的更新程序进行实时更新。

图 5.1　全球水文循环（Met Office，2010）

采用极端降雨和（或）流量输入来测试模型，以确保模型的预测结果合理，且保障模型正常运行（特别是对于水动力模型）。如上所述，在可能的情况下，应使用遥测河流仪表的实时数据更新预报，但这些数据限制了河流流域内可提供站点预报的数量。这是因为当不能采用数据同化时，预报结果的不确定性更高。因此，只有在验证中显示输出结果跟实际相符时，才会对其他无资料站点开展预报；例如，有时会对水动力学模型的中间区域（无实测资料）进行预报。但是，对于水文而言，分布式降雨径流模型可应用在无资料的流域，这部分内容将在 5.2 节进行讨论。通常来说，提供站点预报的方法包括以下几种：

　　• 使用实时雨量计实测值和（或）气象雷达观测值以及可能的降雨预报数据，或者可能来自上游测量仪的流量演算模型（如果流量演算模型能提供足够的预见期），将单个降雨径流模型应用于关键位置的预报。

　　• 降雨-径流模型网络具有与上述相同的降雨输入，在一个或多个河道上游的河流仪表上提供预报，并且具有流量演算模型（或多个模型），用于将流量下游转换为关键的预报点，并为任何无监测的流域提供更多的降雨径流模型。

　　图5.2为降雨径流模型的实例，其通常被称为综合流域模型。这也显示了单个模型通常需要流域内遥测点的遥测数据（或者至少那些提供良好的使用性和可靠性以用于模型运行的实时数据）。

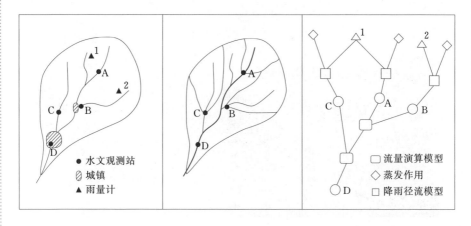

图5.2　左图为一个流域模型的综合配置图；中图显示需考虑
的有监测数据（阴影）和无监测数据的（无阴影）集水区；
右图显示了模型中数据流的示意图（为方便起见，不包括
未测量的输入）（改编自 Sene，2010）

　　其他的一些影响因素包括子流域内入流量贡献的相对大小和流域相对于典型风暴尺度的大小。例如，在小型流域，引入综合流域模型可能优势不明显。然而，综合流域模型的优势之一是在一定程度上可以揭示流域周围降雨量的变化及其对洪水流量的影响。此外，如果流域中有多个预报点，则可利用综合流域模型的运行和多方面的优势，而不是为每个预报位置研发单独的模型。如果需要，也可以使用具有附加功能的子模型，例如用于水库和水流控制工程的调度运行。

如果使用综合流域模型，那么对于没有开展监测的地区，估算入流量的方法如下：

- 参数传递——识别附近有类似特征的、具有监测数据的流域，并使用这些流域模型的参数值；或者，使用来自所关注位置上游或下游的测量仪数据（如果可用）。

- 参数区域化——基于为若干水文条件相似的流域开发的模型，研究关键参数与流域特征之间的回归关系或其他关系。

- 缩放——根据流域面积和其他可能的变量（如年平均降雨量或时间差），基于比例因子调整附近流域的流量。

通常需要进一步的微调来改进每个预报点处的模型校准效果。如果在实际应用中不清楚该使用哪种技术，就可以像在模型开发时一样，比较不同方法的输出。值得注意的是，区域化技术的成功通常取决于模型的类型，如果这种类型的研究以前没有开展过，通常需要许多流域校准模型。

另一个重要的考虑因素是对关键预报点的集水响应时间。正如第1章和第7章所述，在实践中由于系统存在接收数据、模型运行、决策和发出警报的时间延迟，可采用的预警预见期有时比预报的集水响应时间要短得多。因此，评估模型是否可提供足够预见期的方法之一是估计这些延迟在流域响应时间中的占比。如果占比较大，估计预见期不够，考虑是否可以精简监测、预报、预警和响应过程，以及（或）使用降雨预报来提供额外的预报预见期（假设验证研究表明性能可接受）。此外，如果有机会与社区、民防当局和其他机构合作，看看是否有可能使预报过程的某些方面更快速有效。当然，特征流域响应时间的概念只是一个指南，对以往洪水事件的分析往往显示了降雨和洪水发生之间的大体上的时间延迟。此类延迟通常来自降雨分布、先行条件、人为影响和其他因素的事件特定差异。在实践中，经常使用平均值或中值，或者来自大流量事件的最小值作为最不利情况。

如果这种类型的分析表明，在收到警报后，可用的响应时间不太充足或者预报的准确性可能很差，那么可得出的结论是如果不安装额外的监测设备或提高降雨预报准确性，则站点模型是不可用的。但是，在做出这一重要判断之前，应先研究所有的方法。另一个关键问题是预报结果对预警的影响，该主题将在5.3.1节和第8～第11章中做进一步讨论。

5.2　预报技术

5.2.1　降雨径流模型

　　降雨径流或水文模型通常可以将观测或预报的降雨量转化为未来河流流量的估计值，可以分为以下几类（图 5.3）：

　　● 概念模型——将河流流域表示为一系列相互连接的概念性集合，基于降雨输入和预估损失来填充、溢出、排水和排空。通常对整个流域使用单一"集总"降雨输入，包括地表径流、渗透、拦截、蒸散发、土壤湿度、渗流和基流等各种组合。有时还会包括其他子模型，例如水库、与供水有关的

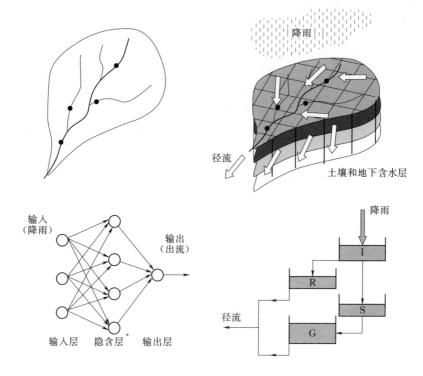

图 5.3　一些物理、概念和数据驱动的流域降雨径流模型
流域实例。从左上角顺时针方向分别为：集水区平面图；
物理模型的土壤和地下含水层模型；截流、土壤、地表径流和
地下水存储的概念模型；人工神经网络模型。请注意，
为了方便起见，蒸散发未在图中示出（Sene，2010）

取水和排放以及简单的流量演算组件。

• 数据驱动模型——诸如传递函数和人工神经网络等技术，它们表示通过一个或多个途径将降雨转换为流量或水位，但不一定要求对潜在机制进行物理解释。数据驱动模型的别称是黑箱模型或数据驱动模型。

• 物理模型——基于偏微分和其他方程建立的模型，地表径流、深层的排水以及单元间地表径流和地下径流的平移都在网格单元转换。通常，它们使用基于网格的降雨输入和其他必须的变量以及土地利用、地形、河流排水网络和其他特征的空间数据集。物理模型还可称为基于过程的模型、确定性模型或分布式模型。

对于概念模型，主要数据要求通常是流域平均降雨量和潜在蒸发量（或蒸散量）的估计值。模型类型对蒸发量输入的敏感度差别很大，有些情况下只需假设季节变化就足够了。如果需要更精确的估算，Penman 和 Penman - Monteith 方法有时可用于测量或估计气温、风速、湿度和辐射；但正如第 3 章所述，通常由于获得合理估算值的难度较大，蒸发或蒸散发的实时观测资料很少用于概念模型中。

概念模型通常是在许多历史事件中，根据河流仪表的观测和流量预测的对比来校准的。正如专栏 5.1 所述，有时可从区域化研究中获得流域类型参数的指示范围，但这种方法的可行性取决于模型的类型。在很多情况下，只有少数参数对大流量情况下的模型性能有显著影响，尽管其适用的程度取决于所用的具体模型。正如 5.3.2 节所述，可能存在各种各样可行的验证标准，并倾向于强调模型不同方面的性能。因此，使用多个标准评估一个模型可能更有优势，并可能以多目标法对其进行形式化。

相比而言，数据驱动模型对参数数量、参数值或所需输入数据的考虑较少，而通常是运用复杂的时间序列分析技术来识别最佳数据源、模型结构和系数。然而在某些情况下，识别过程是以流域响应固有的基本模式和特征时间尺度为指导的（如 Young and Ratto，2009）。模型通常是以事件为基础的，因此对于实时应用则需要提供合适的启动条件，例如对当前流量或流域状态的衡量。在某些方法中，模型直接针对洪水预报的预见期进行识别和优化，并将数据同化和不确定性估计相结合，这些都是突发性洪水应用的关注点。

对于物理模型，理想情况下，校准是完全基于从实验室或原形试验得出的模型参数。例如，有时可以根据流域地形、土壤类型、渠道特征和其他因素来定义标准值。然而，在实践中，这些预定义的值通常作为校准的初始值，根据模型所覆盖区域内仪表的观测和预测流量的比较情况，需做进一步的微调。对于实时应用而言，另一个考虑因素是物理模型所需的高空间分辨率的多组数据源通常存在"数据荒"的困境。

不同模型间的组合方法也已经开发出来；例如，结合概念性产流模块和单元间汇流模块，并基于网格上运行的物理概念模型，以及通过长时间序列统计分析反映地表和地下水相互作用的数据驱动模型，有时也被称为混合度量概念模型或灰箱模型。在某些应用中，例如对于干旱地区和城市地区，地下部分通常不那么重要，甚至在某些情况下会被忽略；例如，可以假定洪水通常是由降雨落在干燥的、日光照射的地表引起的。然而，在进行这些类型的假设之前，通常需要对降雨、径流和汇流条件之间的关系进行详细调查。

对于各类模型，一经校准后，通常需要选择与校准周期不同的验证周期来评估模型性能。一旦模型开始运行，就会建立一个系统的预测验证程序（参见 5.3 节）。一般来说，使用与实时应用中相同数据源的数据来校准模型至关重要；例如，如果要实时使用雷达降雨观测资料，则需要使用气象雷达观测数据来开展。对于降雨预报，正如第 4 章所述，一些额外的后处理或降尺度输出可能会提高预测的准确性。此外，对于某些模型，例如大多数概念模型，需要将流域平均降雨量估计值作为输入。当使用来自气象雷达、卫星观测或气象预报的网格降雨输入时，模型计算较为容易。相比之下，当使用雨量计观测值作为输入时，可使用许多不同的方法，如泰森多边形、反距离和克立格技术，第 2 章介绍有关该主题的背景资料。

通常来讲，水文文献对这些不同建模方法的相对优点存在很多争议（如 Arduino et al.，2005；Todini，2007；Sivakumar and Berndtsson，2009；Beven，2012）。例如，将模型参数扩大到亚网格级别的利与弊，以及与更详细的物理模型（但是可能是过度参数化的）相比使用简化模型类型的优缺点。

还有一些专门用于实时洪水预报模型的国际比对实验（如 World Meteorological Organisation，1992；European Flood Forecasting System，2003），通常是用于分布式降雨径流模型和无监测的流域（如 Reed et al.，2004；Andréassian et al.，2006；Smith et al.，2012）。尽管从这些研究中得到了有用的经验教训，例如分布式模型对无资料地区更有优势，但关于模型的特定"类型"的结论往往不够明确。比如，评价结果往往受所用方法（如 Reed，1984；Clarke，2008）、所用数据间隔（例如每小时）以及评价过程中是否包括数据同化的影响。

正如其他领域的突发洪水预警过程一样，性能监测和验证研究是判别模型是否完成增值并识别所需改进的主要途径。此外值得注意的是，一些软件开发人员现在不仅仅提供单一模块，而是提供建模工具包，允许用户评估不同类型的存储、流程路径、参数化方案、校准标准和其他过程。

在运行实时洪水预报系统中使用的概念性降雨-径流模型的实例收录于Burnash（1995），Lindstrom et al.（1997），Madsen（2000），Malone（1999），Moore（2007），Paquet and Garcon（2004），Quick（1995）和 Zhao（1992）。其中包括澳大利亚、加拿大、中国、法国、荷兰、瑞典、英国和美国的应用。对于数据驱动模型，实例于 Beven（2009），Dawso and Wilby（1999），Lees et al.（1994），Yang and Han（2006）和 Young et al.（2012）中有所描述。这两种模型的其他实例在世界气象组织 World Meteorological Organisation（2011）中有提及。通常在关于水文建模的许多书籍中提供了可用技术的背景介绍，例如 Anderson and Bates（2001），Bedient et al.（2012），Beven（2012），Shuttleworth（2012）和 Singh（1995）等。

以往物理模型很少应用在实时洪水预报中。然而，近年来，越来越多的物理概念模型应用在洪水预报中，尤其是为无资料地区提供洪水预警和（或）为区域或国家尺度提供更长期的集合预报。一些应用实例见芬兰（Vehviläinen et al.，2005）、法国（Javelle et al.，2012；见专栏 8.1）、欧洲（Thielen et al.，2009）、英国（Cole and Moore，2009）和美国的应用程序（见专栏 5.1）。有些情况下，突发性洪水的预见期和空间尺度差异都很大。干旱地区通常采用专攻坡面流的模型（如 Yatheendradas et al.，2008）。

然而在大多数情况下，这些模型配置可以根据需要进行调整以满足更多的汇流路径、更小的时间步长以及更小的空间尺度；例如气象部门可以提供更高分辨率的降雨预报。所以这种类型的模型非常适合与气象雷达观测和临近预报以及数值天气预报模型提供的基于网格的输入一起使用。与流域分散或"集总"方法相比（图 5.4），这种降雨空间变化的详细表述是网格化的关键优势之一，尽管对降水输入的质量可能要求更高（如 Price et al.，2012）。

在寒冷地区，有时也需要将融雪产生的水流作为降雨径流模型的产流之一，或者作为单独的模拟分量来表示。融雪的原因通常包括气温上升、湍流热交换、太阳辐射增加、降雪降雨或这些因素的组合。目前，集中式、半分布式和分布式的物理、概念和数据驱动模型方法已经开发出来。对于离线应用，可广泛使用累积经验输入的简单经验模型（以空气温度估计），如度日法，并且在某些情况下，这些模型可考虑其他因素，如风速和辐射（如 Hock，2003；World Meteorological Organisation，2009）。

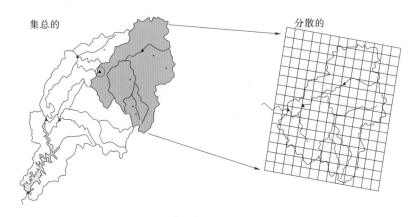

图 5.4   子流域集总与分布式建模方法差异的例证
(Cosgrove et al.，2010)

但是，实时应用广泛采用的模型是概念模型。概念模型通常包括一个或多个用于积雪的存储库，其阈值基于气温，并确定降水是雪还是雨，以及融雪何时开始（如 Anderson，1968；Bell et al.，2000）。考虑到海拔、积雪、地貌和地形的变化，有时会包含单独的存储库。这种类型的子模块也广泛包含在物理概念模型和物理模型中（如 Koren et al.，1999；Dunn and Colohan，1999）。至于降雨径流模拟，基于物理模型的研发是一个热门的研究领域，对于融雪来说，其典型目标是代表地面、雪层和低层大气中的关键质量、动量和能量通量。通常模拟方法大量使用了数字地形模型、土地利用数据、卫星观测、气象观测和预报。至于降雨径流模型，建模方法的选择并不明确，最好通过模型校准和验证研究以及相互比较研究后（如国际雪模型比对项目）来确定（Essery et al.，2009）。

专栏 5.2   分布式水文模型突发性洪水应用（DHM－TF）

美国国家气象局（NWS）十多年来一直在开发和应用分布式水文模型。这种模型具有可最大限度地利用网格化的气象观测和预报的优势，提供流域内暂未开展监测地点的流量估计。在进一步微调之前，用于模型初始设置和校准的参数值与流域特征相关。NWS 负责的两个主要分布式模型比较研究结果为分布式模型研究工作提供了支撑，该研究涉及多个国家的参与者（Reed et al.，2004；Smith et al.，2012）。

如专栏 8.2 所述，分布式模型目前广泛应用在基于网格的突发性洪水指南中。此外，为了改进突发性洪水的监测和预报效果，在现有的物理概念模型框架（RDHM，Koren et al.，2004）内开发了一种名为DHM-TF（Reed et al.，2007；Cosgrove and Clark，2012）的新型系统。这种系统可以适应各种各样的产流和单元间的汇流；例如使用萨克拉门托土壤湿度计算模型（SAC-SMA）的 SAC-HTET 增强版（Koren et al.，2010）与融雪模型（SNOW-17）和运动波演进方法相结合。模型的空间和时间分辨率可以调整，通常设置网格大小为 4km，更新间隔为 1h。

为了评估分布式模型中突发性洪水的严重程度，DHM-TF 使用阈值频率法对建模流量进行后处理，以产生洪水频率估计值（Reed et al.，2007）。该过程通过评估模拟流量的大小，对照在长期基准模拟期间使用相同模型导出的网格流量分布，从而帮助解读模型输出中的任何固有偏差。通常假定洪水发生在 1～2 年的预见期内，虽然可以基于网格计算（如果此为更优选的话），并且通常采用来自区域或特定地点的淹没频率分析或工程设计研究的输出（例如用于涵洞设计时）。在某些情况下，岸滩的水位估计也可触发阈值，例如在低洼的交叉口。通常采用 Log-Pearson Ⅲ 型分布来计算洪水频率估计值。为了保持与实时模型的一致性，长期运行是通过使用与实时模型相同类型的降水、气温和潜在蒸发强制输入来执行。在必要的情况下，预先调整归档值以考虑仪器或处理技术的任何变化，这些变化可能会随着时间的推移给数据带来偏差和其他不一致。理想情况下，应该使用有至少 10 年的后报值。

运行前的测试流域选择在巴尔的摩/华盛顿，匹兹堡和宾厄姆顿天气预报办公室（WFOs）覆盖的区域，覆盖面积分别为 60000km²、89000km² 和 57500km²。模型可设置为接收不同类型的降水输入，测试中使用的降水组合如下：

- MPE——结合天气雷达、雨量计和卫星观测的多传感器降水估计产品，在必要时与预报员的投入结合使用，并用于模型记录存储的状态更新（4km，1h）。

- HPE——自动生成的高分辨率降水估算（HPE）产品，主要基于Nexrad 观测，同时采用基于最近的 MPE 仪表/雷达偏差信息进行调整（1km，15min）。

• HPN——高分辨率临近预报产品，可使短时降水预报提前 1～2h（1km，15min）。

括号中的值表示每种产品的空间分辨率。根据信息的实用性，RDHM 参数值要么基于使用土地覆盖和地理数据集推导出的关系，要么基于其他系统中已经在运行使用的当地可用值。此处，使用美国地质调查局（USGS）在宾厄姆顿 WFO 区域的流量信息对初始参数值进行校准，但没有在其他评估域上进行校准。这类研究中的 DHM－TF 洪水频率值是使用 9～14 年的历史数据推导出来的。用于模型验证的方法包括与观察员（记录员）记录的突发性洪水数据的比较，与当地天气预报办公室发布的突发性洪水警报信息的对比以及与观测到的河流流量数据（如果可用）的比较。在某些情况下，有必要筛除可能受人为因素影响的流量值，如水库运行调度。

对大量事件的实时测试表明，"该模型能够准确描述大范围的热带气旋带来的降水事件和独立的对流型降水事件中洪水影响的时间和范围"（Cosgrove and Clark，2012）。或者说，运行前的测试已经表明，洪水频率方面输出数据的可视化比流量估计值本身提供了更有用的指导信息（图 5.5）。

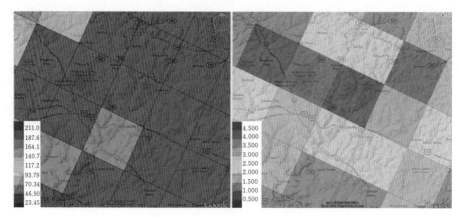

图 5.5　用 DHM－TF 模型 4km 空间分辨率估算的
流量峰值（左）以及流量重现期（右）
（Cosgrove et al.，2010，Google™ and Digital Globe™）

DHM－TF 模型也可以在单元之间启用或不启用流量演算模块的情况下运行，演算方法通常为大范围事件和（或）流域中覆盖了几个网格的主要河流提供更好的预报结果。相比之下，对于主要落在一个单元内的较小溪流，特别是局部降雨事件，非流量演算法更为适用。例如，图 5.6 为 2011 年 8 月 7 日在弗吉尼亚州发生的突发性洪水事件的模型输出，该事件引发了几次救援行动，也造成了许多道路封闭。风暴集中在卡尔佩珀市附近，但在下游的法尔茅斯也发生了洪水，下游的降雨量要小得

累积降水量：2011年8月6日（21Z）—2011年8月7日（20Z）

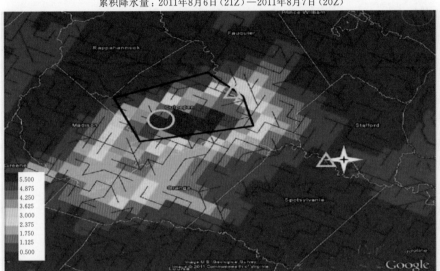

采用单元间流量演算的最大累积重现期/年
2011年8月6日（22Z）—2011年8月7日（20Z）

没有采用单元间流量演算的最大累积重现期/年
2011年8月6日（22Z）—2011年8月7日（20Z）

 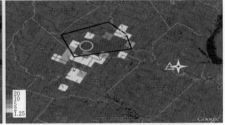

图 5.6　2011 年 8 月 7 日弗吉尼亚州一次突发性洪水事件的降雨量和
模型输出结果，（顶部）显示了洪水期间的累积降雨量、（左下）
DHM－T 模型模拟事件的最大重现期以及（右下）没有采用网格
单元间演算流量。黑色边界描绘了天气预报办公室发出的突发性洪水
警报，黄色三角形指示美国的地质调查流量计，黄色圆圈描绘了当地
的突发性洪水出现的位置，白色星标指示淹水者获救的位置
（Cosgrove and Clark，2012，Google™ and Europa Technologies）

多，但是，网格单元法可以很好地预测所发生洪水的严重程度和时间。

与现有的突发性洪水指南相比（见专栏8.2），这种分布式方法的关键优势包括（Cosgrove and Clark，2012）：

- 对洪水严重程度的定量估计（不是简单的是否问题）。
- 所使用的网格尺度非常灵活，可以选择网格单元之间的流量演算。
- 在适当的情况下可以选择包含融雪模块。
- 输出频率可能更高。

目前，拟开展的研究工作包括评估进一步定位的方法，减少观测和预报之间的时间延迟（等待时间），同化卫星观测的积雪和土壤湿度观测值，使用更高的空间和时间分辨率，以及当这些变得可用时使用新的降水产品进行评估。图5.7给出了巴尔的摩市的试点研究，网格尺度从4km降至1km网格，也提供了更多详细信息。为了提高洪水的态势感知能力，研究人员仍在探索让应急管理人员和其他组织为预报员提供当前突发性洪水事件实时水位反馈的新方法，例如使用聊天室和社交媒体。

MPE降雨量/mm
2009年4月21日（23Z）—4月22日（0Z）

HPE降雨量/mm
2009年4月21日（23Z）—4月22日（0Z）

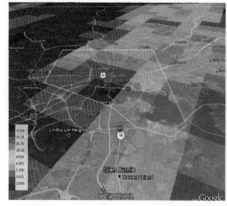

图5.7　2009年4月马里兰州巴尔的摩发生突发性洪水事件时的
MPE 4km 空间分辨率和 HPE 1km 空间分辨率图示
（城市边界如图中白线所示；Cosgrove et al.，2010；
Google™ and Enropa Technologies）

5.2.2 流量演算模型

流量演算模型通常用于表示水流从集水区上游位置到下游位置的变化。主要模型包括：

• 水文演算模型——通常使用完整运动方程的近似解或更多经验公式的方法来保证河段的水量平衡。比如像运动波和马斯京根-康吉演算方法（Lighthill and Whitham，1955；Cunge，1969）。

• 水动力学模型——解 N-S 方程的一维、二维或三维近似解；对于河流建模，广泛采用浅层平均水深的圣维南方程组（如 Chow，1959；Chanson，2004；Ji，2008）

此类模型也用于一些其他应用。例如，运动波方法被广泛用于分布式降雨-径流模型中网格单元之间的渠道水流，水动力学模型越来越多地用于城市地区的地表径流模拟（见第 10 章）和溃坝风险评估（见第 11 章）。

对于简单河段，需要考虑的主要影响因素通常包括洪水波沿着河道经过的时间延迟和衰减以及任何区间流入或流出（例如支流或分叉）。水文流量演算模型通常适用于简单河段，相比之下，水文流量演算模型比水动力学模型更容易校准，运行速度也更快。此外，通常不需要河道和漫滩调查数据，一些商业软件包可以使用指示性渠道横断面来估算关键参数，如波速和衰减系数。有时，也在实际应用中的另一种方法是在整个流域内应用峰值水位或流量相关性，而不仅仅是使用峰值；然而，这并没有考虑衰减和其他因素，这是一个纯粹的经验方法。

相比之下，水动力学模型通常需要耗费大量的时间进行模型构建和校准，但其能够更好地表示出诸如潮汐、水流控制工程的调度运行以及漫滩平面流等因素的影响。水文演算方法的典型尺度大约为 1km 或更大，但在流体动力学模型中，网格尺寸通常要小得多，尤其是在城市地表径流模型中关键区域的网格长度可能只有几十米或更小。水动力学模型还可以考虑对水流产生影响的关键结构，如桥梁、堰和涵洞，建模时可使用来自设计图和（或）调查资料的尺寸数据。通常情况下，除非先前的研究获得合理的成果，否则需要委托开展河道测量，通常要使用船载的水深或回声探测器，并对所有漫滩平原展开传统调查。另外，数字高程模型被广泛应用于洪泛平原模拟；如利用飞机或直升机得到高分辨率激光雷达数据（LiDAR）。

在模型校准过程中需要定义的主要参数通常包括关键结构以及河床和漫滩平原的糙率系数。对于洪水淹没建模（Pender and Néelz，2011）的分类方法如下，其中括号中的数字表示模型的维度：

- 一维圣维南方程组（1D）的解。
- 1D加上一种存储单元来模拟漫滩水流（1D+）。
- 2D减去漫滩水流动量守恒定律（2D−）。
- 二维浅水方程组（2D）的解。
- 2D加上仅使用连续性的垂直速度解（2D+）。
- 三维雷诺平均 Navier–Stokes 方程组的解（3D）。

这些方法以越来越多的细节来表示河道和洪泛区，对于洪水风险图绘制，一个常见的选择是将河道和洪泛区的 1D/2D 方法结合起来。然而，通常模型运行时间随着模型复杂度的增加而增加，因此大多数实时应用系统采用了 1D 或 1D+方法。在城市洪水预报应用（见第 10 章）中，二维方法已经开始用于地表径流模块，随着计算机处理器和算法的改进，将二维模型应用在河流洪水预报中变得可行。

尽管有些改进，但将离线（模拟）模型应用在实时系统中计算速度太慢，通常，采用去除不必要的细部结构并提高模型的稳定性和收敛性的技术，以此缩短模型运行时间（如 Chen et al.，2005；Werner et al.，2009）。在很多情况下，通过采用合理的技术可以将模型运行时间缩短为几分钟或更短，具体运行时间取决于节点数量、所用的计算机处理器、运行持续时间等。但是，为避免模型运行失败的风险，保证模型在实时使用中的稳定性十分重要，可以在校准过程中用各种量级的流量进行测试，包括使用假设的、比历史上最高实测流量更大的流量。模型的其他性能需要持续不断的改进，例如水工结构的当前状况（如堤防高度）以及采用更适合于实时应用的模型来替代流量演算模块。另一项缩短模型运行时间的措施是打破数据传输的瓶颈。

对于突发性洪水应用而言，此类模型的应用率可能不如洪水响应速度较慢的平原河网；部分原因是受到实时水位计数量的限制。但是正如前面所述，将水流演进模块通过河段把许多降雨径流模型连接在一起，形成一个综合的流域模型，通常优势显著。这就提供了降雨空间变化对流量影响的一些表征。此外，这可以使流域内的任何中间测量的结果在通过网格演算之前进行更新，从而最大限度地利用所有可用的观测结果。正如第 8 章所述，也可以在不同程度上表示对水库和水流控制工程的运行调度，例如通过逻辑规则来表示调度的控制过程。

使用水动力模型可生成实时洪水淹没图，且这种方法已经应用在河流和内滞洪水中。尽管如前所述，模型计算速度在持续提高。但是，一个重要的考虑因素是模型复杂程度的增加会导致运行时间的增加。此外，近年来，效率更高的模型（例如洪泛平原洪水快速传播模型）已经在商业上得到了应用，其运行速度远远快于衍生它们的基础模型，只是损失了很小的精度。

然而，在实时应用中还有一个潜在问题，就是在洪水事件快速发展的过程中，往往没有时间检查模型输出；对于离线洪水风险图来说，通常有机会在最终制定之前对初稿进行广泛的咨询讨论。因此，只有误差影响不大和（或）模型输出结果已经通过先前多个洪水淹没外包线进行了多次校准验证的情况下，才倾向于使用实时淹没风险图。相反，最普遍的方法是开发基于GIS的可视化工具、地图册和决策支持系统，这些系统允许用户根据预先定义的地图将预测输出（例如站点水位）与可能的洪水淹没范围结合起来。专栏1.1是洪水预报系统应用的一个实例，第8章会对它进一步展开讨论。但是，未来随着模型运行时间的进一步缩短和数据同化技术的提高，实时应用系统可能会具有广阔的应用前景。

5.2.3　数据同化

不同类型模型之间的另一个关键区别是数据同化技术的不同。如前所述，这些技术利用实时观测来调试改进模型输出，也可称作实时更新或校正。

模型输出中的误差来源众多，例如采用不合理的模型结构以及模型参数，或者是边界条件和初始条件的不确定性（如Beven，2009）。碎片堵塞、冰塞和溃堤等特定事件因素也可能导致原始模型开发中未考虑到的情况发生。有时，还会在初始化误差、建模误差和强迫误差之间做出区分，其中强迫误差是由超出当前时间的任何预报输入带来的；例如来自降雨预报，或来自综合集水区模型中上游模型的流量预报。这些反过来又在模型输出中引入了额外的不确定性来源。用于数据同化的主要方法包括（如Serbanand Askew，1991）：

- 输入更新——调整模型的输入。
- 状态更新——调整模型初始状态。
- 参数更新——调整模型的参数。
- 输出更新——调整模型的输出。

表5.2显示了上述类型中的应用实例，图5.9（见后文）阐述了每种方法在整个洪水预报系统中的适用情况。

表 5.2   数据同化技术在实时洪水预报应用中的应用实例

（参考第 12 章众多技术中的几个）

类 型	模 型	实 例
输入更新	水动力模型	将误差分布到支流上或采用的伪入流值
状态更新	通用模型	卡尔曼滤波（包括扩展版和集合版）
	降雨-径流概念模型	调整存储内容
	降雨-径流物理概念模型	变分卡尔曼滤波技术
	水动力模型	集合卡尔曼滤波
参数更新	函数传递模型	模型参数调整
	水动力模型	糙率系数的调整
输出更新	通用模型	误差预测法，自适应增益

　　输出更新可以独立于模型运行，因此适用于任何方法。相比之下，状态和参数更新方法要求工具在连续的模型运行之间通过编程（或手动）更改模型的内部存储或参数。通常，使用软件包里面的功能就可实现，有时，对于输入更新也是如此。在这些方法中，状态更新和输出更新技术可能是应用最为广泛的，原因是考虑到其他方法在某些情况下的有效性问题。例如，在处理观测数据时，通常采用输入数据（例如水位-流量关系曲线）来解决问题更为合理，而不是试图通过数据同化来做到这一点。但是，水动力模型有时会采用流入调整，在相同的预测周期内重复运行模型。关于参数更新，对于物理模型和大多数概念模型，参数通常具有物理意义，因此，也许不应该作为更新过程的内容之一进行调整。但是，如果已知参数通常落在一个范围内，那么在该范围内调整该参数可能更为有效；例如，水流动力学模型中的粗糙系数。参数更新也是数据驱动模型中常用的技术。

　　图5.8 阐述了误差预测程序的更新原则。在这种方法中，分析了观测和预报在一些洪水事件中的差异，

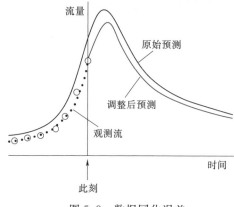

图 5.8   数据同化误差
预测方法的一个实例

并对这些残差建立时间序列模型；例如使用自回归移动平均（ARMA）法。然后，成功依赖于连续值之间存在某种统计关系，例如经常出现的一致地预测过高或过低。在实时应用中，用时间序列模型对预报进行调整。如图 5.8 所示，随着观测值影响的衰减，误差会随着预见期的增长而减小。然后，调整后的预测收敛到超出时间后的原始估计值，超出时间指的是超出流域响应时间（对于降雨径流模型）或河段的洪水演进时间（对于流量演算模型）。这是许多其他数据同化方法的普遍特征（和约束），结果在较长的预见期中，模型实际上是在预报模式下运行。

大量研究表明，只要数据质量很好，足以支持所选用的方法，那么数据同化可以提高预测的准确性。然而，通常在时间允许的情况下，较为有效的做法是在批准发布预测之前对比调整后和未调整的预测结果，因为有时数据同化会降低预报的质量。例如，可能是因为错误的高流量值，或者当基础问题是一种类型时，而该算法却集中在另一种类型的校正时；比如一些错误预测方法难以在高流量情况下区分量级误差和时间误差。同样，这些问题在一定程度上可以在模型校准和验证过程中得到解决。

目前，大多数调整都是自动执行的，尽管有时会采用手动"融合"技术，预报员通常在交互式图形用户界面的协助下可视化地调整预测值。但是，在突发性洪水情况下，通常没有足够的时间进行手动处理，也没有足够的事件来比较原始的输出和更新后的输出。使用自动方法时，尽管目前已有可行的自动校准方法，但也需要对模型进行校准和离线验证。理想情况下，操作使用的方法将针对预报预见期和性能衡量指标进行优化，详见 5.3 节。关于不同技术的相对优点和缺点来自 O'Connell and Clark（1981），Refsgaard（1997）和 Goswami et al.（2005）的比较研究以及 Serban and Askew（1991），Moore（1999）和 World Meteorological Organisation（2009）的综述。

对于分布式模型（无论是水文模型还是水动力模型），仅根据几个位置的水位（或其他）观测值来调整模型的整个研究区域的参数难度较大。这类似于数值天气预报模型中的数据同化问题（见第 4 章），已经使用的方法包括变分和卡尔曼滤波器集合技术等（如 Lee et al.，2012 和专栏 8.3）。通常来讲，使用来自卫星、传感器网络和其他来源的分布式观测数据是当今的热门研究领域，该内容以及基于实时数据来减小和量化预报中不确定性的概率数据同化技术将在第 12 章进一步讨论。

5.2.4　概率洪水预报

正如第 1 章所述，近年来概率和集合预报技术在洪水预报业务中得到了广泛的应用，可以协助应急决策人员在洪水事件中做出更好的决策，并有助于指导研究人员持续改进模型和监测站网。比如，Beven（2012）指出，在实时预报中"……不确定性意味着当超过预警阈值时更应该进行归类。它还提供了与专业合作伙伴进行交流时预报能力的真实表现……"

概率预报技术的首次运行应用可追溯到 20 年以前（如 Beven，2009；Day，1985；Krzysztofowicz，2001）。然而，自从 20 世纪 90 年代数值天气预报中的集合预报技术被广泛应用以来，概率预报技术得以迅速发展（参见第 4 章）。这也极大地促进了全球越来越多的集合洪水预报系统的安装启用（如 Cloke and Pappenberger，2009）。例如，欧洲洪水预警系统（EFAS）是采用概率预报技术最早的系统之一，该系统向横跨欧洲许多国家的跨国河流流域的当地水务部门提供了提前 3~10 天的集合预报（Thielen et al.，2009）。

国际水文集合预报试验计划（HEPEX）在确定研究需求并鼓励这项技术的应用研究（试验台）方面也发挥了重要作用（如 Schaake et al.，2007）。其他不确定性来源对预报的影响也在不断增加，日益受到重视，例如观测误差和模型参数的不确定性。这些影响通常在预见期较短时比使用集合降雨预报时更为明显，可以单独考虑，也可以根据观测和当前预报估计总体预测的不确定性来综合考虑。随着集合雷达输出和概率预报技术的日益普及，这也增加了研究人员将这类产品应用于突发性洪水预报系统的投入意愿。

上述这些都是活跃的研究领域，第 12 章介绍了概率预报技术的使用方法，如正向不确定传播、概率数据同化和概率预测校准技术。另一个重要的考虑是如何呈现并解读由此产生的集合或概率输出。在最简单的层面上，这些信息通常使用"意大利面条图"和"羽流毛"等形式作为可视化的指南，以让人们对预报产生信心。在后面的章节中（如在专栏 8.3 和专栏 12.3 中）详述了几个针对突发性洪水应用的实例。

然而，另一种方法是在发布洪水警报时将输出正式地用作决策过程的内容之一。所使用（或正在评估）的技术比如概率性洪水预警阈值、成本损失法以及考虑预报对终端用户的相对经济价值的方法。此外，还可能采用一种更基于风险的方法，根据洪水的概率和后果发布洪水预警。上述这些都是正在发展中的领域，第 12 章进一步介绍了其中的一些方法，包括如何最好地向终端用户传达洪水预报的不确定性问题。

5.3 操作事项

5.3.1 预报解释

随着突发洪水的发展，洪水预报和警戒人员通常利用多方信息来源来评估洪水发生的可能性。表 5.3 给出了可用信息来源的示例。

表 5.3　　发布洪水警报决策时，预报和警报发布人员
可用的信息类型

项目	描　述
决策支持工具	基于地图的计算机系统，可显示来自遥测和雨量计的降雨和洪水预报实时信息；详见第 6 章
预报模型	确定性和集合预报（如果可用）以及简单模型的输出（如果可用），在某些情况下也显示来自最近的模型运行输出以进行比较
预报讨论	与参与洪水预警和应急响应过程的工作人员和其他人讨论，听取他们对洪水情况发展的看法；参与讨论的人有操作人员、气象学家、民防人员和应急响应者
当地的知识	考虑地形和其他因素以及在这些条件下的模型性能，总结导致流域极端天气和洪水的条件类型经验。同时了解因突发洪水带来重大风险的潜在地点
观察资料	最近的河流、降雨和其他观测以及相关现场工作人员（如洪水巡逻和志愿者"观察员"）的报告，加上从公众或其他人通过电话、社交媒体和其他渠道获取的信息
风险承受力	政府层面和特定社区面对风险的态度，对待风险的态度来自以前经历的洪水事件，特别是关于漏报、迟报、误报、死里逃生和预警频次等方面的经历
用户需求	应急响应人员、民防当局、社区和其他人会要求知晓预见期和预报信息格式，特别是对于可能导致财产损失和对关键基础设施具有影响的警报，在某些情况下，还要考虑诸如一天中的某刻（或夜间）和气象条件（例如空气温度、"风寒"）等因素。即使预报输出在模型运行之间差异很大，也需要尽可能提供一致的预报信息

　　在大多数机构部门中，发出警告的决定通常取决于专家意见。由于存在误报和漏报的风险，尽管基于观测的自动化方法更为普遍，但完全基于预测的自动化方法很少使用，详见第 6～第 12 章。但是，如果模型的可信度很高，则通常会将预测阈值纳入警告程序中，如第 6 章和第 8 章中所述的河流洪水事件。

　　这种普遍性方法类似于第 4 章所讨论的气象预报员使用的方法。但是，预测信息的使用方式在某种程度上取决于发布洪水警报的方法。例如，在一些组织中预报和预警两个角色是分开的，预报在国家或流域层面进行，而发布警报的决定由地方政府层面执行。在这种情况下，预报员会向同事（不一定在同一组织）提供建议，然后他们再协商决定是否发布预警。第 1 章、第 6 章和第 7 章将进一步讨论这一主题。

　　在洪水期间，通过运行其他预报模型来核查潜在发生的洪水事件，且有必要对可能引发淹没风险的观测结果进行重复分析。表 5.4 显示了洪水期间可能需要开展的任务类型。值得注意的是，切换到高频预报运行与否因各机构而异；例如，在一些系统中，遥测观测的上报间隔是一致的（例如 15min）且全年接收数据；而在另一些系统中，在没有明显洪水威胁的时期内使用低频的轮询机制，使用书面程序从一种状态切换到另一种状态。正如第 3 章所述，通常采用后一种方法来降低测站的遥测成本和（或）能耗。在一些机构部门中，预报和警报人员也会对应急响应的范围和程度做出贡献，但其贡献的程度取决于组织结构。

表 5.4　　　　　　在突发洪水事件期间可能需要开展洪水预报

相关任务的一些示例

项目	描　　述
预报调整	在一些水文服务中，提供基于计算机的交互式工具来调整出现重大偏差或其他问题的预报，以及手动观测和预报。在某些情况下，如果观测结果或模型的其他输入（例如降雨预报）存在明显问题，则会根据修订的初始条件重复预报运行
预报建议	另一个关键任务是向同事、外部合作伙伴（民事保护、应急响应等）提供专家建议，并尽可能根据过去的经验向公众解释洪水预报影响，同时根据以往的经验和集合输出（如果有的话），使公众对所提供的信息价值充满信心。比如对洪水警报消息展开讨论并编写预报评论（例如，在可公开访问的网站上），同时参与电话会议和网络电话会议

续表

项　目	描　　述
预测批准	通常预报在发布之前需要获得正式批准，才能在洪水预警过程中使用；通常，预报批准是通过在预报系统中选择一个自动更改预报状态的选项来完成的
场景假设	根据需要运行的"假设"情景，以调查特定事件特定的洪水问题（如果洪水事件潜在发生时）的风险，例如潜在的溃堤、溃坝或冰塞，以及通常会探索可能的替代调度和应急方案以及气象结果（例如，如果这场风暴再次成为 1991 年 1 月事件的重演怎么办？如果现在降雨停止怎么办？如果将这个水库水位再下降 2m 怎么办？）。这通常要按需（比如对于溃坝场景）运行离线 1D 或 2D 洪水淹没模型
阈值	根据预定阈值监测河流水位、水库水位、降雨量和预报，并在满足关键决策标准或超过阈值时提醒其他人，并（或）启动高频的河流和雨量遥测数据轮询以及预测模型运行。通常，遥测或预报系统自动执行初始警报；然后预报员来决定观测或预报是否可信，以及采取哪些行动；例如，遵循既定的洪水预警程序（参见第 6 章和第 8 章）

5.3.2　预报验证

作为洪水预警服务开发的一部分，另一项关键任务是评估模型性能，改进现有模型，并开发新的模型。还可能需要重新校准模型，以适应新的外部因素，如由水文测量团队提供的水位-流量关系曲线发生变化或者流域内新的防洪设施建设等。预报验证为理解模型如何运行和识别需要改进的领域提供了一个关键工具（如 Demargne et al.，2009），通常会定期和在重大洪水事件之后开展预报验证。在一些组织中，还要求将具体指标纳入服务水平和其他协议。预报验证也可称为性能评估、性能监测和洪水后分析。

预报验证所使用的指标与第 4 章中所讨论的降雨预报验证指标类似。通常包括以下两类重要参数：

• 水文特征——表征模型在预测峰值水位、峰现时间和洪水过程方面的精度。使用的指标包括偏差、R^2 效率系数、均方根误差以及洪峰流量和峰现时间误差。

• 超过阈值的指标——表征模型在预报超过主要洪水预警阈值方面的准确性。当评估模型在大量洪水事件中的预报性能时，常用的指标包括检测概率、误报率和时间误差的范围或平均值。

通常在一系列的预见期范围内对上述预报验证指标进行评估，以确定模型能够提供实际有用信息的最长预见期；例如，使用 R^2 值对预见期为 15min、1h、2h、3h 和 6h 的情况分别进行预报精度的评估。大多数预报系统都提供了自动化工具来协助报告这些性能统计数据。当然，在没有数据同化的情况下，可以根据模型的模拟（离线）性能来评估整个模型的性能。

关于现有各种预报验证技术优点的讨论，包括 Stanski 等（1989）以及 Jolliffe and Stephenson（2011）在气象领域进行的全面综述。然而与气象领域一样，不同的应用有时要对应不同的指标；例如，对于堤防抗洪作业、发布洪水预警和水库调度三种不同的应用，预报最感兴趣的方面可能分别为洪水过程中的峰值、超过预警阈值的情况和洪量。

因此，通常选择一系列指标来突出模型的不同性，并且在某些情况下，还可能出现相互矛盾的地方。例如，对于一系列不同的预见期，模型都可以非常成功地预报洪水过程线，但在峰值和临界洪水预警阈值的预报上始终存在时间误差。标准化的指标有时也有助于对不同流域、时期和模型的模拟结果进行比较。在理想情况下，还应该能够量化预报员人工干预后带来的模型性能的提升，尽管到目前为止，水文预报领域很少考虑这种情况（Pagano，2012）。

如第 4 章所述，基于阈值的验证指标通常使用列联表进行评估。表 5.5 列举了一个基于单一阈值的、简单的列联表（2×2）；如有需要，可以使用更复杂的列联表来考虑一系列的阈值和结果。在表 5.5 这个实例中，检测概率（POD）由 $A/(A+C)$ 给出，误报比例（FAR）由 $B/(A+B)$ 计算得到（在水文学研究中通常称为误报率）。从这个简单的表中还可以得出许多其他指标，其中最广为使用的指标可能是临界成功指数（CSI），其值等于 $A/(A+B+C)$。

表 5.5　　　一个 2×2 列联表的实例，涉及超过洪水预警阈值的观测和预报的数量

	超过阈值（观测）	未达阈值（观测）
超过阈值（预报）	A	B
未达阈值（预报）	C	D

与气象领域的研究一样，通常要在长期和（或）大量事件中进行指标的评估。同时，评估还需要访问或生成以往洪水事件中的观测和预报数据的存档，而且理想状况下，模型配置和观测结果都应该反映当前的实际状态；例

如，考虑到预报验证过程中所涵盖的时间段内雨量计位置、基准面、水位-流量关系曲线及其他因素的变化。

与气象预报相比，洪水预报模型的这种后报或再预报任务通常更加简单和快速。实际上，如果观测和预报数据是定期存档的，并且在一段时间内没有发生重大变化，那么仅根据此数据集进行验证工作也是合理的。但是，如果将临近预报或数值预报模型的输出用作模型输入，那么这些模块的再预报过程可能是一项任务量相当重的工作（见第 4 章）。

在某些情况下，探索性建模研究有助于深入了解模型的不同性能。通常，这些测试在业务预报系统的离线版本中执行，可以通过启用和关闭数据同化功能来评估其影响，并为一系列不同的预见期计算验证指标。对于快速响应的流域，可以比较不同降雨情景在不同预见期下的性能指标，如以下几个实例：

- 仅观察——对于每个事件，使用观测值直到超出预报时间为止，时间超出后使用空值或零值。
- 完美预见——使用每个事件的实际观测结果冒充降雨预报结果。
- 降雨预报——使用每个事件的预报数据，并结合直到当前时刻（"现在"）的观测值。

诸如此类的敏感性测试基于当前降雨预报技术的一些问题，如利用降雨预报延长预见期的可能性，使用理想的"完美"预报的可能效果以及实际运行性能等。此外，还需考虑个别测流仪和雨量计破坏等情况。

另一个普遍问题是如何验证分布式模型和其他近似方法（如降雨深度-历时阈值和突发性洪水指导技术，见第 8 章）的预报结果。特别是针对无资料地区的验证更为艰难，目前使用越来越多的方法是利用人工观测；例如，那些由志愿者"观察员"和（或）基于对居民和企业的电话或访谈确定的成功预警和误报的数量。第 6 章和第 7 章将进一步讨论该主题，专栏 5.2 介绍了这种方法的应用。

随着集合洪水预报的使用越来越广泛，正如在气象预报中一样，需要为这些类型的预报结果提出适当的验证指标。此外，后报允许将预报概率内容的重要方面（如概率密度函数和超过洪水预警阈值的概率）与观察记录进行比较。正如第 4 章所述，概率洪水预报的一些可取的方面包括（如 Weerts et al.，2012）：

- 可靠性——在许多洪水事件中，用来衡量预报概率与实况观测频率的匹配程度（如预报偏差）。
- 分辨率——在不同事件之间，区分预报真实事件和非真实事件的能力。

• 锐度——衡量在某些值附近大概率集中的程度，而不是分散在很大范围内的小概率事件。

广泛使用的一些验证指标，包括相对运行特性曲线 ROC（Relative Operating Characteristic）、连续分级概率评分 CRPS（Continuous Ranked Probability Score）和 Brier 技巧评分（Brier Skill Score）（Laio and Tamea，2007；Casati et al.，2008；Pappenberger et al.，2008；Bartholmes et al.，2009）。近期的另一个发展是考虑实时使用的验证指标，以协助业务决策，例如使用相关的验证统计方法识别与当前情况类似的存档预报（Demargne et al.，2009）。

然而，对于最终用户来说，这些技术只是对预报结果的一种衡量。如第6章讨论了用于评估洪水预警系统总体性能的一些指标。通常，这取决于一系列社会的、流程性的和其他一些因素，以及与预报模型性能相关的纯技术问题。

5.3.3　预报系统

在预算和资源允许的情况下，洪水预报模型通常在洪水预报系统内运行（图 5.9）。采用这种方法的优点通常包括日常任务的自动化，在洪水事件期

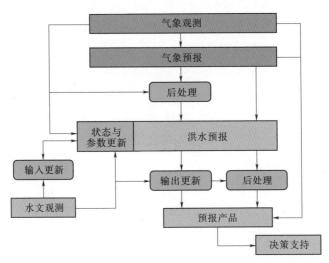

图 5.9　关于气象预报系统和洪水预报系统之间可能存在的联系的图解。注意，并非一直会需要或使用所有模块和连接，且通常只使用一种形式的数据同化。此外，World Meteorological Organisation（1992）和 Refsgaard（1997）以及其他文献中也出现过类似的简图

间保持审计跟踪，并且产生比其他方式更广泛的输出。如第 5.3.1 节所述，这些因素还有助于预报员腾出时间开展其他类型的任务，如对模型输出的解读以及开展"假设"情景分析。

通常，预报系统要管理数据收集、初始数据验证、模型运行调度以及模型输出后处理这一整个过程。如第 3 章所述，有些系统还包括一个带有警报处理功能的遥测轮询模块和很多洪水预警传播模块。系统所需的输入量可以很大，可能包括河流、水库、湖泊和潮汐的水位，构筑物配置，雨量计、气象站和气象雷达的观测数据以及各种类型的气象预报。

正如洪水预警过程中的所有其他模块一样，预报系统需要对系统内部和外部因素的问题和故障具有快速恢复能力，如遥测仪器失效、水动力模型运行失败，以及电力和通信故障。有助于提高恢复能力的一些方法包括使用备用电源，以及运行计算机和遥测链路等关键系统的备用版本。

在某些情况下，为了防止大范围的洪水淹没或停电、地震以及其他区域性的危险，将备用系统安装在离主要控制中心一定距离的地方。正如第 3 章、第 6 章和第 7 章所述，一些组织设有备用控制中心，并定期测试将控制权从一个中心转移到另一个中心的程序。数据层次结构也被广泛使用；例如，一旦天气雷达输入失败，则使用雨量计观测数据，如果还不行，则使用存储的降雨分布图。同样，模型也通常具有备用方案，如将水文流量演算模型或相关模型作为水动力模型的备用方法。

在所有电子设备完全失效的情况下，通常将简单的纸质预报程序作为备份保存，如可查找的图表，并通过手持无线电或其他方式传递观测值。作为应急或业务连续性计划的一部分而执行的系统评估，可以反映出其他更多可能的故障点。正如第 2 章、第 3 章和第 6 章所述，通过将关键设备抬高到预估的洪水位以上或将仪器移动到更安全的位置，通常会提升河流水位计抵抗洪水风险的能力，同时尽可能使用多条线路传播洪水预警。

表 5.6 列举了现代洪水预报系统中常用的一些功能。许多洪水预报中心都运行这类系统，它们或是"内部"专门开发的，或是直接使用市售产品。例如芬兰（Vehviläinen et al.，2005）和英国（Werner et al.，2009）的业务系统，以及其他几个在本书其他章节（如专栏 1.1 和专栏 8.3）简要讨论的实例。这类系统通常会提供一个用户友好的、基于地图的界面，包含使用图表和其他类型的输出来查看和比较预报结果的选项，有时还包含模型配置、率定和验证工具，并且越来越多地使用开放式结构系统，某种意义上来说任

何满足特定标准的模型都可以包含在系统中。

表 5.6　　洪水预报系统的几种典型功能（改编自 Sene，2010）

项目	功能	描　　述
预处理	数据采集	直接轮询仪器，或从独立的遥测系统接收数据（见数据接口）
	数据接口	连接各种来源（气象、河流、沿海）的实时数据反馈和预报产品，可能还包括基于网格或流域平均的天气雷达数据和气象预报产品，以及可能的集合输入（如降雨预报）
	数据验证	使用一系列时间序列、统计、空间和其他验证方法进行实时验证
	数据转换	将输入数据转换成建模系统所需的数据（如流域降雨量估计），并通过插值、回归和其他方法填充缺失值
模型运行	模型运行控制	模型运行的调控，包括集合预报运行、模型初始化、错误处理和更简单的备用预报模型的运行（如果有备用模型的话），如果长时间运行中存在间隔，则会自动初始化模型运行
	数据同化	应用实时更新和数据同化算法，比较原始预报和更新后的预报，并允许预报员手动调整预报
	数据层次结构	在一个或多个模型输入失效的情况下，自动采用备选方案
后处理	模型输出	将模型输出处理成报告、地图、图表、网页等，并（根据需要）继续传输到决策支持系统和最终用户
	淹没风险图	利用淹没范围与街道和财产数据库的重叠区域，分析面临洪水风险的财产，生成相应的风险图和清单
	警报处理	当预报将超过阈值时，使用基于地图的显示屏、电子邮件、短信等发出警报
	数据存储	维护所有输入数据、模型运行预报结果和其他关键信息的存档
	性能监测	自动计算和报告有关模型性能和系统可用性的信息
	审计跟踪	维护输入数据、模型运行控制设置、模型预报输出、预报员身份等的记录
	重播	为事后分析、预报员培训和应急响应演习回放模型运行的设施

续表

项目	功能	描　述
用户界面	通用功能	以地图、图形或其他展示形式的输入数据、预报输出和警报等，包括航空和卫星摄影的叠加
	假设情景分析功能	为未来降雨、堤防决口、闸门调度、溃坝等准备的运行情景选项
	系统配置	用于离线配置模型、数据输入、输出设置、警报等，以及定义用户权限（如查看、编辑、管理员）和密码的交互式工具
	模型校正	用于模型校准的离线工具

5.4　总结

• 洪水预报模型广泛应用于突发性洪水预警系统中，主要是用来提供有助于提前发布预警信息，而不仅仅是通过观察才可能发布信息；洪水预报模型也有助于解释复杂的洪水情况。预警预见期的潜在收益对于突发性洪水应用特别有价值。

• 建模方法的选择通常取决于许多因素，比如流域响应时间、所需的预警预见期、数据可用性、机构能力、预算和洪水风险水平。广泛应用基于风险的方法来确定模型开发的优先级，并且在某些情况下需要使用成本收益或多标准分析来证明投资的合理性。

• 尤其在社区洪水预警系统中，诸如相关性、增长率方法和行程时间法等简单技术仍在广泛使用。这些技术为复杂的预警方法提供了有用的备份。然而，最新的预报模型通常使用综合流域模型或分布式建模方法将降雨径流和流量演算模块耦合起来。

• 降雨径流模型用于估算河道流量，采用观测或预报降雨过程作为输入，主要类型包括概念型、数据驱动型和物理模型以及各种混合方法。概念和数据驱动模型通常以集中式或半分布式运行，而物理模型很少应用于实时程序。然而，基于网格的物理概念模型越来越多地用于无资料流域的洪水实时预报。

• 流量演算技术包括水文方法，如马斯京根-康吉法和运动波方法，以及水动力学模型。对于水动力学模型来说，有时运行效率偏低，通常可以通过改进模型的稳定性和收敛性，并去除不必要的细节考虑来提高运行效率。水动力学模型通常应用于水流复杂的环境中，如受水流控制工程调控和潮汐影响水位并引起洪水风险的地方。

- 根据数据的质量，数据同化被广泛应用于实时洪水预报，主要方法是输入更新、状态更新、参数更新和输出更新。状态更新和输出更新技术广为使用，尽管在某些情况下也会使用参数更新和输入更新技术，例如数据驱动模型和水动力学模型。目前，尽管一些运行技术已经研发出来，但分布式降雨径流和水动力演进模型技术仍是热门的研究领域。

- 集合和概率技术越来越多地用于洪水预报程序，在发布预警时使用更多基于风险的方法，为更好的决策提供了支撑。全世界有越来越多的业务系统正在开展大量的研究，来开发和改进生成结果和解释结果的技术。洪水预报员在解读洪水预报模型的输出时通常使用了来源广泛的信息，如观测资料、与同事的讨论以及当地知识。其他操作任务通常包括检查和改进模型输出，执行场景（或假设分析）模型运行，并向用户终端提供建议。但是，在决定是否发布洪水预警时，预报通常只是决策过程中的一个环节。

- 预报验证技术被广泛用于监测洪水预报模型的性能和确定需要改进的领域。通常采用水文特征和超出阈值这两类验证指标。此外，还需要采取其他的指标来评估概率或集合预报的性能。

- 洪水预报模型通常在洪水预报系统上运行。系统通常能够采集数据、调控模型运行，并以图表和地图的格式展示模型输出。系统需要能够快速处理数据丢失、模型失效以及其他如断电和通信故障等问题。

参 考 文 献

Anderson E（1968）Development and testing of snow pack energy balance equations. Water Resour Res 4（1）：19 – 37

Anderson MG，Bates PD（eds）（2001）Model validation：perspectives in hydrological science. Wiley，Chichester

Andréassian V，Hall A，Chahinian N，Schaake J（Eds.）（2006）Large Sample Basin Experiments for Hydrological Model Parameterization：Results of the Model Parameter Experiment – MOPEX，IAHS Publication 307，Wallingford

Arduino G，Reggiani P，Todini E（2005）Recent advances in flood forecasting and flood risk assessment. Hydrol Earth Syst Sci 9（4）：280 – 284

Bartholmes JC，Thielen J，Ramos MH，Gentilini S（2009）The European Flood

Alert System EFAS – Part 2: statistical skill assessment of probabilistic and deterministic operational forecasts. Hydrol Earth Syst Sci 13: 141 – 153

Bedient PB, Huber WC, Vieux BE (2012) Hydrology and Floodplain Analysis (5th ed.), Pearson

Bell VA, Moore RJ, Brown V (2000) Snowmelt forecasting for flood warning in upland Britain. In: Lees M, Walsh P (eds) Flood forecasting: what does current research offer the practitioner? BHS Occasional Paper 12. British Hydrological Society, London

Beven KJ (2009) Environmental modeling: an uncertain future. Routledge, London

Beven KJ (2012) Rainfall runoff modelling – the primer, 2nd edn. Wiley – Blackwell, Chichester

Burnash RJC (1995) The NWS River Forecast System – catchment modeling. In: Singh VP (ed) Computer models of watershed hydrology. Water Resources Publications, Highlands Ranch

Casati B, Wilson LJ, Stephenson DB, Nurmi P, Ghelli A, Pocernich M, Damrath U, Ebert EE, Brown BG, Mason S (2008) Forecast verification: current status and future directions. Meteorol Appl 15 (1): 3 – 18

Chanson H (2004) The hydraulics of open channel flow: an introduction, 2nd edn. Butterworth – Heinemann, Oxford

Chen Y, Sene KJ, Hearn K (2005) Converting section 105 or SFRM hydrodynamic river models for real time forecasting applications. 40th Defra Flood and Coastal Defence Conference, York, England

Chow VT (1959) Open channel hydraulics. McGraw Hill, New York

Clarke RT (2008) A critique of present procedures used to compare performance of rainfall – runoff models. J Hydrol 352 (3 – 4): 379 – 387

Cloke HL, Pappenberger F (2009) Ensemble flood forecasting: a review. J Hydrol 375 (3 – 4): 613 – 626

Cole SJ, Moore RJ (2009) Distributed hydrological modelling using weather radar in gauged and ungauged basins. Adv Water Resour 32 (7): 1107 – 1120

Cosgrove BA, Clark E (2012) Overview and initial evaluation of the Distributed Hydrologic Model Threshold Frequency (DHM – TF) flash flood forecasting system. NOAA Tech. Report, U. S. Department of Commerce, Silver Spring. http: // www. nws. noaa. gov/

Cosgrove B, Reed S, Smith M, Ding F, Zhang Y, Cui Z, Zhang Z (2010) Distributed modeling DHM – TF: monitoring and predicting flash floods with a distributed hydrologic model. Eastern Region Flash Flood Conference, Wilkes –

Barre，3 June 2010. http：//www. erh. noaa. gov/bgm/research/ERFFW/

Cunge JA（1969）On the subject of a flood propagation computation method（Muskingum Method）. Journal of Hydraulic Research，7：205－230

Dawson CW，Wilby RL（1999）A comparison of artificial neural networks used for flow forecasting. Hydrol Earth Syst Sci 3：529－540

Day GN（1985）Extended stream flow forecasting using NWSRFS. J Water Resour Plan Manage 111（2）：157－170

Demargne J，Mullusky M，Werner K，Adams T，Lindsey S，Schwein N，Marosi W，Welles E（2009）Application of forecast verification science to operational river forecasting in the US National Weather Service. Bull Am Meteorol Soc 89：779－784

Dunn SM，Colohan RJE（1999）Developing the snow component of a distributed hydrological model：a stepwise approach based on multi objective analysis. J Hydrol 223（1－2）：1－16

Environment Agency（2002）Fluvial flood forecasting for flood warning－real time modelling. Defra/Environment Agency Flood and Coastal Defence R&D Programme. R&D Technical Report W5C－013/5/TR

Essery R，Rutter N，Pomeroy J，Baxter R，Stähli M，Gustafsson D，Barr A，Bartlett P，Elder K（2009）SNOWMIP2：an evaluation of forest snow process simulations. Bull Am Meteorol Soc 90（8）：1120－1135

European Flood Forecasting System EFFS（2003）Final Report WP8. Deliverable 8. 3，WL/Delft Hydraulics

Goswami M，O'Connor KM，Bhattarai KP，Shamseldin AY（2005）Assessing the performance of eight real time updating models and procedures for the Brosna river. Hydrol Earth Syst Sci 9（4）：394－411

Hock R（2003）Temperature index melt modelling in mountain areas. J Hydrol 282（1－4）：104－115

Ji Z（2008）Hydrodynamics and water quality：modelling rivers，lakes and estuaries. Wiley，Chichester

Jolliffe IT，Stephenson DB（2011）Forecast verification. A practitioner's guide in atmospheric science，2nd edn. Wiley，Chichester

Koren V，Schaake J，Mitchell K，Duan Q－Y，Chen F，Baker JM（1999）A parameterization of snowpack and frozen ground intended for NCEP weather and climate models. J Geophys Res 104（D16）：19569－19585

Koren V，Reed S，Smith M，Zhang Z，Seo D－J（2004）Hydrology Laboratory Research Modeling System（HL－RMS）of the US National Weather Service. J Hydrol 291：297－318

Koren V, Smith M, Cui Z, Cosgrove B, Werner K, Zamora R (2010) Modification of Sacramento Soil Moisture Accounting Heat Transfer Component (SAC – HT) for enhanced evapotranspiration. NOAA Tech. Report 53, U. S. Department of Commerce, Silver Spring. http: //www. nws. noaa. gov/

Krzysztofowicz R (2001) The case for probabilistic forecasting in hydrology. J Hydrol 249: 2 – 9

Laio F, Tamea S (2007) Verification tools for probabilistic forecasts of continuous hydrological variables. Hydrol Earth Syst Sci 11: 1267 – 1277

Lee H, Seo DJ, Liu Y, Koren V, McKee P, Corby R (2012) Variational assimilation of stream flow into operational distributed hydrologic models: effect of spatiotemporal adjustment scale. Hydrol Earth Syst Sci Discuss 9: 93 – 138

Lees M, Young PC, Ferguson S, Beven KJ, Burns J (1994) An adaptive flood warning system for the River Nith at Dumfries. In River Flood Hydraulics (Eds. White WR, Watts J), John Wiley and Sons, Chichester

Lighthill MJ, Whitham GB (1955) On kinematic waves: I – flood movement in long rivers. Proc RSoc Lond, Series A 229: 281 – 316

Lindström G, Johannson B, Persson M, Gardelin M, Bergström S (1997) Development and test of the distributed HBV – 96 hydrological model. J Hydrol 201: 272 – 288

Madsen H (2000) Automatic calibration of a conceptual rainfall – runoff model using multiple objectives. J Hydrol 235 (3 – 4): 276 – 288

Malone T (1999) Using URBS for real time flood modelling. Water 99: joint congress; 25th hydrology & water resources symposium, 2nd international conference on water resources & environment research

Met Office (2010) Met Office science strategy 2010—2015: unified science and modelling for unified prediction. Met Office, Exeter. www. metoffice. gov. uk

Moore RJ (1999) Real-time flood forecasting systems: perspectives and prospects. In: Casale R, Margottini C (eds) Floods and landslides: integrated risk assessment. Springer, Berlin/Heidelberg

Moore RJ (2007) The PDM rainfall runoff model. Hydrol Earth Syst Sci 11 (1): 483 – 499

O'Connell PE, Clarke RT (1981) Adaptive hydrological forecasting – a review. Hydrol Sci Bull 26 (2): 179 – 205

Pagano TC (2012) The Value of Humans in the Operational River Forecasting Enterprise. Geophysical Research Abstracts, 14: EGU2012 – 1462 – 1

Pappenberger F, Scipal K, Buizza R (2008) Hydrological aspects of meteorological verification. Atmos Sci Lett 9（2）：43 – 52

Paquet E，Garcon R（2004）Hydrometeorological forecast at EDF – DTG MORDOR hydrological model. 4th international MOPEX workshop，Paris，July 2004

Pender G，Néelz S（2011）Flood inundation modelling to support flood risk management. In：Pender G，Faulkner H（eds）Flood risk science and management，1st edn. John Wiley & Sons Chichester

Price D，Pilling C，Robbins G，Lane A，Boyce G，Fenwick K，Moore RJ，Coles J，Harrison T，Van Dijk M（2012）Representing the spatial variability of rainfall for input to the G2G distributed flood forecasting model：operational experience from the Flood Forecasting Centre. Weather Radar and Hydrology（Eds. Moore RJ，Cole SJ，Illingworth AJ），IAHS Publication 351，Wallingford

Quick MC（1995）The UBC watershed model. In：Singh VP（ed）Computer models of watershed hydrology. Water Resources Publications，Highlands Ranch

Reed DW（1984）A review of British flood forecasting practice. Institute of Hydrology，Report No. 90，Wallingford

Reed S，Koren V，Smith M，Zhang Z，Moreda F，Seo D – J，Participants DMIP（2004）Overall Distributed Model Intercomparison Project results. J Hydrol 298（1 – 4）：27 – 60

Reed S，Schaake J，Zhang Z（2007）A distributed hydrologic model and threshold frequency based method for flash flood forecasting at ungauged locations. J Hydrol 337（3 – 4）：402 – 420

Refsgaard JC（1997）Validation and intercomparison of different updating procedures for real – time forecasting. Nord Hydrol 28（2）：65 – 84

Schaake JC，Hamill TM，Buizza R，Clark M（2007）HEPEX：the Hydrological Ensemble Prediction Experiment. Bull Am Meteorol Soc 88：1541 – 1547

Sene K（2010）Hydrometeorology：forecasting and applications. Springer，Dordrecht

Serban P，Askew AJ（1991）Hydrological forecasting and updating procedures. IAHS Publ. No. 201：357 – 369

Shuttleworth WJ（2012）Terrestrial hydrometeorology. Wiley – Blackwell，Chichester

Singh VP（ed）（1995）Computer models of watershed hydrology. Water Resources Publications，Highlands Ranch

Sivakumar B，Berndtsson R（2009）Modeling and prediction of complex environmental systems. Editorial and 14 papers. J Stoch Environ Res Risk Assess 23（7）：861 – 862

Smith MB，Koren V，Reed S，Zhang Z，Zhang Y，Moreda F，Cui D，Mizukami N，Anderson EA，Cosgrove BA（2012）The Distributed Model Intercomparison

Project – phase 2: motivation and design of the Oklahoma experiments. J Hydrol 418 – 419: 3 – 16

Stanski HR., Wilson LJ, Burrows WR (1989) Survey of common verification methods in meteorology. World Weather Watch Technical Report No. 8, WMO/TD No. 358. World Meteorological Organisation, Geneva

Thielen J, Bartholmes J, Ramos M – H, de Roo A (2009) The European Flood Alert System – part 1: concept and development. Hydrol Earth Syst Sci 13: 125 – 140

Todini E (2007) Hydrological catchment modeling: past, present and future. Hydrol Earth Syst Sci 11 (1): 468 – 482

Vehviläinen B, Huttunen M, Huttunen I (2005) Hydrological forecasting and real time monitoringin Finland: the Watershed Simulation and Forecasting System. ACTIF international conference on innovation advances and implementation of flood forecasting technology, Tromsø, Norway, 17 – 19 Oct 2005

Weerts AH, Seo DJ, Werner M, Schaake J (2012) Operational hydrological ensemble forecasting. In: Beven K, Hall J (eds) Applied uncertainty analysis for flood risk management. Imperial College Press, London

Werner M, Cranston M, Harrison T, Whitfield D, Schellekens J (2009) Recent developments in operational flood forecasting in England, Wales and Scotland. Meteorol Appl 16 (1): 13 – 22

World Meteorological Organisation (1992) Simulated real time intercomparison of hydrologicalmodels. Operational Hydrology Report No. 38, WMO – No. 779, Geneva

World Meteorological Organisation (2009) Guide to hydrological practices, 6th edn. WMO – No. 168, Geneva

World Meteorological Organisation (2011) Manual on flood forecasting and warning. WMO – No. 1072, Geneva

Yatheendradas S, Wagener T, Gupta H, Unkrich C, Goodrich D, Schaffner M, Stewart A (2008) Understanding uncertainty in distributed flash flood forecasting for semiarid regions. Water Resour Res 44: W05S19. doi: 10. 1029/2007WR005940

Yang Z, Han D (2006) Derivation of unit hydrograph using a transfer function approach. Water Resour Res 42 (1): 1 – 9

Young PC, Ratto M (2009) A unified approach to environmental systems modeling. J Stoch Environ Res Risk Assess 23 (7): 1037 – 1057

Young PC, Romanowicz R, Beven K (2012) A data – based mechanistic modelling approach to realtime flood forecasting. In: Beven K, Hall J (eds) Applied uncertainty analysis for flood risk management. Imperial College Press, London

Zhao R – J (1992) The Xin'anjiang model applied in China. J Hydrol 135: 371 – 381

第 6 章

洪 水 预 警

摘　要：为使洪水预警服务有效，需及时向必要的人员发出预警信息，以采取措施减少或避免洪水风险。所提供的信息也要易于理解并满足不同群体的需求，如公众、紧急救援人员和民防当局。还需要制定明确的程序来决定何时发布预警，决策支持系统越来越多地被用作该过程的一部分。本章介绍了这些主题，包括对预警通信技术的最新发展进行讨论，并简要回顾洪水预警时社会响应的一些重要发现。

关键词：洪水预警程序、预警传播、预警信息、社会响应、决策支持系统

6.1　概述

前几章讨论了监测及预报降雨和流域状况的主要技术。对于突发性洪水，关键目标是利用这些信息来决定应该向哪些群体发出预警，以减少对生命或财产的风险。如果有足够的预见期，有时也可以通过防洪构筑物和抗洪活动来减小洪水的淹没范围。

如第 1 章所述，洪水预警服务的组织没有标准模式，各国采用的方法差异很大。例如，国家水文部门、民防部门、社区领导、紧急服务和其他团体都可以发布预警。但当洪水发生时，通常会执行一系列核心活动，表 6.1 列举了一些典型实例。

通常在暴雨的初始警告之后，会发出额外的预警更新，在某些情况下，当超过临界阈值或触发条件时会发出洪水预警。图 6.1 说明了河流洪水风险区的这一预警过程；在这种情况下，使用的术语是将初始警戒升级为预警，

然后升级为严重预警，最后在河流水位开始下降时发出降级预警。然而正如后文所述，国际上使用了许多其他类型的洪水警报代码。

表 6.1　洪水预警服务中应对洪水事件的一些典型的初步响应实例

步　骤	描　述
动员	启动运营中心的全天候职守，提醒值班人员，检查关键设备和软件是否备齐，是否正常工作等
监测及预报	启动更频繁的河流、降雨和其他条件的监测，并更频繁地运行预报模型，在适当的情况下使用"假设"情景分析
业务响应	在一些组织机构中，开始部署人员进行堤坝巡逻和关键地点的现场监测，并做好运行防洪构筑物的准备，在必要时协助抗洪工作
普通警报	在适当的时候，使用互联网、手机、广播公告和其他途径等预警传播途径发布初始洪水警戒、洪水预警或类似消息（见下文）
机构间协调	与气象预报员、民防当局、应急响应人员、媒体和其他人就该事件的可能规模和影响进行讨论。根据需要发布情况报告和预警更新

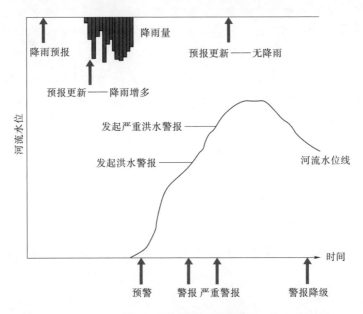

图 6.1　洪水预报预警图
（World Meteorological Organisation，2011，经 WMO 授权使用）

本章将更详细地讨论这些程序性、预警传播和预警信息设计的问题，以及在此过程中使用决策支持系统的一些潜在优势。进一步的背景资料可参考若干描述美国（USACE，1996；FEMA，2006）、澳大利亚（Australian Government，2009）和国际上（NOAA，2010；World Meteorological Organisation，2005，2010，2011）使用方法的相关指南和手册。专栏 6.1 还介绍了一个历史悠久的美国当地的洪水预警系统，该系统非常注重社区参与。而这通常是洪水预警服务，特别是突发性洪水预警服务成功的一个关键因素。

专栏 6.1　希芒河流域的洪水监测和预警

自 1981 年以来，纽约州的希芒县和斯托本县开展了以社区为基础的洪水预警服务（http：//www.highwater.org/）。2007 年，预警服务扩大到邻近的斯凯勒县。目前的预警服务覆盖了希芒流域约 25 万人，包括埃尔米拉、科宁和霍内尔等城市，总面积约为 6600km²。该体系的资金由三个县以及当地社区和产业提供。

主要的洪水风险来自萨斯奎汉纳河的支流，包括科霍克顿河、卡尼斯蒂奥河、科万斯克河、泰奥加河和希芒河。例如，在 1972 年 6 月的热带风暴艾格尼丝期间，纽约州西部降雨量约为 250～450mm，科宁和埃尔迈拉两座城市受洪水的影响较大。由于许多流域的汇流时间短，突发性洪水的风险特别大，冰塞也可能导致冬季和春季的洪水。

紧急行动中心位于科宁市的科宁消防局，该系统由经过培训的志愿者与许多专业合作伙伴共同操作，见表 6.2。激活预警的标准包括国家气象局关于气象条件的声明、自动雨量计警报（≥1in/h）、河流水位阈值或观察报告。定义了以下四个响应级别：

- 1 级无响应——自动数据收集。
- 2 级待机——随时保持联系。
- 3 级激活——紧急行动中心的骨干人员到位，直到预警发布。
- 4 级激活——紧急行动中心的全体员工，进行 24h 值守直至预警发布。

该系统旨在补充国家气象局运营的系统（图 6.2），它能覆盖更多社区，并能向风险地点提供更早且更具针对性的预警，同时还具有额外的恢复和备份能力。以社区为基础的自助法获得了当地群众的支持，激发

表 6.2　　　　　　　　希芒洪水监测和预警服务的主要合作伙伴

机　　构	主　要　贡　献
应急管理办公室（希芒县、斯凯勒和斯托本县）	提供紧急天气通知，协调预警传播和应急响应；在洪水期间监测河流水位
环境应急服务机构（EES）	运营洪水预警服务的非营利性公司，包括河网、气象站、雨量遥测仪和简化的基于计算机的洪水预报模型
纽约州环境保护局	提供紧急天气通知；在洪水期间监测河流水位；授权发布紧急行动，如清除河道碎屑和河道整治
美国国家海洋大气管理局/国家气象局（NOAA/NWS）	降雨和恶劣天气预报，重要河流的洪水预报，天气雷达观测，突发性洪水指导信息，美国国家海洋大气管理局气象电台警报
美国陆军工程兵部队（USACE）	哈蒙德、泰奥加、科万斯克、阿蒙德和阿克波特大坝的实时数据以及来自美国陆军工程兵部队的降雨量和河流水位数据；通过水库调度以减少下游洪水
美国地质调查局（USGS）	来自美国地质调查局的实时河流水位和流量数据
洪水行动志愿者	志愿者接受当地的抗洪行动培训，为 EES 紧急行动中心收集数据，并向三个县紧急行动中心提供综合报告。这也将包括构建局部洪水模型来补充国家气象局的预报

Headline: CHEMUNG FLASH FLOOD WARNING UNTIL 09/08 02:30PM http://www.nyalert.gov?q=3491352
Activation Time: 09/08/11 8:27 AM
Expiration Time: 09/08/11 2:30 PM
Issued By: NWS1_1
Affected Jurisdictions: Chemung County (All)
Description:
The National Weather Service In Binghamton Has Continued The " Flash Flood Warning For .. Broome County In Central New York .. Chemung County In Central New York .. Chenango County In Central New York .. Cortland County In Central New York .. Otsego County In Central New York .. Tioga County In Central New York .. Bradford County In Northeast Pennsylvania .. Susquehanna County In Northeast Pennsylvania .. Wyoming County In Northeast Pennsylvania .. " Until 230 PM EDT Thursday .. At 819 AM EDT .. National Weather Service Doppler Radar Showed A New Area Of Heavier Rain Moving Northward Into The Region. This May Only Aggravate Existing Flood And Flash Flood Problems. The Heaviest Rains Are Likely To Occur During The Late Morning Hours. A Continuation Of Flooding Of Streams .. Creeks .. Urban .. And Poor Drainage Areas Is Likely In And Near These Locations. When You Can Do So Safely .. Please Report Flooding To The National Weather Service By Calling Toll Free At 1-877-633-6772 .. Or By Email At Bgm.Stormreport@Noaa.Gov. Do Not Drive Your Vehicle Into Areas Where The Water Covers The Roadway. The Water Depth May Be Too Great To Allow Your Car To Cross Safely. Move To Higher Ground.
Instructions: Please stay tuned to your local radio or TV Station for more information.

图 6.2　美国国家海洋和大气管理局/国家气象局（NOAA/NWS）于 2011 年 9 月在热带风暴里伊期间为希芒县发布的突发性洪水预警实例。该消息的副本显示在纽约州所有灾害预警和通知门户网站上，该门户网站还可以通过手机、电子邮件、Twitter 及其他技术提供预警 http://www.nyalert.gov/home.aspx

了大家的兴趣，也增强了公众对降低洪水风险的措施以及在洪水事件中应采取的行动的认识。例如，在一些地方设置了历史洪水位的标志，以提高群众对洪水风险的认识，并在易发洪水的高速公路上设置"谨防溺水，请调头"的标志。该系统的成功运作还允许社区在国家洪水保险计划内的社区收费制度（CRS）下申请减少家庭保险费。

遥测网络包括30个雨量计，9个气象站，11个河流水位计和1个湖泊水位计（图6.3），使用无线电遥测。在紧急行动中心可以查看观测结果，并利用洪水观测和预警综合（IFLOWS）系统对结果进行分发，该系统为1000多个主要位于美国东北部的洪水预警仪提供广域通信网络（http：//afws. erh. noaa. gov/afws/）。

图 6.3　用于洪水预警的遥测计实例，一个湖面水位计（左）
以及俯式超声波水位计（右）（Sprague，2010）

为了提升恢复能力，遥测和通信网络为避免故障发生一般有多层备份；例如，四个当地运行的河流水位计同时位于美国地质调查局（USGS）设立的测站位置，这也使得运营中心可以更快地接受到这些位置的观测。由于许多流域的快速响应，一旦接收到观测数据便会立即对外发布，并且在有条件的情况下提供更详细、更精确的估计，如国家气象局的洪水预报。

河流状况和洪水预报信息可供县应急管理办公室、州防洪工作人员、城市管理人员、市长以及当地广播电台和电视台使用。需要时还将启动防洪和应急计划，并记录向居民和企业提供预警的流程，以及关闭防洪闸门、设置临时防洪墙或护堤等防洪活动。

这项洪水预警服务成功的一些关键因素包括各机构之间以及与公众之间的积极沟通、公众意识活动和应急响应活动，以及鼓励各组织之间的双向合作。例如，紧急行动中心充当全流域的信息交换中心，并向国家气象局提供遥测数据，以便在萨斯奎汉纳河流域开展更广泛的洪水监测和预报。

6.2 洪水预警程序

为区域或国家建立洪水预警服务往往是一项重大任务，因此通常采用循序渐进的方法，并随着时间的推移扩展和改进系统。例如，世界气象组织（WMO）（2011）指出，从事洪水预报服务的工作人员的职责通常包括业务工作（如进行预报）、建模（如模型校准）、水文测量（如数据收集、传输、管理和质量控制）和信息学整理发布（如设备与系统的运作，提供适当的输出格式）。在一些组织中，工作人员的责任延伸到直接向公众发布预警以及诸如堤坝巡逻和防汛抢险等应急响应工作，还可能包括为其他类型的与水有关的危害提供预警，例如污染事故和干旱。

洪水预警通常由中心发出，例如运营中心、预报中心或控制室（如Australian Government，2009；NOAA，2010；Holland，2012；World Meteorological Organisation，2008）。在国家或地区的预警发布中心，通常配备有计算机显示器、遥测和通信设备、操作手册、会议区域以及一系列视觉辅助设备，例如显示屏、地图和白板。许多情况下，每项关键任务都在独立的专用计算机上处理，例如洪水预报或遥测系统，并在发生故障时可以使用备用计算机，或者使用基于网络的服务器解决。备用电源和通信设备通常配有空气温度和湿度控制。在一些组织中，设有独立的备用中心，并与原预警发布中心保持一定距离，以提供额外的恢复能力（见第5章）。还可以提供单独的媒体简报室。

对于国家或区域预警服务，以及更大的基于社区的系统，在大范围的洪水事件中，通常会有几个人同时值班。可能还需要从本组织的其他部门调来更多的工作人员，包括可提供计算机、软件和硬件支持的专家。在一些国家、专业技术团队也随叫随到；例如，在日本，有一支专门的国家技术紧急控制部队负责协助市政当局收集信息，减少进一步的损害并着手台风和地震的恢复工作。对于跨界河流，可能还需要与邻国的同行联络。

在其他时期，工作人员通常会参与第 7 章中讨论的许多"防洪准备"活动，一般是全职活动。通常需要的任务包括改进系统、扩大预警服务的范围、提高对预警益处的认识、支持研发活动以及社区参与活动等。许多国家服务机构还为社区洪水预警系统提供技术支持和培训。另一个关键要求通常是维护和更新洪水事件期间使用的操作程序。这些通常被称为洪水预警程序、操作手册或标准操作程序，表 6.3 显示了所包含的一些条目类型的实例。如第 7 章所述，由于洪水事件发展迅速，很少有时间查找信息或按步骤采取措施，因此具有明确定义和预先演练过的程序对突发性洪水特别重要。

表 6.3   洪水预警程序运作中经常包含的一些条目实例
（通常包含在若干文件中）

条 目	描 述
行动表	行动表或洪水情报表，用于决定何时发布预警，也包含预警传播（格式、内容、接收者等）的说明，如升级预警状态的标准，以及诸如堤坝巡逻和防洪闸门作业等可能采取的行动（见下文）
资产状况报告	最近资产检查和事后报告中的发现，包括需要注意的任何情况，如暂时停止运行的防洪构筑物、水道中的碎片堆积以及堤防上正在进行的工程等
应急处置	提前做好安排，以防因洪水导致无法进入关键位置，或导致遥测、预报或通信设备故障，在某些情况下包括搬迁到备用控制中心的说明
工作汇报	安排洪水预警、预报人员和工作人员在事后（也可能在事件发生期间）进行结构化工作汇报，以记录所采取的行动、遇到的问题以及当下或将来要解决的问题
洪水数据收集	如果时间允许，应开展大流量测量以及其他监测和记录活动等（见专栏 6.2）
洪水预警区	对于接收预警服务的每个地点，需提供额外的背景信息，例如对面临风险的社区描述，以往洪水事件中受影响的区域，该区域的关键基础设施，显示不同水位时估计的洪水淹没范围以及关键位置的照片

续表

条　目	描　述
卫生与安全	在水上或附近区域（包括受污染的水）工作的流程和安全建议，并附有关键遥测站点、防洪构筑物和其他地点的安全通道和逃生路线图，以及使用防护和安全设备的步骤
多机构协调	与媒体和其他组织联络的主要联系方式和协议。在一些国家，还包括与工作人员、社区代表和实地信息"观察员"的联系，见第7章
行动指令	监测、预报、通信和预警传播关键设备的操作说明。此外，这也是组织职责的一部分，包括防洪闸门、临时或可拆卸的障碍及其他防洪设备的操作说明，以及对现场检查和巡逻的安排
角色和职责	描述主要工作人员的角色和职责、调职安排以及轮班之间的移交安排，包括更新情况报告，提供简报以及转移任何共享通信或其他设备
情况报告与日志	保存记录、发布情况报告和维护通信、洪水预警和其他事件管理日志的流程，通常使用手写表格和（或）电子数据录入程序

　　各组织之间提供的信息量差异很大，有时只需一个简单的清单就足够了。但对于为许多城镇提供洪水预警服务的区域中心，相关文件有时长达数百或上千页。这通常是通过计算机文件或基于网络化的文档管理系统获得的，为了防止电源故障或其他问题，也使用纸质版的副本作为备份。为了确保一致性，在质量管理体系框架内执行的任务越来越多，并为每个主要程序提供工作说明、指令、检查表及其他管理工具。

　　在大多数洪水预警程序中，行动表是一个关键组成部分，它提供了遥测站点预定义的临界阈值列表，以及超出阈值时应采取的行动。还会提供对应于洪水预警不同阶段的一系列值，如图6.4所示的某河流监测位置。但是，所使用的仪表类型、阈值标准和警报代码取决于不同的应用程序，第8～第11章提供几种类型的突发性洪水的实例。此外当超出阈值时，工作人员可使用的酌情决定权取决于洪水预警服务运作的立法环境，权衡范围从使用专家判断的选项到更加程序化的方法。

　　正如6.5节所述，有时将复杂的规则编入决策支持系统，并且越来越多地使用或评估概率方法（见第12章）。基于计算机或纸质的图表和查表法也经常用于无法定义单个阈值的情形中；如当洪水的风险程度取决于两个或多个因素时，如河流水位和潮汐水位、两个或多个支流的流量，或水流控制工

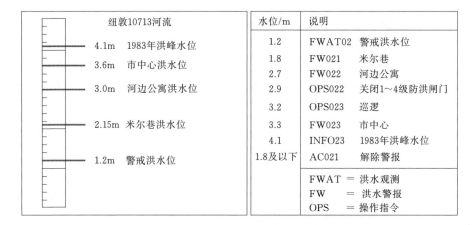

图 6.4 假设行动表显示了河流水位计的水位与洪水影响的对应关系，
以及相关的洪水警戒、洪水预警、操作系统和
信息阈值（改编自 Sene，2010）

程的上游和下游水位。洪水预报模型也被广泛使用，包括简单的增长率、相关性和其他经验方法（见第 5 章，第 8~第 12 章），需要为这些输出结果定义额外的阈值。

尽管越来越多地使用计算机系统，但在大多数组织中，通常仍然是由值班人员做发出预警的决定，而不是系统自动进行。然而，在几乎没有时间进行手动干预或错误预警风险很低时，也可能采用自动预警（见第 1 章，第 8~第 12 章）。另一种可能性是允许授权人员通过手机、平板电脑或笔记本电脑直接在现场记录或发送信息，以便信息自动包含在热线消息和网络警报中。另外，正如第 7 章所述，来自训练有素的观察员、地方当局、应急机构和公众的观察和反馈越来越多地被用于监测洪水的发展，尤其是对于突发性洪水。因此，洪水预警程序通常包括讨论如何使用和解读这些信息，在某些情况下也使用基于互联网的决策支持系统（见第 6.5 节）。

专栏 6.2 洪水数据收集

如表 6.3 所列，洪水预警程序通常包括为了评估洪水的严重程度和影响所需要采取的行动。但需注意任何此类活动只应在时间允许的情况下进行，不应妨碍应急响应行动。其结果信息通常用于事后评估（见第 7.4 节）和制订改进计划（见第 7.7 节）。可以执行的行动类型包括以下几类：

- 航空勘测——启动直升机或飞机对受灾地区进行摄像或视频调查，或请求媒体、警察、搜救队和该地区其他组织提供援助。

- 资产调查——对防洪堤、防洪构筑物和其他资产以及泵和沙袋等防洪设备进行记录，并拍摄渗漏、漫顶和其他问题的照片。

- 洪水损害——整理有关洪水在房产和关键基础设施上达到的水位的描述和影像记录，以及洪水对人员和财产的损害（在事件发生后通过更正式的调查补充）。

- 洪水标记——在道路和建筑物上放置金属柱或其他标记和（或）绘画标记，以记录事件发生后调查的洪水严重程度。

- 关键记录——保存活动期间制作的纸质、白板和其他记录的副本或拍摄成数码照片留存，包括计算机的关键显示与事故、洪水预警和通信日志。

- 现场流量计——使用流速仪、ADCP 或其他设备进行测量，以帮助评估峰值流量并协助未来确定水位-流量关系曲线，在某些情况下通过提供适当的照明设备进行夜间操作。

- 志愿者观察——要求经过培训的观察者，如"监察员"，通过手机、无线电或通过数据录入网站来发送有关降雨、河流状况以及洪水影响的信息。

虽然在突发性洪水期间很多行动的时间受限，但通过适当的规划，多数行动都是可以进行的。另一种可能性是，与邻近可能发生突发性洪水的当地机构建立电话联系或如安排空中和地面检查等其他预警工作。通过适当的培训并使用安全设备，社区、民防和其他当地工作人员通常能够帮助完成某些任务。

正如第 8～12 章中所讨论的，在一些洪水预警和气象服务中，如果时间允许的话（如收到台风预警），在事件刚开始时就可以部署移动设备。例如临时河流水位计和泥石流探测器（如地震检波器）。正如 7.4 节所述，在事件发生后，通常会立即开展其他调查及数据采集行动以协助事后报告，并且也会努力地协调多方工作，以评定恢复和救灾工作的需求。

关于志愿人员的投入，一个结构良好的计划可以提供许多有用的信息，以协助预警过程和事后分析。如美国广为使用的 SKYWARN 计划（http：//www.skywarn.org/），拥有约 30 万名当地志愿者，他们提供对突发性洪水、冰雹、飓风、闪电、雷暴和龙卷风等恶劣天气的观测。例如龙卷风预警的相关领域，在对俄克拉荷马州应急管理人员的调查中，大约一半的人报告说该州的龙卷风观察员能够独立工作（即"自我部署"）。志愿者包括公职人员（警察、消防）、SKYWARN 训练有素的观察员和业余无线电操作员，其通信主要依靠手机、无线电和（或）业余无线电（League et al.，2010）。

另一种途径是自 2006 年以来，美国国家强风暴实验室开展了一项计划，在事件发生期间或之后不久通过电话呼叫居民和企业来了解冰雹、风、龙卷风和突发性洪水事件的发生情况和严重程度。电话呼叫主要针对以下几种情况：超出阈值时、发生其他类型灾害时以及发布突发性洪水预警或城市/小溪洪水公告时（Ortegaet al.，2009；Gourley et al.，2010）。呼叫来自配备有多个工作站、等离子屏幕和呼叫站的操作中心，并从地图中选择接收者，因为地图总结了当前情况以及联系人的详细信息。通过电话收集的信息类型包括洪水的深度和范围、疏散人员数量、洪水发生时间和历时。

6.3 预警传播

6.3.1 技术

为了发布洪水预警，人们使用了许多不同的方法，从最新技术到诸如敲门和打电话这样的传统方法。这通常要根据预警是直接发布给可能受影响的群体，还是更间接地使用媒体和其他途径来发布进行分类；例如，基于以下方法：

• 间接法——使用一般方法发布预警，如无线电（包括音频预警系统）、电视、互联网和免费电话帮助热线。

• 社区法——使用警铃、留言板、扩音器、电子标志、警报器和公共广播系统（固定的、车辆、直升机）等方式向社区部分或全部人员发出预警（图 6.5）。

• 直接法——通过电话（手机、座机、卫星）、短信、手持无线电、敲门和电子邮件等方式直接向个人发出直接预警。

预警传播方式的其他分类还包括特定/通用（Australian Government，

图 6.5 英国东北部考尔德峡谷上游洪水预警警报器的实例：
这条河位于背景中的两堵防洪墙之间

2009），广播、社区和个人（Andryszewski et al.，2005），以及推/拉或主动/被动等（Martini and De Roo，2007）。

对于直接预警，所使用的联系方式的清单、电子表格或数据库通常是根据洪水风险图以及跟民防当局和其他团体协商生成的。对于洪水易发地区的居民，有时会提供订购（或"选择加入"）预警服务的选项，或者为了增加预警服务的使用，只有在预警十分不必要的情况下才提供"选择退出"选项。

近年来，手机和广播技术、互联网和社交网络的发展极大地增加了可以选择的预警传播技术。其中一些技术既能节省时间，又能针对大量人员发布预警（即使在他们离家或工作时），对于突发性洪水十分有效。例如，在某些预警传播系统中，文本或录制的消息可以自动发送给数据库里的所有手机号码，如果没有收到确认，则会发送给备用联系人。一些手机运营商还能够使用手机广播技术向特定区域内的所有用户发布短信。一些支持互联网的（智能手机）应用程序还允许用户查看基于 GPS 或蜂窝基站三角网定位的与位置相关的天气和洪水预警信息。

许多组织至今还有专门的网站用来发布洪水预警，如表 6.4 显示的一些实例。通常，网址会在电视和广播中公布，并作为推广公众意识活动的一部分。在某些情况下，也包括在 RSS（Really Simple Syndication）订阅中。对于授权用户，在美国等国家，预报员、应急管理者、媒体和其他团体正越来越多地使用网络聊天室。

表 6.4　　　　　　　　　发布洪水预警的一些网站

国家	组　织	网　站
澳大利亚	气象局	http：//www. bom. gov. au/australia/ flood/
孟加拉国	洪水预报预警中心	http：//www. ffwc. gov. bd
英格兰和威尔士	环境署	http：//www. environment – agency. gov. uk
法国	国家水文气象与洪水预报中心	http：//www. vigicrues. gouv. fr/
苏格兰	国家环保总局	http：//www. sepa. org. uk/
美国	美国国家海洋大气管理局/国家气象局	http：//weather. gov/

　　洪水预警信息现在也更容易在电视和广播中出现。例如，在 2011 年美国第一次全国性紧急预警系统测试中，一个测试信息被发送给了"……所有州以及波多黎各、美属维尔京群岛和美属萨摩亚领土内的广播电台和电视台、有线电视、卫星广播和电视服务以及有线视频服务的提供商"（http：//www. fema. gov）。

　　尽管上述预警传播方法不是全部都普遍通用，但随着近年来手机覆盖率和使用量的大幅增加，某些方法甚至可以在最贫穷的社区中使用。卫星电话仍然是一种昂贵的选择，但卫星和高频无线电系统对于向偏远的农村地区传播预警也可能有用。例如，多年来国际 RANET 项目（Sponberg，2006）通过卫星传输向非洲、亚洲和加勒比大部分地区提供气候和天气相关信息，并通过计算机、数字广播、收音机、手机和其他设备传播信息。

　　然而，传统的方法，如鼓、旗、口哨、锣、喇叭和铃铛等在农村地区仍然广泛使用。其他可选的预警传播方法包括手动警报器和扩音器、社区广播电台和摩托车或自行车信使等。例如，在孟加拉国，超过四万名村民志愿者为飓风做着准备工作，并配备了手动警报器、扩音器、晶体管收音机、信号灯、旗帜以及急救和救援包（World Bank，2011）。土著方法通常也很重要；例如，一些社区可能有长期的洪水经验，并且对早期预警信号有所了解，例如有时在泥石流发生之前的水体颜色变化和河流水位下降（见第 9 章）。同样，对于河流的突发性洪水，使用的一些其他指标（除了强降雨）还包括涝渍土壤和异常的动物活动模式。

通常来说，社交网络提供了一个向大量人群发布预警的新机会，并允许组织和公众之间进行双向通信。例如，美国的飓风和洪水预警经常通过Twitter、Facebook和其他媒体传播，其他选择还包括博客和众包。再如，南非的业余无线电运营商坚持更新着一个博客，提供有关洪水和其他自然灾害的天气预警、新闻和报道（http：//saweatherobserver. blogspot. com/）。此外，在2010年海地地震期间采用了众包方式，志愿者们对以本地语言向紧急号码报告的事件进行翻译。然后对它们进行地理配准以便在网站上显示，结果"从收到本地语言到它被翻译、分类、地理定位并返回应答者的平均用时仅为10min"（Munro，2010）。

多媒体系统也提供了新的选择，它可以通过电子邮件、电话和文本消息等各种方式快速传播信息。通常，系统包括用于多灾害应用的现成系统，或专用于洪水预警的特定系统。可用的选项类型包括将文本转换成语音以生成人工语音警报消息的设备，及通过文本或语音以多种语言发出相同警报消息的选项等。在事后分析中还通常使用性能监测工具；例如，提供关于接收到预警信息的人数、尝试重复联系的次数以及每次联系成功所花费的时间等总结。

6.3.2 方法的选择

预警传播使用的方法取决于组织政策、可用预算、文化因素、可靠性和一系列其他问题。另一个需要考虑的问题是，在任何社会中总有一些群体无法使用计算机、手机和类似技术，即所谓的数字鸿沟（如Parker，2003）。然而，洪水预警机构已经可以通过多种传播途径提供预警，允许用户选择最适合他们的方法，并在首选方法失败时向他们提供备用方案。

特别是对于民防当局和紧急救援人员而言，确认已经收到预警通知十分关键，这也通常限制了可用的选择。例如，除了直接通电话或访问之外，其他途径也包括需要响应的电子邮件和文本或语音消息；但是，对于自动化方法，需要设置确认收到回复的最长时间限制，若超时则进行直接呼叫或选择备用联系人。

当然，这些不同的方法也用于为其他类型的自然和技术灾害（如龙卷风、地震和野火）提供预警，并且每种方法的优势和局限性都显而易见（如Sorenson，2000；Coleman et al.，2011）。但对于突发性洪水预警的应用，表6.5总结了一些要特别考虑的因素。

表 6.5   选择突发性洪水的预警传播方法时要考虑的一些因素

主　题	描　述
可听度	当使用警笛、铃铛和其他声音技术时，声音能否在强风和（或）强降雨和（或）通过听力障碍和（或）通过双层玻璃和其他隔音材料的情况下被听到？另外，如 6.4 节所述，接收者会理解警报的含义吗
可达性	那些有权做出保护人民或财产安全决定的人是否会收到预警；例如，当他们在工作或旅行时、睡着时，亦或电子设备被关闭或不在联系范围之内时怎么办
传播时间	在决定发布预警之后，所有接收者需要多长时间才能收到预警？如果在此过程中需要授权请求，可能会带来多少额外的时间延迟
误报	如果采用自动触发报警的方法，如在超过河流水位阈值时自动触发预警装置，那么误报带来的风险是什么？可能对公众的信心产生怎样的后果？为弱势群体如医院、养老院等带来什么样的不必要的疏散风险
洪水风险	对于依赖于使用仪器或设备的方法，是否存在洪水阻碍道路和小径的风险？那么工作人员或志愿者的安全如何保障
媒体广播	对于广播和电视网络，消息只能在规定的时间发布（例如在新闻公告期间）吗？或者是否有用于插播紧急消息而中断、覆盖或插入的设施，并同时显示连续性消息或网络搜索消息
恢复能力	考虑到传播方法本身可能出现的电力故障、中继站遭遇洪水以及其他因素，该方法在强降雨和（或）洪水条件下的可靠性有多少？是否有备用电源或电池设备？在洪水事件之间可能很长的一段时间内，用户是否仍然能够请求/接收测试消息，以检查系统是否仍在工作
信号接收	是否可以在提供预警服务的所有地点接收手机、无线电或其他信号，例如在易发突发性洪水的陡峭山谷中能收到吗
时间和季节	是否从白天或黑夜、工作和非工作时间以及夏季和冬季的角度考虑了预警传播程序的有效性
流动人口	如果人们远离他们常住的工作或居住地点，比如游客、商务旅行者、季节性工人、车辆司机和徒步旅行者等"流动人口"，他们将如何收到通知（见第 12 章关于道路使用者案例的进一步讨论）
弱势群体	拟议的方法是否适合有特殊要求的人；如视力障碍者、残疾人、听力障碍者、儿童、外语使用者或其他人

恢复能力是选择预警传播方法时需要特别考虑的因素，正如第 7 章所述，已经有许多关于通信路线瘫痪的洪水事件的实例。例如，在洪水紧急情况期间，网络有时会超负荷，关键的电信枢纽会被水淹，电力供应也会中断。此外，许多公共服务（如手机网络和宽带连接）也是在尽最大努力地提供，并且可能在最需要时瘫痪。对于安全至关重要的通信，可能需要在还没有可靠的原始或备用应急通信网络的情况下，安装一个强大的原始或备用应急通信网络，例如，使用专线、高频无线电或卫星链路。因此，为了解决这些问题，建议广泛采取多种预警传播途径。

发布预警所需的时间是选择传播方法时需考虑的另一个关键因素。正如第 1 章和第 7 章中所讨论的，需要将其考虑到系统的整体设计中，因为它直接影响到有效应急响应的时间。例如，有时使用预警响应曲线或扩散关系来评估所考虑的每个方法，以确定通知人数比例随时间的变化（Rogers and Sorenson，1991），特别是针对溃坝突发事件。需要考虑的关键因素还包括需要预警的人数和地点，以及每次联系需花费多少时间。

然后可以通过以往的经验、试运行或在应急响应演习或实际洪水事件中观察的情况来估计所需的总时间。例如，挨家挨户通知的方法虽然有效，但通常很耗时，手动呼叫大量号码也是如此。实际上，即使是自动电话拨号系统，有时也需要几分钟或更长时间才能通知到大量接收者，而且如果最初没有应答则需要多次重复或交替呼叫。对于电话树或级联系统，其中第一批接收者将警报传给其他人，但还存在关键人员无法获得消息或电话无法工作或关闭的风险，从而进一步导致进程延误。发布预警时所处的时间是需要考虑的另一个因素，而早期的初始警戒可以增加人们在外出时或深夜里电视、手机、电脑和其他设备通常关闭时继续监控情况的可能性。此外，如果时间允许，通常需要（并且鼓励）亲自拜访或电话访问社区中的弱势群体，以便向他们解释情况并在需要时提供帮助。

通常来讲，与洪水风险管理的其他领域一样，在选择使用方法时，基于风险的方法可能很有用，且一般在风险最高的地方选择资源最密集（员工时间、成本等）的方法。例如 Andryszewski 等（2005）提到，除了网站和求助热线之外，面对高、中、低风险情况可以选择以下几种以服务水平表示的方法：

• 最高级——使用基于计算机的预警系统，通过电话、传真、电子邮件等向每个个体发出直接预警。

• 中级——在每个社区使用扬声器或警报器。

- 低级——使用媒体广播发布预警。

在某些情况下，还可以引入子类别；例如，对于高风险的情况可以分成两种子类别，分别使用不同的预警传播方法。一种是洪水发生概率很低但潜在后果很严重的情况，如城市防洪堤漫溢；另一种则刚好相反，即洪水发生概率很高但影响很小的情况，如频繁被淹的独立住户（然而生命的价值高于一切）。

当然，成本是另一个需要考虑的因素，不过要取决于所使用的方法，通常成本不仅包括初始安装或购买成本，还包括持续的运营费用，如电话费，连接费，授权费（如基于无线电的方法）以及支撑、维护和维修费用。但在某些情况下，可能有机会抵消某些项目开支；例如，服务提供商能够将提供支持作为企业社会责任计划的一部分。

本章所述的若干指南和综述提供了所选用方法及其成本的更多背景资料。此外，专栏 6.1 以及其他章节的几个案例研究也论述了所选用技术的一些实例，包括来自法国、日本、尼泊尔、菲律宾和美国的实例。

6.4　预警信息

6.4.1　预警解读

在发布洪水预警时，另一个关键的考虑因素是所要传达的信息，以及公众、应急响应人员和其他人会如何解读这些信息。现已针对突发性洪水和其他类型的突发性灾害（如龙卷风）的这个问题进行了大量社会研究。但很多情况的事后调查表明，在接收到预警的人群中只有相当少的一部分人采取了适当的行动来保护自己或他人（如 Drabek，2000；Handmer，2002；Betts，2003；Parker，2003；Parker et al.，2009）。相比之下，自发性的、非官方或非正式的方法往往发挥了很有价值的作用；例如，居民观察到河流水位的上涨，并与可能存在风险的人取得联系。

人们不响应预警的原因各不相同，但通常包括无法做出响应（例如残疾人）、对提供预警的机构缺乏信任、误解信息以及文化问题。正如 Mileti（1995）所指出的："首先收到预警的人常常会经历一个社会心理过程，从而形成他们对所面临风险的个人定义，以及在采取保护措施之前应该做些什么的想法。该过程可以分为几个阶段：

- 听到预警。
- 形成对预警意味着什么的个人理解。

- 提高对预警中所传达的风险信息的信任程度。
- 形成自己对风险的理解或认为事不关己。
- 决定是否该做些什么，并以自认为适合所面临风险的方式做出回应。"

其他经常提及的原因包括害怕财产被抢劫、相互矛盾的信息及不合理的或冒险行为。此外，Keys（1997）指出"社区不是一个单一的群体，而是在风险程度和类型、以往经验、语言和其他差异化特征方面分不同层次的"。同样，NOAA（2010）提出"公众"不是完全相同的，因为它涉及：

- 社区各级决策者
- 接受不同教育水平的人
- 不同层次的经济水平和责任感的人
- 不同种族和信仰的人
- 拥有不同母语的人
- 对以往灾害经验差异很大的人
- 体能水平不同的人

因此，需要一系列不同的方法来发布预警以及设计公众意识活动。

出于许多原因，即使在同一个国家，对面临洪水风险的人群或最近遭遇洪水人群的调查结果有时也会因群体和地点而异，澳大利亚（Pfister，2002；Betts，2003）、美国（Hayden et al.，2007）、英国（Twigger‐Ross et al.，2009）以及几个欧洲国家（Parker et al.，2009）的实例也证实了这一点。尽管存在这些困难，但有一些通用原则将在以下几节中讨论。针对恶劣天气预警，Gunasekera 等（2004）提出，减少（或减轻）自然灾害影响的一些方法包括：

- 进一步强调延长预警的预见期。
- 在不同的预见期内提高预警的准确性。
- 满足对概率预报的更大需求。
- 更好地沟通并传播预警。
- 使用新技术来警告公众。
- 更好地将预警服务对准相关用户和特定用户（在正确的时间向正确的人提供正确的信息）。
- 确保预警信息能被理解并采取适当的响应措施。

6.4.2 常规方法

如前所述，洪水预警通常会随着事态的发展而升级，从最初的警戒开始，一直到不同严重程度的预警，最后在风险过去后发布全面解除预警或预警降级。

例如，当使用降雨预报作为预警过程的一部分时，通常会使用降雨深度-历时阈值、突发性洪水指南或类似方法（第 8～第 11 章）在暴风雨持续发展时发出一般性警戒。虽然不会就洪水的时间和地点做具体说明，但它提高了公众对潜在危险的认识，同时使救护者和其他人员开始为可能发生的洪水事件做准备。

随着事态的发展，警戒可以升级为预警并包含更具体的响应措施。一些接收者也可能喜欢在一天中的特定时间去查看预警，即使知道这通常会导致更多误报，因为在更长的预见期内存在更大的不确定性。例如，对于政府组织、企业和农民而言，有时出于后勤或安全原因，在白天或工作时间内，或是在工作日而不是周末，接收预警都更为方便。当使用互联网、文本或智能手机时，还有机会提供更多有关预警状态和需采取的行动的详细信息，同时有些网站还包括其他有用信息，如地图、照片和电视实况。

洪水警报代码和信息通常在国家或组织层面进行标准化，并且在某些情况下是基于对遭受洪水威胁社区的广泛社会调查。例如，澳大利亚使用轻微、中等和大型洪水这三个术语（见第 8 章），而美国国家海洋大气管理局（NOAA）提出了以下定义（见专栏 1.1）：

• 突发性洪水警戒：该地区（不一定限于河边地区）发生突发性洪水的条件成熟。注意强降雨或上涨的溪流和涵洞。准备随时撤离。

• 突发性洪水预警：即将发生或已经发生突发性洪水。离开洪水区域（包括居民家附近的涵洞或溪流），但不要穿越洪水水域。

• 城市和小溪洪水公告：预计会发生轻微洪水。这类洪水会造成很大的不便，例如堵塞地下通道并且淹没道路。如果不遵从警告，可能会危及生命。

• 洪水或突发性洪水声明：洪水早已发生，此信息将为人们提供有关的新险情、洪灾区域及其他信息的更新。

这里强调避开洪水很重要，因为在一些国家，车辆驾驶员在突发性洪水中占死亡人数的比例很大（如 Henson，2001；Jonkman and Kelman，2005；Ashley and Ashley，2008）。根据位置和环境，有时会专门为其他群体尤其是面临突发性洪水风险的人群制定信息，如徒步旅行者、流动房屋所有者和露营地居民。在某些情况下，社区内会安装永久标志，以帮助人们将预警信息与可能的洪水位联系起来；例如，使用彩色编码标记板，显示可能的洪水位的道路标志，或显示历史高水位标记的建筑物上的匾牌。

但是，即使警报代码已经确立，定期审查和评估其有效性仍然很有必要，尤其是作为主要洪水事件的事后评估的一部分。例如，1998 年在英格兰和威尔士发生大规模洪灾之后，一条事后建议（Bye and Horner，1998）表明那个时候使用的颜色编码方法（黄色、褐色、红色）不是很清楚。因此，新系统采用了洪水警戒（Flood Watch）、洪水预警（Flood Warning）、严重洪水预警（Severe Flood Warning）和警报解除（All Clear）等术语，并附带了相关的消息和图标（即符号与消息一起显示）。在 2007 年夏季发生的大洪水之后，又进行了广泛的测试和咨询，产生了从洪水警告（Flood Alert）开始的更直观的分阶段洪水预警服务。警报解除（All Clear）代码也改为预警失效（Warnings No Longer in Force），并且所有传达给公众的关于"什么时候需要监控/保持警惕，什么时候需要采取行动（该怎样做），以及灾情何时结束"的消息都已更新（Environment Agency，2010）。

6.4.3 消息模板

为了减少发布预警的时间延迟以及确保采取一致的方法，通常应尽可能预先定义预警消息的格式、模板和内容（"预先编写脚本"），并经过参与洪水响应的所有关键组织的一致同意。这对于突发性洪水来说尤为重要，因为在事件发生期间，可用于讨论和准备信息的时间是很有限的。

这种方法还提供了可考虑风格、内容、语气、术语和完整性等因素的机会（Australian Government，2009），并根据需要可准备多种语言的模板。随着事态的发展，可以在预期的洪水位置、时间和严重程度上添加详细信息，并在出现意外因素时提供其他建议。在确实发生特定事件的情况下，如果时间允许，通常应与其他主要合作伙伴商定要传达的信息；这对于大规模疏散、潜在的溃坝风险和关键设施的损失等高风险情况尤其重要。因此，总体目标是尽可能地向公众和媒体提供清晰、明确的信息。对于突发性洪水，其发展迅速的性质通常还需要气象学家和洪水预警人员就所提供的信息进行密切合作。

设计预警消息时通常还需要考虑以下几个方面（Elliot and Stewart，2000；Martiniand de Roo，2007）：

· 行动——公众和其他人可采取的具体行动以及如何进一步获取信息的建议。

· 流通时间——预警或预报的日期和时间，其有效期和预计下次更新的时间。

- 洪水影响——目前的情况，并尽可能以对接收者有意义的术语提供洪水的预期位置、程度和时间（开始、洪峰、持续时间），例如可能被淹的街道和房屋，并尽可能将此信息与以往的洪水事件联系起来。

- 来源——预警应来自受信任的机构，其中包含可获取更多信息的联系方式（帮助热线、网站、电话号码等），以及强化信息的多种沟通渠道。

例如，对于一般的预警系统，世界气象组织（WMO）（2010）指出"有效的预警信息要简短、简明、易懂、可操作，可回答'是什么？''在哪里？''何时？''为什么？'，以及'怎样响应？'"等问题。随着时间的推移，预警信息应保持前后的一致性。同时，预警信息也应根据预期用户的特定需求进行调整。在简单句、短句或短语中使用白话可以增强用户对预警的理解。此外，应首先提供预警中最重要的信息，然后提供支撑信息。其中还应包括风险的详细信息，如可识别的或当地的地理参考资料等。

在某些情况下，专业用户还需要其他信息，如当前和近期预报的性能。一些组织还有供内部业务使用的预定义消息，如关闭防洪闸门或启动堤坝巡逻等行动。正如第 7 章所述，地图的展示是传达信息的有效途径；例如，根据街道地图显示不同河段可能的洪水淹没范围，并在网页上显示当前区域内所有洪水预警位置。在一些国家，还提供支持下载各种标准空间数据格式的电子地图，用户可以很方便地导入自己的系统。

另一个需要考虑的因素是如何在组织之间交换预警信息。为了提供标准化方法，国际电信联盟和其他机构起草了一份用于自然和技术灾害的紧急信息通信协议，称为"通用警报协议"（http：//www.oasis-open.org/）。使用标准化 XML 消息格式，内容包括发送者的信息、消息的有效期、危险性的描述、指导需采取的措施以及地理坐标或多边形边界。该协议还允许将数字图像和音频消息包含在以下三个关键项目的预警信息中：

- 紧急（立即、预期、未来、过去或未知的行动响应时间）。
- 严重程度（极端、严重、中度、轻微或未知的生命或财产威胁）。
- 确定性（非常可能，很可能，有可能，不太可能或未知的发生概率）。

目前，许多国家将这种方法用作主要警报协议，或与现有的国家和其他系统一起使用。还为预警机构配置了一个登记簿，以便使私营部门预报员和网络地图提供者等信息收集者确信这些信息来自官方来源。

对于突发性洪水预警，一个特别重要的方面是"确定性"，因为和其他洪水应用一样，通常认为很有必要在发布预警信息时传达不确定性（World

Meteorological Organisation, 2009; Australian Government, 2009; Martini and de Roo, 2007)。在最简单的层面上, 有时只提供描述性信息; 例如, 选择使用"也许""大概"和"可能"等词语, 前提是信息中包含有关采取行动的建议 (Australian Government, 2009)。此外, 在全灾害预警系统的情况下, 联合国/国际减灾战略 (UN/ISDR, 2006) 建议使用诸如"如果现在的情况持续……"或"有 80％的可能……"这样的短语。

下一步是包括诸如"洪水发生概率超过 60％"这样的定量信息, 或提供洪水集合预报模型的原始输出。例如, 已经有若干国家水文部门在运行洪水集合预报系统 (如 Cloke and Pappenberger, 2009), 并且数量在持续增加。运行这些系统通常是为了在发布预警时更好地决策, 并进一步推动综合了概率和后果的基于风险的预警方法的研发。综合了概率和后果的预警方法在突发性洪水方面的潜力巨大, 将在第 12 章中进一步讨论信息通信和相关问题。

6. 4. 4 声调、光和屏障

由于突发性洪水可用于预警的时间很短, 通常使用自动或通过远程遥测链路激活警报器、铃铛和闪烁灯等技术。这些警报装置通常位于风险区域的入口位置, 或者对于警报器来说, 一般分布于社区网络中。一些国家还使用标准音频或声调警报来指示紧急情况的类型, 通过无线电、电视、警报器和其他方式进行传播。

但正如表 6.5 所列, 这些方法的潜在缺点是接收者需要理解警报的含义。通常, 这既需要在建立预警系统时进行广泛的磋商, 也需要定期开展公众意识活动和培训活动。此类方法的有效性也因国家而异。例如, 警报器在美国长期用于龙卷风预警, 很少用于突发性洪水预警。相比之下, 欧洲对警报器的使用差别很大, 并且基于事后评估和社会反应调查的结果显示, 近年来某些地方在逐步取消警报器的使用。

然而, 在某些情况下, 可以很明显地从上下文或基于文本或语音的附加信息看出警报的含义。例如远程激活的交通灯、电子标志和自动屏障, 以及具有广播语音消息功能的警报器。使用这些方法的典型位置包括低洼积水的十字路口和通往峡谷的道路最低端 (见第 12 章)、滨江道路和停车场 (见第 10 章), 以及一些泥石流和溃坝预警系统 (见第 9 章和第 11 章)。总的来说, 其关键目标是阻止行人和道路使用者进入可能被淹的区域, 或警告他们尽快离开这些位置。

在某些情况下, 基于此类技术的全自动方法被用作故障安全备份或在预警信息无法顺利传递时的"最后手段"。例如，当超过临界水位时，可以使用电子开关来触发警报器。这至少提供了一些预警预见期，但如果设备无法正常运行或阈值不正确，则存在误报或漏报的风险。有时也会在没有其他选择的情况下（由于预见期过短）使用全自动化方法，如在某些溃坝预警系统中（见第 11 章）。此外，一些气象和水文服务现在允许用户通过网站注册，以便通过电子邮件、短信或合成语音信息自动发出警报；在某些情况下，还可以选择定义用于发布消息的河流水位阈值。这是针对某些快速响应流域正在试验的另一种可能的预警方法（如在英国），但是这种自动警报通常仅提供信息的服务，不包括采取行动的建议。

6.5　决策支持系统

6.5.1　常规方法

随着暴雨的持续发展，或向着某个地区前进，这可能表明大范围内爆发突发性洪水的风险在增加。

对于洪水预警服务，响应通常包括监测和预报许多地点的状况，同时处理其他活动，如与应急响应组织和媒体的联络，以及发布早期预警。个别情况也需要特别注意，例如是否需要疏散住宅区，以及医院和疗养院中弱势群体面临的风险。MacFarlane（2005）提到，紧急情况下制定决策的特征包括"不确定性、复杂性、时间紧迫、动态事件本身的不可预测性、信息和沟通问题（过量、缺乏或模糊）以及参与者的巨大压力和潜在的人身危险"。第12 章会更详细地介绍这些不确定性的来源。

为了解决这一复杂问题，一些洪水预警服务部门已经开发出决策支持系统，以减轻值班人员的负担，并有助于在洪水事件期间做出更好的决策。这些系统的规模不一，从仅供洪水预警服务的小型洪水事故管理系统到将洪水风险作为全灾害处理方法一部分的大规模机构间系统。通常，使用二维或三维地图界面来增强对风险的空间认识，并提供多种访问系统的方式（如笔记本电脑和智能手机）以满足不同用户的需求。除了背景地图（街道、河流、地形等）之外，地图界面通常还包括洪水预警或疏散区域、当前和预测情况、弱势群体、应急响应资产及其他关键信息。关于洪水灾害（Flikweert et al.，2007；Lumbroso et al.，2009）以及全灾害系统（MacFarlane，2005；Van Oosterom，2005）的具体要求已有多项研究，表 6.6 总结了此类研究的一些典型发现。

表 6.6　　　　决策支持系统在洪水预警领域的一些潜在应用

项目	描　述
关键基础设施/弱势群体	决策支持系统可以协助制定预警并保护关键地区和易受灾地点（如污水处理厂、发电站、警察、消防和救护站、医院、监狱和养老院）的决策，在某些情况下还考虑潜在的后果风险，如饮用水污染和停电对污水处理厂和通信的影响
应急设备配置	决策支持系统可以协助对泵、挖掘机、沙袋、车辆、船只和直升机等资产进行实时跟踪及部署，并在某些情况下使用 GPS 设备
疏散计划	决策支持系统可以协助确定最安全且最快的疏散路线，并考虑到当前避难所占用情况、洪水和交通状况（包括实时交通流量监测）、应急服务的快速通道以及驾驶员行为模式
防汛物资管理	决策支持系统可以显示最新上报的防洪（堤防）系统、防洪闸门及其他防汛物资的情况，并就其运行和应急修理需求提出建议
洪水影响	接近实时的包含洪水淹没范围、水深和流速信息的洪水风险图以及基于洪水预报模型结果的洪水影响分析；或者采取与当前或预测水位相联系的一系列提前制定好的洪水图
搜寻与救援	决策支持系统基于风险的技术，有助于识别和确定优先救援的人、牲畜和家禽，同时考虑可能获得的应急设备接近实时的信息
情况报告	动态更新报告及其他文件，如防洪应急预案、事件日志和时间表，可由所有关键响应者访问并可在移动设备和网站上查看并打印副本，还包括自动记录系统操作以维护审计跟踪从而协助事后分析

　　与所有注重安全的软件一样，需要采用结构化的方法开发系统，在每个关键阶段进行大量测试，并在设计内增加恢复能力以应对电源、遥测和其他故障。还需要将系统整合到业务程序中，并提供适当的参考资料、员工培训以及支持和维护。然而值得注意的是，在大多数系统中，值班人员仍然要根据经验及其对所提供信息的判断和信心来做出最终决定。

　　另一个关键的考虑因素是，系统主要作为共享预先集成信息（如风险图）的工具，或在事件期间依赖于动态生成或模拟的信息（如实时风险图）的程度。在第一种情况下，有时间事先审核信息，但特定事件的因素有时意味着这不如实时版本提供的那样可靠。而在第二种情况下，更多地依赖于实时观测和模型输出，但存在在可用时间内不会发现重大错误的风险；此外，运行模型所需的时间也可能成为系统的一个限制。

一个相关的问题是系统提供采取行动的建议到什么程度。迄今为止，大多数业务系统主要用于查看信息，但在某些情况下，特别是对于疏散计划，已经开发了优化算法（见下文）。可用的技术类型包括人工智能、模糊逻辑和模拟等方法。

6.5.2 应用实例

虽然决策支持系统的使用是一个正在发展中的领域，但在洪水事件管理方面已经有一些实际应用，特别是在荷兰和德国（Langkamp et al.，2005；Flikweert et al.，2007）以及瑞士和美国的部分地区。

例如，瑞士的 IFKIS‐HYDRO 系统是专门针对突发性洪水和泥石流事件而开发的，重点面向中小型高山流域，通常面积在 $1000km^2$ 左右（Romang et al.，2011）。这构成了全国性网络自然灾害公共信息平台的一部分，该平台可供民防当局和其他政府组织机构使用（Heil et al.，2010）。突发性洪水模块建立在一种长期管理雪崩灾害的方法上，并展示了定量预报和通过观察员报告的更具描述性和非结构化的观测信息。

观察员反馈的一些典型实例可能包括道路淹水、桥梁垃圾堆积、特定位置或房屋的水位，或形成的沉积障碍物。还提供了过去事件和近期现场检查的信息，如不稳定的斜坡以及碎屑和木材的堆积。这种方法有助于极大地提高突发性洪水灾害期间的态势感知能力，尤其是在可用的遥测信息很少或几乎没有遥测信息的小流域。此外，还可生成显示关键基础设施、运输路线、房屋和其他风险点的干预方案。

决策支持系统也已投入使用多年，以帮助应对飓风以及洪水灾害。例如，在美国，Hurrevac 系统（http：//www.hurrevac.com）和交通疏散信息系统都曾协助过应急计划和应急响应（如 Wolshon et al.，2005）。许多实时洪水预报系统也提供决策支持的功能；例如，通过执行"假设"情景分析并报告超过洪水预警阈值的情况（见第5章）。

在第8章（水库防洪调度）、第10章（城市排水控制系统）和第11章（溃坝紧急情况）中进一步概述了一些相关的实例。第12章还讨论了集合和概率预报在决策支持系统中的一些潜在应用。通常来讲，社交信息和众包技术有可能为这类系统的输入提供额外的"现场"信息。

类似系统越来越多应用于气象领域，并且未来可能在帮助预报员提供极端事件预警方面发挥更大作用。例如，第4章中芬兰的一个暴雨预警决策支持系统，通过与国家近实时数据库中记录的紧急事件进行空间比较，来辅助基于对象的暴雨识别（Halmevaara et al.，2010）。

6.6 总结

- 由于突发性洪水事件发展迅速，通常很少有时间进行讨论或找到关键信息。因此，应尽可能将采取的行动程序化，并事先与参与预警和响应过程的所有团体进行讨论和商定。尤其是要对发布预警的阈值和其他决策标准进行商定。

- 如果计划到位，洪水期间可以收集有关洪水的规模、范围和影响等非常有用的信息。这对于事后报告以及评估洪水风险并确定监测、预报、预警系统和程序的改进领域都很有用。

- 洪水预警通常分为直接预警、社区预警和间接预警。近年来，由于电信、计算机系统和其他因素的改进，可用于发布预警的技术急剧增加。如使用网站、社交媒体、智能手机应用程序和多媒体传播系统发布预警。现在的优势在于能够比过去更直接、更快地向更多人发送有针对性的预警。

- 通常应使用一系列方法传播预警。对于突发性洪水，需要考虑的一些因素包括：可听性、可达性、传播时间、误报、洪水风险、媒体广播、恢复能力、信号接收、时间和季节、流动人群和弱势群体。在可能的情况下，任何现有的非正式或土著方法都应纳入预警程序。

- 通常采用分阶段的方法发布突发性洪水预警，从初始警戒（watch）或警告（alert）开始，然后发布预警（warning）。在与主要涉及的组织和社区成员讨论后，需要仔细考虑所使用的信息、代码和图标，并且通常遵循国际最佳实践在国家层面上进行标准化。洪水预警也越来越多地提供不确定性说明。

- 预警不一定有效的原因有很多，而且往往与预警接收者的不同要求以及一系列社会和文化因素有关。有助于提高成功率的一些措施包括与社区成员和其他团体进行广泛磋商、开展公共教育活动以及对以往洪水事件中出现的问题进行社会调查。特别是，使用预定义的消息模板有助于确保发布预警的一致性并加快预警的传播过程。

- 地图决策支持系统越来越多地用于在洪水期间向洪水预警、民防和应急响应人员提供信息。这有助于提高态势感知能力，在某些情况下还包括预报模型输出、观察员的事故报告和动态更新的防洪应急预案。系统需要对

通信和其他故障具有恢复能力，并紧密地整合到业务程序中。系统的另一种
应用是提供行动建议，但迄今为止仍很少使用这种类型的实时优化算法。

参 考 文 献

Andryszewski A，Evans K，Haggett C，Mitchell B，Whitfield D，Harrison T
（2005）Levels of service approach to flood forecasting and warning. ACTIF
international conference on innovation advances and implementation of flood
forecasting technology，17 – 19 October 2005，Tromsø，Norway. http：//www.
actif – ec. net/conference 2005/proceedings/index. html

Ashley ST，Ashley WS（2008）Flood fatalities in the United States. J Appl Meteorol
Climatol 47：805 – 818

Australian Government（2009）Manual 21 – flood warning. Australian emergency manuals
series. Attorney General's Department，Canberra. http：//www. em. gov. au/

Betts R（2003）The missing links in community warning systems：findings from two
Victorian community warning system projects. Aust J Emerg Manag 18（3）：37 – 45

Bye P，Horner M（1998）Easter 1998 floods. Volume I：findings sections. The
Independent Review Team to the Board of the Environment Agency，Bristol

Cloke HL，Pappenberger F（2009）Ensemble flood forecasting：a review. J Hydrol
375（3 – 4）：613 – 626

Coleman TA，Knupp KR，Spann J，Elliott JB，Peters BE（2011）The history（and
future）of tornado warning dissemination in the United States. Bull Am Meteorol Soc
92：567 – 582

Drabek TE（2000）The social factors that constrain human responses to flood
warnings. In：Parker DJ（ed）Floods. Routledge，London

Elliot JF，Stewart BJ（2000）Early warning for flood hazards. In：Parker DJ（ed）
Floods. Routledge，London

Environment Agency（2010）Flood Warning Service Improvements Project：
introducing our new public flood warning codes. Briefing note，Environment
Agency，London

FEMA（2006）National Flood Insurance Program Community Rating System CRS
credit for flood warning programs 2006. Federal Emergency Management Agency，
Department of Homeland Security，Washington，DC. http：//www. fema. gov/

Flikweert JJ，Coremans C，de Gooijer K，Wentholt L（2007）Automation of flood
contingency plans：benefits and implementation experiences. In：Begum S et al
（eds）Flood risk management in Europe. Springer，Dordrecht

Gourley JJ, Erlingis JM, Smith TM, Ortega KL, Hong Y (2010) Remote collection and analysis of witness reports on flash floods. J Hydrol 394: 53 – 62

Gunasekera D, Plummer N, Banister T, Anderson – Berry L (2004) Natural disaster mitigation roleand value of warnings. Outlook 2004 disaster management workshop session, Canberra, Australia, 2 – 3 March 2004

Halmevaara K, Rossi P, Mäkelä A, Koistinen J, Hasu V (2010) Supplementing convective objectswith national emergency report data. ERAD 2010 – The sixth European conference on radar inmeteorology and hydrology, Sibiu, 6 – 10 September 2010

Handmer J (2002) Flood warning reviews in North America and Europe: statements and silence. Aust J Emerg Manag 17 (3): 17 – 24

Hayden MH, Drobot S, Radil S, Benight C, Gruntfest EC, Barnes LR (2007) Information sources for flash flood warnings in Denver, CO and Austin, TX. Environ Hazards 7: 211 – 219

Heil B, Petzold I, Romang H, Hess J (2010) The common information platform for natural hazards in Switzerland. Nat Hazards. doi: 10. 1007/s11069 – 010 – 9606 – 6

Henson R (2001) U. S. flash flood warning dissemination via radio and television. In: Gruntfest E, Handmer J (eds) Coping with flash floods. Kluwer, Dordrecht

Holland G (Ed.) (2012) Global Guide to Tropical Cyclone Forecasting. Bureau of Meteorology Research Centre (Australia) WMO/TD – No. 560, Report No. TCP – 31, World Meteorological Organisation, Geneva

Jonkman SN, Kelman I (2005) An analysis of the causes and circumstances of flood disasterdeaths. Disasters 29 (1): 75 – 97

Keys C (1997) The Total Flood Warning System – concept and practice. In: Handmer JW (ed) Flood warning: issues and practice in total system design. Flood Hazards Research Centre, Middlesex University, Enfield

Langkamp EJ, Wentholt LR, Pengel BE, Gooijer C de, Flikweert JJ (2005) NOAH, the right information at the right time at the right place. In Floods, from Defence to Management, Taylor & Francis Group, London

League CE, Díaz W, Philips B, Bass EJ, Kloesel K, Gruntfest E, Gessner A (2010) Emergency manager decision-making and tornado warning communication. Meteorol Appl 17 (2): 163 – 172

Lumbroso DM, Mens MJP, van der Vat MP (2009) A framework for Decision Support Systems for flood event management-application to the Thames and the Schelde Estuaries. In: Samuels P et al (eds) Flood risk management: research and practice. Taylor & Francis, London

MacFarlane R（2005）A guide to GIS applications in integrated emergency management. Emergency Planning College, Cabinet Office, Easingwold

Martini F, De Roo A（eds）（2007）EXCIFF guide: good practice for delivering flood related information to the general public. European Commission/Joint Research Centre report EUR22760EN

Mileti DS（1995）Factors related to flood warning response. U. S. – Italy research workshop on the hydrometeorology, impacts, and management of extreme floods, Perugia, November 1995

Munro R（2010）Crowdsourced translation for emergency response in Haiti: the global collaboration of local knowledge. AMTA 2010 workshop on collaborative and crowdsourced translation, Denver, 31 October 2010

NOAA（2010）Flash flood early warning system reference guide. University Corporation for Atmospheric Research, Denver. http://www. meted. ucar. edu

Ortega KL, Smith TM, Manross KL, Scharfenberg KA, Witt A, Kolodziej AG, Gourley JJ（2009）The Severe Hazards Analysis and Verifi cation Experiment. Bull Am Meteorol Soc 90（10）: 1519 – 1530

Parker DJ（2003）Designing flood forecasting, warning and response systems from a societal perspective. In: Proceedings of the international conference on Alpine meteorology and Meso – Alpine programme, Brig, Switzerland, 21 May 2003

Parker DJ, Priest SJ, Tapsell SM（2009）Understanding and enhancing the public's behavioural response to flood warning information. Meteorol Appl 16: 103 – 114

Pfister N（2002）Community response to flood warnings: the case of an evacuation from Grafton, March 2001. Australian Journal of Emergency Management 17（2）, 19 – 29

Rogers GO, Sorenson JH（1991）Diffusion of emergency warning: comparing empirical and simulation results. In: Zervos C（ed）Risk analysis. Plenum Press, New York

Romang H, Zappa M, Hilker N, Gerber M, Dufour F, Frede V, Bérod D, Oplatka M, Hegg C, Rhyner J（2011）IFKIS – Hydro: an early warning and information system for floods and debris flows. Nat Hazards 56（2）: 509 – 527

Sene K（2010）Hydrometeorology: forecasting and applications. Springer, Dordrecht

Sorensen JH（2000）Hazard warning systems: review of 20 years of progress. Nat Hazards Rev1（2）: 119 – 125

Sponberg K（2006）RANET dissemination and communication of environmental information forrural and remote community development. WMO international workshop on flash flood forecasting, 13 – 17 March 2006, San Jose. http://

www. nws. noaa. gov/iao/iao _ FFW. php

Sprague MA （2010） Flood detection and warning Chemung River basin. Eastern Region flash flood conference, Wilkes - Barre, 3 June 2010. http：//www. erh. noaa. gov/bgm/research/ERFFW/

Twigger - Ross CL, Fernandez - Bilbao A, Walker GP, Deeming H, Kasheri E, Watson N, Tapsell S （2009） Flood warning in the UK：shifting the focus. In：Samuels P et al （eds） Flood risk management：research and practice. Taylor & Francis, London

UN/ISDR （2006） Guidelines for reducing flood losses. International Strategy for Disaster Reduction, United Nations, Geneva http：//www. unisdr. org

USACE （1996） Hydrologic Aspects of Flood Warning Preparedness Programs. Report ETL 1110 - 2 - 540, U. S. Army Corps of Engineers, Washington DC

Van Oosterom P, Zlatanova S, Fendel EM （eds） （2005） Geo - information for disaster management. Springer, Berlin

Wolshon B, Urbina E, Wilmot C, Levitan M （2005） Review of policies and practices for hurricane evacuation. I：transportation planning, preparedness, and response. Nat Hazards Rev 6 （3）：129 - 142

World Bank （2011） Queensland recovery and reconstruction in the aftermath of the 2010/2011 flood events and cyclone Yasi. World Bank and Queensland Reconstruction Authority, Washington/City East

World Meteorological Organisation （2005） Guidelines on integrating severe weather warnings into disaster risk management. WMO/TD - No. 1292, Geneva

World Meteorological Organisation （2008） General guidelines for setting - up a community - basedflood forecasting and warning system （CBFFWS）. Hernando HT （ed）, WMO/TD - No. 1472, Geneva

World Meteorological Organisation （2009） Guide to hydrological practices. Volume Ⅱ management of water resources and application of hydrological practices. WMO - No. 168, 6th edn. , Geneva

World Meteorological Organisation （2010） Guidelines on early warning systems and application of nowcasting and warning operations. WMO/TD - No. 1559, Geneva

World Meteorological Organisation （2011） Manual on flood forecasting and warning. WMO - No. 1072, Geneva

第 7 章

防 洪 准 备

摘　要：大量研究表明，洪水预警系统的有效性可以通过积极的社区参与、不断更新的防洪应急预案以及定期开展的评估和训练演习来提高。这些活动都属于本章防洪准备的内容。对于突发洪水，编制预案尤为重要，因为通常在一场洪水来临时，只有很少的时间可供发布预警。本章讨论了这个领域的若干主题，包括用于评估洪水风险、监测预警系统性能以及确定优先改善领域的技术。

关键词：洪水风险评价、防洪应急预案、事后评估、性能监测、应急响应演习、改进计划、洪水预警经济学

7.1　概述

发生突发洪水时，洪水预警可以有效降低其对生命和财产的风险。例如，在收到预警信息时可以采取一些措施，包括转移财产、车辆和贵重物品到更安全的地方，以及封锁存在洪水风险的道路。如果突发洪水严重威胁生命安全，有时会发布自愿或强制性的疏散命令。充分的预警可以降低洪水的影响程度，例如，通过预警可以提高临时防洪能力、清障河道、降低水库水位，以及调度防洪闸和防洪屏障等。对于小范围内的洪水防御，可广泛采用沙袋、防洪板和其他措施来保护个人财产。

通常情况下，许多不同的机构都参与了这种防洪响应。因此，为了使预警系统有效，需要明确定义不同机构的角色和责任，并且不断更新防洪应急预案。系统的性能也需要进行监测和定期评估，尤其是在发生重大洪水事件

之后。当系统需要改进时，任何重大投资往往都需要使用成本效益、多准则或相关技术来证明其合理性。

综上所述，这些不同的活动都属于本章"防洪准备"的内容，正如第1章中所讨论的，防洪准备是一个完整的洪水预警系统的关键组成部分。例如，在美国，作为国家事故管理系统的一部分，防洪准备被认为是一个涵盖了计划、组织、训练、装备、演习、评估和采取纠正措施的连续循环过程（http：//www.fema.gov/）。同样，UN/ISDR（2006a）指出，对于早期预警系统而言，一般需要考虑四个关键因素：

- 风险知识——是否熟知潜在的危险和薄弱点？这些要素的模式和趋势是什么？风险地图和数据是否广泛可用？
- 监测和预警服务——监测的参数正确吗？预测有健全的科学依据吗？能否生成准确和及时的警告？
- 传播与沟通——警告是否能到达所有面临风险的人？风险和警告易被大众理解吗？警告信息是否清晰实用？
- 响应能力——应急预案是最新并经过测试的吗？是否因地制宜利用了当地的能力和知识？人们是否准备好应对警告并做出相应的回应？

对于突发洪水这样的突发灾害事件，响应能力尤为重要，正如第1章中所讨论的广泛倡导以社区为基础或以人为本的方针。然而，这需要各方积极合作，例如，NOAA/NWS（2010）指出，当地的、基于社区的洪水预警系统"……除了一次性安装成本之外，还需要后续持续不断的支持。最成功的案例包含积极主动、精力充沛的工作人员，强大的长期运营资金，并与当地的NWS（国家气象局）预报办公室保持良好关系。"同样，关于社区参与，澳大利亚国家指南（Australian Government，2009a）指出，开发和维护系统的关键在于：

- 必须通过确保社区参与系统设计和开发来认识并满足洪水易发社区的预警需求；
- 必须包括所有相关组织机构，并与洪泛区和应急管理安排相结合；
- 必须能够同时处理"常规"和极端洪水事件；
- 系统中涉及的每个机构必须接受它并与其他机构合作以改善其运行。

为了实现这些目标，有些国家已经通过建立服务水平协议和引入性能目标正式确定了所提供的预警服务的性质，例如，提供系统涵盖的人数和最短的预警预见期（在技术上可行的话）。

　　本章对这些主题进行了介绍，涉及的领域包括防洪应急预案、事后评估、性能监测、应急响应演习及制定改进计划，还讨论了洪水风险评估中常用的方法，同时在第 8～第 11 章中描述了针对不同类型突发洪水的具体技术。有关这些主题的详细信息参见表 7.1 及其他有关早期预警系统开发的指南和手册。其他国家和国际的相关实例被引用在了后面针对特定类型突发洪水的章节中。

表 7.1　　　　　　　　　　国家和国际指南中关于预警系统的实例

主题	地区	参　考　文　献
河流	美国	US Army Corps of Engineers（USACE，1996） Federal Emergency Management Agency（FEMA，2006） NOAA/National Weather Service（NOAA/NWS，2010）
	澳大利亚	Australian Government（2009a，b）
	国际	World Meteorological Organisation（2008，2011） National Oceanic and Atmospheric Administration（NOAA，2010） WMO/GWP Associated Programme on Flood Management（APFM，2007，2011a，2012）
泥石流	国际	WMO/GWP Associated Programme on Flood Management（APFM，2011b）
城市内涝	国际	United Nations Educational，Scientific and Cultural Organisation（UNESCO，2001） WMO/GWP Associated Programme on Flood Management（APFM，2008）
溃坝	美国	Federal Emergency Management Agency（FEMA，2004）
	澳大利亚	Australian Government（2009c）
恶劣天气预警	国际	World Meteorological Organisation（2010）
所有灾害	英国	Cabinet Office（2012）

7.2 洪水风险评估

7.2.1 常规方法

与洪水风险管理的其他方面一样，对于突发洪水预警系统而言，在计划阶段的关键任务是了解和量化对生命和财产的风险，这样就可以针对最危险的群体和地点采取行动。表 7.2 总结了用于此类评估的一些主要信息来源类型，而关于该主题的一些通用指导方针包括日本（MLIT，2005）和欧洲（EXCIMAP，2007；Meyer et al.，2011）发布的实例。

表 7.2　　　　　用于洪水风险评估研究的主要信息来源类型

来源类型	描　　　述
口述证据	通过与居民、当地政府和其他在一个地区长期遭遇洪水问题的人进行面谈获得的信息
实地调查	通过实地考察评估潜在的洪水发生机理和风险区域，以及通过地形或河流渠道调查支持洪水模拟研究
洪水模拟	基于历史观测的流量和其他变量的统计、水文学和水动力学模拟研究
地貌研究	来自冲积物的地面调查、航拍和卫星影像的证据，包括古洪水证据
历史证据	从报纸和照片档案、网站、国家洪水年表、研究论文和其他来源收集的信息，如城镇和城市中的纪念洪水标记
事后调查	重大洪水事件发生后对洪水范围和损失进行系统调查，包括沿河岸的垃圾和碎屑等"见证"标记以及建筑物上达到的洪水水位
遥感	在以前的洪水事件期间捕获的反应洪水淹没范围的卫星影像和（或）航拍照片，包括媒体录像（如果有的话）和基于卫星的土壤含水量估计
公路和铁路洪水研究	早期关于公路和铁路的洪水相关分析和风险评估，如来自涵洞和桥梁设计的研究

结合专家判断，这些方法有助于全面评估洪水成因和风险。每种方法的使用范围通常取决于资金预算、风险水平和可用信息。也越来越多地通过使用敏感性研究或基于大气环流模式（GCM）的降尺度情景来开展对潜在气候变化影响的评估。

正如预期的那样，任何单一的方法都无法提供所有的信息。例如，卫星影像通常可以很好地描述洪水淹没范围，但这些影像可能并不是在洪水的洪峰时段所采集的，或者只对某些洪水才有足够高的分辨率。相比之下，对于航拍调查，虽然分辨率较高，但却只能在天气情况改善时才能飞越研究区。对于地貌研究，虽然可以显示过去极端事件的证据，但由于土地利用和河道变化以及堤坝和水库等近期的工程建设等原因，使这些结论可能不再与目前的流域状况相符。

与上述信息类型相比较，事后和实地调查通常提供更多的最新信息，但是，受条件限制，一般只允许调查有限数量的地区，并偏向于受影响最严重（或具有新闻价值）的地区。在考虑口述证据时，当事人内在的主观性更是一个影响因素，例如，受洪水影响的人有时区分不了河流洪水和地表洪水，而某个地区新来的人可能对过去发生的较大洪水事件知之甚少。相比之下，过去几十年的报纸或其他记载常常表明实际发生的洪水风险远远高于仅凭近期经验预估的洪水风险，尽管流域状况自那时起可能已经发生了变化。

尽管洪水模拟技术本身还存在一些局限性，尤其在公路和铁路研究中更常用经验性的方法，但是洪水模拟技术已经被许多国家越来越广泛地使用。洪水模拟技术的一个关键优势是能够提供与洪水发生的概率和后果相关的风险量化评估。当然，其他方法在率定和验证模型以及进行初期洪水风险评估方面仍然具有宝贵的作用。通常，另一个重要步骤是与当地专家、社区成员和对结果感兴趣的其他人对分析得到的输出结果进行讨论和评价。

洪水模拟所使用的建模技术取决于突发洪水的类型，第8～第11章讨论了用于模拟河流洪水、冰塞、泥石流、地表洪水、溃坝、决堤和冰湖溃决洪水的方法。结果通常以洪水风险图形式展示，由高分辨率数字地形模型支持的地理信息系统（GIS）广泛应用于这些类型洪水的分析中。有时也会编制混合型洪水风险图，例如考虑城市地区的河流和地表洪水共同导致的风险。在一些国家，生成的洪水地图作为国家洪水风险图计划的一部分在网站上发布，当增加了新地区的洪水地图或者原有范围内的洪水地图改进时，需进行更新，例如在英格兰和威尔士，更新周期为每3个月一次（http：//www.environment-agency.gov.uk/）。

7.2.2   洪水影响

洪水风险通常被定义为洪水发生概率和后果的函数，其中后果是以洪水淹没的财产数量或造成的经济损失等影响来表示的。

如前一节所述，特定概率下洪水的危害估计通常是从洪水模拟研究中获得，或者在不可能进行洪水模拟的情况下，通过分配诸如"高""中"或"低"等指标值来衡量。人们越来越倾向于从暴露度和脆弱性这两个量上考虑洪水后果，在这里，暴露度是衡量洪水发生时物理风险的一个指标，而脆弱性则表示从社会、经济和环境方面对社会中个体群的影响。在发生突发洪水事件时，可能增加群体或个人脆弱性的一些因素包括：

- 有风险的建筑物，特别是单层建筑、移动房屋和临时或半永久性建筑；
- 有风险的地下场所，如停车场、地下通道和地下室；
- 车辆中的人员试图驾驶通过洪水或遭遇意外洪水（例如在夜间）。

然而，社会经济地位往往也是一个因素，尽管所考虑的群体或个人在不同国家之间差异很大。例如，在澳大利亚一些群体可能被认为特别容易受到洪水危害，包括老人、穷人、单亲家庭、大家庭或有小孩的家庭、没有机动车辆的人、新移民、文化和语言多元化社区的成员、患病或体弱的人，以及那些家被洪水隔离的人（Australian Government，2009b）。

当然，洪水的影响很大程度上取决于每个人或家庭的状况。例如，对于特定的洪水深度和范围，出不了门的老年人通常比健康的同龄人（可以轻松步行至安全地方的人）更容易受到伤害。事实上，对于突发洪水而言，需要特别考虑可能的洪水历时和流速。在某些情况下，除了估算洪水深度外，还将洪水历时和流速作为洪水模型的输出结果。例如，高速水流通常会增加车辆、行人和诸如移动房屋和大篷车之类建筑物的风险。有时也会考虑碎片残骸带来的风险，但通常是以定性的方式，例如指出桥梁和其他结构物堵塞的潜在风险。

在某些情况下，通过一组单因子的相加或相乘可计算考虑各风险指标的风险总和，通常结果以风险图的形式呈现，并覆盖重点关注的关键区域，如房屋、社区设施和关键基础设施（如 Meyer et al.，2009）。如后面所讨论的那样，这种类型的风险图在应急预案、优先投资和其他一系列应用中都很有用。

在洪水预警应用中，另一个考虑因素是关键基础设施所面临的风险程度。例如，ASFPM（2011）建议关键设施有以下几类：

- **政府设施**：对于提供关键服务和危机管理至关重要，包括数据和通信中心、重要政府综合设施等。
- **基础设施**：对全体人民的健康和福利至关重要的设施，包括医院和其他医疗设施、养老院、警察和消防部门、紧急行动中心、监狱、避难所和学校等。
- **运输系统**：这些系统及配套基础设施（包括机场、高速公路、铁路和水路）对重大灾害期间（包括 500 年一遇及以下的洪水事件）人员和资源的转移至关重要。
- **生命线公用事业系统**：对公共健康和安全至关重要的系统，包括饮用水、污水、石油、天然气、电力和通信系统等。

• 高潜在损失设施：运营失败或中断可能对邻近社区造成重大的物理、社会、环境和（或）经济影响，包括核电厂、高危坝、城市防洪堤和军事设施等。

• 危险材料设施：涉及腐蚀剂、爆炸物、易燃材料、放射性物质、毒素等的生产、储存和（或）运输。

这几类关键基础设施的风险信息对于长远规划防洪措施以及编制防洪应急预案都十分有用。正如在第 7.4 节中所讨论的，除了这些关键基础设施场地本身的破坏外，还可能造成严重的后果和影响，如饮用水污染，电话、电网以及供水的暂时中断。

7.2.3 洪水预警和疏散图

对于洪水预警应用，一旦评估了洪水风险（无论以何种方式），通常需要额外的步骤将结果转化为实际有用的工具（如 Osti et al.，2009；Meyer et al.，2011），最好是与洪水预警过程中的重要伙伴开展合作，如应急响应人员、民防部门和社区代表。同样，基于地图的方法被广泛使用，表 7.3 说明了编制洪水预警和疏散图所需的几个典型步骤。图 7.1 也对比了用于评估洪水风险（战略规划）和应急管理的地图之间的差异。

表 7.3　　　　　洪水预警和疏散图编制中几个典型步骤的说明

项 目	所需步骤的示例
洪水预警区	调整和划分洪水风险边界，以显示要发布预警的区域以及每个区域处于风险中的财产和人员数量
有害物质	确定如果被淹将对工作人员和更广泛的社区造成危害的地点，例如化工厂、污水处理厂、制造厂和炼油厂
高风险地区	突出显示处于风险的关键基础设施、可能易受洪水或碎屑损坏的桥梁以及可能需要检查、运行或加固的防洪资产（如防洪堤和防洪闸）的位置
操作响应	用实际操作中有用的信息注释地图，例如预警传播技术、可能的洪水路径和深度、河流监测位置、洪水预警阈值水平、避难场所、集合点、疏散和逃生路线、主要联系电话、重要网站（天气、洪水预警和其他相关信息）以及设备、水、食品和药品（酌情）的来源/库存位置
弱势群体	突出显示脆弱群体的位置，如个体住户和学校、养老院、监狱、医院和孤立的农村住户

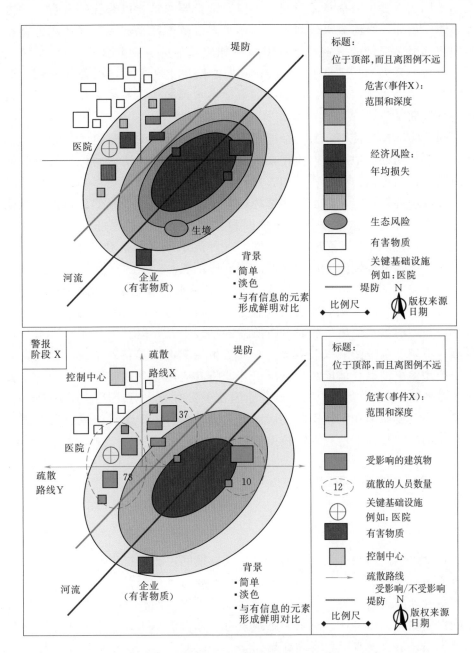

图 7.1　作为欧洲洪水风险图最佳实践研究的一部分而开发的理想化地图，
说明了战略地图（上图）和应急管理（下图）的不同要求
（改编自 Meyer et al.，2011）

不同用户提供的信息差异很大，但通常重要的是要以对社区有意义的方式显示，例如，将河流水位与可能的洪水淹没范围联系起来，并使用遵循社区边界和命名惯例的区域或子区域（例如城镇的区域和郊区）。在许多情况下，生成一系列对应于不同河流水位或洪水阶段的地图对预警很有用。此外，有时也会生成用于多媒体和其他自动洪水预警传播系统数据库，包含财产地址和联系方式（见第6章）。

对于实际操作使用，另一个考虑因素是使用纸质的还是电子的地图。例如，如果使用纸质地图，即使存在电力或电信故障，无法访问计算机或智能手机的人依然可以访问纸质地图。然而，数字地图提供了更多功能，包括平移、缩放和叠加功能，以及快速选择适合不同实测值或预报值的地图。互联网还极大地促进了洪水事件期间地图和其他有用信息的共享。例如，专栏1.1描述了由美国流域管理机构开发的一种洪水风险图查看应用程序，第6章讨论了洪水事件期间使用的实时决策支持系统。

除了使用地图外，下一步应该是使用实时水力模型动态估算淹没程度，然后将其叠加在应急响应所需的信息上。到目前为止，只有河流和地表洪水等部分类型的洪水使用了实时分析所需的预报工具，但实际上实时洪水预报模型也适用于潮汐影响以及主要支流大流量突然汇入等特殊情况。然而，只有当模型输出结果置信度高的情况下才能将其应用在上述特殊情况中。正如第8章和第10章中所讨论的，部分原因在于实时分析对计算能力要求更高，但另一个重要原因在于就实际使用而言，实时分析很少像离线建模研究那样有足够的时间来仔细检查和审核模型输出。

7.3　防洪应急预案

7.3.1　简介

在洪水事件期间，尤其是突发洪水暴发期间，通常很少有时间找到关键信息或做出预警决定，并且存在可能忽略重要行动的风险。因此，许多民防和应急管理部门通过编制防洪应急预案记录需采取的行动，并与其他团体合作确保明确角色和责任。防洪应急预案也可称作洪水事故计划、洪水应急计划、干预计划或洪水应急管理计划。

程序的使用也有助于为决策提供更加一致和客观的方法，特别是对于新员工和在紧急情况期间被指派去提供帮助的人员。编制预案所进行的讨论也有助于促进不同组织机构中的员工和关键社区成员之间的合作，而在洪水来临时这些人员联系通常具有重要作用。另一个有价值的作用是在关键员工离职或退休后，其他人取而代之的过程中保留"公司记忆"。

防洪应急预案通常在多个层面上编制，包括家庭和社区预案，还包括洪水预警人员使用的洪水预警程序（见第 6 章）。在某些情况下，这些是独立的文件；而在其他情况下，它们是多机构和（或）多灾害预案的一部分。通常有预案的组织包括地方政府、紧急救援人员（警察、消防、救护车等）、公共事业、企业、健康和福利组织，以及任何面临风险的关键基础设施的运营商。有时，在私营部门，防洪应急预案还是所谓的应急计划或业务连续性计划的一部分。

应急预案的详细程度需要根据情况调整，而在洪水事件发生前和发生期间可能需要采取的一些行动包括（USACE，1996）：

- 提供搜索、救援和疏散服务；
- 安排学校关闭和学生转移；
- 减少电力和燃气服务，以防止火灾和爆炸；
- 建立交通管制，以便疏散和防止人员无意中进入危险区域；
- 分散消防和救援服务以获得持续保护；
- 建立紧急医疗服务和避难所；
- 关闭堤防口门；
- 将公共和私人车辆以及设备从受洪水影响的区域转移；
- 重新安置或堆放私人建筑物中的物品；
- 启动抗洪工作；
- 建立安全措施以防止抢劫。

这些行动的一个共同特征通常是强调有关机构和社区的支持和认可。启动预案的标准也需要明确的声明，例如暴雨预警、突发洪水警告或来自工作人员和公众的洪水报告。此外，为了使预案保持最新和有效，经常强调需要开展持续评估，并且越来越多的组织机构将预案纳入其质量管理框架的范畴内。例如，评估或审查一个预案的标准可能包括是否充分涵盖以下主题（Australian Government，2009b）：权力、所有权、目标、范围、灵活性、规模、完整性、用户、机构的需求和责任、物理描述、危害分析、社区分析、生命线、启动、管理、审查、常规操作程序（SOPs）、文档管理。另一个例子，作为欧洲研究的一部分，定义了评估预案的 22 个指标，涉及目标、假设和目标受众、组织和责任、沟通、洪水灾害、受体（如人、建筑物、关键基础设施）的洪水风险以及疏散等一般领域（Lumbroso et al.，2012）。

其他一般原则是预案应具有足够的灵活性（或弹性），以应对事件发展变化，并提供明确的指挥链，特别是与公众和媒体的互动。互助安排包括发生大规模事件时的国家和国际援助以及发生设备、通信、电力供应和其他事故时的应急安排。例如，ASFPM（2011）建议以下问题可以帮助确定某个设施是否至关重要：

- 如果被淹，该设施是否会为灾难增加其他的风险（例如石油码头及有毒有害废物场所）？
- 根据可用的洪水预警时间，人们能否在不造成人员伤亡的情况下撤离设施/建筑物？
- 在极端洪水事件（如 500 年一遇洪水）期间，该设施是否可以运行？
- 重要的、不可替代的记录、公用设施和（或）紧急服务是否会丢失或无法运行？
- 如果政府提供的服务（如警察、消防、紧急服务）因洪水而中断，洪水灾害是否会导致更多的财产毁坏和生命损失？

正如上述问题所指出的，有必要考虑如果洪水事件比过去所经历的更极端，将会发生什么。此外，健康和安全问题往往是一个特别的考虑因素，因为洪水可能会带来医疗、火灾、触电以及溺水的风险。例如，常见污染物包括燃料、石油、污水、动物尸体和工业化学品，这些污染物在洪水发生后可能导致水源性疾病。

在某些情况下，如一个大城市或区域预警系统，预案是冗长的文件。然而，近年来，互联网和其他计算机工具的使用已经改变了它们的传递和共享方式。这有助于使预案不断更新，从而考虑到工作人员、洪水预警安排、组织结构、防洪措施、设备和其他因素的变化。另外，正如第 6 章中所讨论的，随着事件的发展，动态生成和更新预案的功能越来越多地被用作决策支持系统的一部分。但是，当洪水事件中发生电力、通信或其他故障时，通常仍需要像纸质副本这样的备份安排。

7.3.2　社区应急预案

社区应急预案是许多洪水预警系统的核心。同样，它的形式变化很大，细节程度通常取决于洪水风险的级别和所考虑系统的复杂性。

一些典型项目包括启动预案的标准（阈值）、每个群体的角色和责任、帮助弱势群体的安排、可能需要的抗洪行动以及健康和安全问题。在某些情况下，需要对个别主题进行相当详细的说明，例如关于使用沙袋保护或提高防洪工程（坝或堤），所需的一些任务包括（Flood Control District of Maricopa County，1997）：

- 通知指定的责任方
- 准备沙袋
- 将袋子运送到沙源
- 用沙子填满袋子
- 将袋子送到堤防

此外，几个需要解决的问题包括"谁执行这些单独任务？袋子存放在哪里，沙子在哪里？是否有随时待命的志愿者组织（例如业主协会、街区观察小组）来协助完成填沙袋这项劳动密集型任务？"

在许多情况下，需要根据收到预警和预计发生洪水的时间来考虑采取不同的行动，例如在正常工作时间或之外、在夏季或冬季、在白天或夜晚。一些预案还延伸到增强防洪准备所需的日常行动，例如储备物资、食品和药品，财产防洪，提高公众防洪意识和训练演习等。在社区运行其洪水预警系统的地方，通常为每个子系统提供了详细的操作说明（见第 6 章）。有时也包括更详细的内容，以解决诸如伤亡处理、重要服务的维护以及受控关闭或保护带有危险物质的场所等问题。

在一些国家，通过与保险相关的或其他激励措施，鼓励编制以社区为基础的预案。例如在美国，根据国家洪水保险计划，防洪准备是洪水易发地区的社区有资格享受保费折扣的标准之一。但需包含 5 个符合条件，分别是洪水威胁识别、紧急预警传播、其他应对措施（如定义预警阈值和制定防洪计划）、关键设施规划和做好"风暴准备（Storm Ready）"（FEMA，2006）。在这里，风暴准备计划专门用于帮助社区更好地应对风暴和其他自然灾害（如洪水）。认证包括编制应急预案、建立收集数据和传播警告的方法以及各种社区准备活动的要求。此外，还需要建立一个 24h 预警点，并且对于较大的社区，需要建立一个紧急行动中心（http：//www. stormready. noaa. gov）。

家庭应急预案通常是社区应急预案的另一个组成部分。通常以简短的传单或海报的形式在网站上发布，并就以下问题提供建议：

- 有关洪水风险的信息来源（例如洪水风险图、联系方式）；
- 洪水预警安排（例如预警代码、网站地址）；
- 疏散安排（例如安全路线、避难场所）；
- 疏散过程中需携带的物品（例如手电筒、急救箱、手机）；
- 采取措施减少洪水损害（例如将家具和电器提升到更高位置、使用沙袋）；

　　• 采取措施保护贵重物品和纪念品（例如在其他地方保存副本、拍摄关键物品的照片）。

　　有时也会为司机提供有关在突发洪水中驾驶风险的具体建议，这个主题将在第 12 章中进一步讨论。在欠发达地区和农村地区，建议通常包括保护牲畜、烹饪和农具，以及储存食物、燃料、水和饲料。

　　一般而言，预警系统运营商用以提高公众防洪意识的活动包括社区会议、洪灾展览和学校推广计划，如 7.6 节所述，应急响应演习在提高公众防洪意识中也发挥了重要作用。其他例子包括撰写关于洪水风险的报纸文章以及制作类似主题的广播和电视节目。在一些国家，还有通过传统戏剧来提高公众防洪意识，例如，在对日本泥石流灾害和山体滑坡灾害预警程序的回顾中（MLIT，2007），一位市政主管表示："我们希望整合与灾难相关的传统、生活故事、民间故事、过去灾难的记录、老人们所讲的故事等，并把他们传递给子孙后代"。一些组织还开发了网站，以视频、三维可视化、音频消息和其他方法提供建议；一个创新的例子是科罗拉多州的博尔德市，这是美国突发洪水风险最高的地区之一（http：//www. boulder floods. org/）。

7.3.3　疏散计划

　　在某些情况下，社区和其他应急预案中包含对疏散程序的讨论，这是一个需要考虑很多因素的复杂领域，值得特别关注。

　　对于突发洪水，由于可用时间有限，通常在不必要的疏散（误报）和来不及疏散所有人之间存在着困难的平衡。这需要了解各种时间限制和有必要做出的关键决策。例如，图 7.2 给出了疏散过程可划分的不同阶段的示意图。更普遍的是，需要权衡疏散风险和让人们留在原地的风险。例如"撤离时疏散人员可能面临的危险包括疏散路线遭遇洪水淹没、恶劣天气（包括强风、强降雨、冰雹和闪电）、残骸碎片和倒下的电线"（Australian Government，2009b）。此外，在转移弱势群体（如医院病人和疗养院居民）的过程中可能存在与健康相关的风险。

　　另一个需要考虑的问题是疏散是否应该出于自愿，是建议的还是强制性的，以及在后一种情况下应该如何执行？不同的国家常常采取不同的方法，强制疏散往往需要警方和民防人员的协助。然而，对于突发洪水事件，由于可用时间短，与河流洪水事件相比，协助大量人员转移可能更具挑战性。此外，通过打电话或敲门等私人方式通知人们的时间也更少了。尽管存在这些

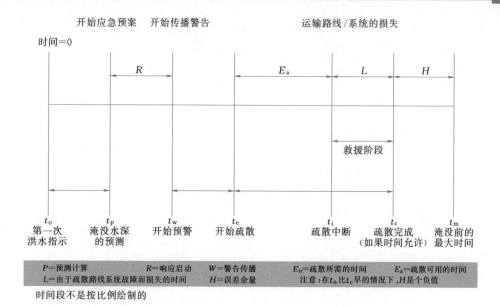

图 7.2　疏散时间表（Australian Government，2009b）
（经澳大利亚政府总检察长办公室许可后转载）

困难，但仍有很多在较短预见期内成功疏散的案例。

得益于对飓风和热带气旋预警响应的大量研究，有许多可用于协助制定疏散计划的工具和程序（Wolshon et al.，2005）。例如，在美国，疏散计划通常需要进行危害分析、脆弱性分析、疏散人员行为分析、避难分析和运输分析（如 USACE，1995）。疏散计划通常也是溃坝应急预案过程的关键部分（见第 11 章），在实时决策支持系统中也越来越多地包含疏散管理工具（见第 6 章）。

7.4　事后评估

在发生重大洪水事件后，许多组织都会编制事后评估报告。事后评估报告也称为服务评估、洪水后评价、评估报告和经验教训报告。值得注意的两个实例是在 2005 年卡特里娜飓风（US House of Representatives，2006）和 2004 年印度洋海啸（如 UN/ISDR，2006b）之后的评估报告。一些组织还会在洪水事件发生后的几天内定期公布初步调查结果。

一般而言，主要要求是评估洪水预警过程和应急响应在所有方面的表现，包括技术、组织、程序和社会问题，这有助于确定需要改进的领域，有时服务水平协议或某些独立调查会正式要求开展事后评估。正如防洪应急预案，事后评估报告的形式也千差万别，表7.4列举了几个通常包含的主题。

表7.4 突发洪水事后报告中包含的典型主题

主 题	描 述
资产性能	分析防洪工程（堤防）、防洪构筑物和其他防汛资产的性能，包括进行的任何紧急维修、性能问题和建议的补救措施
避免损害	分析通过发布洪水预警、防洪工程（堤防）和其他洪水风险缓解措施提供保护而避免的损害，无论是经济指标还是其他指标，例如免遭洪水的财产数量
洪灾损失	总结在洪水事件发生期间和之后的社会、经济和商业损失及中断情况，并更详细地说明导致的生命损失或对电力、燃气或供水和电信等关键基础设施造成影响情况
洪水预警效果	社区成员、紧急服务部门和其他人对收到的警告及其有用程度的反馈，包括提供的预见期、对消息的理解和采取的行动，以及第7.5节中所讨论的更正式的性能指标
水文气象分析	描述导致洪水事件的天气条件、降雨量及降雨分布、达到的洪水位和水文响应，并对事件的重现期或年超越概率进行估计
机构间协调	讨论各机构合作的情况，以及对程序、电信、设备等方面的改进建议，包括设备互操作性、与公众和媒体的互动、员工可用性和部署等方面的任何问题
监测预报	分析降雨和洪水预报系统的性能，包括预报的准确性和所提供的预见期，以及观测和遥测系统的性能，包括所进行的所有洪水数据收集活动（见专栏6.2），以及遥测故障或观测位置的洪水问题
响应和恢复	总结所采取的应急响应行动（疏散、救援、防洪等）和从洪水事件中恢复的情况（或计划）
时间线	通过文字描述和可能的图表来说明事件的顺序，包括洪水发生的时间，发布预警的时间，关键抗洪行动的时间、救援和其他重要项目的时间
阈值	评价用于发布预警的决策标准，并就未来可能的调整提出建议，以降低误报率或提高检测率和预见期

根据事件的规模和可用资源，通过详细的现场调查和与居民举行咨询会议为分析提供额外的信息，通常对事后评估是有用的。例如，可能提出的关于信息内容和传递的问题包括（Australian Government，2009a）：

- 目标受众是否及时收到预警？

- 他们是否了解预警信息？

- 他们的响应是否合适？如果不合适，为什么不合适？

- 这些问题的答案有哪些证据？

当然，事后评估需要非常小心谨慎，不能干扰救援和恢复工作，同时对受洪水影响的灾民的痛苦和可能的愤怒保持敏感。许多国家和国际机构对灾后如何立即收集信息以了解响应和恢复情况也有明确规定的流程，与事后报告相关的一些任务包括：

- 数据恢复——下载用于后续分析的观测和预报数据，如雨量计、水位计、闭路电视、卫星、气象雷达、数值天气预报模型以及临近预报输出和卫星影像（如尚未有系统存档应存档，以备日后使用）；

- 任务汇报——向社区志愿者、应急响应和参与防洪工作的其他主要工作人员询问执行任务的情况，记录他们观察到的情况、他们对救灾工作的评估和改善措施的建议；

- 影像证据——从媒体、公众、紧急服务（例如直升机）和其他渠道，以及从事件发生期间或发生后立即被派往现场的工作人员和分包商处收集视频和照片；

- 洪水范围——对洪峰时留下的垃圾痕迹和碎屑，以及工作人员和其他人放置的任何洪水标记开展调查，在某些情况下通过水力学模型（见第3章）估算关键位置的峰值流量；

- 社会研究——通过结构化访谈、会议和调查问卷，讨论社区、企业、基础设施运营商和其他人对洪水响应（包括洪水预警）的看法，并获取关键信息，例如提供的预警预见期、造成的损害，以及降雨和洪水事件的时间顺序。

在某些情况下，这些任务建立在专栏6.2所述的洪水数据收集活动的基础上，这些活动是在洪水发生时进行的，其中一些例子包括大流量测量并在高水位处放置临时洪水标记。

对于事后报告中的水文气象部分，现在可用的工具相对几年前能进行更详细的调查，例如，许多国家现在运行气象雷达网络、数值天气预报和临近预报模型。因此，可以在事件发生前和发生期间分析保存的结果，并且在需要的时候重复运行模型，例如模型在更高分辨率下有用或者使用事件发生时无法实时获得的观测数据。由此产生的估算结果有时作为降雨径流和水力学模型的输入，以评估径流动态过程并估算在没有合适监测仪器的地点（例如无资料地区）达到的洪峰流量。但是更传统的技术仍然可以发挥重要作用，比如收集手动操作的雨量器记录的降雨量以及利用公众和其他人的口述证据。诸如水桶和废弃容器中的水深等环境证据有时也有助于描绘降雨范围和严重程度。

如果气象和水文功能按不同组织划分，那么在重大事件发生后定期进行这类研究并达成协议是有用的。针对河道上的突发洪水（如 Gaume and Borga，2008）和泥石流（如 Hübl et al.，2002）等情况制定了推荐流程。事后评估的主要作用之一就是在下一次重大洪水事件之前用来改进程序性能。例如，表7.5 说明了事后报告中经常出现的一些技术和通信问题，并举例了建议的可供选择的长期解决方案，具体方法取决于相关机构所面临的具体问题。通常也有许多社会响应因素需要考虑，第 6 章和第 12 章将进一步讨论这个话题。

表 7.5 事后报告中经常出现的一些技术和通信问题以及
提出的长期解决方案（改编自 Sene，2008）

主题	问 题	可能的选项
访问路线	进入可能受洪水影响或交通压力影响的地点	在进入通道被切断前，预先部署关键人员、车辆和设备，确定防洪和救援行动的优先顺序
控制中心	通信、电力或访问问题，或场地本身受洪水影响。无法处理媒体和其他信息的请求	在远离洪水的区域建立备用位置，如果洪水风险显著，则进行永久性搬迁。提高员工水平，并开展培训
设备短缺	缺乏通信、抗洪、医疗和救援设备，无法获取有关可用资源的信息	制定区域库存和互助安排，在战略地点储存设备，使用实时决策支持系统
疏散	被洪水或交通压力堵塞的道路；燃料无法进入或供应不足；缺乏申请运输的信息或程序；疏散地区的记录保管不足	制定和测试疏散计划，可能辅以计算机场景模拟。探索使用船只、直升机、气垫船、两栖车辆等
洪水预警	关键的电信线路和集线器受到影响，敲门或传声筒的路线受阻，电视和无线电广播中断，网站、呼叫中心和电话系统超载，过时的联系人名单	使用直接或间接的多种传播途径，安装防汛关键设施，在应急响应演习期间对高呼救音量进行负载测试，保留简单的备份方法，如手持无线电（见第6章）
有害物质	洪水影响污水处理厂，并含有燃料、化学品、人类排泄物和其他毒素	为员工购买防护设备（干式抗浸服等），制定标准的去污程序，向公众、媒体和其他人提供有关风险的建议

续表

主题	问 题	可能的选项
机构间合作	系统被证明是不兼容的，不确定如何或何时升级响应或请求额外或外部援助（如军事、海岸警卫队），过于僵化或官僚的程序导致延迟，在现场手机、无线电等信号强度较差	调查其他机构使用系统的频率和覆盖范围，特别是无线电通信。建立升级响应的标准/触发器。精简决策流程，酌情下放权限。开发共享的决策支持工具
监测预报	关键仪器或遥测链路故障，预报不准，没有设备预报特定事件问题（例如溃坝），水动力模型运行无法完成或耗时太长而不能提供有用的结果	使用双路遥测链路和（或）备用电源，增加使用自愿观测人员，改进模型性能和功能，保留简单的预测模型作为备份，考虑在高风险位置使用备用仪器，将关键电气设备抬升到可能的峰值水位以上并增加记录范围
避难所	有些避难所被淹，或疏散人员、工作人员以及携带食物、水和衣物的车辆无法进入	选择远离洪水、即使在积水情况下也能很方便地进入的地方作为救援中心
员工福利	由于水传播疾病、危险物质、值班时间、受洪水影响的朋友和家人等出现的可能问题	检查培训、设备、值班名单、防护设备、支持和咨询安排等
公用事业	洪水中断电力、水和天然气供应，在某些情况下会对未受洪水直接影响的地区也造成影响	尽可能计划好备用的供应安排，以及瓶装水、服装等替代品

7.5　性能监测

洪水预警性能指标被广泛用于评估一个系统是否满足需求，并帮助识别随时间发生的变化（如 Handmer et al.，2001；Elliott et al.，2003；Andryszewski et al.，2005；Basher，2006；FEMA，2006）。在某些情况下，它们也被列为服务水平协议的目标（如 Andryszewski et al.，2005）和（或）用于制定长期洪水预警和预报的投资计划和战略（见专栏 7.2）。考虑到不同人对洪水预警服务的需求有不同看法，最好通过洪水预警过程中所有关键利益相关者之间的协作来确定洪水预警性能的考虑因素。还需要考虑定期和在洪水事件之后收集信息的成本和可行性。

所采用的指标类型与在第 4 章和第 5 章中所讨论的评估气象和洪水预报模

型的性能指标有许多相似之处。然而，一个关键的区别在于洪水预警性能指标通常包括任何组织都无法控制的社会和其他因素。例如，一些关键性能指标可能包括"预测的准确性和及时性、计划疏散的人中实际疏散的人员占比，以及社区接受和理解所发布警告的证据"（Australian Government，2009a）。

表7.6显示了部分使用的指标类型（如CNS Scientific and Engineering Services，1991；Carsell et al.，2004；Parker，2003）。但是，组织之间的确切定义差异很大，有时会随时间而变化，因此表7.6仅供说明。在某些情况下，更为实际的做法是考虑单个家庭或街道地址而不是受影响的人数。同样，另一种方法是，要么根据收到洪水预警后依然发生的淹没财产损失量来定义洪水预警性能指标，要么则根据淹没损失总量来定义。

表7.6　　　　　　　　洪水预警性能指标的一些说明性示例

指　标	描　述
响应能力	能根据警告采取行动而不受某种阻碍的人员比例（如语言障碍或残疾）
响应可达性	收到警告的人员比例（如那些收到了警告但没有离开正常居住地的人员）
响应的有效性	收到警告并随后采取适当行动的人员比例
误报率	收到警告但随后未受到洪水影响的人员比例
预警预见期	洪水发生前提供的准备时间

通常根据受影响个人的反馈、对事件和通信日志的检查以及事后的社会调查来估算这些指标的值。一些机构还对接受洪水预警服务的居民进行抽样，定期（例如每年）开展用户满意度调查。有时还使用其他更一般的指标，涉及诸如公众意识水平和整体准备程度、执行的应急响应演习次数以及防洪应急预案的可用性等因素。例如，在一项研究中可能考虑的指标范畴包括准备、预报、预警和促进响应、其他通信、协调、媒体管理、设备供应、环境破坏、经济损失、伤害、生命损失、受害者创伤和声誉（Environment Agency，2007）。

然而，在正式采用性能指标的洪水预警服务中，前几次调查的初步结果往往令人失望，尽管随着时间的推移会有所改善。例如"洪水预警系统操作员之间的共同挫折是难以将数据收集和监测系统演变为从洪水威胁中拯救生命和财产的系统"（Flood Control District of Maricopa County，1997）。因此，这种预警过程分解的一个价值在于它有助于理解限制性能的个体、社会、技术和其他因素。

然后，一项关键任务是通过更详细的分析、社会研究以及与其他组织的比较来理解造成任何预警缺点的原因。例如，在对几个欧洲国家的洪水预警系统的评价中（Parker et al.，1994），所考虑的指标包括对风险/危害信息自由的态度、关于预警的公共教育、传播经验教训、性能目标和监测、国家标准和组织文化。对影响性能的人为因素的研究也起着重要的作用，值得注意的是，采访和整理信息的过程可能是一项重大任务，即使样本规模只有几十人到几百人。其他用于解释预警系统性能的可能方法包括根本原因分析、事件树分析、基于Agent 建模和故障模式分析等（如 Environment Agency，2009）。

为了评估性能随时间的变化，通常对大量洪水事件和地点的值进行汇总，使用的一些指标包括以下几项：

- 覆盖率（C）——有洪水风险人群中接收洪水预警服务的人员比例；
- 误报率（FAR）——发布洪水预警而未实际发生洪水的比例（有时称为虚警率）；
- 检测概率（POD）——提供了准确及时的洪水预警的洪水事件比例；
- 预警预见期——洪水发生前提供的最短、平均或中位预见期（准备时间）。

虽然组织之间的确切定义各不相同，但 POD 和 FAR 值通常使用第 5 章提到的应急表法进行计算，从而用于评价洪水预报模型的性能。

专栏 7.1 说明了这些指标如何在不同类型的洪水预警系统之间变化。但是，需要考虑的另一个因素是阈值，用于决定是否发布预警，因为这些阈值也会影响性能。值得注意的是，正如在第 8 章中所要进一步讨论的那样，通常需要在检测概率、误报率和预警预见期之间进行权衡。例如，降低河流水位阈值通常会延长可提供的预警预见期以及增加检测事件的概率，但是，低水位阈值可能会导致更多的误报。此外，还需要确定出评估"侥幸脱险"标准，如水位临近财产或基础设施的被淹阈值，或是在财产范围内发生了轻微的洪水但不影响建筑物安全。比如，就所造成的不便而言，居民经常不会区分侥幸脱险和误报。

特别是对于误报，研究发现，初期人们对误报发生的原因具有较高的容忍度，但是逐步形成了"狼来了（cry wolf）"的假警报效应，在这种效应下如果误报发生频率过高，人们对洪水预警服务的信任就会降低（如 Barnes et al.，2007）。一种观点认为它们提供了检查程序和提高认识的机会，类似一次消防演习。但是，当它们确实发生时"应该通过媒体，特别是公开会议或与特定群体讨论，尽快向社区解释情况。尽快给出一个解释将有助于确保系统的可信度，并将最大限度地利用机会将负面效应变成正面效应"
（Australian Government，2009a）。还有可能使用概率方法以较低的概率向
特定用户或人群提供警告，该内容将在第 12 章中进一步讨论。

专栏 7.1　不同类型系统的洪水预警性能

　　如第 1 章所述，预警服务的类型很多，有时不妨考虑以下几个常用
类型：依赖自助、传统或本土方法的非正式系统，全自动系统，以及依
赖专家工作人员输入的监测和预报系统。图 7.3 说明了每种类型所选择
的性能指标的一些典型值，Nemec（1986）、USACE（1996）、
Environment Agency（2002）和 Carsell 等也提出了类似的图表。

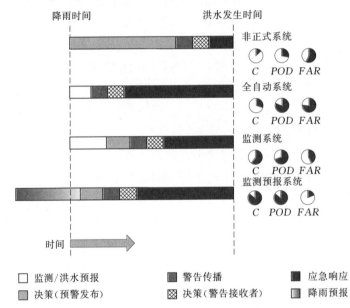

　　图 7.3　在假设的突发洪水事件中，4 种不同类型洪水预警服务在洪水预警
过程中的时间延迟和一些关键性能指标的图示（*C*＝覆盖率；*POD*＝检测
概率；*FAR*＝误报率；得分仅供说明，在不同系统和地区之间差异很大）

　　这个例子是一个假设的案例，即由短时强降雨导致的突发洪水，随后
短时间内引发河流泛滥。为方便起见，降雨和洪水的发生时刻以单个时间
点显示，而不是像现实中那样延续几分钟甚至几小时。流域也被认为是饱
和的，因此立即会对降雨做出响应。当然，在实际中，实际响应时间因事
件而异，取决于先前的流域条件、河流流量、降雨分布和其他因素。

在这个假设的事件中，监测预报服务具有最高的覆盖率（C），因为预报模型能够为仅监测方法无法提供足够预见期的地区提供预警服务，特别是对于某些无资料地区。在这种类型下，POD值最高，FAR值最低。在其他类型中，只有自动化方法在以更高的误报率（FAR）为代价的情况下实现了类似的POD值。在所有这些性能指标值中，隐含的是终端用户所需的目标预警预见期，因为如果预警在接近洪水发生时发布，误报率通常会降低，而检测概率会增加。图中的阴影条表示每种方法的实现时间，这些时间都远远小于流域响应时间。这些值取决于许多因素，包括从仪器收集数据、运行预报模型、传播预警所需的时间、工作人员决定是否发布预警所需的时间以及警告的接收者决定采取应急响应行动所需的时间。

但是，正如第1章中所讨论的，目标预见期差异很大，最好通过经验、咨询和应急响应演习来确定。其他如一天中的时段和洪水的严重程度等因素，可能会影响传播预警或有效响应所需的时间。这些例子还说明了突发洪水预警系统的一个更普遍的观点，即改进系统的一个关键重点应该是是否有可能减少预警过程中的任何时间延迟。可能的方法包括更频繁地使用轮询设备、减少预报模型的运行时间、开发辅助预报员的决策支持工具以及加快用于发布预警的程序。在某些情况下，通过向当地组织提供在当地发布预警的权力、培训和支持，而不是等待区域或国家中心的决定，可能会节省额外的时间。

7.6　应急响应演习

在编制完防洪应急预案后，应急响应演习提供了一种方法来测试或验证预案的内容，并识别应急响应过程中潜在的时间延迟和其他问题。还可以测试系统对极端事件的韧性，并评估机构间协调情况。对于一些组织机构而言，举行演习是其年度工作目标的一部分，尤其是在洪水发生频率较低地区和易发生突发洪水的地区。应急演习主要类型包括：

• 桌面演习——基于办公室的演习，主要参与者在协调员或裁判员的指导下制定场景；

• 基于网络的演习——涉及位于许多不同位置的参与者的场景，理想情况下使用与实际洪水事件中相同的通信系统；

• 全面或功能性演习——将以上两种方法的要素与河流、湖泊和海岸线上的模拟救援和抗洪行动相结合的大型演习。

为了协助计划演习，通常选择历史洪水事件作为时间线的基础，或者制定新的水文气象情景。然后，演习协调员随着事件的发展逐步向参与者输出水文气象条件。在某些情况下，模拟活动以"加速"或"压缩"的时间进行，以减少演习所需的时间。

在最简单的层面上，诸如活动挂图、白板、地图和纸质讲义之类的方法被用在参与者之间传递和共享信息。然而，较大规模的演习通常包括河流的计算机模拟和雨量计的输出、天气雷达的显示以及降雨和洪水预报模型的输出（World Meteorological Organisation，2011）。然后事件按照预先准备好的脚本进行时，引入新的因素（或"注入"），例如特殊的洪水事件（如碎屑堵塞）或计算机、数据传输和通信问题。在一些演习中，模拟的或预先录制的广播和电视广播被包含在角色扮演中，以评估公共关系和媒体技能。

更普遍地，越来越多的应急响应人员和其他人将计算机模拟用于训练和演习应急预案。这种方法早已建立并用于飞行模拟和军事领域，而计算机技术的最新进展使得其他领域也能更广泛地应用这些技术。模拟软件通常基于计算机游戏中使用的技术，其中一个早期示例是为美国司法部开发的 Incident Commander 软件，用于培训公共响应机构应对包括洪水事件在内的一系列灾害。一些应用程序也被专门开发用于与洪水有关的应用，例如在荷兰为防汛（防洪堤）检查人员开发的一种关于堤防失事预警信号的培训工具（Hounjet et al.，2009）。

对于多灾害演习，例如在消防和急救工作演习中，最新的方法是利用专门设计的培训中心，培训中心有一套房间和电脑屏幕，并且软件能够模拟温度、照明、噪声和其他因素变化条件下的各种危害和注入。布景、车辆、制服（用于计算机生成的"演员"）和其他特征通常是根据当地情况量身定制的。通过在真实事件中收集数据，还可以增强模拟效果，例如通过为人员、车辆和设备配备基于 GPS 的跟踪设备，以便在将来记录和重放动作，这一技术被越来越多地用于军事模拟。使用基于网络的软件，还可以实现跨多个组织和办公室的事件模拟。

然而，也许最现实的演习类型是全面演习，尽管这通常更耗时且组织成本更高。不过在最简单的层面上，通常比较容易安排应急预案的部分演习，如对警报器和其他预警传播系统的测试，以及转移控制室位置或疏散学校及政府办公室的流程测试。不过有些演习比上述这些类型的规模更为庞大，需要数月或数年的时间来计划。

　　例如，2011 年 3 月举行的为期 4 天的 "Exercise Watermark" 演习，包括在英格兰和威尔士周围 40 多个地点开展演习，涉及人数超 20000 人（Defra，2011）。这是根据 2007 年一次重大洪灾的事后评估建议而发起的，该洪水事件导致英格兰和威尔士超过 50000 处房屋被洪水淹没（Cabinet Office，2008）。这次演习是基于一个全国性的洪水情景，假设 4 天的暴雨降至已经饱和的地面上，导致河流水位抬升，并且最后一天有一个沿海风暴潮涌动。假设被洪水淹没的房屋超过 200000 处，可以考虑一系列地表水、河流、水库溃决和沿海洪水问题。专业培训和演习管理软件用于管理这些不同的组成部分，包括模拟新闻简报的传递、洪水预警和向社交媒体提供信息。

　　这项演习需要许多政府部门、应急响应人员、志愿部门机构和其他组织之间的合作。当地的抗灾论坛在 35 个地点安排了较小的应急演习（如疏散演习和警报测试）和众多基于社区的活动（如洪水响应演习、水中救援和洪灾展览）。对于较大规模的演习，协调员可以调用直升机、船只、车辆和其他应急物资（图 7.4）；而对于地方演习，则可以选择与国家核心演习配合。

图 7.4　2011 年 3 月威尔士和东英格兰一些地方的 "Exercise Watermark" 演习图像。
从左上方顺时针方向：直升机从移动房屋救援，移动指挥支援部队，船只和
直升机从建筑物救援，乘船从大篷车和汽车救援，河堰处快速救援。
请注意，所有救援都是使用经验丰富的教练假扮为 "伤亡人员"

ARkSTORM 能够提供超级风暴的真实场景，基于它开发的产品供"应急规划人员、公用事业运营商、政策制定者和其他人使用，以告知准备计划并增强恢复能力"，已应用于加利福尼亚州的应急预案和演习（Porter et al.，2010）。ARkSTORM 是美国地质调查局和其他机构针对加利福尼亚州开发的一系列自然灾害情景，这些自然灾害包括地震、森林火灾以及严重的冬季风暴。使用的气象情景（Dettinger et al.，2012）是由大气河流事件产生的强降雨和大风，这是加利福尼亚州突发洪水的常见原因（见专栏 4.1）。大气和水文模型都被用来为河流和沿海洪水以及山体滑坡和泥石流模拟创造现实条件。此外，还制定了不同情景，模拟对基础设施（如大坝和堤防、电力、道路及高速公路、水和废水处理工程）的影响。

7.7   改进计划

通常从事后评估、性能监测和应急响应演习中确定洪水预警服务需要改进的地方，然后制定改进计划来解决所提出的问题。如表 7.5 所列，需改进的类型通常是包含着技术、组织、程序和其他变化的混合类型。在某些情况下，所需投资很少，很容易在现有预算范围内解决，例如，经常出现的机构间协调问题通常可以通过改进现有程序来解决。在许多情况下，也有其他易于实现的方案，或称为"速效方案"。

但是，当需要大量投资时，通常需要对选项进行一些优先排序。与洪水风险管理的其他领域一样，通常使用的方法如下：

- 成本效益分析——比较投资成本与洪水预警服务改善后可能避免的额外损失；

- 独立评价结果——决定首先对事后评估或独立调查中的高优先级建议采取行动；

- 多准则分析——考虑到利益相关方确定的关键优先事项以及可能的其他问题，如解决方案的政治压力；

- 基于风险的优先排序——将投资重点放在洪水风险高的地区，特别是那些有生命危险的地方。

投资的合理性在不同的组织和国家之间存在很大差异。例如，在某些情况下，优先顺序由技术管理人员在总体或紧急预算分配的范围内决定。但是，在其他情况下，每个超过特定阈值的投资都需要一个详细的业务案例。在大多数情况下，建议进行敏感性研究以评估结果的不确定性和稳健性。

在一些国家，也可以向国际筹资机构提出申请，并向区域中心提出技术援助。此外，如果采用全灾害方法，如干旱、风暴和其他灾害，有时可能有机会分摊监测、通信和应急设备等项目的成本。通常，这种方法也会导致更加频繁地使用系统，有助于保持设备的运转以及人员的培训和参与，这对于长时间没有发生洪水的情况尤其有用。如第 8 章所述，另一种具有类似优势的选择是为除了洪水预警之外的一系列应用开发河流预报模型，例如供水、灌溉、水力发电和航行等预警应用。

如果需要进行优先排序，那么通常所耗费的精力需要与风险和潜在成本成比例，并根据现有信息进行调整。在组织或国家层面上，最广泛使用的技术可能是成本-效益分析（见专栏 7.2）。这种方法已经在美国（National Hydrologic Warning Council，2002）、英格兰和威尔士（Parker et al.，2005）被用于洪水预警应用。

专栏 7.2 洪水预警应用的成本效益分析

成本效益分析（CBA 或 BCA）可能是洪水预警服务投资合理性证明领域使用最广泛的方法。分析中使用的细节通常取决于许多因素，包括风险等级、可能的投资规模、组织政策和可用的基线数据。如第 7.5 节中所讨论的，一些国家经常使用社会调查和市场研究技术，来采访洪水淹没地区的人们，并收集关于收到洪水预警后避免损失的信息，有关以往洪水事件的保险索赔和恢复成本的信息，也可以为了解洪水预警的益处提供有用的见解。

与其他技术领域一样，成本通常通过累加投资的各个组成部分获得，例如，考虑资本成本以及运营和维护、员工工资、项目管理、住宿（例如运营中心）、通信费、培训、研发、公共宣传活动、设备维修和更换等项目所产生的经常性成本。特别需要注意的是，每年运营成本通常是一个重要因素，而且经过数年可能会大大超过启动成本。在建立洪水预警服务的早期阶段，转向"全天候"（24/7）运营的成本可能是现有预算的一个重要的额外项目。在某些情况下，应急响应开销要么包含在成本中，要么纳入损失统计中。有时也需要考虑提供外部服务的费用，例如天气雷达数据传输和气象预报。但是，也可以探索分摊费用的机会，例如作为全流程预报系统或全灾害法的一部分。

从长远来看，对于洪水预警应用，经济效益通常是根据所提供的预警服务改善可能避免的损失来估计的（如 World Meteorological Organisation，1973，2007；USACE，1994；Carsell et al.，2004；Parker et al.，2005）。例如，在洪水事件期间，效益通常来自于将车辆和易移动物品从洪泛区转移，以及在可能的情况下将较大的物件（例如家具和电器）抬升到更高的地方。这些行动有时会进一步降低事件后的恢复成本、业务中断后果（直接和间接后果）以及健康影响。在某些情况下，采取行动以减少洪水淹没范围会带来额外的效益，如关闭防洪闸门、抬升临时屏障或在个别物业安装防洪板。

为了估计长期效益，广泛使用年均损失方法。损失通常基于对所考虑的每个地点的洪水频率和规模的估计，以及假定的洪水深度与对不同类型的建筑和结构造成的损害之间的关系。有几种可能的方法来估算洪灾损失，包括使用历史洪灾损失数据、单位面积法、资产价值方法或加权年均损失技术（World Meteorological Organisation，2007）。

通常，效益会随着预见期的延长而增加，因为这样可以提供更多时间来转移更大的物件并采取额外的防洪措施。然而，根据应用情况的不同，预见期在几小时到几天内最终会达到一个效益的递减点。有时需要采取不同的方法来评估企业和行业的潜在损失，例如针对大型、高风险或高价值的设施进行特定地点的研究。

然而，对于突发洪水事故，值得注意的是，可用时间短，可能会限制为减少经济损失而采取的行动。更一般地说，由于在第7.5节中讨论的各种社会响应因素，对于所有类型的洪水，所取得的实际效益也可能降低。例如，通常只有一部分处于危险中的人会收到警告，而他们中只有一部分人会采取有效行动。这些效益的降低通常包括在使用乘法因子的分析中，这些乘法因子取决于可用的预警预见期和其他本地可用信息。有时会考虑其他因素，如流速、淹没历时、污染、碎屑/沉积物、上升速度、洪水频率以及时间和季节等（如 Merz et al.，2010）。

例如，Molinari and Handmer（2011）提出了一种基于事件树的洪水预警有效性评估方法，该方法包括预警、通知、理解、考虑目标（即预警是否适用于他们）、信任、确认和行动等范畴的许多因素。Parker 等（2008）还提出了一种模型，该模型考虑了可以在洪水事件前和洪水期间执行的许多行动。这些行动包括防洪工程运行的效益、以社区为基础的防洪手段选择（例如临时防御、抽水）、水道维护（例如清除堵塞，清理碎片筛）、搜索和救援、疏散、转移或疏散物品、应急防洪（如洪水预警后安装的防洪板）和业务连续性计划的部署。

在使用水深-损失关系时，理想情况下这些关系应基于当地调查和访谈，如果以前的研究中没有相关信息，则需要进行大量调查。例如，USACE（1994）引用了一个工厂经理在洪水灾害调查期间可能会问的以下问题："我有多少预警时间？""洪水是在夜间还是在白天发生的？""有可用的装配工和卡车来转移我的设备吗？""水中会有冰吗？""洪水将携带什么样的沉积物？""我应该假设洪水是像上次一样的油水还是像以前一样的清水？""我的库存和正在制作的货物每天、每周和每月都随着业务的季节性而改变，我应该假设什么呢？""您是想要我们现在所处的不景气的情况还是我们业绩最好的年份？""洪水的持续时间是多久？"

在进行这些类型的分析之后，通常会根据对通货膨胀、生活水平提升、折旧以及规划期内金融环境的其他预期变化的预测来估算效益成本比率。还需要为已经分配了一部分预期效益的先前研究提供补助。因此，在比较效益和成本时，需要决定什么是可接受的比例，这在不同组织之间差异很大。或者，有时使用不同选项的相对值作为优先级的基础。敏感性测试或蒙特卡罗分析也有助于理解结果的稳健性和可能存在的不确定性。如前所述，使用概率方法发布洪水预警可能需要考虑其他潜在效益，该主题将在第12章中详细讨论。

通常，对于任何方法，难点在于如何将生命风险纳入评估中。在某些情况下，生命风险根据不同洪水情况下可能的死亡人数来估算（如Jonkman et al.，2002；Jonkman and Vrijling，2008；Johnstone and Lence，2009）。例如，根据对部分欧洲洪水事件的分析，Tapsel等（2009）建议"这些事件可以识别出4种影响死亡或受伤人数的普通的洪水特征，包括：
- 区域特征（暴露度、人口密度、影响建筑物倒塌的建筑物类型和结构）；
- 洪水特征（深度、流速、碎屑、起始速度、时间）；
- 人口特征（年龄、先前的健康状况、伤残等级、语言限制、在场的游客/访客、行为——包括在洪水中驾驶、风险意识）；
- 机构响应（洪水预警、疏散、救援）。"

例如，生命风险方法被广泛用于溃坝研究（见第11章），由此产生的估算结果往往是确定检查和维护方案优先次序以及应急响应预案的关键驱动因素（Needham，2010）。

另一个考虑因素是，在欠发达经济体中，特别是仅能维持生计的农民中，洪水在财务方面的影响往往很小，但对收入和健康的影响很大。在这种情况下，来自减少灾害风险的文献（如 Yodmani，2001；ECLAC，2003；Brown，2008）观点可能是有用的，如从生计和收入两方面考虑对渔业、畜牧业和农业等活动的影响。此外，洪水预警服务通常还有一系列其他效益，这些效益不能以货币形式轻易量化，通常被称为无形损失或效益。例如，可以同时考虑以下几种有形和无形效益的项目（USACE，1996）：

- 减少对生命的威胁——路障、疏散、救援和公众意识；
- 减少财产损失——移除或抬高住宅和商业结构的内部物品及车辆；
- 减少社会混乱——交通管理、紧急服务、公众意识；
- 减少健康危害——疏散、公共信息、紧急服务；
- 减少对公共服务的干扰——公共设施关闭、紧急服务、供应品、检查用品、视察、公共信息；
- 减少洪水淹没——抗洪、临时防洪减灾措施、技术援助。

然而，尽管存在各种各样的挑战，成本效益技术仍被广泛使用，并且是理解投资的相对优先次序和首要关注项目的有用工具。这种方法也可以作为更广泛的多准则分析的一部分，使用评分、加权或其他技术来评估一系列社会、环境和经济因素的相对重要性。例如，在对入围选项进行更详细的成本效益分析之前，可以使用多准则方法对选项进行初步排序，或者在一开始就排除不可接受的选项（如 World Meteorological Organisation，2007；Department for Communities and Local Government，2009）。如前所述，社会经济、环境和其他脆弱性因素的风险图也有助于识别当地的"热点"和其他优先领域。

例如，为新洪水预警计划（SNIFFER，2009）制定的一种对请求进行优先排序的多准则方法，考虑了以下几种有形和无形的效益：

- 尽量减少死亡或严重伤害的风险；
- 减少洪水对社会的影响（包括对弱势群体的影响）；
- 使住户能够转移或保护财产；
- 使商业和农业能够转移或保护财产；
- 允许地方当局运营防汛资产或开展其他业务；
- 减少对基础设施的破坏。

在一些国家，有时使用基于地图（GIS）的决策支持工具进行初步评估，例如在美国，HAZUS-MH 软件被广泛用于评估对一般建筑物、基础设施、运输系统和公用设施系统造成的直接损害，以及其他成本和损失，如维修费用、收入损失、农作物损坏、人员伤亡和住房需求等（FEMA，2011）。其他一些国家也有类似的系统或程序。

基于风险的技术也被广泛用于监测、预报和预警改进方面的目标投资中（USACE，1996；Andryszewski et al.，2005；Tilford et al.，2007）。更一般地说，人们越来越关注使用概率技术来最大化洪水预警服务的效益，第 12 章讨论了一些从确定性系统向概率系统转变的评估增量效益的方法。

7.8 总结

- 洪水预警系统的有效性很大程度上取决于洪水事件之间防洪准备工作的质量。通常包括洪水风险评估、防洪应急预案、事后评估、性能监测、应急响应演习以及改进计划的制订和实施。在应急预案文献中，通常使用术语"防洪准备"来描述这些类型的活动。

- 评估突发洪水风险的技术包括对历史证据的评估、洪水模拟以及与易发洪水地区居民进行协商。近年来，在有适当的校准资料的情况下，水动力建模技术已经被广泛用于河流和城市地区。通常这些研究是由高分辨率数字高程测绘数据支持的。然而，由于数据和其他方面的限制，更简单的经验技术仍被广泛用于某些类型的突发洪水，如泥石流。一旦评估了风险，就需要将这些成果转化为实用的产出，如洪水预警和疏散图以及包含财产地址和联系方式的数据库。

- 防洪应急预案描述洪水事件期间要采取的行动。通常这些需要由（或为）预警和响应过程中的所有关键参与者准备，包括社区、应急响应人员、民防部门以及水文和气象机构。需要注意的一些特定领域包括向弱势群体提供援助、关键基础设施面临的风险以及疏散计划。

- 许多洪水预警服务经常在重大洪水事件后开展事后评估，并为更广泛的多机构评估做出贡献。典型的事后评估报告描述洪水的成因和影响、洪水预警和预报系统的性能、资产性能、避免的损失、机构间合作以及吸取的经验教训。这些信息随后被用作指导未来改进的建议。

- 性能监测为评估洪水预警服务如何随时间发展和在特定洪水事件中发挥作用提供了一个有用的工具。这有助于确定监测、预报和预警系统以及业务程序方面需要改进的领域。通常使用的性能指标考虑对洪水预警的社会响应以及监测和预报系统的纯技术方面。这些内容有时被纳入组织目标和服务水平协议中。

- 应急响应演习被广泛用于检验防洪应急预案以及确定需要改进的领域。它们还有助于促进机构间的合作，并在洪水事件中维持工作人员的技能。使用的演习类型从简单的桌面演习到涉及多地点多组织的全面演习。计算机模拟技术被越来越多地用于增加场景的真实性。

- 事后评估、性能监测和应急响应演习往往突出未来需要改进的领域。有时这些主要是组织性或程序性的，对成本影响不大。但是当需要进行大量投资时，一些改进优先序的方法包括成本效益法、多准则法和基于风险的分析的方法。然而，所使用的方法需要根据可获得的信息和面临风险的社区社会经济情况进行调整。

参 考 文 献

Andryszewski A，Evans K，Haggett C，Mitchell B，Whitfield D，Harrison T（2005）Levels of service approach to flood forecasting and warning. ACTIF international conference on innovation advances and implementation of flood forecasting technology，17 - 19 October 2005，Tromsø，Norway. http：//www. actif - ec. net/conference2005/proceedings/index. html

APFM（2007）Guidance on flash flood management：recent experiences from Central and Eastern Europe. WMO/GWP Associated Programme on Flood Management，Geneva

APFM（2008）Urban Flood Risk Management：a tool for integrated flood risk management. WMO/GWP Associated Programme on Flood Management，Technical Document No. 11，Flood management tools series，Geneva

APFM（2011a）Flood emergency planning. WMO/GWP Associated Programme on Flood Management，Technical Document No. 15，Flood management tools series，Geneva

APFM（2011b）Management of sediment - related risks. WMO/GWP associated programme on flood management. Technical Document No. 16，Flood management tools series，Geneva

APFM（2012）Management of Flash Floods. WMO/GWP Associated Programme on Flood Management，Technical Document No. 21，Flood management tools series，Geneva

ASFPM（2011）Critical facilities and flood risk. Association of State Floodplain Managers，Madison

Australian Government（2009a）Manual 21 - flood warning. Australian Emergency Manuals Series. Attorney General's Department，Canberra. http：//www. em. gov. au/

Australian Government (2009b) Manual 20 – flood preparedness. Australian emergency manuals series. Attorney General's Department, Canberra. http: //www. em. gov. au/

Australian Government (2009c) Manual 23 – emergency management planning for floods affected by dams. Australian emergency manuals series. Attorney General's Department, Canberra. http: //www. em. gov. au/

Barnes LR, Gruntfest EC, Hayden MH, Schultz DM, Benight C (2007) False alarms and close calls: a conceptual model of warning accuracy. Weather Forecast 22 (5): 1140 – 1147

Basher R (2006) Global early warning systems for natural hazards: systematic and people – centred. Philos Trans R Soc A 364: 2167 – 2182. doi: 10. 1098/rsta. 2006. 1819

Brown ME (2008) Famine early warning systems and remote sensing data. Springer, Berlin/Heidelberg

Cabinet Office (2008) The Pitt Review: lessons learned from the 2007 floods. http: // www. cabinetoffice. gov. uk/thepittreview

Cabinet Office (2012) Emergency preparedness. HM Government, London

Carsell KM, Pingel ND, Ford DT (2004) Quantifying the benefit of a flood warning system. Nat Hazards Rev ASCE 5: 131 – 140

CNS Scientific and Engineering Services (1991) The benefit cost of hydrometric data – river flow gauging. Report FR/D0004, Foundation for Water Research, Marlow

Defra (2011) Exercise Watermark. Final report, September 2011, London. http: // www. defra. gov. uk

Department for Communities and Local Government (2009) Multi – criteria analysis: a manual. www. communities. gov. uk

Dettinger MD, Ralph FM, Hughes M, Das T, Neiman P, Cox D, Estes G, Reynolds D, Hartman R, Cayan D, Jones L (2012) Design and quantification of an extreme winter storm scenario for emergency preparedness and planning exercises in California. Nat Hazards 60: 1085 – 1111

ECLAC (2003) Handbook for estimating the socio – economic and environmental effects of disasters. Economic Commission for Latin America and the Caribbean (ECLAC). http: //www. eclac. org

Elliott J, Handmer J, Keys C, Tarrant M (2003) Improving flood warning – which way forward? Paper presented at the Australian disaster conference, Canberra Environment Agency (2002) Fluvial flood forecasting for flood warning – real time modelling. Defra/ Environment Agency Flood and Coastal Defence R&D Programme. R&D technical report W5C – 013/5/TR

Environment Agency (2007) Risk assessment for flood incident management. Joint Defra/ Environment Agency Flood and Coastal Erosion Risk Management R&D Programme. R&D technical report SC050028/SR1

Environment Agency (2009) Reliability in flood incident management planning. Final report – part A: guidance. Science project SC060063/SR1, Environment Agency, London

EXCIMAP (2007) Handbook on good practices for flood mapping in Europe. European Exchange Circle on Flood Mapping. http: //ec. europa. eu/environment/water/ flood _ risk/ flood _ atlas/

FEMA (2004) Federal guidelines for dam safety: emergency action planning for dam owners. Federal Emergency Management Agency, Washington, DC

FEMA (2006) National Flood Insurance Program Community Rating System CRS credit for flood warning programs 2006. Federal Emergency Management Agency, Department of Homeland Security, Washington, DC. http: //www. fema. gov/

FEMA (2011) HAZUS – MH: what could happen. Federal Emergency Management Agency, Department of Homeland Security, Washington, DC. www. fema. gov/plan/ prevent/hazus

Flood Control District of Maricopa County (1997) Guidelines for developing a comprehensive flood warning program. Modified from an original work by the Arizona Floodplain Management Association Flood Warning Committee "Guidelines for Developing Comprehensive Flood Warning", June 1996

Gaume E, Borga M (2008) Post – flood field investigations in upland catchments after major flash floods: proposal of a methodology and illustrations. J Flood Risk Manag 1: 175 – 189

Handmer J, Henson R, Sneeringer P, Konieczny R, Madej P (2001) Warning systems for flash floods: research needs, opportunities and trends. In: Gruntfest E, Handmer J (eds) Coping with flash floods. Kluwer, Dordrecht

Hounjet M, Maccabiani J, van den Bergh R, Harteveld C (2009) Application of 3D serious games in levee inspection education. In: Samuels P et al (eds) Flood risk management: research and practice. Taylor & Francis, London

Hübl J, Kienholz H, Loipersberger A (eds) (2002) DOMODIS – documentation of mountain disasters: state of discussion in the European mountain areas. International Research Society Intrapraevent, Klagenfurt. http: //www. interpraevent. at

Johnstone WM, Lence BJ (2009) Assessing the value of mitigation strategies in reducing the impacts of rapid – onset, catastrophic floods. J Flood Risk Manag 2: 209 – 221

Jonkman SN, Vrijling JK (2008) Loss of life due to floods. J Flood Risk Manag 1: 43 – 56

Jonkman SN, van Gelder PHAJM, Vrijling JK (2002) Loss of life models for sea and river floods. In: Wu et al (eds) Flood defence '02. Science Press, New York

Lumbroso DM, Di Mauro M, Tagg AF, Vinet F, Stone K (2012) AIM FRAME: a method for assessing and improving emergency plans for floods. Nat Hazard Earth Syst Sci 12: 1731 – 1746

Merz B, Kreibich H, Schwarze R, Thieken A (2010) Review article: assessment of economic flood damage. Nat Hazards Earth Syst Sci 10: 1697 – 1724

Meyer V, Scheuer S, Haase D (2009) A multicriteria approach for flood risk mapping exemplified at the Mulde River, Germany. Nat Hazards 48 (1): 17 – 39

Meyer V, Kuhlicke C (joint project coordinators), Luther J, Unnerstall H, Fuchs S, Priest S, Pardoe J, Mc Carthy S, Dorner W, Seidel J, Serrhini K, Palka G, Scheuer S (2011) CRUE final report RISK MAP – improving flood risk maps as a means to foster public participation and raising flood risk awareness: toward flood resilient communities. Final report, 2nd ERA – NET CRUE research funding initiative flood resilient communities – managing the consequences of flooding. http: //risk – map. org

MLIT (2005) Flood hazard mapping manual in Japan. Flood Control Division, River Bureau, Ministry of Land, Infrastructure and Transport (MLIT). Translated by International Center for Water Hazard and Risk Management (ICHARM). http: // www. icharm. pwri. go. jp/

MLIT (2007) Sediment – related disaster warning and evacuation guidelines. April 2007. Sabo (Erosion and Sediment Control) Department, Ministry of Land, Infrastructure, Transport and Tourism, Japan. http: //www. sabo – int. org/

Molinari D, Handmer J (2011) A behavioural model for quantifying flood warning effectiveness. J Flood Risk Manag 4: 23 – 32

National Hydrologic Warning Council (2002) Use and benefits of the National Weather Service river and flood forecasts. http: //nws. noaa. gov/oh/ahps/AHPS%20Bene fits. pdf

Needham JT (2010) Estimating loss of life from dam failure with HEC – FIA. 2nd Joint Federal Interagency conference, Las Vegas, 27 June – 1 July 2010

Nemec J (1986) Hydrological forecasting: design and operation of hydrological forecasting systems. D. Reidel Publishing Company, Dordrecht

NOAA/NWS (2010) Flood Warning Systems Manual. National Weather Service Manual 10 – 942, Hydrologic Services Program, NWSPD 10 – 9, National Weather Service, Washington, DC

NOAA (2010) Flash Flood Early Warning System Reference Guide. University Corporation for Atmospheric Research, Denver. http: //www. meted. ucar. edu/

Osti R, Miyake K, Terakawa A (2009) Application and operational procedure for formulating guidelines on flood emergency response mapping for public use. J Flood Risk Manag 2: 293 – 305

Parker DJ (2003) Designing flood forecasting, warning and response systems from a societal perspective. In: Proceedings of the international conference on Alpine meteorology and Meso – Alpine programme, Brig, Switzerland, 21 May 2003

Parker DJ, Fordham M, Torterotot JP (1994) Real time hazard management: flood forecasting, warning and response. In: Penning – Rowsell E, Fordham M (eds) Floods across Europe: hazard assessment, modeling and management. Middlesex University Press, London

Parker D, Tunstall S, Wilson T (2005) Socio – economic benefits of flood forecasting and warning. ACTIF international conference on innovation advances and implementation of flood forecasting technology, 17 – 19 October 2005, Tromsø, Norway. http: //www. actifec. net/conference2005/proceedings/index. html

Parker P, Priest S, Schildt A, Handmer J (2008) Modelling the damage reducing effects of flood warnings. Final report, Floodsite report T10 – 07 – 12. http: //www. flood-site. net

Porter K and 38 co – authors (2010) Overview of the Arkstorm scenario. Open file report 2010 – 1312, U. S. Department of the Interior, U. S. Geological Survey, Reston, Virginia. http: //pubs. usgs. gov/of/2010/1312/

Sene K (2008) Flood warning, forecasting and emergency response. Springer, Dordrecht

SNIFFER (2009) Assessing the bene fi ts of flood warning: phase 3. Scotland and Northern Ireland forum for environmental research, Final report, Project UKCC10B, Edinburgh. http: //www. sniffer. org. uk

Tapsell SM, Priest SJ, Wilson T, Viavattene C, Penning – Rowsell EC (2009) A new model to estimate risk to life for European flood events. In: Samuels P et al (eds) Flood risk management: research and practice. Taylor & Francis, London

Tilford K, Sene KJ, Khatibi R (2007) Flood forecasting model selection. In: Begum S, Stive MJF, Hall JW (eds) Flood risk management in Europe. Springer, Dordrecht

U. S. House of Representatives (2006) A failure of initiative. Final report of the select bipartisan committee to investigate the preparation for and response to Hurricane Katrina. US Government Printing Office, Washington, DC

UN/ISDR (2006a) Developing early warning systems: a checklist. EWC Ⅲ third international conference on early warning from concept to action, 27 – 29 March 2006, Bonn, Germany. http: //www. unisdr. org/ppew/

UN/ISDR (2006b) Lessons for a safer future: drawing on the experience of the Indian Ocean tsunami disaster. International Strategy for Disaster Reduction

UNESCO (2001) Guidelines on non – structural measures in urban flood management. IHP – V technical documents in hydrology no 50, Paris

USACE (1994) Framework for estimating national economic development benefits and other beneficial effects of flood warning and preparedness systems. US Army Corps of Engineers, Institute for Water Resources report IWR – 94 – 3, Alexandria, Virginia

USACE (1995) Technical guidelines for hurricane evacuation studies. US Army Corps of Engineers, September 1995

USACE (1996) Hydrologic aspects of flood warning preparedness programs. Reports ETL 1110 – 2 – 540. U. S. Army Corps of Engineers, Washington, DC

Wolshon B, Urbina E, Wilmot C, Levitan M (2005) Review of policies and practices for hurricane evacuation. I: transportation planning, preparedness, and response. Nat Hazards Rev 6 (3): 129 – 142

World Meteorological Organisation (1973) Benefit and cost analysis of hydrological forecasts: a state of the art report. Operational Hydrology Report No. 3, WMO – No. 341, Geneva

World Meteorological Organisation (2007) Economic aspects of integrated flood management. WMO/GWP Associated Programme on Flood Management, WMO – No. 1010, Geneva

World Meteorological Organisation (2008) General guidelines for setting – up a Community – Based Flood Forecasting and Warning System (CBFFWS). Hernando HT (ed) WMO/ TD – No. 1472, Geneva

World Meteorological Organisation (2010) Guidelines on early warning systems and application of nowcasting and warning operations. WMO/TD No. 1559, Geneva

World Meteorological Organisation (2011) Manual on flood forecasting and warning. WMO – No. 1072, Geneva

Yodmani S (2001) Disaster preparedness and management. In: Ortiz I (ed) Social protection in Asia and the Pacific. Asian Development Bank, Manila

第 8 章

河　　流

摘　要：河流中的突发洪水通常是由强降雨引起的，有时融雪也是诱因之一。洪水的范围和量级可能受到事件特定因素的影响，如泥石流和冰塞造成的堵塞。本章讨论了河流洪水风险评价的方法以及主要的监测、预报预警技术，其中包括基于河流水位阈值和洪水预报模型的突发洪水指南和站点预警法。本章还讨论了水库和水流控制工程的洪水预报预警技术。

关键词：洪水风险评价、阈值、突发洪水指南、站点预警、冰塞、水库调度、水流控制工程

8.1　概述

在许多国家，突发洪水常发生在河流、小溪和其他水道中。在干旱地区，洪水偶尔发生在干河床中。然而，通常情况下洪水等级从低流量到中流量上涨非常迅速。当洪水溢出河岸或者溢过防洪堤时，将会对人员和财产造成威胁。一些情况下，即使洪水风险等级较低时也会存在危险，例如在峡谷中徒步的旅行者和低洼十字路口的汽车驾驶员。不同国家对突发洪水的定义是不尽相同的，这在第 1 章讨论过，通常突发洪水使用的典型标准包括流域响应时间、典型流域和暴雨尺度。然而，与过去相比监测、预报和预警技术的改进可为流域快速响应提供洪水预警服务。对一些机构而言，这意味着先前的技术挑战如今变成了发布预警的例行程序。

表 8.1 给出了河道突发洪水类型的实例，主要诱因通常是强降雨，但是

在一些实例中突发洪水也可能是由融雪、桥梁或者其他位置的泥石流或冰塞引发的。水库和水流控制工程的调度运行有时也会引发洪水风险。

表 8.1 河 流 突 发 洪 水 实 例

成因	位置	年份	影 响	具体诱因
降雨	科罗拉多州的大汤普森峡谷，美国	1976	418 户居民和企业，多间移动式房屋、汽车、桥梁、道路和建筑物遭到破坏，144 人死亡。据报道，250 人受伤，超过 800 人于第二天早晨搭乘直升机撤离	大汤普森峡谷上空超过 3h 的雷雨天气，导致产生多达 300～350mm 的降水，小时雨量达到了 190mm。雷雨带宽度限于 8～16km（USGS，2006）
降雨	加尔省地区，法国南部	2002	洪水泛滥事件导致 23 人死亡及约为 15 亿美元的经济损失（Anquetin et al.，2009）	一个缓慢移动的中尺度对流天气导致 24h 雨量达到了 600～700mm（超过 5500km² 的降雨量达 200mm），6h 雨量达 200～300mm
降雨	博斯卡斯尔，英格兰西南部	2004	将近 1000 人受到这次事件的影响，100 多人通过直升机获救，116 辆汽车被海浪卷走（North Cornwall District Council，2004）	仲夏的一场雷雨导致一次雨量计的小时峰值雨量超过 80mm，24h 雨量约为 200mm
冰塞	蒙彼利埃，佛蒙特州，美国	1992	数以百计的居民被疏散，120 家企业被迫中断业务，许多汽车被冲毁（Abair，1992）	蒙彼利埃的一座桥上发生的冰塞松动了，结果在另一座桥上形成了冰坝，导致市中心大部分地区在 1h 内被洪水淹没

本章介绍了用于评价河流洪水风险和突发洪水警报决策的主要方法，讨论了冰塞、水库和水流控制工程的预警技术。第 2～第 6 章做了详细的背景介绍，并考虑了突发洪水的控制、预测和预警技术。第 7 章还讨论了用于确保预警系统有效的长期计划任务，例如开展洪水应急预案研发、应急响应演练、社区参与、事后审查和预警性能监控。

根据背景介绍，建立河流洪水预警系统有几条综合的指导方针，在某些情况下重点是针对突发洪水。这些指导方针总结了来自于美国（USAGE，

1996；NOAA/NWS，2010；FEMA，2006）、澳 大 利 亚（Australian Government，2009a）和国际组织（APFM，2007；NOAA，2010；World Meteorological Organisation，2011）的实例。专栏 8.1 描述了法国南部的突发洪水预警服务，该服务提供了多条指导方针。第 1 章给出了整个地区的和社区的河流突发洪水预警方法实例。

专栏 8.1　突发洪水预警系统，法国南部

在法国南部，突发洪水风险较大。近年来包括 2002 年 6 月在加尔地区（Delrieu et al.，2005）和 2010 年 6 月在德拉吉尼昂地区发生的灾难性洪水事件（Javelle et al.，2012）在内有一些值得关注的实例。突发洪水通常出现在夏季和秋季缓慢移动的对流风暴中，对流风暴是由地中海水汽凝结而成，随地形变化而导致降雨增强。

尽管主要大江大河已经建立了国家级的洪水预报和预警服务系统，但在许多中小河流中，由于缺乏河流监测设备，加之洪水发展迅速，可供发布预警的时间很短。为了解决这个问题，法国东南部地中海地区于 2004 年引入了一个预警系统，名为"洪水预警地理信息系统"或 AIGA。该系统由法国气象局运营，是法国环境与农业科学技术研究所与法国气象局（http：//www. irstea. frn）合作研发的。

AIGA 是针对较小的集水区研发的，这些集水区的面积通常从几十平方公里到几百平方公里不等。主要的降雨输入来自法国气象局 C 波段和 S 波段雷达 15min 的气象观测资料。降雨输入采用雨量计观测值进行调整，研究区域实测雨量计布设标准约为每 $100km^2$ 设置 1 个雨量计。

AIGA 的基础是通过简单的分布式降雨径流模型和长序列气象数据比对得到径流估计值（Javelle et al，2010）。每个网格的径流用一个简单的概念模型进行估算，使用逐日土壤水分计算模型进行初始化。通过适当的延迟汇流时间将这些值组合在一起来评估全流域汇水，重点是估算洪水的峰值流量而不是整个流量过程。模型运行的网格尺度为 1km。

通过基于重现期的径流估计值与阈值对比来发布突发洪水警报：

- 黄色为一般事件，重现期是 2～10 年；
- 橙色为重大事件，重现期是 10～50 年；
- 红色为极端事件，重现期大于 50 年。

阈值的估算是通过对模型长期计算得到的，模型的区域降雨输入来自降雨数据生成器（Arnaud and Lavabre，2002，图 8.1）。在实际操作中，彩色编码地图每 15min 生成一次数据并发布到网站，供地方当局使用。如果有特别的需求，底层输出也可用于开展更详细的分析，降雨累积图还提供了基于降雨深度-历时阈值的警报。

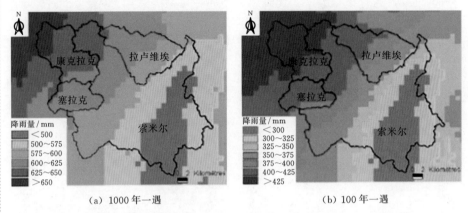

图 8.1 基于降雨生成法的 1000 年一遇和 100 年一遇 24h 降雨气象图
（Lavabre and Gregoris，2006）

在法国南部，AIGA 已被证实能够在一些大型的突发洪水事件应急服务中提供更长的预见期，并能为大型河流提供有用的支持，以防止洪水期间遥测水位计失效。

例如，在 2010 年的德拉吉尼昂事件中，AIGA 为应急服务提供了 1h 或更长时间的预警。

德拉吉尼昂事件由大范围缓慢移动的雷暴引发，局部地区的小时雨强接近 80mm，一次雷暴的总降雨量达 461mm。

在德拉吉尼昂市，洪水发生在下午 4：00 左右，下午 5：00 水位大幅上涨。AIGA 的计算结果如图 8.2 所示，下午 4：15，洪水下泄量超过了该镇 Nartuby 河的 50 年一遇洪水水位（Javelle et al.，2012）。大约下午 5：30 开始，下游 5km 处的 Trans－en－Provence 的中央大街被洪水淹没，晚上德拉吉尼昂市下游地区洪水肆意泛滥。德拉吉尼昂市的集水响应时间通常约为 6h。

在此次事件中转移安置人口约为 2450 人。根据应急服务机构的说法，"……AIGA 提供的预警报告，是应急服务机构决定将警报级别调至最

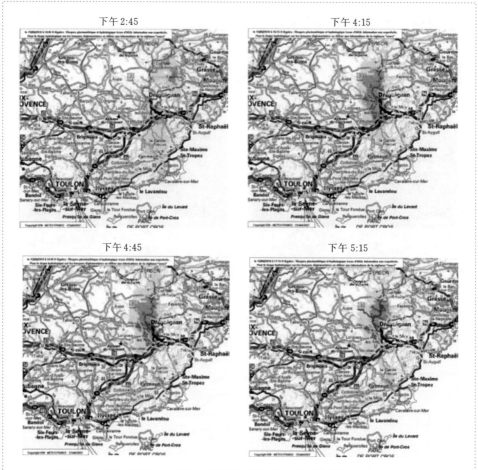

图 8.2 根据 AIGA，德拉吉尼昂地区在 6 月 15 日下午 2：45—5：15
（当地时间）的情况：黄色、橙色和红色的河流分别对应于估算的
下泄量超过 2 年一遇、10 年一遇和 50 年一遇的洪水
(Javelle et al.，2012)

高级并争取更多应急资源的考虑因素之一。AIGA 的预警有助于应急服务
机构对洪水形势有一个'综合'的判断，同时应急服务机构也必须处理
现场出现的大量局部信息，有时由于通信问题（例如移动网络崩溃），这
些信息会难以处理"(Javelle et al.，2012)。

通常，采用性能统计数据（如检验概率和误报率）和预测的预见期
来评估 AIGA 的输出结果。评估结果表明，AIGA 改进了仅使用降雨阈
值的洪水预报预警方法，因为阈值法忽略了流域的前期条件。为了协助评

估工作，洪水事件过后应尽可能收集事件总降雨量、河流最高水位和峰值流量实测值、地方当局灾损报告以及高水位的调查数据。

当前的一些研究领域包括在径流估算过程中使用降雨预报、流域建模的新方法、阈值的改进以及使用双极化雷达输出。法国东南部的突发洪水易发区也正在对短距离的填隙 X 波段气象雷达进行评估（Kabeche et al. ，2010）。总的来说，目前正在进行的研究工作是将 AIGA 的输出结果更加紧密地纳入社区洪水应急预案中。

8.2　洪水风险评估

为了评估河流洪水风险，许多国家都制定了洪水风险图计划，包括美国、加拿大、日本和一些欧洲国家。洪水风险图成果通常公开在出版物和网站上。

不同国家所采用的风险图格式差异很大，但通常都包括不同重现期的洪水预期淹没范围，例如 10 年一遇、20 年一遇、50 年一遇和 100 年一遇的洪水，然而，越来越多的研究结果以年超越概率表示。风险图包括水深、流速、持续时间、历史洪水范围和其他内容，如对比防洪工程（堤坝）发挥作用和完全失效两种情况下的洪水淹没范围。

第 7 章描述了应用于评估洪水风险的典型信息来源，包括历史资料、灾后调查报告和遥感数据。对于河流洪水评估中广泛采用的建模技术，典型的建模方法包括以下几种：

• 采用稳态水力学模型或更为简单的标准水深法来开展入流量的统计分析；入流量通常通过洪水频率分析或峰值流量与流域特性及其他因素之间的经验公式来估算。

• 以设计暴雨作为输入条件，采用降雨-径流模型计算洪水过程，并将所得到的流量作为复杂一维和二维水动力模型的输入。

设计洪水的估计通常是通过将概率分布拟合到历史年最大洪峰值来推出的，通常，推导是基于单个站点的观测值或多个类似站点的汇总值，以解决水文系列较短和实测位置不确定的问题。所使用的分布类型因研究机构而异，通常，广泛应用的类型包括广义极值和皮尔森对数分布（如 World Meteorological Organisation，1989）。

建模的复杂性通常是针对预期的洪水风险水平、需考虑的河流长度和可用的预算而言的。例如，对于主要城市使用二维水动力学模型可能是合理的，而对于农村地区的局部范围来说，通常采用简单概化的方法更合理。如果使用降雨径流模型，则通常采用单位线法，由此产生的峰值流量有时会对比洪水频率估算值进行缩放。一般来说，基于河道调查数据和洪泛区数字高程模型来构建水动力模型。洪泛区高程通常由地面实测、使用合成孔径雷达（SAR）的卫星测高和/或从飞机或直升机上进行的光探测和测距（激光雷达，LiDAR）获得。例如，空中激光雷达（LiDAR）数据的空间分辨率至少为每 0.25～5m 时，垂直精度可达 0.05～0.25m（如 Mason et al.，2011）。

构建的水动力学模型有时很复杂，在水动力模块中有大量的流域入流点和成百上千个节点。在洪水易发地区和周边，需调查对水位和流量影响较大的关键结构，例如桥梁、堰坝和防洪堤。蒙特卡罗技术在某些情景下非常有用，如在考虑防御工程（堤防）失效的潜在影响时（如 Gouldby et al.，2008）。与更多定性技术相比，建模方法的一个优点是可以将洪水概率估计与潜在影响相结合，以评估区域整体的洪水风险。风险评估结果的一些典型应用如下：

• 提供区域规划指南，在洪水淹没范围内，未来住宅和其他项目应被限制开发或禁止开发。

• 通过潜在的洪水损失评估，确定工程性和非工程性的洪水风险缓解措施投资的优先等级。

• 识别存在风险的关键基础设施，有助于开展应急预案以及对风险减灾措施进行优先排序。

• 识别洪水期间需要特别援助的弱势群体（见第 7 章）。

通常进行敏感性分析来评估假定入流量和模型参数对结果造成的不确定性影响，还可用概率法对不确定性进行正式评估（如 Pappenberger et al.，2007；Beven et al.，2011）。

如第 7 章所讨论的，洪水预警和疏散路线图也可以用来总结应急调度时有用的信息，例如图 8.3 所示的例子。表格也被广泛使用，如不同河流水位情况下的洪水风险性能列表或数据库。然而，这些数据可以触发生成自动电话拨号程序或多媒体预警传播系统用户名单，以供应急响应工作人员在洪水期间使用（见第 6 章）。

对于国家洪水风险图计划而言，优先考虑风险最高的地区，例如主要的乡镇和城市，这些城镇通常位于大片的低洼河流沿岸。其次考虑的是易发小型突发洪水的支流。然而，模型率定数据缺乏以及泥石流和其他特定事件因

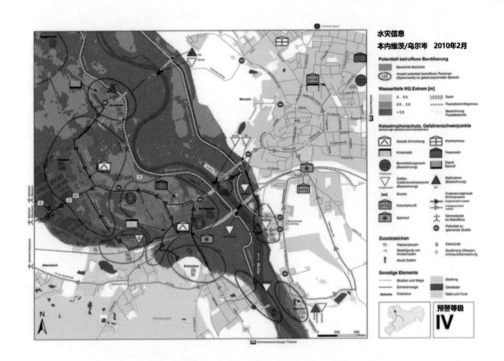

图 8.3 应急管理图研发应用实例。应急管理图作为欧洲研究
项目的一部分，在不同情景的洪水风险图中取得了很好的
效果。本实例是德国本内维茨（Bennewitz）和乌尔岑
（Wurzen）两个城市的某个案例的研究内容，图上
展示了协调中心、集合地点、疏散路线、关键
基础设施、淹没深度和受灾人员估计等
信息（Meyer et al.，2011）

素带来的不确定性影响为风险图计划带来了很大挑战。此外，许多小流域存
在潜在风险但缺乏近期历史洪水资料，在每一个洪水发生位置可能很难开展
详细的模拟研究。

上述这些挑战让采用经验法来评估突发洪水风险的技术得到了发展（如
NOAA，2010）。通常，基于区域历史事件的分析来识别一系列风险因素或
指标（例如以 0～1 划分等级）。表 8.2 给出了突发洪水风险评估的一些潜在
指标，然后，根据因子的加权组合或峰值流量和关键指标之间的回归关系，
绘制洪水风险区位图。例如在美国，一些预报机构将基于坡度、土壤类型、
森林覆盖率和土地利用等组合的突发洪水潜在指标图作为突发洪水指南的输
出背景。下一节将简要讨论这些方法的可能的实时应用情况。

表 8.2   用于突发洪水风险评估的一些潜在指标
                                    （不包括流域）的实例

类　别	描　述
干旱带	旱季河道可能的入渗率估计，以及与土壤入渗能力有关的指标，如土壤被压实或干燥结块时几乎不能吸收强降雨
流域响应时间	基于历史数据和/或单位线法估算强降雨和洪峰流量之间的典型时间延迟
河道特征	泥沙淤积对河道承载力的影响，以及季节性植被生长等其他因素对河道承载力的影响，这在许多国家都是一个影响较为重大的问题
土地利用	土地利用类型的空间覆盖包括农田、森林、草地和城市地区
坡降	坡降是影响流速、流域响应时间以及水流侵蚀潜力的一个关键因素
土壤类型	土壤类型（如黏土、砂土、壤土等）的空间覆盖情况对降雨的响应各不相同
融雪	在气温突然上升和/或强降雨落在积雪上而引发的融雪事件，从而导致河流水深和流量突然增大的风险
构筑物	桥梁、涵洞、堰和其他建筑环境特征可能阻碍大洪水和/或截留泥石流通过

8.3　预警系统

8.3.1　洪水警报/监测/早期预警

发布河流突发洪水警告挑战重重。除了洪水可能发生的地点、时间和量级的不确定之外，如泥石流堵塞等事件特有因素也可能会增加洪水风险。部分事件的突发性也导致决策时间很短，且洪水有时会发生在没有河流水位监测的流域，这通常使洪水预警人员难以获得实地信息，除非收到来自民众和应急机构的洪水事件报告。

对于洪水风险高的地区或发生过历史洪水的区域，可通过安装河流水位计来提供特定位置的预警（见第 8.3.2 节）。但是在许多情况下，即使是常规预警也很有效。例如，霍尔（1981）指出：“……突发洪水预报，首要需求可能是快速确定洪水将要超过关键的危险阈值，而不是准确定义洪峰的量级和到达时间。”第 6 章和第 7 章还讨论了“自救”或非常规方法对提高预警的作用，例如基于潜在的洪水指标，如暴雨、河流水位快速上涨以及水的颜色或浊度的变化，上游社区可通过电话或无线电警告下游人群。在某些情况下，该类型警报的描述性信息将纳入更为正规的预报预警系统，如通过使用网络决策支持系统共享来自志愿者和其他观察员的报告信息（见第 6 章）。

许多气象和水文服务项目提供了某种形式的日常警报、警戒或预警服务，以应对突发洪水风险。所产生的警报信息通常提供给民防部门、应急响应人员和社区预警系统，有些情况下则直接向公众发布。信息的详细程度通常适用于流域、县、区或局部区域（图 8.4），最好的情况下，警报信息与站点的预警相对应，包含城镇、村庄和其他地点可能的洪水发生时间、水深、持续时间和淹没范围。

图 8.4 国家海洋和大气管理局/国家气象局在 2011 年 9 月
热带风暴 Lee 期间发布的希芒郡突发洪水预警，详见
专栏 6.1 （http://www.nyalert.gov/home.aspx）

对于突发洪水预警，一些实例中发布的信息类型包括：建议车辆驾驶员在河流过境位置处提高意识，不要在洪水中驾驶；人们在河流、溪流、小溪、峡谷等附近行走、骑自行车、露营、徒步旅行或工作时应该格外注意安全。可以对重要的机构发布可能的洪水警报，让其从事一些低成本、低影响的活动，哪怕是虚惊一场造成的不良结果也较小，如下面的情况：

• 信息获取——地方政府或企业在高风险地区（如峡谷、河畔停车场、道路和露营地）放置（或激活）劝告指示牌。

• 洪水响应方案——机构和社区启动洪水响应预案并进入高度警戒状态，例如加密监测和预报频率，召开电话会议讨论洪水演进情况，通知关键基础设施运营商，并检查通信和应急响应设备的运行情况。

• 洪水响应——地方政府和其他部门采取预防措施，例如在已知的洪水风险下提前清理河道中碎石泥浆等阻塞物，并在洪水潜在危险区附近提前安置人员和抢险设备。

降雨量阈值（例如在 2h 内降雨 30mm，4h 降雨 50mm）也许是开展普通预警的最简单方法。在河网中，洪水的典型时间过程表或图也可作为有用的补充。尽管越来越多的地区使用多传感器降水产品和降雨预报系统（见第 2 章和第 4 章），但降雨输入通常是从雨量计或气象雷达实测获得的。降雨量与降雨阈值进行比较，要么是人工比较，要么是在遥测或洪水预报系统中比较（参见第 3 章和第 5 章）。

阈值通常是根据历史降雨记录和先前洪水事件的信息及影响来确定的。阈值一经使用，就需要定期进行有效性评估，如使用分类统计参数开展检测概率和误报率评估（见第 4～第 6 章）。然而，由于没有考虑当前流域特性，因此阈值法存在误报和漏报的风险本质上是高于其他方法的。降雨预报也为预警带来了额外的不确定性，特别是在预警预见期较长的情况下。正如在第 4 章和第 10 章所讨论的，基于此，气象部门越来越多地根据概率阈值标准来发布强降雨预警。

实际上，降雨量-历时阈值通常仅用于突发洪水风险的初始预警。其实降雨阈值在流域条件不复杂的情况下是有用的，如在一些干旱地区。此外，降雨阈值也广泛应用于泥石流（见第 9 章）和城市地区预警（见第 10 章）。

在流域条件影响较大的区域，通常流域条件用土壤含水量或近期累积降雨量等指标来表示，或者采用诸如流域湿度指数、基流指数或先期降水指数等指标来表示（如 USACE，1996；世界气象组织，2009）。正如第 3 章所述，由于这些指标的空间差异性较大，通常采用模型来估算土壤含水量，而非直接观测。实时预警阈值则需要使用同类型的观测值进行率定，例如雨量计或气象雷达数据。在某些情况下，通过使用流域模型，并假设来不同土壤含水量、降雨量-历时和暴雨分布组合，来识别最有可能诱发洪水的组合条件。如果洪水阈值未知，则通常使用洪水频率估计值，例如地貌研究表明，河流滩地的总流量约与 1～5 年重现期的峰值流量相对应（如 Leopold et al.，1995；Schneider et al.，2011），且这种规律值在突发洪水模型研究中被广泛假定。

20 世纪 70 年代，美国研发的突发洪水指南可能是最早也是最广泛应用阈值法的实例（如 NOAA/NWS，2003；Georgakakos，2006）。突发洪水指南是基于国家气象雷达网而设计使用的，且其阈值最初是定义在一个流域范围内的。指南可为缺乏河流水位遥测值的无监测数据流域提供精度更高的预警服务。通常，可为 1h、3h 和 6h 的持续降雨提供突发洪水监控预警服务，有时为 12h 和 24h 持续降雨突发洪水监控预警服务（专栏 8.2）。

专栏 8.2　突发洪水指南，美国

突发洪水阈值可定义为：在指定的时间内，在某一地区的小溪流上引发洪水所需的平均雨量（Sweeney，1992）。该方法主要包括以下几个方面：

• 降雨输入——雷达实测降雨或多传感器降雨数据估算，以及降雨量预测。

• 土壤水分评估程序——使用动态降雨径流模型来估计离线和实时的流域状态。

• 径流阈值——估算出的径流，该径流为导致河流在流域出口处水位会略高于河岸水位。

• 决策支持工具——基于地图的预处理和后处理工具，以协助预测人员进行决策。

根据流域特性、所使用的模型和数据来源，不同的河流预测中心的预测程度和水平有所不同。流域条件通常使用集总式萨克拉门托（SAC-SMA）（Burnash，1995）概念性降雨-径流模型来估算。然而，分布式建模方法越来越多地用于生成网格突发洪水阈值的输出（GFFG；Schmidt et al.，2007），并采用了美国国家海洋和大气局/国家气象局分布式模型框架下（Koren et al.，2004）的土壤水分输出，该框架在专栏 5.1 中讨论。

在运行上，针对每个地点和降雨历时，所需要的关键信息是径流阈值和一组适用于当前流域条件的降雨径流曲线。这些曲线是利用实际水文模型的土壤水分输出得到的，并随着流域条件的变化定期更新，如每隔 6h 输出一次。径流阈值量通常是通过单位线法和通过假设与河岸水位相对应的流量进行一次性计算得出的。

然后，现在当前流域条件下，根据产生临界径流的每个假定持续时间的降雨量，就可以推求出降雨量阈值。可以将指南的降雨量与观测到的或预测到的流域平均降雨量进行比较。通常，上述这些计算是通过突发洪水监测预测系统的决策支持工具来运行的（图 8.5），同时与相关工具一起生成突发洪水指南并进行局部调整。

例如，突发洪水监测预测系统提供了一个区域和单个流域的地图，可

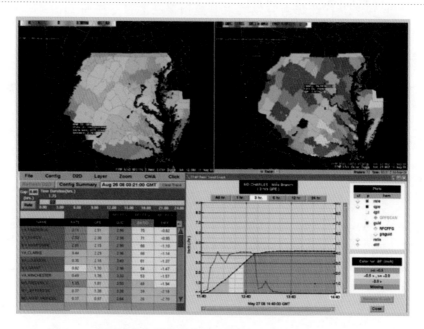

图 8.5　美国国家海洋和大气局/国家气象局突发洪水控制预测
系统的输出结果（针对不同的位置、持续时间和周期），
雨量阈值图、累积雨量图、流域趋势图、流域
结果表（NOAA/NWS，2008）

以添加其他有用的背景信息，如已知或估计的突发洪水风险位置，用
突发洪水潜在指数来表示。此外，还可根据降雨量超过指南的多少来
计算"突发洪水指数"。突发洪水指南的研究还包括开发改进的预报
验证，将预报验证应用到城市地区（如 NOAA/NWS，2003），可以
改进美国部分地区的指南，因为这些地区里地形和降雨强度对突发洪
水的影响大于土壤湿度对突发洪水的影响（如一些沙漠地区）。目前
开展的相关工作还包括在突发洪水分析和预测中广泛采用分布式模型
（见专栏 5.1）。

　　阈值法已在其他许多国家和地区开展应用或评估（如 Norbiato et al.，
2009；NOAA，2010）。例如，在气象雷达遥感网络覆盖较少或缺乏气象雷
达覆盖的地区，广泛采用卫星降水实测值，并在实测值可用的情况下采用雨
量计测量值进行补充和更新。对于在世界气象组织（WMO）全球突发洪水
指南项目内运行的系统而言，降雨量估计值的典型空间尺度为 100～300km²

（如 NOAA，2010；De Coning and Poolman，2011）。阈值法的概率版本也正在开发中（如 Villarini et al.，2010）。在国际上，经过评估且具有潜力的方法包括：

- 贝叶斯技术将降雨和土壤湿度信息结合起来，并在设定阈值时采用成本损失法的效用函数，考虑了利益各方对风险的态度和容忍度。
- 突发洪水指标，该方法涵盖一系列决策过程中表征突发洪水可能性的指标，这些指标综合考虑了流域特征，例如坡度、土壤湿度、积雪和实时暴雨风险以及实时风暴的移动速度和降雨强度等。

至于降雨阈值，广泛应用分类统计来评估突发洪水指南和相关方法的有效性。在某些情况下，这些分析得到大量的事后野外调查的验证，以确定哪些地点被淹没、是否收到预警。如果收到预警，则提供应急响应时间以及洪水的深度和淹没范围（见第 7 章）。例如在美国的一些地区，通常会在大雨期间或不久之后向当地居民打电话，以收集用于验证预测研究的数据信息，包括误报的信息（Gourley et al.，2010）。

验证分析是常规和事后审查的一部分，以确定指南和相关方法需要改进的地方，并确定是否需要针对外部因素变化而改变阈值。如表 8.2 所列，在一些国家由于流域退化和泥沙淤积，主槽过流能力减小将是引发洪水的关键所在。因此随着时间的推移，对于同一组降雨和土壤湿度条件的方案，洪水的严重程度往往会急剧增加。诸如水库和防洪堤防建设等结构性干预措施也会影响洪水响应，从而影响阈值。

8.3.2 站点预警

为了在站点提供预警，基于河流水位的阈值被广泛应用于已建水位观测站的河流。阈值的别称包括标准、触发器、警报和临界水平。通常阈值法会受到区域的限制，如在水位上升率能够为发布预警提供足够时间的地方，以及在分时期或分阶段的洪水预警系统中。阈值法是以前章节介绍的一般警报或警戒方法的延续。一般由关注的研究区或附近的实测值来确定阈值，有时辅以上游的实测值（如果有的话）来确定。对于像城市中心等洪水高风险区，为防止意外发生，这些阈值通常由受过培训的观察员进行现场观测，如桥梁处的泥石流堆积或潜在的防洪设施溃决的潜在信号。

如第 6 章中所述，使用站点预警时，发布警告的决策通常采用行动表和地图来显示哪些位置在给定的实测水位下会受到影响。图 8.6 为澳大利亚政府（2009b）提供的洪水情报记录中的相关信息。

高度/m	结　　果
1.50	洪水开始从塞斯河流出，淹没了内华达宗达南部的低洼农田。牲畜和设备需转移安置到海拔更高的地方
2.50	10 年一遇洪水水位
	小镇常发生的洪水。小镇是夏季露营和 2 月最后一周举办的年度 "Knee Knockers" 节的热门场地。在节日的高峰期，可能会有多达 1000 顶帐篷
	洪水达到 Kneys 溪上老桥的桥面高度。在塞斯河的洪水期间，水可以沿着 Kneys 溪反流，关闭这座桥将洪水隔绝在内华达宗达以东 20 英亩的农村地区。在以往的洪水事件中，进入城镇的通道会淹没一周
3.50	内华达宗达房车公园被淹没。房车公园的正常入园人数为 50 人，但在高峰时段可能会超过 300 人。最高峰时期包括 40 个房车站点，其中 10 个是永久性占地，70 个帐篷站点。值得注意的是帐篷地点靠近河岸

图 8.6　为洪水情报记录中前几行的插图

（改编自澳大利亚政府 2009b。经澳大利亚政府总检察长办公室授权后转载）

当采用的是上游"较远"位置的水位计时，可延长预警预见期，这与使用附近或"当地"的水位计时获得更准确的值但预警预见期较短之间存在一个权衡。在某些情况下，根据河流流量或几个观测点的观测值来确定的阈值更为复杂，如考虑支流汇入、流量控制工程和潮汐变化等因素的影响。这些通常以逻辑条件或多元回归的形式表示，或者更常见地以查找表或图表的形式表示。对于挡潮闸等高风险位置，有时会进行大量的离线水动力模型研究以确定阈值。

在许多洪水预警服务中，河流水位阈值是关键的决策工具。通常每一个水位计都定义了两个或多个阈值，以此应对不同阶段的洪水预警，图 8.7 为澳大利亚的洪水预警分级（澳大利亚政府，2009a）。这些可作为应急机构的常规指南定义如下：

• 大型洪水。导致大面积的洪水泛滥，隔绝了乡镇和城市。公路和铁路线路遭到严重破坏，可能需要对许多居民区和商业区进行人员安全疏散，在乡村地区会出现大面积的农田积水。

• 中型洪水。导致低洼地区被淹，需要清理库存或疏散部分居民，主要的交通桥梁会因洪水淹没而禁止通行。

• 小型洪水。带来一些不便，如淹没地势较低的桥梁，以及禁止在次级道路上通行和必须移除靠近河流的抽水泵。

在一些机构中，高风险地区安装了主要的和备用的水位监测计，以此来防止仪器或遥测设备故障失效，并为如联系关键基础设施运营商或关闭防洪闸这类关键操作定义了额外的阈值。有时也使用基于浮动或电子开关水位探测器的备份或"最终"警报，但可能会存在在需要时无法操作或偶尔出现误报的风险。

对于区域或国家洪水预警服务，所需的阈值数量很大，达到数百个或更多。通常会将阈值写入洪水预警程序（见第6章），并使用遥测系统或洪水预报系统进行管理，能够通过发送电子邮件、地图显示和其他方法提供警报（见第3章和第5章）。当然也会采用纸质手册作为备用，以防止仪器

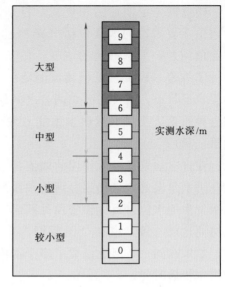

图 8.7　小型、中型和大型洪水分级
（改编自澳大利亚政府，2009a。经澳大利亚政府总检察长办公室授权转载）

设备失效。在决策标准较为复杂的区域，广泛使用决策支持系统（见第6章），但是通常在出现软件或硬件问题时采用更为简单的备份方法。

在一些情况下使用全自动预警系统，其中超过阈值就会触发汽笛、屏障或其他报警装置。然而就像第1章和第6章中讨论的，由于存在误报的风险，这类系统应用范围有限，如在低洼的河流交叉口和一些泥石流或大坝溃坝的预警系统（见第9～第12章）。近年来，还为用户开发了自定义阈值的功能，以便在超过阈值时接收文本消息和其他警报（详见专栏3.1）。这些应用通常为更正式的预警服务提供有用的补充，尽管如何充分利用所提供的信息主要取决于用户。如第6章所述，部分国家正在尝试在选定的快速响应汇水区内采用更加正式的包含应急行动的预警信息。

当洪水预警服务系统中开展阈值定义时，所使用的阈值通常是基于历史洪水事件经验和验证研究来估计的。例如，性能测试通常基于研究区站点河流水位的长时间序列数据，其次使用分类统计和测量，如提供的最小、平均或中等的预警预见期（见第5章）。水动力学模型也用于探究站点水位如何与洪水风险区域的洪水发生相关联，但是如果仅根据模型输出来定义阈值，那么模型的精度是远远不够的。

阈值需要定期评估和更新，特别是在大洪水事件之后。以雨量为基础的阈值需要考虑的因素包括沉降和建筑工程可能造成的影响，以及特定的测量值问题，如基准值的改变、雨量计在一场洪水中损坏后重新安装或是进行了维修。设置较低的阈值能延长预警预见期，设置较高的阈值则能减少虚假警报数量，通常需要在两者之间作出权衡，但是在发生洪水时，阈值较高会导致无法及时（或根本不能）发出洪水警报的风险（如 USACE，1996 和第 7 章）。

在许多情景下，所使用的阈值是基于某一位置河流水位的上升速率，因此在洪水暴发之前可得到合理的预警预见期。基于实测水位的阈值通常低于洪水发生的水位。目标预警预见期通常由民防当局、应急响应人员和社区代表协商达成一致，或在全国范围内将其定义为预警服务水平协议的内容之一。如果在同一条河上设置了多个水位计，通常还需要假设不同水位计之间的洪水传播时间。

这种实测法可认为是一种简单的河流水位预测经验公式。但是针对突发洪水，可提供的事前预警也是有限的。因此，为了提高预报精度和延长预警预见期，广泛应用洪水预测模型。通常洪水模型可用于预测洪峰到达的时间及洪水量级信息，有时可提供洪水持续时间和淹没范围。为了能在运行中使用模型输出，通常需要定义额外的阈值，有时称为"预测"或"结果"阈值。

由于能提供额外提前量，阈值可以比实测值设置要高一些，例如，洪水危险区的洪水最先溢出河岸的水位值，或者经离线模型研究证明洪水可能在重要位置开始发生。但是如果可能的话应进行验证，来确定模型假设条件是否满足了所需的预警预见期和精度要求，并确定误报率是否处于可接受水平。将预测阈值集成到操作过程中包括以下几项（Sene，2008）：

- 如果观测值或预测值超过阈值，则发布预警。
- 如果观测值和预测值同时超过阈值，则发布预警。
- 如果观测值超过阈值，用预测结果来确定（指导）最终决策，考虑发布预警。
- 从淹没范围的实时预测中生成对单个对象或对象组的预警。

对于给定的预警预见期，这些方法通常提供不同的命中率和误报率组合。这些方法依赖于不同程度的预测模型输出，只有在第一种情况和最后一种情况下，警报才能仅根据预测结果发布。在气象预报中，这有时被称为"预测预警"法（如 Stensrud et al.，2009）。

基于模型结果的不确定性，有时会通过"宽松"和"严格"的界定来涵盖偶然事件，在这种情况下，当超过宽松的阈值时，值班员在做出决定时具有一定的灵活性，但在达到严格的阈值时必须采取具体行动。在某些情况下，也会使用更为复杂的规则，例如受水流控制工程影响的位置，这些规则通常经编程嵌入决策支持系统中。在接下来的章节中，我们还将讨论影响实时风险图的一些特定因素。

实际上，基于实测阈值的使用——或单独使用，或结合预测、降雨阈值和其他方法，仍然是许多洪水预警服务的核心（见第 8.3.1 节和第 5 章）。但是具体方法的选择通常取决于一系列因素，包括机构政策、过去仅使用观测值的表现、测量的可靠性、特别是需要的理想预警预见期，以及基于预测验证研究所关注的模型输出的置信度。

其他应用包括使用多媒体和其他有针对性的预警传播系统（见第 6 章），可设置阈值以满足单个用户的需求，比如像一些关键的基础设施运营商。根据技术可行性，示例可包括优化阈值以尝试满足用户指定的最小预警预见期——长系列的平均值或洪水频发区域的最大可接受误报率。使用概率方法和集成方法的趋势也在逐渐增加，例如通过使用概率阈值和决策准测，来考虑预测模型运行之间的一致性（或持久性）。这将提供一种基于风险的方法来发布警告，此部分内容将在第 12 章中进一步讨论。

8.3.3 突发洪水预测模型

在预警过程中使用洪水预报模型时，主要关注点在于提供可能发生洪水的早期迹象，而不仅仅是通过观测来预测洪水发生的可能性。模型输出还有助于阐述复杂的和快速发展的情况以及像泥石流淤塞等特殊事件的相关因素。

在使用模型之前，模型输出结果通常要经过至少 1～2 个汛期的预运行测试评估。重点是使用一系列预警预见期的分类统计资料和关键水文特征值来测试模型性能。然后需要对模型输出结果是否可信做出判断，以便在实际运行中进行预测，以及在多大范围上开展预测。例如模型输出是否主要用于诸如调度工作人员或通知民防机构等业务运行，还是更直接地辅助决策以确定是否向公众发出预警？由于预测的不确定性通常随着预见期的增加而增加，因此也可能需要指定预见期的最大值，超出该值则不使用模型输出结果，或模型结果仅用于辅助指导。通常预警预见期的上限由第 5 章所述的预测验证研究来确定。

所使用的模型类型囊括了如相关系数法或上升率法（外推法）这类简单方法并结合了降雨径流、水文和（或）水动力洪水演算模块的综合流域模型。第 5 章中讨论了这些方法的研究背景以及模型选择的标准。通常，模型的选择标准包括风险等级、以往特定模型的使用经验、流域响应时间、所需的预警预见期、数据可用性和成本等因素。

对于大型河流的洪水预报，目前最先进的方法是使用综合的集水区模型，该模型集成了降雨预报输入、多个降雨径流模型和实时水动力模块（见专栏 8.3）。观测结果足够可靠的所有雨量计需进行数据同化，并针对关注的所有预见期估算输出结果的不确定性（见第 12 章）。根据实际项目需要模型也包括额外的模块，例如融雪和水库调度。

除了复杂模型，实际应用中也广泛使用基于简单图或查找表的模型，作为备份和输出的"核查"，通常采用纸质形式保存，以防止预测系统完全失效。这种方法也广泛用于社区的洪水预警系统（如 FEMA，2006）。

针对突发洪水的应用，通常也采用类似的方法，但由于突发洪水对降雨的快速响应特性，更多地采用降雨-径流模型来开展研究。在研究位置上游设置了遥测水文站的区域，往往涵盖了汇流计算模块。汇流计算模块通常能提供更准确的预测，预见期较短。例如，图 8.14 为不同建模方法的预见期和预测精度之间权衡的示意图。数据同化技术也被广泛用于提高模型性能。

当采用水动力模块时，可计算出实时洪水风险图作为发布洪水警报的指南，通常，洪水风险图包括洪水范围、水深和流速的估算。然而，实时洪水风险图法目前应用范围有限，实际应用中更倾向于使用预先绘制的风险图。这在一定程度上是受限于模型运行时间和精度要求（见第 5 章），以及预制的风险图可在运行之前进行离线检查和审核。

风险图展示了不同的河流水位下的淹没情况，通常为一系列的打印图纸，可存储于基于 GIS 的浏览器或决策支持系统中（见第 6 章、第 7 章和专栏 1.1）。然而，实时洪水风险图模型具备考虑事件特定因素的潜能，而且，基于高性能的计算机处理器和高效算法情况下，模拟运行时间会显著缩短。因此，实时洪水风险图法将来可能会被广泛使用。

与突发洪水应用特别相关的另一项挑战是为没有监测站点的区域提供可用于运行的洪水预测，也就是说，在当地或附近都没有安装遥测河流水位计，但又需要设置站点预警的区域，除了之前讨论的降雨阈值法和突发洪水指南之外，在这种条件下越来越多地使用实时分布式物理概念模型。第 5 章对分布式物理概念模型进行了论述，总的来说，模型是在网格基础上开展流量演算的，其输入条件为降雨预报值和/或气象雷达或雨量计的实测值。

就像突发洪水指南一样，洪水的阈值通常用洪水频率来定义，例如 2 年一遇或 5 年一遇的洪水。变分法、卡尔曼滤波和其他数据同化技术越来越多地被应用于模型范围内河流水位计的实测值。与简单技术相比，这些方法在洪水严重程度的定量估计方面具有优势，并且越来越多地用于通过概率的方式发布中期到长期的预警报告中，以及在没有安装水位计的流域中发布短历时的突发洪水警报。

8.4 流域特性因素

8.4.1 简介

在河流流域中，需要考虑许多影响水流响应的当地因素。通常，这些因素只对低流量和中等流量有影响，但在某些情况下，这些因素对洪水的影响也较为重大。

一个常见的实例就是水流控制工程和水库运行对洪水的影响。通常，水流控制工程和水库对洪水的主要影响是削减和延缓洪峰流量，且有可能在流量响应中引入非常态的模式，例如突然增加下泄、减小下泄或周期性往复。然而，在大流量条件下，水库存在溢流或漫顶的风险，或是控制工程完全打开（或关闭）从而导致其他位置的洪水风险增加（图 8.8）。事件特定因素例如泥石流淤塞和冰堵等也有可能发生，从而导致局部水位上升，洪水风险即刻向上游蔓延，并且如果堵塞突然清除，则会导致下游地区的洪水泛滥。

图 8.8　多布拉水库下游坎普河流域的河流。左图：低于水库平均入流期的干涸河道。右图：大坝溢洪道运行期间的洪水径流（Bloschl，2008）（经 Taylor & Francis Ltd. 公司授权后转载，http://www.informaworld.com）

　　为了阐述上述方法，以下几节将考虑两种特殊情况下（冰塞、水库与水流控制工程的运行）的监测、预测和预警技术。对于水库和控制工程，需要综合考虑多目标的预报，例如灌溉、供水、航运、发电和污染控制。虽然本书没有考虑这些目标，但值得注意的是，从洪水的角度来看，广泛的用户基础可有助于洪水预警系统的运行维护和资金保障。此外，在有明显汛期（或季节）的地方，全年运营通常有助于保持员工技能并确保遥测和其他设备正常运行。

8.4.2　冰塞

　　在寒冷的气候条件下，冰塞在某些位置存在反复出现的风险，有时在同一条河流上每年会出现几次（尽管不一定会引发洪水）。破碎的河冰积聚在弯道和阻水建筑物（如桥墩）等位置时常常会引发冰塞（如 Snorrason et al.，2000；Beltaos，1995，2008）。尽管，有时是热效应会引起冰塞，但大多数冰塞或"碎冰堵塞"的形成是由于河流流量增加而引起冰面抬高和破碎，从而导致冰塞，例如在气温升高、太阳辐射或废水排入河流的情况下有可能引发冰塞。当冰块在结冰河段上游积聚时，冰冻期也会发生冻结堵塞，但通常不会造成太大的洪水风险。

　　包括美国、加拿大、冰岛、俄罗斯和斯堪的纳维亚半岛在内的一些地区常常遭受冰塞洪水的影响。除了上游水位上涨或因冰塞突然清除导致的下游水位暴涨的风险之外，人们可能会因洪水中的浮冰和溺水体温过低而产生其他风险。冰塞事件是突发洪水发展最快的类型之一，根据多篇报道，冰塞从初期冻结堵塞到洪水泛滥通常为几分钟到 1h 的时间。在某些情况下，如果气温持续下降和局部冰塞已经冻结几天或几周，则会引发长期的洪水问题。

　　在冰塞情况下，开挖和爆破等措施可以消除冰塞。通常，可采用像冰坝爆破、钻井、切割以及改变大坝和河流下泄以增加流量和/或提高水温的技术，用于减少或打碎处于危险位置上游的河冰。针对洪水问题来说，长久有效的解决措施有筑堤、设置分流通道、滞冰的支墩和结构。

　　在潜在冰塞风险的区域，通常在冬季进行冰情监测，并更新洪水应急预案。在一些情况下，可采用水动力学模型评估不同冰塞高度可能引发的洪水量级。例如，采用一些具有冰塞建模功能的一维和二维模块（Morse and Hicks，2005）。

　　对比河道模型（见第 5 章），冰塞建模需要部分额外的输入参数，包括冰塞范围、水面和冰盖的相对面积、冰盖和冰塞下游的河冰厚度和糙率系数以及与冰塞碎块相关的内摩擦系数。

有时需要考虑浮冰对水流的影响，以及在某一冰塞下水流的临界速度，超过该速度，冰塞将失稳。在实时运行中，冰塞模型可日常运行（或更频繁地），并根据冰塞的实测信息来更新洪水风险评估（如 Tang and Beltaos，2008）。建立历史冰塞事件数据库可有助于确定潜在风险位置及提出可行的缓解措施（White，2003）。

采用静态的或视频摄像机以及其他的水位测量仪等通用监测技术，来监测已知冰塞点上游的水位骤升情况。而后，通常通过定义河流水位上升率和漫滩阈值，对应急响应人员进行预警（如 Williams and White，2003）。

在短期天气预报和洪水预测模型的输出结果基础上，有时也会发布预警或警告，如气温上升和/或河流水位或流量的观测值或预报值快速上升。

在河冰形成的区域，临时的冰凌运动探测器是监测冰面破碎的仪器之一，例如电线通过冰洞与电源和调制解调器连通以用于遥测。通过水温观测来开展冰塞潜在风险预警是研究的另一种思路。卫星图像广泛用于提供了常规的冰盖评估，综合孔径雷达（SAR）观测可解决云层覆盖期的能见度问题。

局部地区也使用定期空中调查，例如像阿拉斯加的河流监测计划（NOAA/NWS，2012）。观察员和志愿观察者的冰情报告非常有用，一些特定地点的观察报告（例如美国的部分地区）可在基于地图的网站上获得。

随着冰塞风险的增加，需要在风险发生之前采取应急准备措施。例如，在 2007 年的冬天，河流的冰情条件预示了如表 8.1 和图 8.9 所提到的蒙彼利埃冰塞再次出现的可能性。为应对冰塞洪水，成立了一个包括市政局、国家气象局、美国联邦应急管理署和其他一些机构在内的多机构小组（FEMA，2008）。

通过安装额外的河流水位计来监测河流冰盖厚度和宽度，并尝试通过诸如将温度较高的水抽入结冰河段或将废水出水口转移到上游更远的位置等措施来减少冰盖。其他防范措施包括储备沙袋和分发安全疏散地图，以及部分企业将库存从地下室和低洼地区转移出来。在这种情况下，不会因冰塞引发洪水，这些方法可以在未来几年以及其他容易发生冰塞的地方有效地应用。

尽管可以预测冰塞的形成和破碎，但由于所涉及过程较为复杂，目前冰塞预测技术的应用微乎其微。目前，最成熟的方法是河冰形成预测相关领域，涉及河冰形成与气温和其他因素相联系的经验技术得到广泛应用。更多基于水力学和能量守恒的物理方法也得到了发展。

图 8.9 蒙彼利埃冰塞，佛蒙特州，1992（USAGE，2009）

图 8.10 水工结构的示意图。从左上顺时针方向：
拦河闸、防洪工程、涵洞出口、拱坝

开展河冰破碎和堵塞形成过程的模拟极具挑战性，因为需要考虑一系列力学的、热学的和其他影响，并且缺乏可用于模型校准和验证的综合数据库。但是，通过应用评估后得出，多变量统计法和人工神经网络法在河冰模拟方面具有应用前景（如 White，2003；Mahabir et al.，2006）。基于过程的水动力和结冰模块耦合模型的开发研究也较为活跃，当具备合理的校准数据集时，这些耦合模型通常可模拟出满意的结果。

8.4.3 水库和水流控制工程的运行

河道内通常包含一系列用于调节流量、分流和其他用途的构筑物。这些构筑物通常用于防洪、灌溉、航运、水力发电、河道测量和供水，例如堰、水闸、闸门、挡潮闸和倒虹吸。河流外包括河漫滩和滞洪区等，也用于灌溉、防洪和其他用途。在较大规模上，水库通常用于供水、水力发电、灌溉和娱乐等多种用途。在洪水情况下，桥梁（公路、铁路、管道）和涵洞等其他结构有时会影响结构上游和/或下游位置的水位和流量，如水位到达或淹没桥面，或是流量超过涵洞过流能力。

通常，水工结构是可调度调控的，要么基于操作员在现场或通过遥测系统的输入，要么根据预定义的一组控制规则来自动移动。这些操作有可能导致洪水风险区的河流水位和/或流量发生显著变化，但是影响程度需要根据具体情况考虑。例如，如果水库具有备用库容或通过泄洪降低水位以便于为滞洪提供一个缓冲，这通常会显著延迟并削减下游的洪水流量（图 8.11）。相比之下，如果水库漫溢，可能会导致下游地区的流量显著增加，在极端情况下，当超过溢洪道过流能力时，将导致水库坝顶漫流并可能出现溃坝（见第 11 章）。小范围内，水流控制工程对洪水的影响也是类似的，例如拦河坝或防潮闸的闸门关闭通常会引起上游水位上升，可能导致上游区域洪水泛滥，同时在洪水期间打开水闸和其他闸门以保护工程安全，则可能增加下游的洪水风险。

对于水库而言，洪水期间调度运行需要考虑以下因素：坝体漫顶风险、当前可用的滞洪库容（以及是否需要进一步排空）、在连续暴雨期多次洪峰出现的可能性以及发出预警的程度和类型。在水库群中洪水预警较为复杂，需要在整个系统中整体考虑蓄洪和排洪的顺序。

最优响应策略的提出通常借助于模型和许多潜在的可行技术（如 Chanson，2004；Chow，1959；Novak et al.，2006）。例如，对于水库而言，计算研究表明，简单的水文路径选择法足以表示流入和流出之间的峰值削减和时间延迟，或者水库的影响小到足以忽略。但是，如果研究需要，可采用基于水库实测地形数据以及溢洪道和尾水通道设计图纸的水动力模型来估算更为精确的水库水位和溢洪道流量。

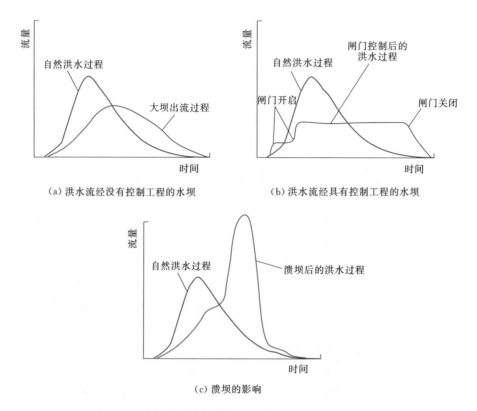

图 8.11　大坝的洪水控制效果（澳大利亚政府，2009c）
（经澳大利亚政府总检察长办公室授权后转载）

　　实时预测可使用类似的方法，流入量采用第 5 章中描述流域模型来估算。然后，综合考虑水位、漏损、泄洪以及（如果重要的话）水库表面的直接降雨和蒸发，将这些数据作为水量平衡、水文路径模拟或水动力模型的输入。理想情况下，水库水位、溢洪道流量、控制结构设置条件（如果有的话）和水库入流量的遥测值可用于支持模型的运行。然而，在许多情况下，难以获取上述变量的遥测值，这往往会对方法的选择造成一些限制。

　　水流控制工程也采用类似的方法，在城市地区，实时模型通常需考虑可能影响河流水位和流量的所有重要结构。有时也需要考虑潮汐影响，通常使用查找表、图或水动力学模型来体现。例如，Huband and Sene（2005）详述了 52 个预测点的洪水预报、干旱、供水、航运及其他应用的实时水动力模型的研发。最初的版本包括 55 个集成的概念降雨径流模型和超过 400km^2 的水动力模型网格，有近 500 个水流控制工程，包括蓄洪水库、倒虹吸、泵站、闸门、桥梁、堰和涵洞。

在水流控制工程可以调控运行的情况下，所使用的运行规则通常包括简单的经验法则、基于图表或基于经验或建模的表格式程序，以及需要封装在水动力学模型或决策支持系统中的复杂逻辑规则。运行规则的详细程度通常与洪水风险和结构失效的后果相关联。但是，由于一系列的技术、经济或政治原因，实践中使用的规则可能与设计规则有很大不同，需要进行额外的协商和建模尝试。另一个考虑因素是，在洪水情况下诸如船闸和水闸之类的工程有时会完全打开或关闭，或者由于水位超过了堰顶或其他位置而无法调控。

对于规模较大的大坝和水流控制工程，通常需要优化控制规则以降低运行成本和风险，同时协调平衡不同的调度目标。对于具有多目标调度的水库尤其如此，如水库调度目标包括供水、灌溉、水力发电和娱乐等。针对防洪，特别需要考虑的是通过放水储备防洪库容的成本（或机会成本）和排泄流量后造成下游洪水风险之间的权衡。使用优化技术的应用实例包括使用实测的、综合的或随机的流量数据来构建长期模型和线性或动态程序（如Yeh，1985；Wurbs，1992；Labadie，2004；Nandalal and Bogardi，2007）。在洪水情况下通常也需要单独的、短期或应急的调度规则（如Nandalal and Bogardi，2007）。

对于洪水预警软件，实例中所使用的阈值类型包括水位的上升率、当前水位以及流量控制结构上游和下游的水位或流量。在某些情况下，这些阈值写在决策支持工具中，用来协助实时运行和离线应用，如应用在操作员培训和应急响应演练中（如Fritz et al.，2002；Guo et al.，2004）。正如第12章中所讨论的，概率法还有助于优化实时调度规则并降低运行成本和机会成本，且这种方法已应用在许多和洪水相关的软件中（或评估）。

但是在所有情况下，调度运行规则需要保持一定的灵活性，以便在遇到特定事件问题时可进行调整，例如，如果在坝体上出现渗漏或侵蚀等问题，或存在出现溢流的可能性时，则可能需要快速降低库水位。遥测系统、通信系统、闸门和其他控制工程也存在失效风险。操作人员有时也难以决策，如是否根据可能不太合理的入库流量预测值来调整下泄流量以释放水库防洪库容，这可能会加剧已经发生在下游的小型洪水。但是在某种程度上，如果已经预见到洪水发生的可能性并制定相应的应急计划，可以降低这些因素和其他因素带来的风险，第7章和第11章进一步讨论了这部分内容。

专栏 8.3　突发洪水预报系统，坎普河流域

坎普河流域位于奥地利北部，流域面积为 1550km^2（图 8.12）。海拔为 300～1000m，年平均降雨量约为 900mm。虽然有大面积的沙质土壤，但地质类型主要是花岗岩和片麻岩。洪水是有来自地中海潮湿空气带来的暴风雨引发的，也可能源于雷暴、融雪和雨雪事件。

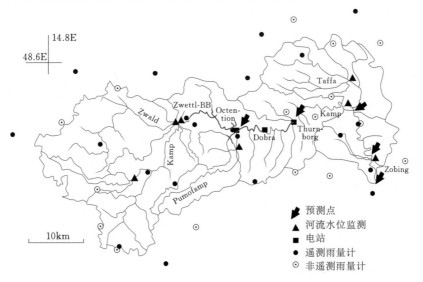

图 8.12　坎普河流域的数据网络、水力发电方案（正方形表示）和预测点。
粗灰线和细黑线分别代表流域边界和河网（Blöschl，2008）
（经 Taylor & Francis Ltd. 授权转载，http：//www.informaworld.com）

在流域下游出口，降雨和洪水之间的响应时间约为 6h。然而，降雨和洪水之间的响应受到干流上 Ottenstein、Dobra 和 Thurnberg 三座水库的影响，三座水库的有效库容约为 7200 万 m^3，用于水力发电、娱乐和防洪。与奥地利其他地方类似规模的汇水区相比，沙质土壤在一年中的大部分时间内流量非常低，但一旦土壤内水分饱和，就会对强降雨做出快速响应。

自 2006 年以来，分布式物理概念降雨径流模型已被应用于集水区的洪水预报调度。分布式降雨径流模型由维也纳技术大学水利水资源工程研究所研发，获得了奥地利州政府和奥地利 EVN 水电公司的支持。

集水区由 13 个子集水区、10 段河道和 3 个水库模块以及融雪模块组

成（Reszler et al.，2007；Bloschl et al.，2008）。模型网格大小为 1km，时间步长为 15min。基于遥测河流水位计的实测误差，采用集成的卡尔曼滤波法更新模型中的初始土壤含水量；同时与每个水位计的自回归误差预测法相结合（Komma et al.，2008；Bloschl et al.，2008）。对于坎普河流域，随着洪水时间的发展，更新前期的土壤水分条件对提供更准确的初始条件尤为重要。

模型主要的气象输入是气象雷达和雨量计的实测值，以及集成了降雨和气温的预报值，并将其降至模型网格尺度。预测数据是由奥地利气象局（ZAMG）提供，并结合了较短预见期内基于水平对流的临近预报和在较长预见期内的数值天气预报（NWP）模型输出结果。对于 NWP 模型的输出，采用了 ALADIN 局域模型（10km，1h 输出）和欧洲中期天气预报中心（ECMWF）模型（22km，6h 输出）的加权集合。对预测能力的分析表明，临近预报法在预测前 2～6h 内误差较小，但 NWP 模型输出结果在较长的预见期内更为准确。

在初始模型的校准和验证过程中，除了各个仪表的降雨量和流量数据外，还采用了空间分布式观测数据。包括地下水位、土壤湿度、土壤渍水、积雪和洪水淹没水位等信息。模型参数根据小流量期间的主要物理过程和一系列洪水事件（如由对流降雨、融雪和雨雪引发的）选择性地开展优化。河道调查、洪痕、水流及洪水事件的历史资料也用于校准洪水演算模型，以及一维和二维水动力模型的输出。

水库运行调度规则的数学表达方式具有一定的难度，因为这些调度规则会对下游的水流产生相当大的影响。与水库调度人员的讨论后得出，考虑到预测入流量、电价和其他因素，同时需要保持水库水位和下泄量在约定的最小值和最大值之间，通常水库下泄调度是基于具体事件的。例如，随着洪水事件的发展，通常需要在为了提供充足的防洪库容而下泄不必要的水量的风险与下游较远位置洪水的潜在后果之间权衡。

为了开发预警模型的水库模块，建立了多机构团队来讨论、审查和更新模型中使用的运行调度规则（图 8.13）。水库运营方的参与是必不可少的，这一过程本身也增加了工作人员对该模型的信心，并为工作人员在极端洪水事件中如何考虑气象和水文因素提供了有用的帮助。

图 8.14 为该模型用于实时预报流量演算和降雨-径流分量准确性评估

的原理图。在集水区上游，也就是第一个水库上游的水位计中也显示了
径流预报。正如预期，当模型的流量演算模块占输出主导时，虽然预见
期较短，但精度最高，然而当预报降雨作为主要输入时，模型的精度
最低。

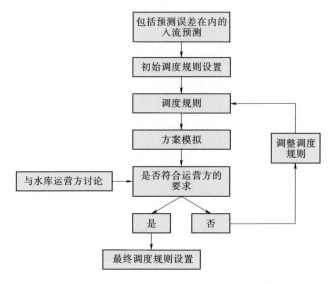

图 8.13　基于水库调度人员判别的水库模拟模型迭代程序
（Bloschl，2008）（经 Taylor & Francis Ltd. 授权后使用，
http：//www.informaworld.com）

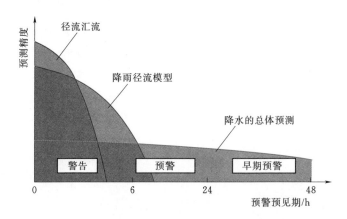

图 8.14（一）　坎普河模型中主要模块在不同预见期的准确性，
以及它们与发布预警的对应关系

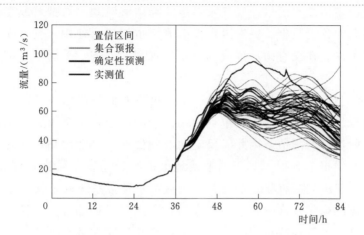

图 8.14（二）　2005 年 7 月 10 日 12 点，Zwettl 站流量集合预报实例
（Komma et al.，2007；Bloschl，2008）（经 Taylor & Francis Ltd.
授权后使用，http://www.informaworld.com）

因此在实践中，当流量演算模块占主导时会触发洪水警报，在较长的预见期时，可发出预警和早期警告。预警过程中，预报员的输入在评价预测的准确性以及确定异常和极端情况的发生也是至关重要的（Bloschl，2008）。综合模型误差和事件特定因素可以调整预测，例如偏离假定的水库运行调度规则。

8.5　总结

对于河流，洪水风险通常采用综合了水文水动力模型、洪水年表和历史洪水信息的方法来开展评估。近年来，特别是激光雷达和其他高分辨率数字地形测量技术的发展提升了模型评估的准确性。通常采用单位线法计算入流，河网和洪泛区洪水的分析采用一维和二维模型来完成。

然而对于突发洪水，由于数据或成本限制，至少在初始评估中可以使用简单的方法来评估风险。通常这涉及洪水量级与流域特征的关系，例如坡度、土壤类型、森林覆盖和土地利用。有时会考虑其他因素，例如流域响应时间、融雪或泥石流堵塞的风险。

分时段降雨量阈值法被广泛应用于为可能洪水事件的早期阶段提供一般警报、警戒或早期预警，尽管洪水的发生位置、时间和量级存在诸多不确定性。通常，使用基于雨量计或气象雷达的降雨实时观测数据，或在部分系统中使用降雨的预报数据。突发洪水指南方法也被广泛使用，它考虑了前期土壤的湿度条件。在没有雨量计或气象雷达观测的地方，采用卫星降水估算作为替代。

在河流测量遥测信息可用的情况下，可以对面临洪水风险的个别社区发布站点警报。站点预警使用了单点和多标准的阈值，整个预警系统的性能主要取决于所选择的阈值，因此需要定期对阈值开展性能评估，如在预见期的检测概率和误报率方面。对于国家或地区的预警系统，需要管理多个阈值，通常使用基于纸质规程规定的遥测系统或洪水预报系统来完成预警。

洪水预测模型越来越多地被用作预警程序的组成部分，以辅助决策和发布预警，这比仅靠观测得到的预警预见期要长。通常洪水预测模型结合了降雨径流和特定位置的水文水动力模型。实时分布式物理概念模型也越来越多地用于中长期概率洪水预报，且有助于在无水文资料流域发布短期突发洪水预警。

在寒冷气候条件下，冰塞是引发突发洪水的另一个潜在因素，但开展冰塞突发洪水预测困难重重。如果已知地点经常导致堵塞，如在城市的桥梁，则可通过建模、准备洪水应急预案、布设河流水位计以及摄像机和其他设备来估算洪水风险。然而由于冰塞形成过程复杂，尽管基于过程和数据驱动技术的开发是近期的研究热点，但在实际应用中很少使用冰塞洪水预报技术。

水库和水流控制工程的运行有时会影响突发洪水的量级和时间，目前可使用多种预测技术开展水库和水流控制工程影响研究。在洪水风险较大的区域，越来越多地使用实时水动力学模型，虽然在某些应用中，经验关系和简单的流量演算就足够了。另一大挑战是需要在模型中考虑水库中经常用到的调度规则，需要进行探索性建模研究，同时与管理人员进行协商。

参 考 文 献

Abair J，Carnahan P，Grigsby A，Kowalkowski R，Racz I，Savage J，Slayton T，Wild R（1992）Ice & Water: the flood of 1992 - Montpelier, Vermont. Ice and Water Committee，Vermont

Anquetin S，Ducrocq V，Braud I，Creutin J-D（2009）Hydrometeorological modelling for flash flood areas: the case of the 2002 Gard event in France. J Flood Risk Manag 2: 101 - 110

APFM (2007) Guidance on flash flood management: recent experiences from Central and Eastern Europe. WMO/GWP Associated Programme on Flood Management, Geneva

Arnaud P, Lavabre J (2002) Coupled rainfall model and discharge model for flood frequency estimation. Water Resour Res 38: 1075 – 1085

Australian Government (2009a) Manual 21-Flood Warning. Australian Emergency Manuals Series. Attorney General's Department, Canberra. http: //www. em. gov. au/

Australian Government (2009b) Manual 20-Flood Preparedness. Australian Emergency Manuals Series. Attorney General's Department, Canberra. http: //www. em. gov. au/

Australian Government (2009c) Manual 23-Emergency Management Planning for Floods Affected by Dams. Australian Emergency Manuals Series. Attorney General's Department, Canberra. http: //www. em. gov. au/

Beltaos S (ed) (1995) River ice jams. Water Resources Publications, Highlands Ranch

Beltaos S (2008) Progress in the study and management of river ice jams. Cold Reg Sci Technol 51 (1): 2 – 19

Beven K, Leedal D, McCarthy S (2011) Framework for assessing uncertainty in fluvial flood risk mapping. FRMRC research report SWP 1. 7. http: //www. floodrisk. org. uk

Bloschl G (2008) Flood warning – on the value of local information. Int J River Basin Manag 6 (1): 41 – 50

Bloschl G, Reszler C, Komma J (2008) A spatially distributed flash flood forecasting model. Environ Model Softw 23: 464 – 478

Burnash RJC (1995) The NWS River Forecast System – catchment modeling. In: Singh VP (ed) Computer models of watershed hydrology. Water Resources Publications, Highlands Ranch

Carson R, Beltaos S, Groeneveld J, Healy D, She Y, Malenchak J, Morris M, Saucet J-P, Kolerski T, Shen HT (2011) Comparative testing of numerical models of river ice jams. Can J Civ Eng 38 (6): 669 – 678

Chanson H (2004) The hydraulics of open channel flow, an introduction, 2nd edn. Butterworth – Heinemann, Oxford

Chow VT (1959) Open channel hydraulics. McGraw Hill, New York

Collier CG (2007) Flash flood forecasting: what are the limits of predictability? Q J R Meteorol Soc 133: 3 – 23

De Coning E, Poolman E (2011) South African Weather Service operational satellite based precipitation estimation technique: applications and improvements. Hydrol Earth Syst Sci 15: 1131 – 1145

Delrieu G, Ducrocq V, Gaume E, Nicol J, Payrastre O, Yates E, Kirstetter P – E,

Andrieu H, Ayral P – A, Bouvier C, Creutin J – D, Livet M, Anquetin S, Lang M, Neppel L, Obled C, Parent – Du – Chatelet J, Saulnier G – M, Walpersdorf A, Wobrock W (2005) The catastrophic flash – flood event of 8 – 9 September 2002 in the Gard Region, France: a first case study for the Cevennes – Vivarais Mediterranean Hydrometeorological Observatory. J Hydrometeorol 6: 34 – 52

EXCIMAP (2007) Handbook on good practices for flood mapping in Europe: European Exchange Circle on Flood Mapping. http: //ec. europa. eu/environment/water/flood _ risk/flood _ atlas

FEMA (2006) National Flood Insurance Program Community Rating System CRS credit for flood warning programs 2006. Federal Emergency Management Agency, Department of Homeland Security, Washington, DC. http: //www. fema. gov/

FEMA (2008) Crisis Averted: The 2007 Montpelier Ice – Up. The Bridge, Issue 6, February 2008, Federal Emergency Management Agency/Vermont Emergency Management

Fritz JA, Charley WJ, Davis DW, Haines JW (2002) New water management system begins operation at US projects. Hydropower Dams 3: 49 – 53

Georgakakos KP (2006) Analytical results for operational flash flood guidance. J Hydrol 317: 81 – 103

Gouldby B, Sayers P, Mulet-Marti J, Hassan MAAM, Benwell D (2008) A methodology for regional – scale flood risk assessment. Proc Inst Civ Eng Water Manag 161 (WM^3): 169 – 182

Gourley JJ, Erlingis JM, Smith TM, Omega KL, Hong Y (2010) Remote collection and analysis of witness reports on flash floods. J Hydrol 394: 53 – 62

Guo S, Zhang H, Chen H, Peng D, Liu P, Pang B (2004) A reservoir flood forecasting and control system for China. Hydrol Sci J 49 (6): 959 – 972

Hall AJ (1981) Flash flood forecasting. World Meteorological Organisation, Operational Hydrology Report No. 18, WMO – No. 577, Geneva

Huband M, Sene KJ (2005) Integrated catchment modelling issues for flow forecasting applications. Scottish Hydraulics Study Group, Catchment Modelling for Flood Risk Management, 18 March 2005

ICHARM/MLIT (2005) Flood hazard mapping manual in Japan. International Centre for Water Hazard and Risk Management (ICHARM), Ministry of Land, Infrastructure and Transport (MLIT), Japan

Javelle P, Fouchier C, Arnaud P, Lavabre J (2010) Flash flood warning at ungauged locations using radar rainfall and antecedent soil moisture estimations. J Hydrol 394 (1 –

2): 267 - 274

Javelle P, Pansu J, Arnaud P, Bidet Y, Janet B (2012) The AIGA method: an operational method using radar rainfall for flood warning in the South of France. Weather Radar and Hydrology (Eds. Moore RJ, Cole SJ, Illingworth AJ), IAHS Publication 351, Wallingford

Kabeche F, Ventura J, Fradon B, Hogan R, Boumahmoud A, Illingworth A, Tabary P (2010) Towards X-band polarimetric quantitative precipitation estimation in mountainous regions: The RHYTMME project. ERAD 2010, sixth European conference on radar in meteorology and hydrology, Sibiu, 6 - 10 October 2010. http: //www. erad2010. org/

Komma J, Reszler C, Blosch G, Haiden T (2007) Ensemble prediction of floods - catchment non - linearity and forecast probabilities. Nat Hazards Earth Syst Sci 7: 431 - 444

Komma J, Bloschl G, Reszler C (2008) Soil moisture updating by Ensemble Kalinan Filtering in real - time flood forecasting. J Hydrol 357 (3 - 4): 228 - 242

Koren V, Reed S, Smith M, Zhang Z, Seo D - J (2004) Hydrology Modelling Research Modelling System (HL - RMS) of the US National Weather Service. J Hydrol 291: 297 - 318

Koistinen J, Hohti H, Kauhanen J, Kilpinen J, Kurki V, Lauri T, Makela A, Nurmi P, Pylkko P, Rossi P, Moisseev D, (2012) Probabilistic rainfall warning system with an interactive user interface. Weather Radar and Hydrology (Eds. Moore RJ, Cole SJ, Illingworth AJ), IAHS Publication 351, Wallingford

Kubat I, Sayed M, Savage S, Carrieres T (2005) Implementation and testing of a thickness redistribution model for operational ice forecasting. In: Proceedings of the 18th international conference on port and ocean engineering under Arctic conditions, POAC'05, Potsdam, USA, 2: 781 - 791

Labadie JW (2004) Optimal operation of multireservoir systems: state-of-the-art review. J Water Resour Plann Manag 130 (2): 93 - 111

Lavabre J, Gregoris Y (2006) AIGA: un dispositif d'alerte des trues. Application à la region méditerranéenne francaise. In: Proceedings of the fifth FRIEND world conference, Havana, Cuba, November 2006, IAHS Publ. 308, Wallingford

Leopold LB, Wolman MG, Miller JP (1995) Fluvial processes in geomorphology. Dover, New York

MacDougall K, McGregor T, Phoon SY, DentJ (2008) Extreme event and flood warning Decision Support Framework for Scotland. British Hydrological Society 10th national hydrology symposium, Exeter, 15 - 17 September 2008

Mahabir C，Hicks FE，Robichaud C，Fayek AR（2006）Forecasting breakup water levels at Fort

McMurray，Alberta，using multiple linear regression. Can J Civ Eng 33（9）：1227 – 1238

Martina MLV，Todini E（2009）Bayesian rainfall thresholds for flash flood guidance. In：Samuels P et al（eds）Flood risk management：research and practice. Taylor & Francis，London

Martina MLV，Todini E，Libralon A（2006）A Bayesian decision approach to rainfall thresholds based flood warning. Hydrol Earth Syst Sci 10：413 – 426

Mason DC，Schumann GJP，Bates PD（2011）Data utilization in flood inundation modelling. In：Pender G，Faulkner H（eds）Flood risk science and management，1st edn. John Wiley and Sons，Chichester

Met Office/Environment Agency（2010）Extreme Rainfall Alert user guide. Flood Forecasting Centre Exeter

Meyer V，Kuhlicke C（Joint project coordinators），Luther J，Unnerstall H，Fuchs S，Priest S，Pardoe J，McCarthy S，Dorner W，Seidel J，Serrhini K，Palka G，Scheuer S（2011）CRUE final report RISK MAP – improving flood risk maps as a means to foster public participation and raising flood risk awareness：toward flood resilient communities. Final report，2nd ERA – NET CRUE Research Funding Initiative Flood Resilient Communities – Managing the Consequences of Flooding. http：//risk – map. org

Morse B，Hicks F（2005）Advances in river ice hydrology 1999 – 2003. Hydrol Process 19（1）：247 – 263

Nandalal KDW，Bogardi JJ（2007）Dynamic programming based operation of reservoirs applicability and limits. Cambridge University Press，Cambridge

NOAA/NWS（2003）Flash Flood Guidance improvement team. National Weather Service final report：February 6，2003，Washington，DC，USA. http：//www. nws. noaa. gov/oh/rfcdev

NOAA/NWS（2008）FFMPA Flash Flood Monitor and Prediction：advanced graphical user inter – face guide for users. Version OB9，2 October 2008. http：//www. nws. noaa. gov/mdl/ffmp

NOAA（2010）Flash Flood Early Warning System Reference Guide. University Corporation for Atmospheric Research，Denver. http：//www. meted. ucar. edu/

NOAA/NWS（2010）Flood Warning Systems Manual. National Weather Service Manual 10 – 942，Hydrologic Services Program，NWSPD 10 – 9，National Weather Service，Washington，DC

NOAA/NWS（2012）River Watch program. National Weather Service，one page flyer and website. http: //aprfc. arh. noaa. gov/resources/rivwatch/rwpindex. php

Norbiato D, Borga M, Dinale R (2009) Flash flood warning in ungauged basins by use of the flash flood guidance and model – based runoff thresholds. Meteorol Appl 16 (1): 65 – 75

North Cornwall District Council (2004) Boscastle the flood 16 – 08 – 04

Novak P, Moffat AIB, Nalluri C, Narayanan R (2006) Hydraulic structures, 4th edn. Taylor & Francis, London

Pappenberger F, Beven K, Frodsham K, Romanowicz R, Matgen P (2007) Grasping the unavoidable subjectivity in calibration of flood inundation models: a vulnerability weighted approach. J Hydrol 333 (2 – 4): 275 – 287

Reszler C, Bloschl G, Komma J (2007) Identifying runoff routing parameters for operational flood forecasting in small to medium sized catchments. Hydrol Sci 53 (1): 112 – 129

Schmidt JA, Anderson AJ, Paul JH (2007) Spatially – variable, physically – derived flash flood guidance. Preprints 21st conference on hydrology, American Meteorological Society, San Antonio, 15 – 18 January 2007

Schneider C, Florke M, Eisner S, Voss F (2011) Large scale modelling of bankfull flow: an example for Europe. J Hydrol 408: 235 – 245

Sene K (2008) Flood warning, forecasting and emergency response. Springer, Dordrecht

Snorrason A, Bjornsson H, Johannesson H (2000) Causes, characteristics and predictability of floods in regions with cold climates. In: Parker DJ (ed) Floods. Routledge, London

Stensrud DJ, Xue M, Wicker LJ, Kelleher KE, Foster MP, Schaefer T, Schneider RS, Benjamin SG, Weygandt SS, Ferree JT, Tuell JP (2009) Convective – scale warn – on – forecast system: a vision for 2020. Bull Am Meteorol Soc 90: 1487 – 1499

Sweeney TL (1992) Modernized Areal Flash Flood Guidance. NOAA technical report NWS HYDRO 44, Hydrology Laboratory, National Weather Service, NOAA, Silver Spring, MD

Tang P, Beltaos S (2008) Modeling of river ice jams for flood forecasting in New Brunswick. 65th Eastern snow conference, 28 – 30 May 2008, Fairlee, Vermont

USACE (1996) Hydrologic Aspects of Flood Warning – Preparedness Programs. Report ETL 1110 – 2 – 540, U. S. Army Corps of Engineers, Washington, DC

USACE (2009) Ice Jam Database. US Army Engineer Research and Development Center, Cold Regions Research and Engineering Laboratory. http: //www. erdc. usace. army. mil/

USGS (2006) 1976 Big Thomson Flood, Colorado – thirty years later. U. S. Department of the Interior，U. S. Geological Survey，Fact Sheet 2006 – 3095，July 2006

Villarini G，Krajewski WF，Ntekos AA，Georgakakos KP，Smith JA（2010）Towards probabilistic forecasting of flash floods：the combined effects of uncertainty in radar – rainfall and flash flood guidance. J Hydrol 394（1 – 2）：275 – 284

White KD（2003）Review of prediction methods for breakup ice jams. Can J Civ Eng 30：89 – 100

Williams C，White K（2003）Early Warning Flood Stage Equipment. Ice Engineering，US Army Corps of Engineers，Cold Regions Research & Engineering Laboratory，ERDC/CRREL Technical Note 03 – 2，Hanover，New Hampshire

World Meteorological Organisation（1989）Statistical distributions for flood frequency analysis. Operational Hydrology Report No. 33，WMO – No. 718，Geneva

World Meteorological Organisation（2009）Guide to hydrological practices，6th edn. WMO – No. 168，Geneva

World Meteorological Organisation（2011）Manual on flood forecasting and warning. WMO – No. 1072，Geneva

Wurbs RA（1992）Reservoir – system simulation and optimization models. J Water Resour Plann Manag 119（4）：455 – 472

Yeh WWG（1985）Reservoir management and operations models：a state – of – the – art review. Water Resour Res 21（12）：1797 – 1818

第 9 章

泥 石 流

摘 要：泥石流是山区一种常见现象，常造成大面积破坏。预警系统提供了一种降低人员和财产风险的方法，通常依赖于对降雨和地面状况的实时监测。可选的仪器包括雨量计、气象雷达和超声波或雷达液位传感器，以及更专业的仪器，如地震检波器、孔隙压力传感器和断线仪。降雨预报也越来越多地用于延长预警预见期。本章介绍了这些技术以及用于评估泥石流危害的主要方法。

关键词：泥石流、早期预警系统、风险图、风险评估、监测、预报、阈值、野火

9.1 概述

泥石流与山洪有很多相似之处，而且这两种类型的灾害往往同时发生在山区。然而，泥石流的特点是洪水中混合了高浓度的泥浆、石头、岩石和其他类型的物质，这将构成额外的风险。例如，Iverson（1997）指出，最大的流量可以运输直径 10m 或更大的巨石，并且峰值流速超过 10m/s。泥石流过后留下的沉积物也会导致额外的恢复成本，在某些情况下还会永久改变河道的河势。

泥石流发生的主要原因之一是强降雨，例如长期的锋面降雨、强烈的雷暴雨和热带气旋登陆。泥石流通常出现在饱和（或接近饱和）的土壤、泥沙或裂隙岩石等区域的陡坡上，一些引发泥石流的潜在因素包括森林砍伐、植被破坏、野火、路堑和不可持续的耕作方式。

　　然而，和洪水风险管理的所有领域一样，产生的泥石流只有对人员、财产或基础设施造成影响时才算构成风险。因此，一些风险特别高的地区往往包括山谷和沿海山脉脚下的社区，以及这些地区的公路和铁路。表 9.1 列举了一些重大事件，但值得注意的是，泥石流也可能由其他原因引起，例如大坝溃决和突发洪水（第 11 章）、地震以及火山熔岩流造成的冰雪融化。但是，本章不考虑这些非气象成因。此外，由强降雨引起的山体滑坡也不在本章考虑范围内，尽管用于风险评估的一般方法与泥石流相似（如 Fell et al.，2008）。

表 9.1　　　　　几个重大泥石流事件的案例

地点	年份	影　响	成　因
美国	1982	旧金山湾区发生大面积的山体滑坡和洪水。许多滑坡转化为泥石流，造成至少 100 户住宅受损和 15 人死亡（U. S. Geological Survey，1988）	加州中部的一场暴雨，在大约 32h 内降雨量达到了年平均降雨量的一半，部分地方降雨量超过 400mm
委内瑞拉	1999	北部沿海山脉约有 24 条河流发生泥石流和山洪，数千人死亡，沿海地区 50km 范围内的许多城镇遭到破坏（Lopezand Courtel，2008）	14d 的强降雨导致土壤饱和，而随后 3d 的降雨量高达 900mm
日本	1999	广岛市 300 多处泥石流和滑坡事故导致 31 人死亡，1 人失踪，154 座房屋完全被毁（MLIT，2007）	当地的降雨量达到 60～80mm/h，甚至有些区域日降雨量总计超过 200mm
瑞士	2005	瑞士阿尔卑斯山北部发生严重洪水，包括许多泥石流，造成重大经济损失（Rickenmann and Koschni，2010）	一些地区几乎连续 3d 降雨，72h 内的降雨量超过 200mm
中国台湾地区	2009	台湾南部大面积的山洪和泥石流造成 700 多人死亡，损失超过 5 亿美元（Chien and Kuo，2011）	一个缓慢移动的台风（莫拉克）造成某些地方的日降雨量高达 1200mm，并且个别地区 4d 的降雨量超过 3000mm

续表

地点	年份	影　　响	成　　因
中国大陆地区	2010	中国西北地区甘肃省发生两起泥石流事件，造成 1765 人死亡，5500 多处房屋被毁。下游河道上堰塞坝的形成和随后的溃决是造成舟曲市严重洪灾的重要因素（Tang et al.，2011）	强烈的局地降雨，最高记录为每小时降雨 77.3mm

减少泥石流风险的方法包括一系列的工程干预措施和非工程措施。工程措施包括流域上游的侵蚀控制和边坡稳固工程、沿河道的泥沙控制或拦沙坝的使用，以及在社区、公路和铁路交叉口的河道整治和防御工程等；非工程措施包括划定防治区和早期预警系统等。

然而，通常优先考虑早期预警，因为评估哪些特定地区处于风险中存在许多不确定因素，而且为多个地点提供工程措施的潜在成本较高。例如，在日本，估计大约有 20 万个危险的山谷和斜坡存在泥石流或滑坡的风险（Osanai et al.，2010）。如果有足够的预见期，在收到预警时可采取一些措施，包括撤离危险区域、封闭道路、将车辆和贵重物品转移到安全地点等。然而，由于泥石流的速度和侵蚀能力，保护财产的选择往往比河流洪水中保护财产的选择要少（如河流洪水可以使用沙袋和可拆卸的防御物）。

至于其他类型的突发洪水（见第 2～第 7 章），早期预警系统中的主要项目通常包括监测、预报和预警模块，并由洪水事件之间一系列的应急计划（或"防洪准备"）活动支持，如编制应急预案和开展应急演练。其中许多技术适用于泥石流预警系统；然而也有一些关键的差异，本章重点介绍了几个主要领域。首先简要回顾了如何定义泥石流以及泥石流的产生和输移模型，然后讨论了监测和预报技术，特别是使用降雨阈值来帮助决定是否发布预警。

通常来看，关于泥石流风险评估和减缓的指导方针包括来自日本（Ministry of Construction，1999；MLIT，2007）、澳大利亚（Australian Government，2001）和其他国家（World Meteorological Organisation，2011）的一些实例。在某些情况下，这包括对疏散程序和事后恢复阶段等相关议题的讨论。大多数其他类型的突发洪水也强调为了保持预警系统的有效性，所有相关组织机构必须有效地共同运作，社区必须充分参与系统的设计和运行。专栏 9.1 描述了一个预警系统，该系统介绍了泥石流预警系统的许多最新进展，特别是受到野火破坏地区的泥石流。

专栏 9.1　南加州火灾过后的泥石流预警系统

　　在5—11月的旱季，美国加利福尼亚州南部（南加州）经常发生野火，导致土壤几乎没有植被保护。这增加了泥石流的风险，特别是在野火事件发生后的头一两年，随后植被开始恢复。与焚烧地区有关的著名泥石流包括1997—1998年冬季期间发生过的多起事件，1933—1934年新年前夕的暴雨导致50人遇难，2003年的圣诞节暴雨导致16人死亡，2010年2月6日的一场暴雨使52户家庭住宅受损（NOAA-USGS，2005；Cannon et al.，2011）。

　　火灾过后的泥石流最常见的产生方式是大暴雨期间的径流侵蚀和泥沙夹带，可由强对流降雨事件和长时间的冬季降雨引发（Cannon and Gartner，2005）。泥石流事件有时也可能在短时间降雨后立即发生（Kean et al.，2011）。通常泥石流起源于面积约25km^2、平均梯度至少为15%～20%的流域。与未受干扰的环境相比，火灾过后地区的前期降雨量和土壤湿度条件通常不是引发泥石流的重要因素。

　　为了提供潜在泥石流的早期预警，美国地质勘探局（USGS）与国家海洋和大气局（NOAA）/国家气象局（NWS）（NOAA-USGS，2005；Restrepo et al.，2008）合作开发了泥石流预警系统原型。这套系统自2005年9月投入使用，并为过去两年发生过野火的地区提供预警。

　　一组降雨强度-降雨历时的阈值为泥石流的早期预警提供了基础，在加利福尼亚州和科罗拉多州的研究表明，火灾过后区域的降雨阈值通常远远低于未受干扰地区。例如，有时重现期仅为1年、2年或更短时间的降雨，或强度超过10mm/h的降雨（作为粗略指示），也会导致火灾过后的区域产生泥石流。然而，经过一年的植被恢复和泥沙清除后，阈值开始恢复正常（Cannon et al.，2008，2011）。因此，需要在野火之后的第一个和第二个雨季定义不同的降雨阈值。至于实际操作使用，已经开发了基于风险的决策方法，其中使用了四类阈值（图9.1）。这些降雨阈值主要基于以往事件中的观测要素，如总碎屑（泥、石等）体积，火灾区域受影响的流域数量以及对财产、道路、桥梁和排水系统的影响（Cannon et al.，2011）。

　　由此产生的降雨阈值被纳入由洛杉矶-奥克斯纳德和圣地亚哥气象预报部门管理的突发洪水预警系统中。在实时运行中，使用国家气象局（NWS）

突发洪水监测和预测（FFMP）工具识别超过降雨阈值的地点。该预警系统基于地图在网格的基础上处理和显示降雨实测值和预报值，并在一段时间内将值累加到流域尺度上。这些输出结果是预报员在决定是否发布预警时使用的标准之一，其他使用的标准包括诸如数值天气预报模型的输出结果和观察报告等信息。

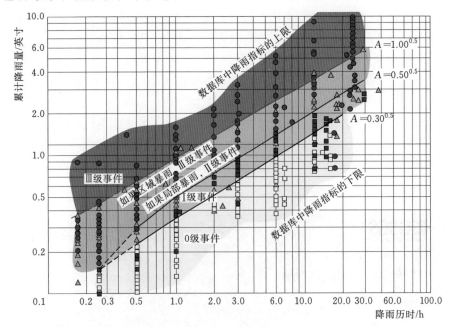

图 9.1　南加州近期发生火灾地区的降雨阈值与泥石流影响程度的关系图。
符号为历史事件的降雨量观测值（Courtesy of the U. S. Geological
Survey；Cannon et al.，2011）

在发布预警时，使用与突发洪水预警标准系统中相同的警告和警告代码，并标注警告是针对泥石流的。这些消息具有以下含义（NOAA - USGS，2005；Restrepo et al.，2008）：

- 警示——在火灾得到控制后不久，但在冬季暴雨之前发布。确定可能受到洪水或泥石流影响的地区。

- 警戒——当预报降水接近阈值时发布，提供几小时到 3d 的预见期，但是事件的发生、地点和（或）时间是不确定的。

- 预警——当对生命或财产造成危险的事件即将发生、正在发生或发生的概率非常高时发布。预警是基于超过阈值的观测或预报降雨量，提供的预见期在理想情况下为 1d，但可能只有 30min。

例如，对"警戒"采取的应急行动包括调动工作人员、在危险区域部署应急车辆以及封锁道路。实际上，如果降雨阈值超过Ⅰ级事件（Jorgenson et al.，2011），通常会发布预警。该系统在第一个运行期（2005 年/2006 年）内，发布了 39 次预警，其中 11 次是针对发生泥石流事件的预警。这些事件的检测概率为 92%，误报率为 72%，尽管可能有更多的泥石流没有到达流域出口或被泥石流滞留盆地拦阻了（Restrepo et al.，2008）。

为了帮助确定哪些流域可能存在风险，在每次重大野火之后，美国地质勘探局（USGS）会为受影响的地区编制风险图。其中包括以下两类输出（a）基于多元逻辑回归方法的概率图，该方法考虑了燃烧程度、土壤属性、流域梯度和暴雨量，以及（b）基于多元回归模型的泥石流体积图（图 9.2），该方法考虑流域梯度、燃烧程度和暴雨量（Cannon et al.，2009，2010）。同时也能生成相对风险等级图。这些信息可以在报告、信息表和 USGS 网站上免费获取。

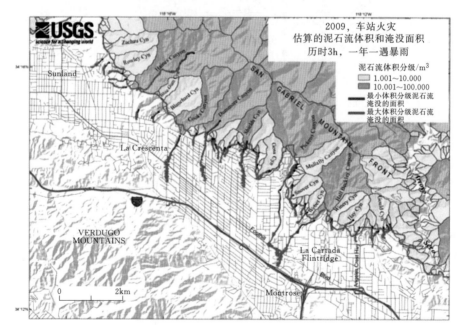

图 9.2　从 2009 年洛杉矶车站火灾生成的一组地图中选取的示例，显示了历时 3h 的一年一遇的暴雨产生的潜在泥石流的体积，以及泥石流可能影响的地区（Courtesy of the U. S. Geological Survey；Cannon et al.，2009）

自系统运行以来，每年冬季都会进行密集的研究活动，并向业务预报员提供实时观测资料。这些研究的地点每年都会改变，每次都是选择近期发生火灾的地区。通常情况下，部署的仪器包括 C 波段天气雷达（图 9.3）、风廓线仪、GPS 湿度站、气象站、翻斗式雨量器以及土壤湿度、孔隙压力和水位传感器（Restrepo et al.，2008；Jorgenson et al.，2011）。其中雷达，使用的扫描周期为 5min，12 个仰角的扫描范围为 0.5°～19.5°。通常会进行高分辨率的 LiDAR 地形测量，并且会定期进行暴雨后的实地调查，以评估发生泥石流带来的影响。

图 9.3　在 2007/2008 年观测活动期间，SMART－R C 波段天气雷达
（美国国家海洋和大气管理局/国家强风暴实验室），从那时起，
这些仪器就具备了双极化能力，并更名为 CPOL 雷达
（Jorgenson et al.，2011）

自 2008/2009 年观测活动以来，移动雷达每小时的输出也被融入国家气象局（NWS）的多传感器降水产品（NMQ）中。2009/2010 年观测活动也是第一次使用具有双极化能力的移动雷达，与国家网络中两个最接近的 S 波段雷达相比，它大大提高了降雨测量精度。这是由于移动雷达安装的距离更接近火灾区（距离火灾区 12km，而不是 75km 和 88km）以及双极化升级带来的改进（Jorgenson et al.，2011）。

除了研究中观测带来的运行效益之外，火灾后的区域还为研究泥石流过程提供了一个良好的试验平台。这是因为火灾过后引发泥石流的降雨阈值很低，导致泥石流的发生频率高于没有发生过火灾的区域，从而提供更多机会收集有用信息。目前的研究集中于开发更先进的方法来确定阈值，可能包括除降雨量以外的其他要素的阈值，以及使用基于经验和物理机制的预报和风险图模型（Restrepo et al.，2008；Cannon et al.，2008）。

9.2 泥石流风险评估

9.2.1 定义

泥石流的定义很多，简化的观点是它们介于河流突发洪水（主要是水，但有一些泥沙和碎屑）和山体滑坡（主要是土壤和岩石，但有一些水）之间。实际上，泥石流的范围从高含沙水流一直延伸到泥流、碎屑崩落、浅层滑坡和岩崩。但是有人提出了关于泥石流的更具体的标准，表9.2总结了一些例子。正如Iverson（1997）指出："不同的定义反映了泥石流的不同来源、组成和外观，从宁静的水流、富含砂质的泥浆到波涛汹涌的巨石和泥浆"。

表9.2　　　　　　　关于泥石流定义或特征的例子
（包括某些除降雨以外的原因导致的泥石流）

参考文献	定义或特征
Iverson（1997）	粒径不一的泥沙充分掺混水流，形成一定规模的混合体（可能沿程变化），在重力作用下向前运动，形态不断发生不可逆的变化，但一直保有自由表面。流动不稳定且不均匀，并且很少持续超过104s。峰值流速可以超过10m/s，流速如此之快是由于惯性在起重要作用。总沉积物浓度与静态、疏松沉积物浓度相差不大，但体积通常超过其50%。事实上，大多数泥石流都从静止的、几乎刚性的堆积物中流动起来，这些堆积物中充满了水并在斜坡上保持着平衡
Jakob（2010）	在陡峭的河道中，含有50%～70%（以体积计）固体颗粒的饱和非塑性矿物和有机碎屑流，流速可以超过10m/s，并且体积可以在$10～10^9 m^3$之间。泥浆流与泥石流的差别在于其含水量更高和塑性指数大于5%
World Meteorological Organisation（2011）	这是一种在连续降雨或暴雨影响下，山坡或沟床上的土壤和岩石迅速向下运动的现象。尽管根据泥石流规模大小，泥石流的流速不同，但有时会达到或甚至超过40km/h，从而瞬间摧毁住宅和农田

泥石流通常被概念化为起源于上游源头或形成区，然后沿着流通区向下流动，最后在最下端的堆积扇中消散（如 Costa，1984）。在强降雨过程中，诱发泥石流形成的过程包括造成浅层滑坡的渗透、坡面流对碎屑的夹带以及河道或水流收缩处的迅速侵蚀。诸如浅层、松散的表层堆积物，陡坡和植被缺乏等因素也使得泥石流更容易发生，而融雪有时也是引发泥石流的一个因素。

关于泥石流的流动路径，Hungr 等（2001）指出："……泥石流的主要特征是存在一个既定的通道或规则的受限路径……它可能是一个一级或二级的排水通道或一个已建的控制泥石流流动方向的沟渠，泥石流可以在这个沟渠中重复发生"。然而，在早期阶段，一些泥石流主要在坡面上流动，在下坡时夹带植被、土壤和其他碎屑。这些被称为山坡流、坡面流或开坡流，它们可以合并成更具破坏性的渠道流。

在水道中，观测和模拟通常显示泥石流以一系列涌波的形式流动，泥石流前端（或"龙头"）保持相对干燥并趋向于抑制更多的泥石流进一步向上游流动（如 Iverson，1997）。巨石和其他类型的泥石流也常常沿着河道两侧沉积，形成天然岸堤或侧堤，同时随着泥石流的流动，河道侵蚀会使泥石流夹带更多的物质。在流域下游，随着坡度显著降低或河道变宽，会形成泥石流堆积扇；例如在一系列山丘或山脉的山脚下。从形成区到堆积区中心的距离通常称为冲出距离，该术语有时也包括堆积扇的冲出长度。

9.2.2　模型

泥石流模型被广泛用于提高对泥石流风险和成因的理解（例如 Takahashi，1981；Iverson，1997；Dai et al.，2002；Rickenmann，2005；Rickenmann et al.，2006；Hürlimann et al.，2008）。值得关注的一些关键输出包括冲出距离、堆积扇的范围和潜在影响，通常用一个典型的流量、流速和（或）泥深来表示。这些参数同时反映了泥石流的范围和可能造成的潜在危险。

理想的模型应该同时反映泥石流的形成和流动。对于泥石流流动而言，所使用的主要技术包括：

• 统计/经验方法——如线性多元回归；例如建立冲出距离与平均坡度、泥石流总体积估算值之间的关系，或建立堆积面积与泥石流体积的关系，或建立泥石流龙头的平均流速与坡度和泥深的关系。

• 流量演算模型——基于质量平衡的流量和流速的简化方程，有时使用蒙特卡罗或随机游走模型来表示泥石流堆积扇的扩散效应。

• 水力学（数值）模型——非恒定流方程的一维（1D）或二维（2D）近似解，通常使用有限差分、有限元或有限体积法求解。往往需要河道特征和数字高程模型，并且在这类研究中越来越多地使用机载激光雷达测量技术（LiDAR）（见第 5 章）。

统计技术提供的结果必然是近似的，通常不能估算泥石流的泥深或流速。但是，它们对初始或区域的危害评估特别有用。基于海拔和坡度等易估算参数的方法也有助于在自然灾害发生后进行快速评估（如 Coe et al. , 2004）。

流量演算技术的优势是更多地基于物理机制，但需要更详细的数据输入，并且根据流量而不是通常更感兴趣的参数（例如泥深和流速）来计算。水力学建模技术有助于克服这一局限性，并考虑到沿途变化的坡度和河道特征的影响，这种影响可能非常显著。然而，如果使用一维方法，仍然需要独立的经验或概念模型才能估算出堆积扇中泥石流的泥深和流速。相比之下，二维方法需要的假设较少，但检验二维模型所需的数据、时间和专业知识更多，常常缺少合适的检验信息。

通常来说，即使采用最复杂的方法，仍然存在许多不确定性和需要研究讨论的问题。例如，在流量演算和水力学模型中，流体通常被假定为单相的或准均质的，其流动特性（或流变性）取决于粒度分布、材料类型和含水量等因素。然而，另一种方法是使用两相法，对于固体和流体分别使用单独的方程。

碎屑、水、地形和建筑环境之间相互作用细节也很难捕获，例如冲刷、夹带以及沉积物在弯道和结构处的影响。泥石流的形成机制是另一个不确定性的来源，通常使用经验模型进行模拟，并考虑当地地形（如洼地或凹陷处）、地质、土壤类型、坡度、地下水流动和植被覆盖等因素。然而，在某些情况下，破坏性流动是由多个地点的边坡破坏累积造成的，这在模型中是一种很复杂的情况。其他具有挑战性的工作包括估计事件发生期间泥石流可能的总体积，以及为非恒定流模型估算入流量的大小和时间演变过程。鉴于这些不确定性，通常建议进行敏感性分析或更正式的不确定性估计。尽管存在这些困难，但正如以下各节所述，模型依然是评估泥石流危害和预测流量的有用工具。

9.2.3　风险和疏散图

风险图通常提供了一个区域或社区发生泥石流的可能范围和规模，并显示出风险区域、地形、关键基础设施、河流和其他自然特征。风险图的一些应用包括出于保险目的的风险评估、分区和应急计划。为了帮助解释和呈现信息，地理信息系统（GIS）得到了广泛的应用，并且绘制的风险图也越来越多地在网站上公布（例如，专栏 9.1）。

这类分析中使用的主要技术包括专家意见、历史证据和模型模拟。过去泥石流的一些潜在信息来源包括口述证据、树木年轮、地貌研究、事后调查、摄影测量以及基于飞机和卫星的观测。事实上，继 2009 年台湾莫拉克台风之后（表 9.1），一种获取泥石流影响灾后证据的新方法就是使用无人机（UAV）（Tsao et al.，2011）。特别是，激光雷达（LiDAR）测量越来越多地用于估计泥石流的体积和分布情况，主要通过比较事件发生前后的测量结果来实现。

如第 6 章和第 7 章所述，为洪水数据采集和事后调查制定适当的程序可以协助未来的灾害评估。有关调查技术的一些准则包括以下几点：

（1）Ministry of Construction（1999）——讨论了日本用来识别泥石流的自然和社会经济风险的实地调查技术。

（2）Hübl 等（2002）——考虑了欧洲山地灾害的通用技术，并包括用于识别和捕获与泥石流有关重要信息的模板和照片指南。

一些组织还保存着过去的泥石流事件和相关损害的国家目录或清单。例如，在瑞士（Hilker et al.，2009），涵盖洪水、泥石流、山体滑坡和岩崩的国家数据库包括以下信息：

- 地点
- 日期和时间
- 造成损害的过程和次生过程的类型
- 触发天气条件
- 事件描述
- 死亡、受伤和疏散的人员和动物的数量
- 受影响的对象和估计的直接损失
- 如果有的话，更多信息或细节（如河道流量、堆积的碎屑体积等）

关于模型的使用，考虑到输出的各种不确定性，Hürlimann 等（2008）认为经验和流量演算技术更适合于开发"初级"风险图，而数值模型则最适用于特定地点"最终"的风险图。这种情况类似于河流突发洪水，例如，有时先使用基于突发洪水指标的方法进行初步评估，再针对特定地点进行更详细的水动力模拟研究（见第 8 章）。可参考委内瑞拉（Lopez and Courtel，2008）和中国台湾地区（Hsu et al.，2010）曾开展过的将这些技术应用于泥石流研究的案例。

　　基于风险的技术也被广泛用于帮助确定工程或非工程干预措施的优先次序。正如第 7 章中所讨论的，风险通常是结合发生的概率和所产生的后果估算出来的，在这里后果通常用数量来表示，例如可能受影响的财产数量或潜在的经济损失。这些估算也可以包含在成本效益分析或多准则分析中，尽管这是泥石流正在发展的一个研究领域（如 Jakob et al.，2011a）。

　　然而，鉴于分析中的各种不确定性，对泥石流的风险评估往往局限于高、中、低等指示性评估。例如，根据事件发生的概率以及感兴趣位置的可能泥深和强度，广泛使用具有颜色编码条目的风险矩阵。不过在某些情况下，可以有足够的历史信息来推导出基于频率的概率，通常这些概率是依据许多事件中估算的泥石流体积计算的。有时也可以通过模拟堆积深度或冲击压力等因素的影响来估计对财产的潜在损害。

　　至于其他类型的突发洪水（见第 7 章），还应考虑个人和社区的脆弱性。例如，对于山体滑坡和其他与泥沙有关的危害，Australian Government（2001）指出"个人/社区对可接受或可容忍风险的态度可能受到以下因素的影响：

- 可用资源
- 个人或社区经济状况
- 对财产的承诺
- 个人或社区对风险的记忆和经验
- 转移风险的能力
- 政府法规/要求
- 风险分析是否可信
- 变化的社区价值观和期望"

　　因此，脆弱性研究为在事件期间为可能需要帮助的特定群体提供了有用的指导。例如，在日本（MLIT，2007），有一项估计表明，"2004—2006 年期间与沉积物相关的灾害中 63％ 的死亡或失踪人员是灾难中需要援助的人，包括老人"。因此，正如第 7 章中所讨论的，在疏散图上包含避难所和医疗设施的位置以及可能需要特别援助的群体位置等信息常常是很有用的。

9.3　预警系统

9.3.1　监测

　　泥石流预警系统通常依赖于对降雨量、流量和地面状况的监测。一些实例包括加拿大（Jakob et al.，2011b）、日本（Osanai et al.，2010）、台湾

(Wu，2010)、瑞士（Badoux et al.，2009），美国（Baum and Godt，2010；专栏 9.1）和委内瑞拉（Lopez and Courtel，2008）的预警系统。Wieczorek 和 Glade（2005）也回顾了国际上广泛应用的其他方法。

一般情况下，观测数据通过遥测系统传递给地方当局或区域业务中心，通常将工作人员或志愿观察员手动进行的现场观测作为补充。正如第 3 章中所讨论的，遥测方法包括无线电、卫星、流星余迹通信系统、固定电话和蜂窝（GSM 或 GPRS）技术，而观察者通常使用手机或手持无线电。为了提高应变能力，设备供应商越来越多地提供双路径遥测系统作为一项选择；例如结合蜂窝技术和基于卫星的方法。

基于遥测技术的系统可以在白天和夜晚提供频繁的更新（例如 5min、每小时），但有时由于仪器问题和其他原因（如岩崩和故意破坏）而出现故障。另外，由于成本的原因，通常只能在感兴趣的小部分地区安装仪器。相比之下，人工观测在夜间和强降雨过程中更加主观和困难（也更危险）。但是，观察员的经验和解释提供了宝贵的额外信息，工作人员可以被派往已报告有特定问题的地点，如桥梁的漂浮物堵塞以及没有其他监测方式的高风险地点。

居民关于泥石流常见前兆（如轰隆声、尽管持续降雨但水位下降、河水变得浑浊或存在浮木等现象）的报告也可能有用（如 MLIT，2007；World Meteorological Organisation，2011）。因此，一些预警系统结合了遥测技术和人工观测这两种方式的优点。例如在瑞士，一个实时的基于网络的山洪和泥石流决策支持系统将来自观测者的描述性信息与遥测观测数据、降雨和河道流量预报数据结合了起来（Romang et al.，2011）。该实时系统被集成到一个更广泛的基于地图的系统中，这个大系统也考虑了其他类型的自然灾害（Heil et al.，2010；见第 6 章）。

为了自动监测降雨量，所使用的技术包括雨量计、气象雷达、卫星降水估计和多传感器降水估计。正如第 2 章中所讨论的，每种方法在准确性、分辨率、可靠性和成本方面都有其自身的优势和局限性。例如，雨量计对于建立覆盖所有高风险区域上游源头的高密度监测网络有时是不切实际或过于昂贵的。但是，如果气象雷达网络可用，这通常可以提供更广阔的空间覆盖范围，尽管也会有一些测量和采样问题，这一点同样参考第 2 章讨论的内容。基于卫星的估算也提供了一种选择，虽然它通常比雷达观测的分辨率更粗，而且输出的不确定性更多。但是，热带降雨测量任务（TRMM）研究卫星载有一个星载雷达，可以直接估算中低纬度地区的降水量，而其后继者〔全球降水测量任务（GPM）〕可以提供接近全球覆盖的更精确的降水估计。

第3章描述的许多河流和土壤湿度监测技术对泥石流的地面监测也有应用潜力，但由于泥石流可能造成的损坏风险，经常避免使用河流水位传感器。邻近流域内的仪器有时也能为一个地区的泥石流风险提供有用的参考。在研究中，使用了各种各样的设备，包括压力计、张力计、电导率传感器、水听器和称重传感器（例如 Itakura et al.，2005；LaHusen，2005；Reid et al.，2008）。但是，对于实际业务应用，倾向于使用的技术包括以下几点：

（1）成像——闭路电视，网络摄像头或摄像机，用于对流量进行可视化监测，有时与近乎实时的图像处理相结合。

（2）地震检波器——用于测量地面振动，特别是泥石流龙头通过时引起的振动。

（3）孔隙压力传感器——安装在沟渠和潜在的泥石流形成区的传感器，这些传感器带有各种形式的保护外壳或者保护挡板。

（4）土壤湿度——电介质、热量和其他类型的传感器，用于测量不同深度的土壤湿度，这是引发泥石流的一个潜在因素。

（5）超声波、激光或雷达传感器——安装在桥梁或其他结构上的俯式非接触式装置，可监测与流体表面的距离，从而估算泥石流的深度（图9.4）。

（6）导线传感器——对一组横跨在水道上的"断线"施加电压，当每根导线被水流切断时，就会产生一个信号。其他以类似原理运作的方法包括依赖于光束中断的红外传感器，以及随着泥石流撞击而移动的悬垂摆。

流速也可以通过沿泥石流行进方向安装成对或系列的传感器来监测评估，如地震检波器或超声波传感器。正如第12章中所讨论的，粒子图像测速技术提供了另一种测速选择，并越来越多地应用于河流和泥石流。

至于降雨观测，每种方法都有其自身的优势和局限性；例如断线传感器需要在每次事件发生后进行更换，并且可能被动物或倒下的树木切断。地震检波器和地震仪的输出可能受到地球的轻微震动和岩崩（Arattano and Marchi，2008）等其他震源的影响。如果没有合适的桥梁，超声波、激光和雷达传感器都需要另找一个坚固的、不会受未来任何流体影响的安装点，并且某些成像技术会受到大雾影响或需要在夜间进行照明操作。

因此，与其他类型的早期预警系统一样，通常建议在多个位置上使用多个传感器，以提供额外的备份和恢复能力，在某些情况下可以在关键位置安装两个或更多的传感器。例如，在预算允许的情况下，典型的配置是在沿河道的几个位置安装地震检波器，在河流上游源头安装雨量计和土壤湿度探

图 9.4 美国地质调查局（USGS）安装在加州阿罗约塞科峡谷（Arroyo Seco
canyon）一个小流域的监测山洪和泥石流的仪器。阿罗约塞科峡谷（Arroyo
Seco canyon）是 2009 年 8 月和 9 月受车站火灾影响的 647km² 面积内的
众多峡谷之一。使用无线电遥测技术定位山脊雨量计的位置，然后使用
手机调制解调器，在降雨期间以 0.1～2s 的间隔报告监测数值
（土壤湿度除外），其他情况以 1min 的间隔报告数值，以便
在公共网站上显示这些数值（美国地质调查局提供；
http：//landslide.usgs.gov/monitoring/arroyo_seco/）

头，以及在一个或多个关键位置安装摄像机、非接触式传感器、孔隙压力传感器、断线仪和（或）悬垂摆。然而，正如第 2～第 7 章所讨论的，监测网络需要适应所考虑的具体情况，包括风险水平、可能的到达时间、理论需要的预警预见期、对错误警报的容忍度以及其他因素。

鉴于泥石流发生的时间和地点存在不确定性，有时按季节使用移动观测站（专栏 9.1），或者只要有足够的准备时间进行部署，也可以在事件发展过程中使用移动观测站。例如，在中国台湾地区，自 2004 年以来，一旦发布台风预警，基于卡车的系统就可以转移到关键地点，同时配备了雨量计、地震检波器和带聚光灯的可控 CCD 摄像机，并通过卫星遥测传输数据到操作中心（Yin et al.，2007）。

9.3.2 阈值

与所有的突发洪水预警系统一样，需要一个基本条件来决定何时发出预警。同样，阈值法被广泛使用，一旦超过阈值，就会导致做出决策；例如启动一个应急预案，开展更频繁的监测，或向公众发出预警。阈值也可称为触发条件、警报值、临界级别和标准。在实时操作中，通常使用遥测或决策支持系统中的警报处理选项来自动评估阈值。

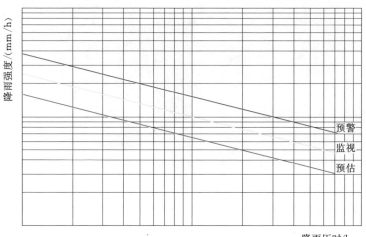

图 9.5　关于泥石流预警不同阶段的降雨强度-降雨历时阈值的实例

第 5 章、第 7 章和第 8 章描述了用于定义阈值并监测其效果的一些技术。但是，对于泥石流的应用，降雨阈值可能是使用最广泛的方法。通常降雨阈值是根据某一特定时间内观测到的降雨量的深度或强度来定义的，这些降雨深度或强度在过去的经验中表明很可能会导致泥石流，或者至少导致风险增加（图 9.5；见专栏 9.1）。幂律关系被广泛使用（Caine，1980；Guzzetti et al.，2008；World Meteorological Organisation，2011），且随着时间的推移，将根据性能监测和事后评估的结果对幂律关系进行修正。

然而，诱发泥石流的条件差异很大，因此估算的阈值通常是针对特定地点的，并且不易在区域或国家之间移植。阈值的其他选项包括使用风暴类型的指标（Jakob et al.，2006）或者使用雪水当量深度（在融雪是影响因素的地区）。正如专栏 9.1 所讨论的那样，阈值也可能需要在野火发生后临时修改。同样，在先前土壤湿度条件是影响因素的地区，有时阈值会使用前几天、几周或几个季节的累积降雨量，或者湿度指数（如 Wieczorek and Glade，2005；Reid et al.，2008；Baum and Godt，2010）。

来自临近预报或数值天气预报（NWP）模型输出的预报降雨量也被越来越多地使用。最新的降雨预报系统（见第 4 章）通常以 1~4km 的分辨率提供预报，并以 1~15min（临近预报）或 1~6h（NWP）的间隔发布。例如，在日本，基于 1h 的累积降雨量和由降雨径流概念模型计算的土壤湿度指数，在全国范围内定义了分辨率为 5km 的泥石流预警阈值（或临界线）（Osanai et al.，2010）。在实际使用时，基于网格的地图是根据提前 1～3h 的预报降雨量绘制的。目前可供选择的方案包括根据四级预警系统划定强降雨区域和移动方向，以及用彩色编码地图来显示每 5km² 区域的风险等级。

在使用降雨预报时，由于不确定性随着预见期的增加而增加，实际使用的最大预见期最好通过第 4 章、第 5 章和第 7 章中所述的性能监测和预报验证研究来评估。此外，为了考虑测量系统中的任何系统或其他差异，阈值通常应根据实际使用的雨量计或气象雷达监测等方法进行校准。当降雨预报被用作主要输入时，最好采取与第 4 章所述的长期再预报或后报相类似的方法。

虽然降雨阈值可以指示发生泥石流的可能性，但直接观测泥石流形成和流动过程获得的阈值更适用于提供特定地点的警报。例如，使用超声波、雷达、地震检波器、土壤湿度和断线传感器（如 Arattano and Marchi，2008；Badoux et al.，2009）。当然，这种方法所提供的预见期相对较短。但是，在某些情况下，仅需几分钟就很有用；例如在低水位交叉路口激活电子标志或电子屏，或在居民区内激活警报器。多媒体预警传播系统也可以在短时间内向大量用户发送电子邮件和短信（见第 6 章）。

使用的阈值是针对特定仪器类型的，包括深度、冲击速度、压力以及由断线和悬垂摆提供的一次性信号。对于依赖探测声音或振动的仪器，通常需要额外的规则来过滤掉其他来源的影响，如岩崩等。正如第 7 章中所讨论的，需要特别注意检测到事件后可用的实际响应时间会因其他因素而减少，例如接收数据所需的时间以及做出决策和向适当人员发出预警所需的时间。通常还会在预见期、"命中率"和假警报之间进行权衡，正如在第 8 章中所进一步讨论的关于与河流突发洪水预警相关的这三者之间的权衡。在第 5 章和第 7 章中所讨论的误报率和检测概率等性能指标对于泥石流的应用也很有用。

另一种提供更准确、预见期更长的预警方式是使用基于实时过程的或概念的预报模型。例如，这类模型广泛应用于河流预报，且通常包括数据同化和概率模块两部分（见第 5 章和第 8 章）。这些模型往往都是在实时预报系统内运行的，能够收集数据、安排模型运行以及对模型结果进行后处理，并转换为基于地图、图形和表格的输出。

然而，基于上述模型提供预警的应用在泥石流领域相对较少，主要是由于泥石流分析中存在许多不确定性，但对于研究来说，这是一个热点。也许迄今为止研究最广泛的应用是浅层滑坡的启动，这种滑坡有时会发展成泥石流。通常，建模模块包括一个概念性的或物理概念性的土壤水分平衡模型和一个斜坡稳定性模型（Wieczorek and Glade，2005；Misumi et al.，2005；Schmidt et al.，2008；Segoni et al.，2009）。这类模型对于离线研究也很有用，可以定义实时使用的阈值；例如考虑一系列不同的初始条件、流域特征、降雨强度和降雨历时（Baum and Godt，2010）。

9.4　总结

- 泥石流是最难预测的突发洪水类型之一。然而，许多成功的预警系统已经被开发出来，其中有来自美国、加拿大、日本、中国台湾和几个欧洲国家的著名案例。泥石流预警方法的选择取决于已经用于其他领域的设备（如气象雷达网络）、业务需求（如最小预警预见期）、预算、风险水平和一系列其他因素。

- 由于模拟泥石流的形成和流动的复杂性，通常使用历史数据和专家判断来评估区域层面的风险。基于回归的方法也广泛应用于建立坡度、泥石流体积和其他参数之间的关系。相比之下，数值模型的使用往往局限于风险较高的地点，且需要足够的信息用于检验。

- 在泥石流预警系统中，采用的监测技术包括雨量计、气象雷达和非接触式超声波、激光和雷达装置。此外，还开发了更多专业技术，这些技术依赖于对土壤湿度、孔隙压力、流动引起的振动（如检波器）、表面流的成像或者泥石流龙头的通过（如断线）等检测。

- 降雨强度-降雨历时阈值可能是用于决定发布预警的最广泛的方法。虽然幂律关系的系数通常是针对特定地点的，但在文献报道的大量实例中经常使用。降雨预报虽然与使用观测值相比不确定性更大，但也得到了越来越多的使用，并提供了额外的预见期。

- 当直接监测泥石流的形成或流动时，这些观测值也需要预警阈值；例如基于泥深或断线的断裂。通常安装若干个相同类型的仪器，以获得更高的恢复能力，有时会与双路径遥测技术相结合。当有足够的时间部署时，也会使用移动监测站；如在台风预警之后。然而，尽管浅层滑坡模型显示出了应用潜力，泥石流预报技术仍是一个有待发展的领域。

- 在未来，发展基于过程的建模技术是改进泥石流风险评估和实时预报的一个优先领域。需要考虑的一些关键因素包括流体的多相性和流动侵

蚀、夹带和沉积过程。关于泥石流的形成机制和制定形式更复杂的预警阈值
的研究工作仍在继续进行。

参 考 文 献

Arattano M，Marchi L（2008）Systems and sensors for debris – flow monitoring and warn-
　ing. Sensors 8：2436 – 2452

Australian Government（2001）Manual 24 – reducing the community impact of land-
　slides. Australian Emergency Manuals Series，Attorney General's Department，
　Canberra. http：//www. em. gov. au/

Badoux A，Graf C，Rhyner J，Kuntner R，McArdell BW（2009）A debris – flow alarm
　system for the Alpine Illgraben catchment：design and performance. Nat Hazards 49（3）：
　517 – 539

Baum RL，Godt JW（2010）Early warning of rainfall – induced shallow landslides and
　debris flowsin the USA. Landslides 7：259 – 272

Caine N（1980）The rainfall intensity – duration control of shallow landslides and debris
　flows. Geogr Annaler Ser A，Phys Geogr 62（1/2）：23 – 27

Cannon SH，Gartner JE（2005）Wild fire – related debris flow from a hazards perspec-
　tive. Debrisflow hazards and related phenomena. In：Jakob M，Hungr O（eds）Debris –
　flow hazards and related phenomena. Springer，Berlin

Cannon SH，Gartner JE，Wilson RC，Bowers JC，Laber JL（2008）Storm rainfall
　conditions for floods and debris flows from recently burned areas in southwestern Colorado
　and southern California. Geomorphology 96：250 – 269

Cannon SH，Gartner，JE，Rupert MG，Michael JA，Staley DB，Worstell BB（2009）
　Emergency assessment of post-fire debris-flow hazards for the 2009 Station Fire. San
　Gabriel Mountains，Southern California. U. S. Geological Survey open-file report 2009 –
　1227，p 27. http：//pubs. usgs. gov/of/2009/1227/

Cannon SH，Gartner JE，Rupert MG，Michael JA，Rea AH，Parrett C（2010）
　Predicting the probability and volume of post wild fire debris flows in the intermountain
　western United States. Geol Soc Am Bull 122（1/2）：127 – 144

Cannon SH，Boldt EM，Laber JL，Kean JW，Staley DM（2011）Rainfall intensity –
　duration thresholds for post – fire debris flow emergency – response planning. Nat Hazards
　59（1）：209 – 236

Chien F – C，Kuo H – C（2011）On the extreme rainfall of Typhoon Morakot（2009）. J
　Geophys Res 116：D05104. doi：10. 1029/2010JD015092

Coe JA, Godt JW, Baum RL, Bucknam RC, Michael JA (2004) Landslide susceptibility from topography in Guatemala. In: Lacerda WA, Ehrlich M, Fontura SAB, Sayão ASF (eds) Landslides: evaluation and stabilization. Taylor & Francis, London

Costa JE (1984) Physical geomorphology of debris flows. In: Costa JE, Fleisher PJ (eds) Developments and applications of geomorphology. Springer, Berlin/Heidelberg

Dai FC, Lee CF, Ngai YY (2002) Landslide risk assessment and management: an overview. Eng Geol 64: 65 – 87

Fell R, Corominas J, Bonnard C, Cascini L, Leroi E, Savage WZ (2008) Commentary: guidelines for landslide susceptibility, hazard and risk zoning for land – use planning. Eng Geol 102: 99 – 111

Guzzetti F, Peruccacci S, Rossi M, Stark CP (2008) The rainfall intensity – duration control of shallow landslides and debris flows: an update. Landslides 5 (1): 3 – 17

Heil B, Petzold I, Romang H, Hess J (2010) The common information platform for natural hazardsin Switzerland. Nat Hazards. doi: 10. 1007/s11069 – 010 – 9606 – 6

Hilker N, Badoux A, Hegg C (2009) The Swiss flood and landslide damage database 1972 – 2007. Nat Hazards Earth Syst Sci 9: 913 – 925

Hsu SM, Chiou LB, Lin GF, Chao CH, Wen HY, Ku CY (2010) Applications of simulation technique on debris – flow hazard zone delineation: a case study in Hualien County, Taiwan. Nat Hazards Earth Syst Sci 10: 535 – 545

Hübl J, Kienholz H, Loipersberger A (eds) (2002) DOMODIS – documentation of mountain disasters: state of discussion in the European mountain areas. International Research Society Intrapraevent, Klagenfurt. http: //www. interpraevent. at

Hungr O, Evans SG, Bovis MJ, Hutchinson JN (2001) A review of the classification of landslides of the flow type. Environ Eng Geosci Ⅶ (3): 221 – 238

Hürlimann M, Rickenmann D, Medina C, Bateman A (2008) Evaluation of approaches to calculate debris – flow parameters for hazard assessment. Eng Geol 102: 152 – 163

Itakura Y, Inaba H, Sawada T (2005) A debris – flow monitoring devices and methods bibliography. Nat Hazards Earth Syst Sci 5: 971 – 977

Iverson RM (1997) The physics of debris flows. Rev Geophys 35 (3): 245 – 296

Jakob M (2010) State of the art in debris – flow research: the role of dendrochronology. In: Stoffel M, Bollschweiler M, Butler DR, Luckman BH (eds) Tree rings and natural hazards: a state of – the – art. Springer, Dordrecht

Jakob M, Holm K, Lange O, Schwab JW (2006) Hydrometeorological thresholds for landslide initiation and forest operation shutdowns on the north coast of British Columbia. Landslides 3 (3): 228 – 238

Jakob M, Stein D, Ulmi M (2011a) Vulnerability of buildings to debris flow impact. Nat Hazards. doi: 10. 1007/s11069 – 011 – 0007 – 2

Jakob M, Owen T, Simpson T (2011b) A regional real – time debris – flow warning system for the District of North Vancouver, Canada. Landslides. doi: 10. 1007/s10346 – 011 – 0282 – 8

Jorgensen DP, Hanshaw MN, Schmidt KM, Laber JL, Staley DM, Kean JW, Restrepo PJ (2011) Value of a dual – polarized gap – filling radar in support of southern California post – fire debris – flow warnings. J Hydrometeorol 12: 1581 – 1595

Kean JW, Staley DM, Cannon SH (2011) In situ measurements of post – fire debris flows in Southern California: comparisons of the timing and magnitude of 24 debris – flow events with rainfall and soil moisture conditions. J Geophys Res 116: F04019

LaHusen R (2005) Debris – flow instrumentation. In: Jakob M, Hungr O (eds) Debris – flow hazards and related phenomena. Springer, Berlin

Lopez JL, Courtel F (2008) An integrated approach for debris – flow risk mitigation in the north coastal range of Venezuela. 13th IWRA World Water Congress, 1 – 4 September, Montpellier. http: //www. iwra. org/congress/2008/

Ministry of Construction (1999) Guideline for survey of debris – flow – prone streams and survey of debris flow hazard areas (Proposal) . Sabo Division, Sabo Department, River Bureau, Ministry of Construction, Japan. http: //www. sabo – int. org/

Misumi R, Maki M, Iwanami K, Maruyama K, Park S – G (2005) Realtime forecasting of shallow landslides using radar – derived rainfall. Paper 5. 20, World Weather Research Programme symposium on nowcasting and very short range forecasting (WSN05), Toulouse, 5 – 9 September 2005. http: //www. meteo. fr/cic/wsn05/

MLIT (2007) Sediment – related disaster warning and evacuation guidelines. April 2007. Sabo (Erosion and Sediment Control) Department, Ministry of Land, Infrastructure, Transport and Tourism, Japan. http: //www. sabo – int. org/

NOAA – USGS Debris Flow Task Force (2005) NOAA – USGS debris – flow warning system. Final report: U. S. Geological Survey Circular 1283

Osanai N, Shimizu T, Kuramoto K, Kojima S, Noro T (2010) Japanese early – warning for debris flows and slope failures using rainfall indices with Radial Basis Function Network. Landslides 7: 325 – 338

Reid ME, Baum RL, LaHusen RG, Ellis WL (2008) Capturing landslide dynamics and hydrologic triggers using near – real – time monitoring. In: Chen Z, Zhang J – M, Ho K, Wu F – O, Li Z – K (eds) Landslides and engineered slopes. From the past to the future. Taylor & Francis, London

Restrepo P，Jorgensen DP，Cannon SH，Costa J，Laber J，Major J，Martner B，Purpura J，Werner K（2008）Joint NOAA/NWS/USGS prototype debris flow warning system for recently burnedareas in Southern California. Bull Am Meteorol Soc 89（12）：1845 - 1851

Rickenmann D（2005）Runout prediction methods. In：Jakob M，Hungr O（eds）Debris - flow hazards and related phenomena. Springer，Berlin

Rickenmann D，Koschni A（2010）Sediment loads due to fluvial transport and debris flows during the 2005 flood events in Switzerland. Hydrol Processes 24：993 - 1007

Rickenmann D，Laigle D，McArdell BW，Hübl J（2006）Comparison of 2D debris - flow simulation models with field events. Comput Geosci 10：241 - 264

Romang H，Zappa M，Hilker N，Gerber M，Dufour F，Frede V，Bérod D，Oplatka M，Hegg C，Rhyner J（2011）IFKIS - Hydro：an early warning and information system for floods and debris flows. Nat Hazards 56（2）：509 - 527

Schmidt J，Turek G，Clark MP，Uddstrom M，Dymond JR（2008）Probabilistic forecasting of shallow，rainfall - triggered landslides using real - time numerical weather predictions. Nat Hazards Earth Syst Sci 8：349 - 357

Segoni S，Leoni L，Benedetti AI，Catani F，Righini G，Falorni G，Gabellani S，Rudari R，Silvestro F，Rebora N（2009）Towards a de finition of a real - time forecasting network for rainfall induced shallow landslides. Nat Hazards Earth Syst Sci 9：2119 - 2133

Takahashi T（1981）Estimation of potential debris flows and their hazardous zones. J Nat Disaster Sci 3：57 - 89

Tang C，Rengers N，van Asch TWJ，Yang YH，Wang GF（2011）Triggering conditions and depositional characteristics of a disastrous debris flow event in Zhouqu city，Gansu Province，northwestern China. Nat Hazards Earth Syst Sci 11：2903 - 2912

Tsao T - C，Hsu C - H，Lo W - C，Chen C - Y，Cheng C - T（2011）The investigation and mitigationstrategy of a debris flow creek after Typhoon Morakot in Taiwan，Geophysical Research Abstracts，13，EGU2011 - 5498

U. S. Geological Survey（1988）Landslides，floods，and marine effects of the storm of January 3 - 5，1982，in the San Francisco Bay Region，California. U. S. Geological Survey Professional Paper 1434，Denver. http：//pubs. usgs. gov/pp/1988/1434/pp1434. pdf

Wieczorek GF，Glade T（2005）Climatic factors influencing occurrence of debris flows. In：Jakob M，Hungr O（eds）Debris - flow hazards and related phenomena. Springer，Berlin

World Meteorological Organisation（2011）Management of sediment - related risks. WMO/

GWP Associated Programme on Flood Management. Technical Document No. 16，Flood management tools series，Geneva

Wu H - L (2010) Non - structural strategy of debris flow mitigation in mountainous areas after the Chichi Earthquake. INTERPRAEVENT 2010，26 - 30 April 2010，Taipei. http：//www. interpraevent. at/

Yin H - Y，Lin Y - I，Lien J - C，Lee B - J，Chou T - Y，Fang Y - M，Lien H - P，Chang (2007) The study ofon - site and mobile debris flow monitoring station. Second international conference on urban disaster reduction，27 - 29 November 2007，Taipei. http：//www. ncdr. nat. gov. tw/2icudr/

第 10 章

城 市 洪 水

摘　要：在城市，大量的地表径流可能发生在暴雨或快速融雪期间，如果排水管网排水能力不足，将会导致城区突发洪水。当城市洪水发生时，其严重程度取决于很多因素，包括地形、城市景观以及地表和地下排水管网中已有水流的存续量。有时城市洪水也会与流经该地区的河流发生交互。洪水交互的复杂性导致开展城市突发洪水预警困难重重，采用的方法有降雨深度–持续时间阈值法和实时水动力模型法等。本章将对上述内容及突发洪水风险的评估方法进行介绍。

关键词：地表洪水、雨季洪水、洪水风险评估、水动力模型、监测、阈值、预警、预测

10.1　概述

导致城市突发洪水的原因众多。比如，河流和小型水道发生洪水溢岸以及排水系统溢流。然而，另外一个重要的原因就是排水管网无法承接地表水径流。这通常是由于暴雨或快速融雪以及一些典型的气象条件造成的，包括雷暴、中尺度对流天气、气温上升以及热带气旋、飓风和台风等。

洪水的淹没程度取决于地表和地下排水管网之间复杂的交互作用以及城市环境的特征，如路堤、墙和建筑物（图 10.1 和图 10.2）。其他复杂情况可能是受到来自下水道洪水、周围山丘的汇流以及控制结构（如堰和分流渠道）等因素的影响。城市环境特征的影响也存在较大差异，当洪水风险等级很高或发生速度很快时可能会危及人员生命安全，特别是对于正处在暴雨积

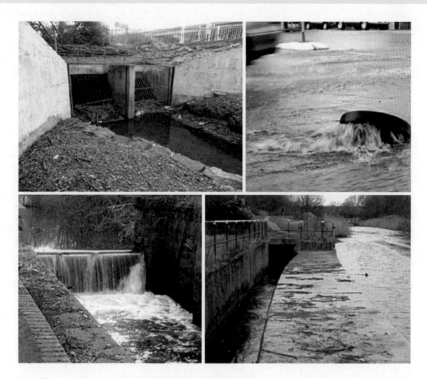

图 10.1 装有防污栅的箱型涵洞，井盖溢流（© Crown Copyright，2010；
Defra，2010），运河侧堰和引水渠中的溢流堰

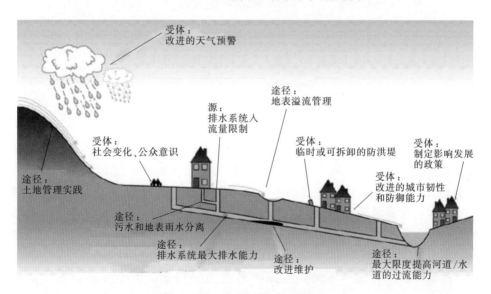

图 10.2 地表洪水泛滥的缓解措施

（© Crown Copyright，2010；Defra，2010）

水中的车辆、地下室、地铁和地下通道等地下区域的人来说。例如，表 10.1 总结了几种地表水泛滥的原因及影响。与之相比，在某些情况下，即使在同样的地点重复发生程度较轻的（有损害的）洪水，也会造成重大人身健康和经济影响（如 APFM，2008）。

表 10.1　　　　　　　　　　地 表 洪 水 灾 害 实 例

地点	年份	影　　响	原　　因
休斯敦，得克萨斯州，美国	2001	在休斯敦地区，死亡人数为 22 人，超过 45000 户家庭和商户被洪水淹没，超过 70000 辆汽车被洪水淹没（U. S. Department of Commerce，2001）。得克萨斯医疗中心转移了大规模的病人，休斯敦城区的地下空间被洪水淹没	突发洪水由热带风暴艾利森在得克萨斯州初次登陆和在路易斯安那州二次登陆引起的强降雨和雷暴引发。例如，在得克萨斯州，休斯敦的降雨在几小时之内超过了 250mm，在大河口 10h 降雨达 660mm。突发洪水由地表径流和城区河道漫溢引发
孟买，印度	2005	城市和郊区大面积洪水泛滥导致超过 400 人死于突发洪水和山体滑坡，超过 100000 户住宅和商业机构以及 30000 车辆遭受损失	季风降雨 24h 雨量达 1000mm；高潮位阻碍了排水从而加剧了城市洪水，并引起大规模的废水污染
赫尔，英国	2007	主要由于排水系统不堪重负，近 8600 个家庭和 1300 个商业机构被洪水淹没	连续数周的潮湿天气之后，7 月 25 日出现约 110mm 的持续强降雨。城区 90% 的区域都位于高潮位之下，城区涝水只能依赖于强排系统（Coulthard et al.，2007）

由于气象条件和其他因素的综合作用，为城市洪水提供预警服务往往是一项挑战。目前，提供城市突发洪水预警是正在开展的研究，因此，许多国家的洪水预警服务只针对城市洪水提供有限的服务。例如，在洪水突发事件中，警告发布有时受限于民防、地方政府和其他负责人员。甚至，在一些情况下，城市洪水被排除在预警服务之外，然而，迫于公众和政府对全方位服务的要求，这种情况会很快改善。

在城市洪水预警中，另一个需要考虑的问题是，由于可能会有多种洪源，有时人们对城市地区提供洪水预警服务的角色和职责会感到困惑。通常，通过制定联合洪水应急预案来解决职责不清晰的问题，并结合洪水风险建模研究来更好地分析和揭示洪水成因。基于社区的洪水预警系统也发挥了重要作用，在一些低风险的情况下，简单的方法就足够了。例如，采用暴雨观测员、警察巡逻队和其他志愿气象观测员与国家气象局的洪水观测员的联合观测成果（如 FEMA，2005）。定期的公众宣传活动也有助于提高居民和车辆驾驶员对洪水潜在迹象（和风险）的认识，并采取最适当的避灾行动。

尽管存在上述这些困难，但城市洪水预警系统仍在不断运行研发中。例如，专栏 10.1 描述了东京市区洪水预警系统的使用方法。在提供洪水预警服务方面，城市预警系统使用的气象观测和预测技术通常与其他类型的突发洪水是相同的，包括使用雨量计、气象雷达和临近预报法（见第 2 章和第 4 章）。但是，在洪水监测、预警和预测的模块方面还存在差异，本章将详述这些差异。

除了洪水应急预案外，有助于提高预警系统有效性的其他措施还包括预警发布技术的合理选择、社区参与、应急响应演练、事后审查和性能监测。这些内容已在第 6 章和第 7 章中进行讨论，也可通过 APFM（2008）、UNESCO（2001）和世界气象组织（2011）发布的有关城市洪水风险管理的指导方针获得更多的信息。第 12 章还讨论了适用于城市区域监测和预报技术的一些最新研究进展，包括相控阵气象雷达、无线传感器网络和自适应传感技术。

专栏 10.1　城市洪水预警，东京都市圈

自 2000 年以来，日本国家地球科学和防灾研究所研发了 X 波段气象雷达系统以支持洪水预警和其他应用（Maki et al.，2005；http：//www.bosai.go.jp/）。包括降水和风场估计的先进方法研发。日本国土交通省（MLIT）目前在日本运营一个 X 波段雷达网络，使用 26 部雷达覆盖了 3 个大都市圈和 8 个城市。这些雷达补充了由日本气象厅运行的 46 个远程低分辨率的 C 波段多普勒雷达（图 10.3）。

东京都市圈研究项目（X - NET）于 2008 年启动，作为城市洪水预警、滑坡预警、大风预警等应用的测试平台。都市圈绕东京向外延伸 50km，覆盖包括横滨在内的 5 座城市，人口超过 3400 万。在最极端的情况下，降雨强度可超过 100mm/h，区域内经常发生突发洪水和滑坡事件。

为 X - NET 项目做出贡献的机构包括日本国家地球科学和防灾研究所

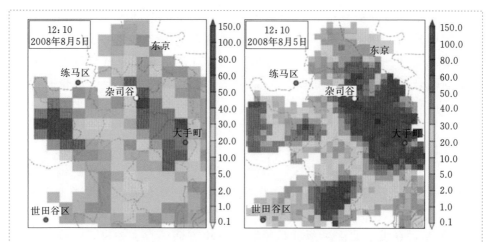

图 10.3 2008 年 8 月 5 日由 C 波段雷达网络和 X 波段雷达网络监测到的
强降雨事件输出的分辨率差异示意图 (NIED)

以及日本和韩国的其他 10 多家政府机构、大学和研究机构。并与美国国
家科学基金会大气协同自适应传感工程研究中心 (CASA) 合作研发了降
水估算方法。

X-NET 实验网络包括 11 个来自不同机构的雷达，覆盖 200km×
200km，这包括 2003 年开始投入运行的神奈川县 X 波段雷达 (图 10.4)。
日本国家地球科学和防灾研究所的另外两台雷达，射程约为 80km，具有
双极化功能。基于雷达站网，针对风暴发展的主要区域可使用自适应扫
描策略。东京都市圈的约 150 个雨量计也可开展实时观测。

在 X 波段雷达的初始设计和调试阶段，我们进行了大量的试验，来
对比雨量计实测值和冲力雨滴谱的观测值。二维视频视距仪也用于估算
沿雷达波束路径的水滴大小 (NIED, 2005)。在实际使用中，针对地面
反射波、衰减、非水凝物和一系列其他因素需要开展修正，在复合输出
中也可识别没有信号的区域。对于中到大雨，基于特定微分相位的估计
方法克服了 X 波段雷达经常遇到的衰减和液滴尺寸影响等诸多问题
(NIED, 2005; Maki et al., 2010)。

X 波段网络输出分辨率为 500m，输出间隔为 5min，输出参数包括降
雨量、风速和风向、水文要素类型、水滴大小分布、流域降雨量和阵风
数据。每个仪器覆盖的区域都是重叠的，允许进行风暴三维结构的实时
调查研究。在云解析大气预报模型中，这些输出也可作为临近预报算法和

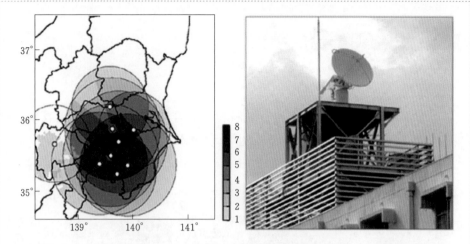

图 10.4　左图是高度为 2km 的 X - NET 观测区域分布图，白色圆圈表示
雷达的位置；其中两个是日本国土交通省运行的偏振雷达，其余的是
光学雷达和多普勒雷达。右图为神奈川县 X 波段雷达，其碟径
约为 2m（Maki et al.，2010；NIED，2005）

数据同化方案的输入。

　　洪水预警试验产品的最终用户包括神奈川藤泽市、东京江户川区、东京消防局、私营铁路公司和一家建筑公司（Maki et al.，2010）。横滨市还评估了现有的自动预警系统对估计降雨量的使用情况，该系统使用闪光灯和语音警报向用户发出城市河流水位已接近高水位的警告（Chandrasekar and Maki，2011）。

　　目前，城市实时洪水预报和滑坡灾害预报支持系统也在研发中。例如，在洪水模型中，使用分布式降雨径流和水动力排水模块来估算主要排水路径的流量、洪水深度、流速和灾损。模型输出间隔为 10min，空间分辨率为 10m（Nakane and Matsuura，2007；Maki et al.，2008）。

　　在城市预警中，沿主要道路还建立了水位传感器网络，用来校核估算的水位。模型的输出可以通过网站和手机发送到当地政府机关、志愿者团体和非营利组织。一些应用程序正在开展评估，包括应用于交通管理协助的程序，以及针对地下空间（如地铁、地下商场和私人地下室）的洪水发出警告的程序。例如，2010 年 7 月在东京多摩地区发生强降雨，降雨强度为 50～70mm/h，根据标准的强降雨和洪水预警系统，东京消防局能够提前 30～50min 采取临时防汛措施（Chandrasekar and Maki，2011）。

10.2 洪水风险评估

10.2.1 定义

市区雨水通常由地面排水沟、涵洞和地下管道组成的排水系统收集（图10.5）。传统的地下排水系统通常是雨污合流制，目前，新的排水系统通常都是雨污分流的。

图 10.5 用于污水和雨水处置的三种管道系统的示意图
（美国环境保护署，http://www.epa.gov/）

如果地表径流暂时超过排水系统的排水容量，雨水通常会沿着小路、马路和其他地形流向低洼地区，在某些情况下，低洼位置的水位会迅速上涨。这类洪水通常被称为雨季洪水，可以广义地定义为（Falconer et al.，2009）"由于径流在流入任何水道、排水系统或下水道之前，或因为排水管网满负荷运行而无法进入排水系统，而形成的地表径流和积水，进而造成的洪水"。造成地表积水的典型原因如下（Dale et al.，2012）：

- 排水能力不足。
- 降雨强度太大而导致无法进入连接地下排水管网的沟渠。

- 局部问题，如涵洞堵塞，意味着道路和其他排水沟无法排出应该排放的流量。

- 在没有设置合理排水系统的地区发生雨洪。

许多复杂的情况也会引发城市雨洪。例如，如果一条高水位的河流流经市区，有时会降低排水能力，或者导致河水倒灌进入排水管网。当河流和溪流通过地下暗渠和隧道时，如果因碎石或垃圾造成堵塞，或是流量超过设计流量时，就有可能加大洪水风险。在使用网栅和拦污栅防止碎渣进入排水系统的管道中发生这类洪水的风险尤其高。也存在雨水从排水系统回流到街道和建筑物的可能性，或一些地区直接受到河流洪水的影响（见第8章）。

在发生河流洪水和地表水联合淹没的情况下，还需要考虑流量的相对大小和持续时间。例如，城市河道的径流往往来自当地的降雨，有些集水区可能完全位于市区内。相比之下，河流流量通常发生在较长的时间尺度上，并且有时与远距离的暴雨相关，暴雨可能对局部的影响不大。此外，在城市地区，由于道路、停车场和其他地形的不透水性，以径流形式出现的降雨百分比通常比自然集水区要高得多。因此，减少局部地表径流的措施越来越多地纳入新住房开发项目中，如可持续排水系统（SUDS）或低影响开发项目（LIDs）。

10.2.2 建模

为了评估地表洪水风险，需要考虑排水系统能力以及地表径流的量级和持续时间。通常，评估的复杂性与所认知到的风险相关，诸如可能会受到影响的财产数量以及前期洪水事件造成的损失（如果有的话）等因素。建模需要考虑的特定方面如下（Schmitt et al.，2004）：

- 管道内无压流到有压流的过渡。

- 随着水从地下管网系统中溢出，地表水位上涨。

- 地表径流运动，以及地表径流与有压管道流之间的交互。

水动力模型广泛应用于地下管廊工程的设计和运行研究中。通常，水动力模型模拟了主要管道的水体流动，以及阀门、泵、配水池、储水罐、溢流堰和其他对流量和压力有重大影响的结构。虽然建立和校准这类模型可能任务艰巨，但通常得到的结果都是合理的；例如，把排水系统中关键位置的流量和压力与观测值进行对比。

然而，地表径流估算通常更具挑战性，因为，在一般情况下不可能模拟出所有的道路、花园、停车场、工业区和其他类型地表所产生的径流流量。例如，有时即使是路面路堤的微小变化也能显著地改变地表水流的特性，比如道路和铁路的路堤等较大变化特征会阻碍地表径流流动。在公园、花园和荒地等开阔土地上，产生的径流也通常受到前期条件的影响，这些地区可作为洪水滞留区或设置流量控制工程。

在设计研究中，不是试图直接模拟所有的这些因素的影响，而是将简单的经验技术应用在大范围指标值的估计上（如 World Meteorological Organisation，2009）；例如，假设不同的子汇水区具有典型的陆地覆盖特征，采用单位线法或概念降雨径流相关关系法。根据降雨频率分析，理想的暴雨设计通常以深度、持续时间和暴雨轮廓的形式表示。例如，城市排水管网通常设计为能满足给定的重现期或年超越概率的降雨事件，比如能应对 30 年一遇的暴雨。

估算洪水淹没范围的一种简单方法是假设一定比例的降雨分布在地形上。最简单的方法就是假设所有降雨都成为地表径流，通常这是在排水系统完全不堪重负或堵塞等最坏情况下发生的。或者，洪水量级估算是基于排水管网消纳一定比例的降雨以及渗透或其他过程吸收部分雨量的假设得出的。然后，考虑到管网、雨水滞留区和其他特征，子汇水区之间的流量演算通常使用稳态、运动波或其他方法。

然而，随着实际应用需求的增加，对精细化方法的研发成为热门研究领域。通常使用地理信息系统（GIS）中的数字地形模型来开展分析，以从地貌组成上来识别水流路径。然后，采用基于网格的方法对地表水流进行模拟，并考虑了每个网格单元的入渗特性和前期条件。

近年来，远程测量技术的发展促进了模型研发；例如，通过飞机或直升机上的机载激光雷达（图 10.6）可实现精度为垂向 0.1m，水平向 1m 或更高精度的垂直和水平方向的测量（见第 5 章）。基于市区内土地利用特征以及所有关键的已竣工建筑物的尺寸和拓扑结构，还研发了自动径流路径生成法和流域划分方法（如 Maksimovic et al.，2009）。

对于水动力模块，一种求解方法是解耦法，即分别对表面和地下单元建模，并以近似方式表示交互作用。例如，假设每个相互连接的网格单元的水深或体积系数，来估算流入地下管网的径流。或者，广泛采用完全耦合法来减少模块间交互的假设条件数量。在某些情况下，需要考虑河流的水位和流量，这些因素可能会对城市洪水量级产生影响。

对于地表水模块，通常采用基于圣维南浅水方程的一维或二维水动力建模方法（图 10.7）（如 Leopardi et al.，2002；Hunter et al.，2008；Pender and Neelz，2011）。正如第 5 章所讨论的，一维方法通常计算速度更快，但

图 10.6　基于激光雷达（LiDAR）观测的城市三维视图

（© Crown Copyright，2010；Defra，2010）

需要手动定义一些流动路径，不太适用于开阔区域建模。相比之下，二维模型虽然克服了这一限制，但运行速度通常比一维模型慢，尽管目前洪水演进的加速技术正在商业化。此外，这种地表洪水演进模型可能包括水流与堤岸、大型建筑和其他结构之间相互作用的细部处理。在某些情况下，三维（3D）建模方法在具体洪水问题的详细调查研究方面是有用的，例如在地下空间的安全疏散研究方面（如 Takayama et al.，2007）。

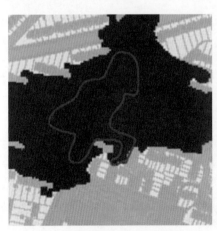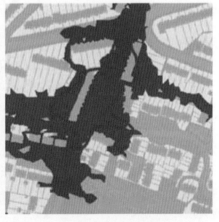

图 10.7　不同的建模方法产生截然不同的结果对比。每张图像都描绘了 30 年一遇的洪水事件。红线表示 30 年一遇洪水的实际淹没范围。所使用的方法是同一场降雨下的二维地表洪水演进模型，以及解耦的排水管网模型和二维地表洪水演进模型（Cabinet Office，2008）

无论选择哪一种方法，一般都需要根据与当地洪水专家的讨论和实地考察后修订初步估算结果，以核定潜在的水流路径。使用耦合的方法也具有一定的优势，再仅需要开展近似估计的区域使用简单的一维模型，在风险较高的区域使用二维模型（如 Saul et al.，2011）。与河流的洪水模型相比（见第8 章），城市地表的不确定性普遍较高；然而，模型计算也可以得到有用的结果，并将结果广泛应用于投资规划和开发洪水应急预案中。如第 7 章所述，在洪水事件期间，洪水警报或应急疏散路线图也得到广泛应用，以协助工作人员开展应急响应。地表洪水的一些典型特性如下：

- 地下通道等道路低洼地带的洪水风险很大。
- 涵洞和其他河宽缩窄位置有碎渣堆积堵塞的风险。
- 设备库是存放关键维修设备的地方。
- 蓄滞洪区和其他工程措施对城市洪水管理至关重要。
- 关键的遥测设备和摄像监控站点的位置。
- 模型输出存在潜在危险水深或流速的位置。

第 7 章还讨论了可包含在模型当中的其他项目，如医疗设施、脆弱群体和关键基础设施的位置。

10.3 预警系统

10.3.1 监测

在城市地区，许多通用的监测技术也应用于其他类型的突发洪水，参见第 2 章和第 3 章。这些监测技术包括采用雨量计和水位计。实时监测事件的水平取决于很多因素，包括洪水风险水平、先前的洪水问题和预算（如 UNESCO，2007）。监测技术的选择取决于主要的洪水致灾类型：

（1）堵塞风险——压差传感器、水位传感器，以及在拦污栅、网栅和其他易堵塞的位置设置延时相机、摄像机或摄像头。

（2）强降雨——翻斗、冲击、热板或称重雨量计，通常每 1～15min 提供测点位置的雨量实测值。此外，可将 X 波段、C 波段或 S 波段气象雷达观测纳入国家气象网络（见第 2 章）。

（3）地下排水管网系统——采用压力传感器、超声波和其他仪表测量管道、泵站和其他设施的压力、流量和其他参数。

（4）河道水位——在开放的排水渠、涵洞及小型水道中或其上游安装压力传感器、浮子式、气泡式、超声波或雷达水位计，并按照每分钟的间隔进行报告，具体的时间间隔取决于实际应用需求。

通常使用手机、固定电话、无线电或卫星遥测来传输警报（见第 3 章），在某些情况下，也可以通过电子邮件、短信和其他方法向操作人员自动传输警报（见第 6 章）。通常，通过一个独立的遥测系统获得输出，或将输出集成到现有 SCADA 系统或其他系统中。

对城市地区安装的仪器有一些通用要求，包括：易于维护、低成本（例如，允许安装密集网络）、低视觉影响（从便利性和故意破坏角度考虑），以及在连续或通过关键阈值时可高频发送报告的功能。对于安装在涵洞和河道中的仪器来说，需要额外考虑的因素是抵抗碎屑堵塞和破坏的能力。

至于降雨观测，另一个需要考虑的是空间分辨率的最大值，因为监测设备的空间分布往往对预报洪水的位置和范围有很大影响。目前，已开展了一些关于城市地区降雨量监测所需的理想时空分辨率的研究（如 Berne et al.，2004；Einfalt et al.，2004）。监测结果往往取决于流域面积、应用情况、气候状况和所使用的分析技术。一般来说，城市监测的要求往往比流域监测的要求要高得多；例如，Schilling（1991）提出了一种指标，即每平方公里至少有一个雨量计，且时间分辨率不大于 5min。

如前所述，降雨监测的主要方法是气象雷达和雨量计，在洪水风险高的地区，适合安装高密度的雨量监测站网。例如，在得克萨斯州的哈里斯县，在休斯敦市内和周边约 $4.50km^2$ 的区域内覆盖了由 100 多个河流水位计和雨量计联合站点组成的监测网络（http：//www. harriscountyfws. org/）。经验证明，固态冲击传感器对城市地区的降雨监测也非常有效，而且体积小，可适用的安装范围很广（如 Basara et al.，2009；Koskinen et al.，2011）。

不过，通常情况下，预算经费或其他因素限制了仪表的数量，因此，在空间详细观测中，可采用气象雷达观测数据。通常，由气象服务中心运行的国家气象雷达网络，C 波段和 S 波段设备的空间分辨率范围为 1～5km（见第 3 章）。正如专栏 10.1 所讨论的，短距离填缝 X 波段雷达越来越多地用于洪水高风险区，通常以约 1min 或更长的时间间隔提供 1km 或更小的网格输出。城市地区降雨量监测的一些实例包括美国（McLaughlin et al.，2009）、日本（见专栏 10.1）和欧洲的应用和研究项目（如 Basara et al.，2009；Koskinen et al.，2011）。

正如第 12 章所讨论的，其他一些降雨观测技术也正在研发中。这些技术包括使用 X 波段或相控阵雷达的自适应传感技术，可在风暴穿越城市地区时进行跟踪风暴和可视化。特别值得一提的是，由于 X 波段相控阵雷达体积小、重量轻，因此很适合安装在建筑物和其他的城市建筑结构上。采用多传感器降雨设备是城市降雨监测的另一种方法，并已在一些国家运行使用（见第 2 章），而使用现有手机网络的微波衰减技术是未来这个领域发展的另一项潜在技术。

10.3.2 阈值

在突发洪水预警系统中，当观测值或预报值超过预先设定的值时，系统将向业务人员提供警报。如第 6 章和第 7 章所述，所采取的应急行动通常以文档形式定义在洪水预警程序和洪水应急响应预案中。

当提供地表洪水预警服务时，广泛使用的方法是根据雨量计或气象雷达观测和/或降雨预报使用降雨深度持续时间阈值来发布预警。降雨深度持续时间阈值定义了某一特定时期（或时段范围）内可能导致洪水问题的降雨深度。为了对排水系统的剩余容量开展修正，有时会根据旱季或雨季后的雨量来确定不同的阈值。这种方法也广泛应用于河流和泥石流的预警系统中，并在第 8 章和第 9 章中做了详细讨论，也举例阐述了所使用的各种验证技术。

城市地区，阈值通常是根据以前洪水事件的降雨量累积值来定义的。在某些情况下，阈值也可以由排水系统模型来确定。然后，根据洪水风险图和/或之前洪水事件的记录，向可能存在洪水风险的区域发出警报。然而，由于洪水响应的复杂性，通常只能给出风险的一般性指标，例如美国使用的"城市和小河流洪水咨询"（http：//www. weather. gov/glossary/）的警告类型。

提醒公众注意洪水，一般来说，洪水仅给受灾地区的居民带来不便（不会危及生命）。在暴雨导致市区街道及低洼地区出现洪水淹没时发出警报。如果小型乡村或城市的河流水位预计达到或漫溢堤岸时，也可发布警告。部分房屋或道路可能发生水毁。

当使用降雨预测时（见第 4 章），警报越来越多地以概率的方式发布。例如，在英格兰和威尔士，当地应急响应机构可获取极端降雨警报服务，以"对可能导致地表洪水的极端降雨进行预报和警告，特别是在城市地区"（气象局/环境署，2012）。警报由县一级发布"……当超过以下阈值的 20％ 或更高时发布：每小时 30mm，3 小时 40mm，6 小时 50mm"。这种预警服务的潜在优势如下：

（1）对路网、当地交通和相关服务的影响最小。

（2）地方政府和公共事业单位可以更好地了解如何应对地表洪水。

（3）更为有效地部署和管理人员和资源。

（4）提前调动和部署装备，如沙袋。

（5）协调沟通，更好地了解并准备好应对媒体和公众的反应。

关于适用于个别地点和区域的阈值研究也正在进行中（Hurford et al.，2011）。

在许多情况下，降雨阈值的一个关键用途是及时采取预防措施，如安排工作人员待命，对堵塞的下水道、拦污栅和涵洞进行紧急清理，关闭道路和停车场，并提醒应急服务人员和其他关键组织防范洪水。在某些情况下，需要对小型河道的水位和拦污栅上的压差传感器定义额外的阈值。这提供了一个更精确的关于特定洪水问题的指标值，尽管其预见期比基于降雨量的阈值要短。例如，在美国的部分城市，将阈值内置于路缘压力传感器、浮式开关或俯视雷达或超声波装置，可在道路上容易发生洪水的位置，如在地下通道和低洼的十字路口，触发自动屏障、闪烁灯和/或电子警报信号（见第12章）。

通常，对于其他类型的突发洪水，可通过改进整个监测、决策和预警传播过程从而提升预警预见期。这部分研究内容已在第1章、第6章和第7章中进行了讨论，表10.2说明了一些有时用于城市地区的洪水预警方法。

表 10.2　　提升预警过程和减少城市地区洪水风险的可行方法示例

条　款	描　述
信息获取	在地下通道、地下商场和水岸公园等地方，使用警告标志、闪光灯或围挡建筑物提醒人们注意洪水的危险
摄像	使用具有夜视功能的摄像机，连续记录或按设定间隔监测已知易发洪水的位置，在遥测系统、安全网站上发布可见图像和/或作为电子邮件附件发送给操作人员
社区参与	与其他类型的突发洪水一样，让社区成员参与洪水应急预案的制定，以便人们了解在收到警告时应采取的最有效的行动。在可能的情况下，将志愿者纳入应急响应小组（例如作为洪水监督员）
现场监测	将专业人员或训练有素的志愿者部署到已知风险区，以便对情况进行可视化监测，并进行授权和培训，直接向应急服务机构和其他组织发出警告，或者直接向处于危险中的居民发出警告
操作中心	一旦预报有强降雨，建立全天候（24/7）的预警服务，可能会利用到现有的运行设施（例如应急服务或运输、供水、交通管理或安全组织）
遥测	采取比河流监测更高的上报频率，例如，在一些城市洪水预警系统中，小型河流和水道的水位计读数间隔为1min
预警通知	使用快速发布技术，例如警报器、小区广播、多媒体系统和其他方法（见第6章）

10.3.3 洪水预报

洪水预报模型是用来辅助工作人员决定是否发布警告的一种工具，并可以提高预警预见期。然而，对于地表洪水，实时水动力模型是一个发展中的方向，国际上几乎没有运行使用的实例。

通常，实时水动力模型的输入来自实时气象雷达或雨量计观测值和降雨预报。对于实时应用，额外的一个复杂性是排水系统的性能有时不仅取决于降雨的分布，还取决于暴雨的传播方向，同样需要高分辨率的降雨输入来表示这种影响。

在实时水动力模型中需要考虑的另一个问题是，在小型城市中，集水区预测模型通常需要每隔几分钟或更短时间运行一次，以应对河流水位上涨和流量增加。采用河流洪水预测模型（见第5章和第8章），可实时估算洪水淹没的范围和程度。例如，从一个二维模型或者从快速运行的一维模型中进行插值。另外，可以将预先绘制的洪水风险图以纸质形式或通过网页提供给操作人员，不同的地图对应不同的流量或水位阈值。

日本（见专栏10.1），奥地利（Achleitner et al.，2008）和英国（Liguori et al.，2012）的研究系统和预运行系统中使用了实时水动力模型。计算能力和算法的改进也意味着采用二维模型进行实时预测慢慢成为现实（Fortune，2009）。研究人员还探索了其他方法，例如快速运行的数据驱动模型，以及使用误差预测方法的数据同化技术（如 Bruen and Yang，2006）。

正如其他类型的突发洪水预报一样，越来越多的人主张采用概率方法来评估输出结果的不确定性。例如，Schellart 等（2011）讨论了英国的一系列雨洪模型案例研究，这些研究使用了概率临近预报、统计降尺度技术和人工神经网络等方法。原则上，预测的概率应有助于在洪水事件发生期间做出更好的决策；预测概率方法在第12章中做了进一步探讨。

在城市排水管网中广泛使用实时控制系统，这也促进了一些开发工作，其中，开发程序远程激活阀门、闸门和其他设备，以便将多余的水量分配到系统内仍具有接纳能力的区域（如 Schilling，1989；Schutze et al.，2004）。现在，欧洲以及美国、加拿大和日本的20多个城市都运营着排水管网实时控制系统（EPA，2006）。通常，这类系统运行的目标是降低运营成本、减少污染和洪水事件的数量；特别是在雨污合流的系统中，雨水和污水会从管道漫溢进入河道。操作规程是基于经验和离线水动力学模型的组合结果，并且由于其复杂性，通常需要编写到决策支持系统中。

10.4 总结

地表洪水有可能会影响到大量房产拥有者和道路使用者，并给其生命安全带来风险。引起城市地表洪水的主要原因通常是强降雨，其他因素有时也起到一定的作用，比如快速融雪。由于与河流以及排水管网和污水管网回流的交互作用，在某些情况下地表洪水淹没情况较为复杂。

在城市地区，地表水的流动路径往往很复杂，受到道路边缘、建筑物、墙壁和堤防等局部微地形特征的影响。径流生成过程也比乡村的集水区更复杂，通常受到公园、花园、开阔地以及如道路和停车场等不透水区的影响，而且，还需要考虑地表水与地下排水管网的交互作用。

尽管存在这些复杂的影响因素，但近年来地表洪水在水文和水动力建模技术方面取得了很大进展。例如，一些耦合了地表和地下管网的模型已经商业化了，都使用了基于网格的径流过程表示地表水流过程。自动化程序也越来越多地用于对潜在水流路径进行初始评估。综合起来，这些技术极大地促进了城市地区洪水风险评估，既可单独对地表洪水进行评估，也可结合其他来源开展综合评估，如河流洪水等。

由于降雨响应的复杂性，许多洪水预警机构仅为地表洪水提供有限的预警服务。通常，这是基于雨量计或气象雷达观测值并结合降雨深度持续时间阈值开展预警的。降雨预报也被广泛使用。然而，城市地区所需的空间和时间分辨率通常高于河流集水区，这也是提供有效警告服务的关键挑战。因此，X波段气象雷达的使用是目前的研究热点，在全球范围内已经实施了多项运营和运营前的应用。相控阵雷达、微波衰减和自适应传感技术在未来预警方面也显示出应用潜力。

无论是在地下排水管网还是在城市河道，以及在道路和公共场所的易发洪水地区，水位传感器、压力传感器、成像和流量监测设备越来越多地作为预警程序的主要组件。除了适用于河流的预警技术（见第3章和第8章），其他的应用实例中，研究设备还包括不同的压力传感器、延时照相机和管道水流的压力转换器。特别要关注的是在拦污栅和涵洞等障碍物上发生堵塞和局部洪水的风险。

洪水预报模型是正在蓬勃发展的研究方向，由于对模型运行时间的要求以及模拟城市洪水过程的复杂性，过去这一领域发展受到层层阻碍。然而，计算机处理速度和模型算法的更新发展使得实时水动力学模型的应用变为可

行，目前，已有几个运行实例了。在某种程度上，城市排水系统的实时控制
要求也推动了实时预警模型的发展。

参 考 文 献

Achleitner S，Fach S，Einfalt T，Rauch W（2008）Nowcasting of rainfall and of combined sewage flow in urban drainage systems. 11th international conference on urban drainage，Edinburgh

APFM（2008）Urban Flood Risk Management：a tool for integrated flood risk management. WMO/ GWP Associated Programme on Flood Management，APFM Technical Document No. 11，Flood Management Tools Series，Geneva

Basara JB，Illston BG，Winning TE Jr，Fiebrich CA（2009）Evaluation of rainfall measurements from the WXT510 sensor for use in the Oklahoma City Micronet. Open Atmos Sci J 3：39 – 47

Berne A，Delrieu G，Creutin J – D，Obled C（2004）Temporal and spatial resolution of rainfall measurements required for urban hydrology. J Hydrol 299（3 – 4）：166 – 179

Bruen M，Yang J（2006）Combined hydraulic and black – box models for flood forecasting in urban drainage systems. ASCE J Hydrol Eng 11：589 – 596

Cabinet Office（2008）The Pitt review：lessons learned from the 2007 floods，London. http：//www. cabinetoffice. gov. uk/

Chandrasekar V，Maki M（2011）Development of distributed sensing infrastructure and flood monitoring systems. European Geosciences Union General Assembly 2011，3 – 8 April 2011，Vienna. http：//www. drihms. eu/open – meetings/egu2011/EGU ＿ ICT – QPEl. pdf

Coulthard T，Frostick L，Hardcastle H，Jones K，Rogers D，Scott M，Bankoff G（2007）The June 2007 floods in Hull. Final Report by the Independent Review Body，21st November 2007

Dale M，Davies P，Harrison T（2012）Review of recent advances in UK operational hydrometeorology. Proc Inst Civ Eng，Water Manag 165（2）：55 – 64

Defra（2010）Surface Water Management Plan technical guidance and annexes. Flood Management Division，Department for Environment，Food and Rural Affairs，London. http：//www. defra. gov. uk/

Einfalt T，Arnbjerg-Nielsen K，Golz C，Jensen N – E，Quirmbach M，Vaes G，Vieux B（2004）Towards a roadmap for use of radar rainfall data in urban drainage. J Hydrol 299（3 – 4）：186 – 202

EPA（2006）Real time control of urban drainage networks. Report EPA/600/R - 06/ 120. U. S. Environmental Protection Agency. http：//www. epa. gov/

Falconer RH，Cobby D，Smyth P，Astle G，Dent J，Golding B（2009）Pluvial flooding： new approaches in flood warning，mapping and risk management. J Flood Risk Manag 2： 198 - 208

FEMA（2005）Reducing damage from localized flooding：a guide for communities. Federal Emergency Management Agency，FEMA 511/June 2005，Washington，DC. http：// www. fema. gov/

Fortune D（2009）Dispelling the myths of urban flood inundation modelling. In：Samuels P et al（eds）Flood risk management：research and practice. Taylor & Francis，London

Gupta K（2007）Urban flood resilience planning and management and lessons for the future：a case study of Mumbai，India. Urban Water J 4（3）：183 - 194

Hunter NM，Bates PD，Neelz S，Pender G，Villanueva I，Wright NG，Liang D， Falconer RA，Lin B，Waller S，Crossley AJ，Mason DC（2008）Benchmarking 2D hydraulic models for urban flooding. Proc ICE - Water Manag 161（1）：13 - 30

Hurford AP，Priest SJ，Parker DJ，Lumbroso DM（2011）The effectiveness of extreme rainfall alerts in predicting surface water flooding in England and Wales. Int J Climatol 32 （11）：1368 - 1374

Koskinen JT，Poutiainen J，Schultz DM，Joffre S，Koistinen J，Saltikoff E，Gregow E， Turtiainen E，Dabberdt WF，Damski J，Eresmaa N，Goke S，Hyvarinen O，Jarvi L， Karppinen A，Kotro J，Kuitunen T，Kukkonen J，Kulmala M，Moisseev D，Nurmi P，Pohjola H，Pylkko P，Vesala T，Viisanen Y（2011）The Helsinki Testbed：a mesoscale measurement，research，and service platform. Bull Am Meteorol Soc 92（3）： 325 - 342

Leopardi A，Oliveri E，Greco M（2002）Two - dimensional modeling of floods to map risk - prone areas. J Water Res Plann Manag 128：168 - 178

Liguori S，Rico - Ramirez MA，Schellart ANA，Saul AJ（2012）Using probabilistic radar rainfall nowcasts and NWP forecasts for flow prediction in urban catchments. Atmos Res 103：80 - 95

Maki M，Iwanami K，Misumi R，Park S - G，Moriwaki H，Maruyama K，Watabe I， Lee D - I，Jang M，Kim H - K，Bringi VN，Uyeda H（2005）Semi - operational rainfall observations with X - band multi - parameter radar. Atmos Sci Lett 6：12 - 18

Maki M，Maesaka T，Misumi R，Iwanami K，Suzuki S，Kato A，Shimizu S，Kieda K， Yamada T，Hirano H，Kobayashi F，Masuda A，Moriya T，Suzuki Y，Takahori A， Lee D，Kim D，Chandrasekar V，Wang Y（2008）X - band polarimetric radar network in the Tokyo metropolitan Area – X – NET. 5th European conference on radar in meteorology and hydrology (ERAD 2008), 30 June – 4 July 2008, Helsinki. http: // erad 2008. fmi. fi/proceedings/index/index. html

Maki M, Maesaka T, Kato A, Shimizu S, Kim D – S, Iwanami K, Tsuchiya S, Kato T, Kikumori T, Kieda K (2010) X – band polarimetric radar networks in urban areas. ERAD 2010 – 6th European conference on radar in meteorology and hydrology, 6 – 10 September 2010, Sibiu. http: //www. erad2010. org/pdf/POSTER/Thursday/02 _ Xband/11 _ ERAD2010 _ 0354 _ extended. pdf

Maksimovic C, Prodanovic D, Boonya – Aroonnet S, Leitao JP, Djordjevic S, Allitt R (2009) Overland flow and pathway analysis for modelling of urban pluvial flooding. J Hydraul Res 47 (4): 512 – 523

Mc Laughlin D, Pepyne D, Chandrasekar V, Philips B, Kurose J, Zink M, Droegemeier K, Cruz – Pol S, Junyent F, Brotzge J, Westbrook D, Bharadwaj N, Wang Y, Lyons E, Hondl K, Liu Y, Knapp E, Xue M, Hopf A, Kloesel K, DeFonzo A, Kollias P, Brewster K, Contreras R, Dolan B, Djaferis T, Insanic E, Frasier S, Carr F (2009) Short – wavelength technology and the potential for distributed networks of small radar systems. Bull Am Meteorol Soc 90 (12): 1797 – 1817

Met Office/Environment Agency (2012) Extreme Rainfall Alert user guide. Flood Forecasting Centre, Exeter

Nakane K, Matsuura R (2007) Real time flood risk mapping using the MP radar. Preprint, Annual meeting of Japanese Society for Natural Disaster Science, Sapporo (in Japanese), pp 43 – 44

NIED (2005) Rainfall observation by X – band multi – parameter radar. NIED brochure. http: //www. bosai. go. jp/kiban/radar/pdf file e. htm

Pedersen L, Jensen NE, Madsen H (2010) Calibration of local area weather radar – identifying significant factors affecting the calibration. Atmos Res 97 (1 – 2): 129 – 143

Pender G, Neelz S (2011) Flood Inundation Modelling to Support Flood Risk Management. In 'Flood Risk Science and Management', 1st edition (Eds. Pender G, Faulkner H), John Wiley and Sons, Chichester

Saul AJ, Djordjevic S, Maksimovic C, Blanksby J (2011) Integrated urban flood modelling. In: Pender G, Faulkner H (eds) Flood risk science and management, 1st edn. Blackwell Publishing Ltd. , Chichester

Schellart A, Ochoa S, Simões N, Wang L – P, Rico – Ramirez M, Liguori S, Duncan A, Chen AS, Keedwell E, Djordjević S, Savić DA, Saul A, Maksimović C (2011) Urban pluvial flood modelling with real time rainfall information – UK case studies. 12th international conference on urban drainage, Porto Alegre, 10 – 15 Sept 2011

Schilling W (ed) (1989) Real time control of urban drainage systems. The state of the art. IAWPRC Task Group on Real Time Control of Urban Drainage Systems, London

Schilling W (1991) Rainfall data for urban hydrology: what do we need? Atmos Res 27 (1 – 3): 5 – 21

Schmitt TG, Thomas M, Enrich N (2004) Analysis and modeling of flooding in urban drainage systems. J Hydrol 299: 300 – 311

Schatze M, Campisano A, Colas H, Schilling W, Vanrolleghem PA (2004) Real time control of urban wastewater systems – where do we stand today? J Hydrol 299: 335 – 348

Takayama T, Takara K, Toda K, Fujita M, Mase H, Tachikawa Y, Yoneyama N, Tsutsumi D, Yasuda T, Sayama T (2007) Research works for risk assessment technology related to flood in urban area. Annu Disaster Prev Res Inst, Kyoto Univ no 50 C 2007

UNESCO (2001) Guidelines on non – structural measures in urban flood management. IHP – V technical documents in hydrology no 50, Paris

UNESCO (2007) Data requirements for integrated urban water management. In: Fletcher TD, Deletic A (eds) UNESCO – IHP urban water series. United Nations Educational, Scientific and Cultural Organization/Taylor & Francis, Paris/The Netherlands

U. S. Department of Commerce (2001) Service assessment Tropical Storm Allison heavy rains and floods Texas and Louisiana. June 2001, National Weather Service, Silver Spring

World Meteorological Organisation (2009) Guide to hydrological practices. 6th edn. WMO – No. 168, Geneva

World Meteorological Organisation (2011) Manual on flood forecasting and warning. WMO – No. 1072, Geneva

第 11 章

大 坝 和 堤 防

摘　要：突发洪水往往是由强降雨引起的，它会导致河流水位上涨，在某些情况下会造成泥石流或地表洪水。然而，结构和岩土问题有时也会起作用，其中包括溃坝、决堤以及冰川湖溃决洪水引起的突发洪水。本章描述了一些为这类事件定义风险区域以及提供早期预警的方法，讨论了通常用于预警系统的决策标准（阈值）和用于监测大坝、堤防和冰碛层状况的技术，还提供了几个实际运行的预警系统的实例。

关键词：溃坝、决堤、洪水风险评估、防洪工程破坏、冰川湖溃决洪水、监测、预警、预报

11.1　概述

虽然大多数突发洪水和泥石流是由强降雨和快速融雪引起的，但也有一些其他原因或促成因素。特别是岩土或结构因素通常会增加溃坝或冰川湖溃决洪水的风险。在较小范围内，河堤失事可能会导致从前被保护免遭洪水的区域迅速被淹。但是在洪水来临前如果有足够的预见期，居民就可以撤离到更安全的地方，有时可以减少洪水的淹没范围；例如通过降低水库的水位来降低溃坝的风险，或者用沙袋和土工织物加固堤防。

本章讨论了一些和这类突发洪水有关的监测和预警问题。虽然它们有许多共同之处，但也有一些显著的差异，这些需要在预警系统的设计与运行中予以考虑。例如，溃坝和冰川湖溃决洪水经常引发又深又急的水流，会影响下游数公里的地区。它们所产生的洪峰流量、流速和水深通常都远超过重大

河流洪水事件中观测到的值，在某些情况下，洪水侵入山谷和峡谷，又加剧了破坏。相比之下，防洪堤往往建在地势较低的地区，一旦出现溃堤，流速会随着洪水扩散到洪泛区而减小。然而，水深可能会迅速增加以至达到危险水平，特别是在洪水被地形或其他障碍物限制的地方。例如，在2005年卡特丽娜飓风期间，新奥尔良部分地区（ASCE，2007）"发生多处溃堤，淹没了数个街区，速度如此之快，以至于房屋在几分钟之内就被淹没到了屋顶"。表11.1提供了一些关于该事件以及其他几个大坝溃决洪水的背景资料。

表 11.1　　　　　关于溃坝、突发洪水和决堤的几个案例

地　点	年份	影　响	起　因
美国，约翰斯敦	1889	溃坝洪水导致约翰斯敦城镇大约2209人死亡，27000人无家可归（Frank，1988；McGough，2002）。据估计，大坝的初始洪峰流量约为12000m³/s，而且洪水波在1h之内覆盖了城镇下游22km的地方（Ward，2011）	一场超强暴风雨经过该地区，一直持续到第二天，其中第一天的24h降雨量估计为150～250mm（Frank，1988）。这导致了大量洪水进入水库，造成了一个维护不善的土石坝的漫顶和溃坝（专栏11.1）
秘鲁，瓦拉斯	1941	帕尔卡湖发生突发洪水，影响了下游22～23km的瓦拉斯市约1/3的地区。死亡人数超过6000人（Lliboutry et al.，1977）	洪水是由于帕尔卡湖中冰碛坝由冰崩引发的漫顶造成的。这在下游一个湖造成了二次突发洪水
意大利，瓦依昂大坝	1963	洪水越过混凝土拱坝造成下游村庄约2000人死亡（Graham，2000）。据估计，库区涌浪最高超过坝顶100m，在更远的下游地区涌浪仍高达70m	洪水漫坝是由于一个最近修建、并仍在蓄水的水库发生了一次大滑坡。而大坝结构几乎没有受到破坏（Bosa and Petti，2011）
法国，马尔帕塞特大坝	1959	涌浪超过40m高，造成大约400人死亡（Delatte，2009）。在此之前，没有关于水库大坝结构性问题的预先警告，且水库水位虽然很高，但也未达到危险水平	坝体开裂破坏主要是由于岩体中有一个薄弱的裂缝，导致左坝肩移位。在经历了数周的强降雨后，这座大坝自1952年投入使用以来第一次几乎装满了水

续表

地　点	年份	影　　响	起　　因
中国，河南	1975	河南省板桥、石漫滩两座大型水库以及其他约 60 座中小型水库出现溃坝，导致大约 85000 人死亡，同时 1100 万人受到影响（Si，1998）	受台风影响，3d 内降雨量超过 1000mm，导致水库满负荷运转，直至出现溃坝
美国，新奥尔良	2005	超过 1000 人死亡，数以千计的房屋被毁。整个城市超过 80% 的地方被洪水淹没，一些街区积水深度超过 10 英尺（ASCE，2007）	大部分的洪灾损失都是由混凝土防洪墙的倒塌或漫顶以及 50 余处堤防侵蚀所引起的。同时，大部分抽水泵站都不能运行

专栏 11.1　美国，约翰斯敦洪水

1889 年，宾夕法尼亚州的约翰斯敦镇遭受了美国历史上最严重的洪水灾害。这是由东康莫夫（Conemaugh）河上的南福克大坝溃坝造成的，该大坝位于城镇上游 22km 处，比城镇高 140m。灾难发生时，约翰斯敦是一个约有 3 万人口的快速发展的城镇，也是煤炭开采和钢铁行业的主要中心。

大坝的第一次勘测工作始于 1834 年，1840 年开始施工，但因资金缺乏于 1842 年暂停。1851 年，大坝恢复施工，并于 1853 年投入使用，形成了一个水库，被称为康莫夫湖或者西部水库。它的主要功能是向宾夕法尼亚干线运河供水，直到 1863 年，由于铁路运营商日益激烈的竞争，水库被废弃停用。

整个水库长约 3km，蓄水量 1600 万 m³。土坝结构约长 284m、高 22m，坝体有一心墙，但在下游一侧有板岩、页岩和岩石层，在下游面上有岩缝。水流通过大坝底部 5 根直径 0.6m 的管道流出，可以通过木制控制塔上的操作控制阀门。还有一个 25m 宽的泄洪通道。美国土木工程师学会（American Society of Civil Engineers）在洪水发生后进行的一项评估中得出结论，认为大坝本身的设计和建造都很好（如 Frank，1988）。在 19 世纪 60 年代和 70 年代，由于缺乏维护和大坝壁上的植被生长，大坝的状况逐渐恶化。管道和阀门也被拆除，控制塔在一场火灾中被烧毁。

大坝下的涵洞也在 1862 年的一场洪水中坍塌，导致坝顶进一步下降和冲刷。然而，在 1879 年，一群富有的实业家购买了新成立的南福克渔猎俱乐部的股份，该俱乐部的成立是为了开发水库以供娱乐。

早期的一些任务是修复 1862 年洪水造成的破坏，并将坝顶降低约 0.6m，以便为货车和客运车提供更宽的道路。然而，修复工作是在以一层干草和稻草上使用土和黏土堆砌这种临时方式进行的，没有在大坝工程师的监督下开展。同时堵住了涵洞入口，并在溢洪道顶部设置了金属筛网以防止鱼类逃逸，该金属筛网起到了拦截碎片的作用，也减小了溢洪道的过流量。

从 1881 年开始，这个湖被用来垂钓、划船和避暑。1889 年的 4 月和 5 月，在溃坝事件发生前的冬季和春季的几个月里，该地区降雪量很大，随后又出现了比往年同时期更严重的降雨（McGough，2002）。5 月 30 日，一场异常猛烈的暴风雨横扫该地区，并一直持续到第二天，造成该地区许多地方洪水泛滥，24h 降雨量估计为 150～250mm（Frank，1988）。这导致了约翰斯敦有史以来最严重的洪水，在大坝倒塌当天，一些街道被淹到 2～3m 深。康莫夫湖的水位也开始迅速上升，到 5 月 31 日 11：30，已经开始漫过坝体。当时，一个工作组已经连续工作了 2h，试图抬高坝顶的高度，清除溢洪道的垃圾，并在大坝的另一端开挖一条紧急泄洪通道。

在 11：00 的时候，驻地工程师骑着马向下游约 4km 的南福克镇居民发出了危险警报，并从那里通过电报向约翰斯敦及下游更远处发布警报。这是收到的至少三次警报；然而，由于过去经常出现的误报，这次警报并没有引起足够的重视，也没有得到广泛的传播（McGough，2002）。下午 13：00，大坝正面开始严重侵蚀，紧急抢修工作在 14：30 放弃。在 14：50 或 15：10 中的某一时刻，大坝的中心区域坍塌了（图 11.1）。据估计，初始流量达到了 12000m³/s，而且水库蓄水在短短的 45～65min 内流尽（Ward，2011）。

随着洪水快速冲下山谷，携带的碎屑不断增加，这进一步加大了洪水的破坏力。铁路工程师约翰·赫斯是此次洪水的目击者之一，他通过火车汽笛发出警报，拯救了东康莫夫镇许多人的生命，并将逼近的洪水描述为"……就像飓风席卷一样，一切瞬间化为乌有……"（McGough，2002）。洪水从大坝以平均 5～7m/s 的速度前行，并在 16：07 到达约翰斯敦。

图 11.1　艺术家们呈现的南福克大坝建成时以及 1889 年溃坝时的情景，约翰斯敦镇市政厅的洪水标记显示出不同年份的洪峰水位：1889 年（21 英尺）、1936 年（17 英尺）、1977 年（8.5 英尺）（L. Kenneth Townsend 作品，http：//www.shadedrelief.com/，Patterson，2005）

在一些地方洪水水墙估计达到 7m 甚至更高，并发出类似雷声或火车驶近的声音。虽然有许多人依靠游泳、抓取漂浮物或爬到更高的地面或建筑楼层幸存了下来，但仍有 2209 人死亡，27000 人无家可归（McGough，2002）。灾难过后，大坝没有重建，现已成为国家纪念馆所在地。然而，1936 年，再次发生了严重的河流洪水，随后建成了一项大型防洪工程，成为当时美国第二大防洪工程。尽管如此，1977 年又发生了严重的洪灾，造成 85 人死亡，这促使了防洪体系的进一步升级，并最终在 1997 年完工。

由于气象和其他因素的综合作用，为这类情况提供洪水预警是极具挑战性的。然而，在高风险情况下，有时会决定安装早期预警系统，因为会对生命造成威胁；例如，直到结构的已知问题被解决，或者工程工作正在进行而暂时增加失事风险的情况。在一些国家，某些关键地点也安装了永久性的预警系统。

在所有的情形下，可能导致漫顶或造成结构坍塌的条件是难以确定的。

例如，一些典型情况下应启用防洪应急预案如下：

* 降雨或洪水预报表明水库的入流或河道的流量可能会导致漫坝或漫堤。

* 运营者、公众或其他人的观察或报告，表明结构问题正在发生或加速。

对于其他类型的突发洪水，预警系统通常包括监测、预报和预警发布 3 个模块，在第 2~7 章讨论了所使用的主要技术。第 8 章还讨论了河流洪水预报技术，包括水库调度对下游洪水的影响。相比之下，本章重点针对大坝和堤防的失事以及与之相关的洪水类型，如冰川湖突发洪水。本章介绍了用于评估洪水风险和脆弱性、编制防洪应急预案的方法，以及用于结构和岩土工程的监测技术。

11.2 洪水风险评估

11.2.1 定义

溃坝和堤防失事都是由挡水建筑物的漫顶或毁坏而引起的，因此洪水发生机理有很多共同之处。

典型的影响因素包括水库或河流的高水位，但有时单是结构或岩土问题就会导致失事。例如，一些潜在的问题包括坝基（堤基）或坝肩（堤肩）存在缺陷、沉降、液化以及不受控制的植被生长造成的根基损坏。此外，残骸、冰川、船只的碰撞或者闸门、阀门以及其他结构的腐蚀也会造成物理性的损坏。典型的失事引发机制包括侵蚀、边坡失稳以及结构内部或底部发生管涌或渗漏。

对于大坝来说，主要有两种类型，一种形成河槽内水库；另一种形成河槽外蓄水池（如滞洪区或河漫滩）。河槽内水库大坝一般由混凝土、砖石、填石或土堤组成，这些大坝横跨河流，形成水库。漫顶、坝体的坍塌和（或）快速侵蚀，或者为了避免漫顶而紧急泄水，都可能造成下游一些地区发生突发洪水。一些大坝还安装了自吸式虹吸管来保护坝体结构，一旦启动，可能导致下游的极端洪水。如第 8 章所述，大多数大坝都有溢洪道，而这些溢洪道也可能增加下游地区的洪水风险。

关于大坝失事的原因和频率已经有很多的研究，但结果往往依赖于调查国家的数量、使用的定义以及事故报告的水平。然而，对于大型的土石坝来说，调查通常显示已建大坝的完全或部分失事率约为 1%，其中漫顶和坝体结构问题各占一半（如 Foster et al. ，2000）。例如，20 世纪 90 年代中期对中国境外大坝失事数据进行分析（ICOLD 1995，in Graham，2000），针对高度在 15m 及以上的大坝得出如下结论：

- 在过去的 40 年中，大型水坝失事的比例一直在下降；在 1950 年前建造的大坝的失事比例为 2.2%；自 1951 年建造的大坝，失事的比例低于 0.5%。

- 从绝对意义上来说，大多数失事都涉及小型水坝，而这些小水坝确实在使用中所占的比例最大。这些水坝的失事率与水坝建造高度关系不大。

- 大多数失事工程涉及新建的大坝。最大比例（70%）的失事出现在前 10 年，尤其是投入使用的第一年。

- 对于混凝土坝，坝基问题是最常见的失事原因，其中内部侵蚀和坝基抗剪强度不足，各占 21%。

- 对于土石坝，最常见的失事是由漫顶（31% 的事故中漫顶为失事的主要原因）造成的，其次是由坝体内部的侵蚀（15% 的事故中内部侵蚀为失事的主要原因）或者坝基的侵蚀（12% 的事故中坝基侵蚀为失事的主要原因）引起的。

- 对于砌石坝，最常见的原因是漫顶，其次是坝基内部的侵蚀。

- 当附属工程导致大坝失事时，最常见的原因是溢洪道的泄洪能力不足。

然而，值得注意的是，这些统计数据一般包括未按现行标准建造的旧建筑物，而这其中只有小部分会对生命和财产造成重大损害。

相比之下，对于河槽外蓄水池，其周围堤岸失事通常会导致类似防洪堤决口的洪水。这将导致水位迅速上升，除了接近失事点的地区外，其他地区通常没有很高的流速或大量的碎石残骸。这种类型的洪水也可能发生在圩区，圩区是为了包围和保护有风险的地区免遭洪水而建造的围堤。波浪作用、来自不受控制的植被生长和穴居动物的影响和破坏等因素，有时会影响堤防和土石坝的性能。

在某些情况下，湖泊也会出现突发洪水的危险，特别是当水积聚在临时的自然障碍物后面时（Costa and Schuster，1988），例如，由山体滑坡或泥石流进入河流而形成的坝体，或在冰碛物或冰川背后积聚的融水。如果天然"大坝"出现漫顶或者溃决，导致的洪水叫做突发洪水。冰川湖溃决洪水（GLOF）也许是最著名的例子，它发生在冰碛物或冰川"大坝"溃决时。这种风险有时会因地热或火山活动导致的融水而增加，从而引发突发洪水，在冰岛，这种洪水被称为 Jökulhlaups（如 Snorrason et al.，2000）。

更普遍的是，突发洪水的事后评估中经常出现因泥石流和山体滑坡造成的临时河道堵塞以及积水，当堵塞物被清除后这部分水会突然释放出来。见表 11.1 中瓦依昂大坝和瓦拉斯的灾难，进入水库或湖泊内的山体滑坡或冰崩也可能会造成大坝或冰碛墙的漫顶。

11.2.2 模型

对于大坝和堤防，和洪水风险管理的许多其他领域一样，确定监测和维护工作优先顺序的第一步通常是更好地了解风险。由此产生的风险图和风险等级常常被用来指导确定早期预警系统和编制应急预案中的优先事项。

许多国家，如美国和英国，为大坝以及为某些情况下评估防洪堤失事的风险都制定了洪水风险图计划。通常在国家、区域或组织层面上对所有重要工程结构进行分析，对风险特别高的场地进行更详细的评估。这种类型的评估可以是一项巨大的任务；例如美国有超过 8 万座大坝，其中约 70% 为私人所有（如 ASDSO，2012）。

通常，在分析中使用的细节的详细程度与风险有关，对于下游住宅分布较少的小型水坝，与城市地区上游的大型水坝相比，有时适用更简单的方法。例如，在确定大坝紧急情况规划的优先顺序时所使用的信息可包括（Australian Government，2009）以下几个因素：

- 大坝状况及大坝安全缺陷程度（如果有的话）。
- 面临风险的人口和社区脆弱性。
- 洪水风险成本规模。
- 其他后果的范畴（例如关于财产、环境或大坝的社区价值）。
- 利益相关者的观念和期望。
- 不同场景下的知识状况和计划承诺。

这些信息通常来源于现场检查、大坝运营者的报告、洪水风险图、社区会议以及与民防和应急响应人员的讨论。对危险地点的初步评估也越来越多地使用卫星数据和基于 GIS 的分析来协助，特别是对于冰川大坝（如 Huggel et al.，2004）和小型无调节坝（如农场大坝）。

编制洪水风险图需要解决以下两个关键问题：任何破裂或决口的可能规模、模式和时间演变过程如何？一旦发生洪水，水将流向何处？第一个问题更加棘手，需要了解工程结构的现状、潜在的失效机制、水力负荷以及其他因素（如 Wahl et al.，2008；de Wrachien and Mambretti，2009；Wahl，

2010)。此外，还需要考虑漫顶风险。

对于大坝溃决，一种方法是假定水库蓄水至坝顶时发生瞬时局部或完全的溃决；然后，假设决口的形状为矩形或梯形，从而利用简单的堰流公式估算出流。有时也会假定决口的大小和形状随时间变化。此外，经验关系也被广泛用于估算出流的峰值流量和峰现时间，通常使用基于蓄水量、大坝高度或其他因素的回归关系来估算。然而，缺乏过去相关事件的数据往往会导致估算出流具有很大的不确定性。在某些情况下，需要对晴天溃决和洪水条件下溃决分别进行估算，对于后者，还需要考虑水库入流和溢洪道出流。

在物理模型开发方面也取得了一些进展，这些模型综合考虑了结构、岩土和水力学方面的问题（如 Morris et al.，2008）。例如，作为研究的一部分，全动态模型被广泛使用，它考虑了典型的结构失效模式，反映了水力和侵蚀作用之间的时变交互作用。尽管越来越多地使用侵蚀模型来模拟决口可能的关键特征，比如形成的最终宽度和时间（如 Wahl，2010），但上述物理模型仍然是主要的研究工具。

概率技术也被越来越多地使用在大坝和防洪堤中，通常使用蒙特卡罗技术来探索不同组合的水力负荷、资产状况和假定的决口位置和尺寸（如 Sayers et al.，2002；Gouldby et al.，2008；Huber et al.，2009）。例如，对于堤防来说，这些方法通常将堤防系统视为一个整体，以便更好地理解任何一个位置出现决口所引起的后果。

关于第二个问题，如何预测由此产生的水流，溃坝模拟的一维或二维水力学模型广泛采用第 5 章中所描述的用于河流建模的模型，并以溃口分析得到的入流过程线作为输入。对于突发洪水也使用类似的技术（见专栏 11.2）。卫星测高法或激光雷达（LiDAR）探测法再次被广泛用于测量沿途的地形。然而，一个关键的挑战是如何将模型中的损失项参数化来表示通常不会遇到的因素。例如，水流可能向山坡延伸，越过桥梁和低洼建筑，并含有大量的泥浆和碎屑，从而影响水流特性。有几个商业的溃坝模型包，它们提供了技术手册和参数使用说明。

对于防洪堤决口，二维模型应用更广泛，主要是由于溃堤洪水的淹没范围更广，除水深外，对流速和洪水运动路径也有需求，但是许多同样的问题依然存在。在这种情况下，通常有用的方法是绘制风险图，显示有或没有防洪堤决口时潜在的淹没范围，以说明完全溃堤或绕过堤防系统的最坏情况。

11. 2. 3　防洪应急预案

一旦估计了洪水的概率，通常会与关键基础设施、居民用房和企业的信息相结合，形成风险和脆弱性地图。在仅对失事概率提供定性估计的情况下，危险等级和类似的方法提供了一种更简单但也更粗略的替代方法。

由此产生的评估结果可用于指导制定减少洪水风险的紧急行动计划和长期措施，例如加高或修复坝体和堤防，并禁止高风险区域的进一步建设开发。例如，对于大坝，相关计划措施通常是由大坝运营商、社区、民防和监管部门制定的。

如第 7 章所述，洪水预警和疏散地图被广泛用于应急规划和业务使用，以及用来提高公民对所采取行动的认识。一般来讲，地图需要清晰、易于理解，并包含应急响应人员所需的所有关键信息。对于大坝，在某些情况下也可用于推测没有直接受洪水威胁但可能被洪水切断从而与外界隔绝的地区，以及由于存在碎屑堵塞的可能性而应该被关闭的桥梁（尽管洪水不太可能漫过桥面）（如 Australian Government，2009）。

当洪水风险开始出现时，可以采取的一些措施包括大坝的紧急抽水或泄水，加固薄弱地区或提高堤防的防御水平。其他可能采取的行动包括对工程结构下游有危险的地区进行预防性疏散，以及临时封锁穿越洪泛区的公路和铁路。至于其他类型的突发洪水，经常对预警过程中的时间约束进行分析，并作为应急预案过程的一部分。例如，对于大坝突发故障的情况，发出预警的时间延迟可能包括（如 FERC，2011）以下几种：

- 检测时间——相关工作人员意识到问题的时间。
- 验证时间——通过目测或其他方法验证问题的时间。
- 通知时间——通知应急管理机构（EMA）所需的时间。
- 响应时间——发出预警和（或）疏散大坝周边关键居民所需的时间。

然后，将这些延迟时间的总和与预估的洪水会影响第一批处于危险中的地点（如住宅、露营地、道路、关键基础设施）所需的时间进行比较，从而确定是否有可能根据目前的程序及时发出预警。

如有需要，一些简化程序的可能方法包括安装额外的遥测监测设备、培训当地应急响应人员现场检查技术，以及开发预定义的预警信息模板（见第 7 章）。另一种选择是采用更快的方式发出预警，如警报器和多媒体预警传播系统（见第 6 章）。在某些情况下，修改标准操作程序以便大坝运营者可以直接向大坝附近处于危险中的人们发出预警，以进一步减少时间延迟。桌面演习和全面演习也广泛应用于帮助应急人员更好地理解决策制定中的延迟和存在的瓶颈，以及测试和验证应急响应预案。为所有应急相关组织机构提供额外的备份联系人和恢复能力也有助于防范系统故障风险，或防范在事件发生时关键人员无法发出预警的风险。

作为大坝应急预案的一部分，也经常使用概率和事件树等方法对不同的失事或漫顶情景进行潜在的生命损失研究。实际上，这类研究的结果往往是确定大坝检查和升级项目优先次序的关键。为了完整的描述，通常需要考虑一系列洪水、人类响应以及交通问题，例如以下因素（Needham，2010）：

· 溃坝洪水事件，包括大坝溃口位置、尺寸和溃口发展速度、水库水位、时间、相对于溃坝起始时间的溃坝事件检测时间、下游淹没区域的范围、流速、水深和到达时间。

· 溃坝洪水事件中暴露的人数和位置，包括下游淹没区域人员的初始空间分布、预警的有效性、人们对于预警的响应、疏散的机会和有效性，以及在溃坝洪水波到达时，人们所处的环境（建筑、车辆、步行等）所提供的遮蔽程度。

· 在溃坝洪水波到来时，洪水淹没区内死亡人数。在某一特定地点的死亡人数估算需要考虑洪水事件的物理特性以及在洪水到来时和洪水过后人们所处环境所提供的遮蔽程度。

特别是，白天或晚上的时间是一个关键的考虑因素，因为响应速度取决于当时人们是在工作还是在家，是在睡觉还是醒着。然而至于其他类型的突发洪水（见第 1 章），所需的最小预警时间因位置和组织而异。例如，根据几次溃坝事件的数据，一项综述研究表明，99％以上有生命危险的人群可以在预警预见期大于 90min 的情况下消除生命危险（Brown and Graham，1988）。因此，这类研究为应急响应预案提供了有用的信息；然而由于所涉及的不确定性，更多的传统方法（如现场检查和运用工程判断）仍然是必不可少的。

11.3   预警系统

11.3.1   监测

当出现结构性问题时，通常在通知完有关部门后，紧接着第一步就是对有关情况进行更频繁的监测。为了更好地评估风险，有时也会进行额外的洪水风险图绘制工作；例如在美国，国家气象局预报员可以使用一系列基于

GIS的溃坝和水动力建模工具来模拟随着事件发生可能出现的情形（Reed and Halgren，2011）。

在许多情况下，人工监测是由大坝运营者和相关专家进行的，有时还会使用潜水调查等临时方法进行辅助。越来越多的工具可用来帮助检查和完成信息核对，例如支持GPS的笔记本电脑或智能手机应用程序。使用计算机游戏技术的模拟软件有时也被用来培训员工开展结构失效的风险评估（Hounjet et al.，2009）。

自动化设备也被应用于高风险地区，作为永久性预警系统的一部分，或用于应对发展中的紧急情况。使用的设备类型如下：

• 记录路堤和坝体的移动、变形的测量仪器，以及记录土堤的土壤湿度和空隙压力的测量仪器，包括加速度计、测缝计、伸缩计、固定测斜仪、压力计、压力盒、压力传感器、悬垂摆、地震仪、应变计、张力计、热敏电阻、测斜仪、时域反射仪等设备（图11.2）。

图 11.2 作为塔特尔溪大坝失事预警系统组成部分的
压力计、自动原位测斜仪以及警报器

• 勘测和遥感设备，通过照相机、录像和热成像进行地面观测，以及使用连续的 GPS、标记灯以及激光或超声波测距对坝顶和其他区域进行测量。

• 河流和水库水位监测设备，使用浮子式消力井、压力传感器、气泡计、超声波或雷达仪表（见第 3 章）、浮动开关，以及集水坑、排水井和钻孔水位监测。例如，对于水库，安装水位计的一些典型位置包括靠近坝体的库区以及紧靠大坝的下游河道区域。

正如第 3 章中所讨论的，遥感观测的一些选项包括固定线路、蜂窝、无线电、流星余迹和基于卫星的系统，在某些情况下，使用双路径的方法可以提高遥测失败后的恢复能力。对于水位计来说，特别要考虑的是，记录范围是否足以应对可能发生的溃坝或漫堤，以及用于数据记录、电力供应和遥测的电气设备是否保持在这些水位之上。通常风险是根据洪水模型研究评估的，然后根据需要提高、修改或重新安置设备。

在某些情况下，特别是在山区的偏远水库，如冰川坝，通常使用基于卫星和飞机的实测和影像测量技术，来开展监测可能需要监测的大坝上游地面的情况；例如可能存在山体滑坡或冰崩落入水库的危险。因此，第 9 章中讨论的泥石流的预警和预报技术在这种情况下可能有用。对于冰碛坝，需要考虑的其他一些因素包括冰芯和永久冻土层的稳定性，详见专栏 11.2。

专栏 11.2　喜马拉雅冰川湖突发洪水

喜马拉雅山脉西起阿富汗，东至缅甸，北至中国，南至孟加拉国，全长 3500 多 km。洪水、山体滑坡和泥石流是常见的现象，冰川湖突发洪水（GLOFs）则是一种特别的风险。通常情况下，这些冰坝通常在冰川消退的地方形成，使得水在终端冰碛堆积体之后聚积，形成一个天然的大坝（图 11.3）。

冰坝失事或漫顶的一些机制可能包括水位上升、渗流、冰芯融化以及雪崩和山体滑坡入湖引起的涌波等。山体滑坡进入河流造成的堰塞坝突发洪水也可能导致类似问题，而该地区的高地震活动也增加了这种风险。

由于大量水被释放，洪水可以影响下游数公里的地区，并跨越国境线。据估计，在一些洪水事件中峰值流量达 30000m³/s，影响至下游 200 多 km 的地方（Richardson and Reynolds，2000）。例如，1985 年 8 月，在萨加玛塔峰（珠穆朗玛峰）国家公园的冰川湖——Dig Tsho 湖发生溃决洪水，摧毁了一座即将完工的水电站、14 座桥梁、30 座房屋以及大量的农田（Vuichard and Zimmermann，1987）。据估计，有 300 万 m³ 的碎屑被移动到 40km 以外的地方。在事故发生前，这个湖的表面积估计有 0.6km²，最大冰碛高度为 60m（Bajracharya et al.，2007）。

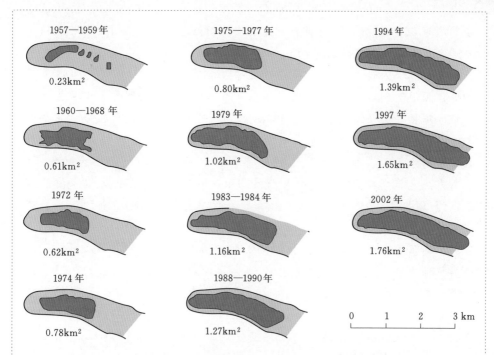

1957—1959年　0.23km²

1975—1977年　0.80km²

1994年　1.39km²

1960—1968年　0.61km²

1979年　1.02km²

1997年　1.65km²

1972年　0.62km²

1983—1984年　1.16km²

2002年　1.76km²

1974年　0.78km²

1988—1990年　1.27km²

0　1　2　3 km

图 11.3　尼泊尔最大的冰川湖——Tsho Rolpa 湖的形成过程
（ICIMOD；Shrestha，2008）

最近的研究表明，在喜马拉雅山脉有超过 8000 个冰川湖，其中约有 200 个存在重大风险（Ives et al.，2010）。风险评估是基于许多因素的，包括最近的实地考察发现、湖泊大小、水位上升速率、历史事件的证据、湖泊和周边冰川内部及周围的地形地貌特征。例如，对以往研究的回顾表明，仅在尼泊尔、不丹以及中国西藏自治区就有超过 34 起重大冰川湖突发洪水（GLOFs）事件。现场评估的因素通常包括坝顶面积、高度和坡度、冰碛渗漏和排水特性，以及冰芯和（或）冰碛物内永久冻土层的稳定性。还考虑了对下游的潜在影响，包括可能受影响的居民点、农业用地、交通和其他基础设施的数量（如 Shrestha et al.，2010；ICIMOD，2011）。

由于该区域大部分地区地处偏远，遥感技术在这类研究中发挥了重要作用，并在可能的情况下辅以地形图和航拍照片。还对一些高风险地区进行了溃坝和水动力模拟研究，以增进对以往事件的了解。例如，对于 1985 年的 Dig Tsho 冰川湖突发洪水的模拟结果表明，湖边出口的峰值流量约为 5600m³/s，下游洪峰水深为 5～11m，并且大约 1h 后洪水到达下游 35km 处的 Nakchung（Bajracharya et al.，2007）。

应急工作人员还在一些地方建立了早期预警系统，特别是为建设项目提供预警。例如，2001 年在尼泊尔东部 Upper Bhote Koshi 山谷为了支持水电项目安装了自动化系统（Ives et al.，2010）。这包括在靠近中尼边界的一座桥上安装了 6 个水位传感器，通过流星余迹遥测技术将监测数据传送到水电站。如果水位达到临界阈值，沿河 5 个地点将启动警报。这个方法是建立在 20 世纪 90 年代为 Tsho Rolpa 湖建立的类似系统的基础上的（图 11.4）。此外，定期对有危险的湖泊进行飞行检查和现场检查也是早期预警系统的一个有用组成部分（Ives et al.，2010）。

早期预警系统有时也被用于在工程建设中降低水位或稳定冰碛物。一些单独或联合使用的技术包括控制大坝溃决、建设出口结构、用泵或虹吸管排水、在冰碛下面开挖隧道、稳固湖泊周围的斜坡以及保护或重新安置下游风险地区（Shrestha，2008；Ives et al.，2010）。例如，1994 年在不丹 Luggye Tsho 发生冰川湖突发洪水事件后，Raphstreng Tsho 湖也被认定为存在潜在风险，其水位在四年内成功下降了 4m。在尼泊尔，同样根据风险评估的结果，Tsho Rolpa 湖通过在大坝上修建一条明渠和溢洪道，三年内水位也降低了 3m（Matambo and Shrestha，2011）。

图 11.4　Tsho Rolpa 冰川湖的一般概况，以及作为冰川湖突发洪水（GLOF）早期预警系统的一部分而安装的一个自动警报器的实例，该系统从 1998 年运行至 2002 年
（Matambo and Shrestha，2011）

迄今为止，基于遥测的结构和岩土监测技术的使用主要限于大坝和冰川湖，但是也有个别例外。人们对在堤防系统中使用这些方法越来越感兴趣；例如，为了更好地理解整个堤防系统的性能，或为了在高风险地区进行监测，以提供潜在问题的早期预警。由于在某些情况下，堤防系统会延伸数公里，过去的一个困难是要知道在何处安放仪器；然而，光纤传感器在长距离低成本监测位移（应变）和流动（温度变化）中显示出很大的潜力（如Lougheed，2006）。

11.3.2　阈值

当决定发出预警时，使用的标准取决于紧急情况的类型。例如，大坝或防洪堤出现漫顶可能是最容易考虑的情况，当然前提是漫顶没有导致后续的破坏。至于其他类型的突发洪水（见第 8 章），阈值被广泛使用，并通常设置在所观测的水库或河流的水位上（分别用于大坝和堤防）。多准则阈值是另外一种选择；例如，对于大坝考虑的因素包括水库水位上升速率、溢洪道下游的河流水位以及降雨强度-降雨历时等。

与可能涉及溃口或完全毁坏的情况相比单纯的漫顶要复杂得多，因为决策标准还需要考虑结构和岩土方面的因素。例如，除了降雨、水位和流量信息，用于执行紧急措施的阈值或触发条件包括：发生地震、渗流量、渗流浊度、变形和开裂、控制故障（闸门或阀门）、控制失败（熔断器）和山体不稳定性。

如果需要发布洪水预警，通常根据预先审定的疏散地图，使用直接的、基于社区的和间接的传播技术，如手机、警报器和互联网等，通知可能存在危险的地点（见第 6 章）。在一些组织中，决策支持工具被用来辅助应急管理人员决定何时发出预警以及确定优先疏散的居民区（见第 6 章和第 8 章）。过去和目前大坝早期预警系统的一些实例如下：

• 尼泊尔——尼泊尔东部 Upper Bhote Koshi 山谷用于支持水电项目的一个自动化系统（见专栏 10.2），包括 7 个通过流星余迹遥测技术传输数据的水位传感器，以及沿河流安装的大量警报器（Ives et al.，2010）。

• 挪威——两个流域的大坝预警系统，包括位于坝体的 4 个电子电路和大坝下游的 4 个独立水位记录仪。如果电路中断或超过水位阈值，将自动通知民防部门，并在触发其中 3 个独立系统时激活警报器（Konow，2004）。

• 美国——一个临时的大坝失事早期预警系统，于 2003—2009 年间在堪萨斯州 Tuttle creek 大坝升级施工期间运行。溃坝模拟表明大约有 13000

人处于潜在危险中，溃坝模拟事件中峰值流量可能超过 10000m³/s。相关仪器包括强震动加速度计、测压计、电阻回路、测斜仪、时域反射电缆、遥控摄像机，以及在坝顶和坝趾处用于夜间探测主要变形的一排固定灯。还安装了 6 个警报器，具有音调和语音报警功能（图 11.2）。同时使用无线电和卫星遥测技术，如果在 30～120min 内没有人对警报作出响应，则设置倒计时装置以激活警报系统。该项目的其他方面包括组织桌面和功能响应演习，发布疏散计划和广泛的社区推广方案。该系统的自动触发部件在 2009 年大坝改造工程完成后就废弃了（Empson and Hummert，2004）。

如这些实例所示，警报器可能是传播预警使用最广泛的方法，同时如第 6 章所讨论的，快速传播预警的其他可能方法包括多媒体系统和小区广播技术。

对于洪水预警机构来说，还有一些其他步骤有助于提高预警系统的有效性。例如，对于大坝，如果发生紧急情况，应对这种情况的准备行动如下（改编自 NOAA/NWS，2011）：

- 地理熟悉——熟悉预警地区主要和高危险的大坝。
- 程序熟悉——熟悉在紧急情况下可以使用的模型和数据。
- 产品模板——用于发布警戒、预警和大坝失事声明的格式化警告消息模板。
- 大坝失事日志——用于记录在大坝失事情况下来自运营者和其他人的信息。
- 与当地紧急事务部门的联系——与当地紧急事务人员就大坝失事情况下应采取的行动进行密切联系。
- 联系电话——确保预报办公室 24h 的电话号码出现在所有相关的紧急行动计划中，并列在清单最显眼的位置。
- 紧急行动计划——行动区域的所有相关计划都应随时准备就绪。
- 大坝溃坝演习——每年进行一次演习。
- 跨机构的大坝失事演习——派遣代表参加由大坝运营者组织的跨机构功能（桌面）溃坝演习。

为了对洪水风险提供更多的预警，最好使用洪水预报模型。然而，发展预测大坝或堤防结构失事发生的技术仍是主要的研究领域。相比之下，如果风险主要来自于漫顶，那么通常使用第 5 章和第 8 章中所描述的实时洪水预报模型来估算水库或河流水位；例如，结合降雨观测和预报、降雨-径流、水库调洪演算和流量演算模块等。正如第 5 章中所讨论的，一些预报系统还包括使用实时水动力模型来评估决堤情景的选项。

11.4　总结

- 强降雨、岩土和结构问题常常共同导致大坝或堤防失事。由此产生的出流是最具破坏性和迅速发展的突发洪水类型之一。在高山地区，冰川湖突发洪水也有类似的风险。偶尔也会仅仅由于岩土或结构问题而发生失事。
- 评估风险的主要挑战通常是估算一个工程结构或自然屏障失事的概率。通常假设一个典型的失事模式和几何形状，然后使用水动力模型或水力公式估算出流的大小和速率。
- 对于溃坝，基于溃口入流的估算，水动力模型广泛用于下游地区的淹没程度评估。对于堤防决口，由于需要表示河漫滩上的水深、流速和水流路径，通常使用二维模型来模拟展示。
- 对于防洪应急预案，需要重点关注的是生命损失的可能性以及监测、预警和响应过程的精简性。在许多国家，要求大坝运营者、社区、民防和管理部门编制适当的应急预案，并采用与风险水平相适应的技术来保持最新的风险评估。其中概率技术应用越来越广泛。
- 大坝、冰川湖的入流、水位、出流以及堤防系统的水位，通常采用与其他类型的突发洪水类似的技术进行监测。在监测结构或岩土条件方面，有许多选择，包括加速度计、压力计、孔隙压力传感器和测斜仪等。还可以使用光纤系统、指示灯、远程测量方法和时域反射测量技术来监测整个坝体墙和堤防段。
- 预警系统通常建立在高风险地区或者已经显示出问题迹象的工程结构或湖泊。此外，预警系统在工程工作执行时也发挥着重要的作用。预警阈值通常根据水库和河流水位的遥测观测以及结构和岩土的监测获得。然而，预测潜在的失事位置和程度的技术仍然是一个需要研究的领域。

参　考　文　献

ASCE（2007）The New Orleans hurricane protection system：what went wrong and why. Report by the American Society of Civil Engineers Hurricane Katrina External Review Panel. http：// www. pubs. asce. org

ASDSO（2012）Living with Dams：Know your Risks. Association of State Dam Safety

Officials. http: //www. damsafety. org

Australian Government (2009) Manual 23 - emergency management planning for floods affected by dams. Australian Emergency Manuals Series. Attorney General's Department, Canberra. http: //www. em. gov. au/

Bajracharya B, Shrestha AB, Rajbhandari L (2007) Glacial lake outburst floods in the Sagarmatha: hazard assessment using GIS and hydrodynamic modeling. Mt Res Dev 27 (4): 336 - 344

Bosa S, Petti M (2011) Shallow water numerical model of the wave generated by the Vajont landslide. Environ Model Softw 26 (4): 406 - 418

Brown CA, Graham WJ (1988) Assessing the threat to life from dam failure. J Am Water Resour Assoc 24 (6): 1303 - 1309

Costa JE, Schuster RL (1988) The formation and failure of natural dams. Geol Soc Am Bull 100 (7): 1054 - 1068 de Wrachien

D, Mambretti S (2009) Dam - break problems, solutions and case studies. WIT Press, Southampton

Delatte NJ (2009) Beyond failure: forensic case studies for civil engineers. ASCE Press, Reston

Empson WB, Hummert JB (2004) Warning the downstream community: Tuttle Creek Dam Failure Warning System, Association of State Dam Safety Officials, September 2004

FERC (2011) Method for assessing time - sensitive EAPS. Federal Energy Regulatory Commission, Washington, DC. http: //www. ferc. gov/

Foster M, Fell R, Spannagle M (2000) The statistics of embankment dam failures and accidents. Can Geotech J 37 (5): 1000 - 1024

Frank W (1988) The cause of the Johnstown flood. Civ Eng 58: 63 - 66

Gouldby B, Sayers P, Mulet - Marti J, Hassan MAAM, Benwell D (2008) A methodology for regional - scale flood risk assessment. Proc Inst Civ Eng Water Manag 161 (WM^3): 169 - 182

Graham WJ (2000) Floods caused by dam failure. In: Parker DJ (ed) Floods. Routledge, London

Hounjet M, Maccabiani J, van den Bergh R, Harteveld C (2009) Application of 3D serious games in levee inspection education. In: Samuels P et al (eds) Flood risk management: research and practice. Taylor & Francis, London

Huber NP, Köngeter J, Schüttrumpf H (2009) A probabilistic failure model for large embankment dams. In: Samuels P et al (eds) Flood risk management: research and practice. Taylor & Francis, London

Huggel C, Haeberli W, Kääb A, Bieri D, Richardson S (2004) An assessment procedure for glacial hazards in the Swiss Alps. Can Geotech J 41: 1068 – 1083

ICIMOD (2011) Glacial lakes and glacial lake outburst floods in Nepal. International Centre for Integrated Mountain Development (ICIMOD), Kathmandu

ICOLD (1995) Dam failures – statistical analysis. International Commission on Large Dams, Bulletin 99, Paris

Ives JD, Shrestha RB, Mool PK (2010) Formation of glacial lakes in the Hindu Kush – Himalayas and GLOF risk assessment. International Centre for Integrated Mountain Development (ICIMOD), Kathmandu. http: //www. icimod. org

Konow T (2004) Monitoring of dams in operation – a tool for emergencies and for evaluation of long – term safety. 13th British Dams Society conference, Canterbury, 22 – 26 June 2004

Lliboutry L, Arnao BM, Pautre A, Schneider B (1977) Glaciological problems set by the control of dangerous lakes in Cordillera Blanca, Peru. I. Historical failures of morainic dams, their causes and prevention. J Glaciol 18 (79): 239 – 354

Lougheed T (2006) Raising the bar for levees. Environ Health Perspect 2006 January; 114 (1): A44 – A47. http: //www. ncbi. nlm. nih. gov/pmc/articles/

Matambo S, Shrestha A (2011) World resources report case study. Nepal: responding proactively to glacial hazards. World Resources Report, Washington, DC. http: // www. worldresourcesreport. org

McGough MR (2002) The 1889 flood in Johnstown, Pennsylvania. Thomas Publications, Gettysburg

Morris M, Hanson G, Hassan M (2008) Improving the accuracy of breach modelling: why are we not progressing faster? J Flood Risk Manag 1 (3): 150 – 161

NOAA/NWS (2011) National Weather Service instruction 10 – 921. Operations and Services Hydrologic Services Program, NWSPD 10 – 9, Weather Forecast Office Hydrologic Operations

Needham JT (2010) Estimating loss of life from dam failure with HEC – FIA. 2nd Joint Federal Interagency conference, Las Vegas, 27 June – 1 July 2010

Patterson T (2005) Looking closer: a guide to making bird's – eye views of National Park Service cultural and historical sites. Cartogr Perspect 52: 59 – 75

Reed S, Halgren J (2011) Validation of a new GIS tool to rapidly develop simplified dam break models. Association of Dam Safety Officials Dam Safety 2011, 25 – 29 September 2011, Washington, DC

Richardson SD, Reynolds JM (2000) An overview of glacial hazards in the

Himalayas. Quat Int 65 – 66：31 – 47

Sayers P，Hall J，Dawson R，Rosu C，Chatterton J，Deakin R（2002）Risk assessment of flood and coastal defences for strategic planning（RASP）– a high level methodology. In：Proceedings of the 37th Defra flood and coastal management conference，York，England

Shrestha AB（2008）Resource manual on flash flood risk management module 2：non – structural measures. International Centre for Integrated Mountain Development（ICIMOD），Kathmandu. http：//www. icimod. org/

Shrestha AB（2010）Managing flash flood risk in the Himalayas. International Centre for Integrated Mountain Development（ICIMOD）Information Sheet ♯ 1/10. http：//www. icimod. org/

Shrestha AB，Eriksson M，Mool P，Ghimire P，Mishra B，Khanal NR（2010）Glacial lake outburst flood risk assessment of Sun Koshi basin，Nepal. Geomat，Nat Hazards Risk 1：157 – 169

Si Y（1998）The world's most catastrophic dam failures：the August 1975 collapse of the Banqiao and Shimantan Dams. In：Qing D（ed）The river dragon has come! M. E. Sharpe，New York

Snorrason Á，Björnsson H，Jóhannesson H（2000）Causes，characteristics and predictability of floods in regions with cold climates. In：Parker DJ（ed）Floods. Routledge，London

Vuichard D，Zimmermann M（1987）The 1985 catastrophic drainage of a moraine – dammed lake，Khumbu Himal，Nepal：cause and consequences. Mt Res Dev 7（2）：91 – 110

Wahl TL（2010）Dam breach modeling – an overview of analysis methods. 2nd Joint Federal Interagency conference，Las Vegas，27 June – 1 July 2010

Wahl TL，Hanson GJ，Courivaud J，Morris MW，Kahawita R，Mc Clenathan JT，Gee MD（2008）Development of next – generation embankment dam breach models. In：Proceedings of the 2008 U. S. Society on Dams annual meeting and conference，Portland，Oregon，28 April – 2 May 2008

Ward SN（2011）The 1889 Johnstown，Pennsylvania flood：a physics – based simulation. The Tsunami threat – research and technology，Nils – Axel Mörner（ed）ISBN：978 – 953 – 307 – 552 – 5

第 12 章

研　究

摘　要：突发洪水预警程序通常包括监测、预报和预警传播三大模块。在现有系统中，整个预警环节有很多可改进的地方，特别是在观测和预测的准确性以及预警程序的效率方面。本章重点介绍了上述领域的最新研究进展，包括相控阵气象雷达、无线传感器网络、自适应传感技术以及向道路使用者发出警告。本章讨论了在突发洪水预报预警中将理论研究转化为业务实践的一些挑战，以及水文气象试验平台在这一过程中可发挥的作用。此外，还介绍了降雨和洪水预报领域的当前研究主题，这些研究主题对突发洪水应用有重要意义，包括向终端用户传递概率信息。

关键词：研究、水文气象试验平台、降雨观测、流域监控、降雨预测、洪水预测、洪水预警、概率预报、集合预报

12.1　概述

近年来，突发洪水警报系统中使用的预报方法有许多改进。这些改进通常由研究成果和日益增加的政治和公众对改善和扩展系统预警服务的要求推动的；例如，针对快速响应山地集水区和过去可能暂未考虑到的各类洪水问题，例如，泥石流、城市排水问题以及潜在的大坝和堤防失效。

与此相关的是，人们越来越注重更好地理解预警过程中社会经济学方面的内容。在某些情况下，这是建立在从其他快速发展的自然灾害，如龙卷风和地震中积累的经验基础上。例如，这些自然灾害潜在的共同领域包括警报信息的设计、不确定性的处理方法和误报的影响分析。

由于采用的技术类型广泛，关于突发洪水的研究越来越多地作为多学科研究的内容之一（表 12.1）。通常，这些研究技术结合了气象学家、水文学家、遥感专家、社会研究人员和其他团队的技术。有时作为长期现场试验的一部分，研究人员也有机会评估这些技术，例如法国的塞文山脉维瓦莱地中海水文气象天文台（http：//www.ohmcv.fr/）和美国的水文气象试验平台的项目（专栏 12.1）。10 多年来，夏季和冬季奥运会也被用作临近预报和其他预报技术的试验现场（如 Wilson et al.，2010）。

表 12.1　　　一些已结题的和正在进行的与突发洪水相关的
合作研究示例

研究名称	参与方	研究内容/目标
CIFLOW（2000 年至今）	由美国国家海洋和大气管理局主导，并联合多个机构，包括地方、州、地区、学术和联邦合作伙伴，以及应急管理机构	"沿海和内陆洪水观测和预警（CI‑FLOW）项目是一个原型研究系统，集成了实测、气象水文模型以及决策支持系统，用于减小差距并预测沿海地区的总水位"。http：//www.nssl.noaa.gov/projects/ciflow/
HyMeX（2009—2020 年）	由来自许多欧洲国家和其他国家的国际科学指导委员会主导的研究	通过监测和模拟地中海大气-陆地-海洋耦合系统，从事件季节和年际尺度的变化以及超过十年的特征（2010—2020 年），加强对水循环的认识，重点是极端事件。在全球变化的背景下，评估极端事件下社会和经济脆弱性和适应能力。http：//www.hymex.org
IMPRINTS（2009—2013 年）	加拿大，法国，意大利，荷兰，南非，西班牙，瑞士，英国	通过加强对突发洪水和泥石流事件的防范和运行风险管理，从而减少生命损失和经济损失，以及通过减少对环境的破坏来促进可持续发展。http：//www.imprints‑fp7.eu/
Floodsite（2004—2009 年）	欧洲境内	一个综合洪水风险管理，包括突发洪水—专业知识的跨学科项目，洪水风险管理专业知识综合了物理、环境和社会科学以及空间规划和管理方面的内容，其中包括超过 30 项跨 7 个主题的研究任务，并在几个欧洲国家进行试点应用。http：//www.floodsite.net

专栏 12.1 水文气象试验平台 （HMTs），美国

自 2000 年以来，美国气象研究规划项目为许多与天气有关的测试平台提供了资金和运行支持，以帮助新型工具和技术的投入使用 （http：//www. esrl. noaa. gov/research/uswrp/testbeds/），研究规划项目所涉及的主题包括飓风、降水、危险天气、社会影响、数值天气预报和卫星数据同化。针对极端降水，2003 年建立了水文气象学试验台 （HMT），可用于研究可能导致洪水和其他水文影响的天气条件 （Ralph et al.，2005；http：//hmt. noaa. gov/）。气象研究规划项目一些关键目标 （NOAA，2010b） 包括研发预警改进技术，用于以下情况：

- 降水监测。
- 降水预测。
- 确定降水类型 （即雨或雪）。
- 将降水与地表条件耦合起来：积雪；土壤水分；径流；洪水及泥石流。
- 开发决策支持工具：不仅为一线预报人员和其他用户提供更多信息，而且为决策提供更好的信息。
- 验证：在新产品和服务中建立信誉。

该项目是由位于科罗拉多州博尔德的美国国家海洋和大气管理局 （NOAA） 地球系统研究实验室 （ESRL） 的物理科学部水循环分部负责，项目参与方与包括美国国家海洋和大气管理局 （NOAA） 的其他机构、美国地质调查局、大学和当地的利益相关者。

项目选择了覆盖美国各种典型气候条件的几个试验地点，其中包括：

- 西部水文气象试验平台 （建于 2004 年）。
- 西北部水文气象试验平台 （建于 2009 年）。
- 东南部水文气象试验平台 （建于 2013 年）。
- 亚利桑那州和科罗拉多州小型水文气象试验平台 （分别建于 2008 年和 2009 年）。

对于西部和西北部水文气象试验平台，现场试验是在冬季 （凉爽季节） 进行，而对于东南部水文气象试验平台，重点是在夏季 （温暖季节） 开展现场试验，特别是研究热带风暴和飓风的影响。在实际运行前，改进的中尺度模型和新的决策支持工具正在进行开发和评估。

第一次原型试验是于 2005 年/2006 年冬季在西部水文气象试验平台进

行的（图 12.1）。这个试验台主要关注美国和周围地区的河流流域，萨克拉门托和里诺之间的内华达山脉西坡洪水风险较大。例如，2010 年/2011 年冬季部署的仪器包括一个 C 波段扫描多普勒雷达，8 个超高频风廓线仪，7 个 S 波段降水轮廓仪，大约 40 个 GPS 湿度传感器，以及 6 个冲击和光学雨滴谱仪。

图 12.1　西部水文试验台现场试验中一些部署的仪器。从左上角顺时针方向：光学雨滴谱仪；雪量雷达；移动式大气河观测站；C 波段扫描雷达。该移动式大气河观测站包括多普勒风廓线雷达（位于拖车前）、S 波段降水探测器（拖车中部）和 GPS 天线（控制室顶棚）(http：//www. esrl. noaa. gov/psd/atmrivers/，Cifelli，2010)

　　与其他站点一样，西部水文气象试验平台还涵盖了一个包括现状河流水位计、雨量计和其他仪器的大规模网站，该网站由国家气象局、美国地质调查局和当地洪水预警系统（警报系统）运行。西部水文气象试验平台还可以从现有国家气象局的下一代气象雷达 S 波段天气监视雷达网得到输出结果。该项目网站为研究人员和业务工作人员提供了在原型观测期间的最新观测数据和往年观测的资料 (http：//hmt. noaa. gov/)。

　　对于西部水文气象试验平台，观测活动和后续研究的关键进展包括以下几点：

- 大气河——进一步理解了经常导致美国西部极端降雨和洪水事件的关键大气特征，并开发了决策支持工具和移动天文台来协助监测和识别这些大气河条件（Neiman et al.，2009）；更多信息请参见专栏4.1。

- 暗带雨——在地形云中识别浅层降雨过程，该过程出现在冰点以上，基本没有受到结冰过程的影响（Manner et al.，2008）。观测结果表明，暗带雨大约占了加利福尼亚沿海地区总降雨量的1/3，包括一些中等至较强等级的降水事件，但在天气预报模型中并没有很好地反映出来，这也是导致气象雷达得出的降水估计误差较大的原因所在。

- 霍华德汉森大坝——通过西雅图天气预报办公室为美国陆军工程师兵团（USACE）提供大坝运行支持，以应对潜在的溃坝风险。这包括部署额外的雨量遥测、用于降雪等级观测的垂向多普勒雷达和移动式的大气河监测台，以及提供定制的每日天气预报（White et al.，2012）。

- 降雪和极端降水——开发和论证了新的预报验证措施和集合预报性能（Ralph et al.，2010；White et al.，2010）。

值得一提的是，大气河的研究结果改善了美国西部极端降水的预报技术（http：//www. esrl. noaa. gov/psd/atmrivers/）。

随着每个地区新技术的研发，这些技术也逐渐投入使用。根据现场试验，还明确了现有观测系统的性能和覆盖范围方面的问题，并将这些问题纳入气象雷达、雨量计、河流水位计、雪地观测和其他观测网络的改进方案中。

例如，在加利福尼亚州，一个应用实例是由加州水资源部、美国国家海洋和大气管理局以及斯克里普斯海洋研究所（Ralph and Dettinger，2011）负责的增强型洪水应急响应和应急准备预案（EFREP）。这是基于西部水文气象试验台对大气河研究的重要发现，包括长期部署了4个沿海大气观测站、10个雪量雷达廓线仪和全州土壤湿度和GPS水汽传感器网络，在2008—2012年期间建立了93个新的实地站点。

在沿海地区，将观测值和中尺度预报值与预定阈值进行比较，有助于确定大气河何时发生并评估其强度和方向。观测变量和预测变量之间的比较也有助于预报人员评估中尺度模型对每个站点大气河条件的预测效果。模拟的大气河事件也被用作冬季极端风暴情景的基础，该情景可用于加利福尼亚州全州应急计划和响应研究（Dettinger et al.，2011）。

开源（基于社区的）软件和数据管理工具的使用极大地促进了研究向实践的转化（如 Vasiloff et al.，2007；Roe et al.，2010）。通常，这些不同研究机构的模型和数据库可以无缝地集成在一起。第 3 章给出了更多的应用实例（如 CUAHSI，OpenMI）。世界气象组织（WMO）也推行多项措施，例如创建标准化度量、建模及数据交换技术（如 World Meteorological Organisation，2007，2008a）。

本章描述了洪水预警和预报领域的一些最新的研究进展。在有限的篇幅里，只讨论了洪水预警和预报技术的选择，更多信息参见所引用的参考文献。值得注意的是，在某些情况下，使用具有潜力的新方法可能需要经过数年或多个汛期的验证。造成这种情况的一个关键原因通常是需要确保任何新的程序都经过充分的测试并将其纳入业务管理程序中（表 12.2）。通常还需要与重要用户就任何新方法的优势和影响进行广泛磋商。如果投资巨大，可能需要使用多尺度或成本效益分析来证明这些投资的合理性（见第 7 章）；例如，基础设施、观测系统、工作人员培训和资源储备，或将研究软件和硬件升级到全面运作状态，都可能需要额外的资金。

表 12.2　在突发洪水预测预警中，将研究想法转化为关于软硬件
开发的操作实践经历的典型阶段

阶　段	典　型　任　务
用户需求建立	与关键用户磋商、研讨、演示原型技术等，以及对政策驱动因素、监管要求、最新研究和技术方案的审查
商定发展计划	制订计划和规范，确定可能的资源需求（人员、财务等），获得初始资金和管理批准，建立沟通计划，确定合适的用户/地点以进行运营前测试
预运行测试/概念验证	建立专家用户组（包括关键利益相关者），构建系统，确立程序，建立评估标准，酌情进一步开发/调整原型，广泛征求反馈意见
评估及详细设计	审查调查结果，与主要利益相关方协商，酌情开展进一步研发。然后，根据需要确定中止或继续更新研发计划，选定赞助商，获得预算和审批，制定实施计划，解决任何许可、版权、知识产权或类似的问题，开发监测、验证和报告工具（如果合适的话），建立主要合作伙伴之间的谅解备忘录（或类似内容），以及完成环境和人员健康的安全评估

续表

阶段	典 型 任 务
实施	最终确定运营概念，确认机构间协议、采购和系统安装、最终确定技术支持安排（例如 24/7），整合到运营程序，与初始阶段的现有系统并行运行，最终确定沟通、培训和运营及维护计划，提高公众意识，并确认监测和评估的安排
运行	培训、维护、技术支持、维修、升级、绩效监测、例行报告和事后报告，制定未来改进的研究提案等

因此，需要在引入新技术和在发生洪水时未能提供准确及时的预警带来的相关风险之间进行权衡。例如，美国国家海洋和大气管理局（NOAA，2010a）对于考虑使用一个新的平台或服务的情况，提出了以下六条指导原则：任务连接、生命财产优先、无意外、利益相关者共享数据、公平、维护和解释常规程序。在这里，任务连接是确保平台或系统与洪水预警服务的总体目标一致。然而，值得注意的是，在许多情况下，往往有一些"快速获利"和其他改进措施，这些改进可以快速地应用在洪水预报预警中且成本最低。

12.2 监测

12.2.1 降水测量

降水测量是许多突发洪水预报预警系统的关键输入。第 2 章介绍了降水观测使用的主要技术，包括雨量计、气象雷达网络和卫星降水估算法。多传感器法也越来越多地用于降水观测中，并将来自三种方法的输出与其他来源的输出相结合，例如雷电探测系统、GPS 湿度传感器和数值天气预报模型。

目前在降水测量方面的研究进展都集中在对现有方法的改进上。例如，即使是已经有较长历史的监测方法如雨量计实测法等，仍在继续发展革新，比如使用量日益增加的冲击式雨量计和热板仪（见第 2 章）。针对降水测量，有的研究人员还提出了更为大胆方案，例如基于来自汽车和其他交通工具挡风玻璃上的雨刷速度和雨水清除特性对降雨量进行实时估算（Haberlandt and Sester，2010）。

针对气象雷达观测，目前正拓展的研究领域包括利用双极化雷达和 X 波段雷达的优势（见专栏 2.1 和专栏 10.1）。对于卫星降雨观测设备（见第 2.4

节）的研究仍在继续，包括如何最大限度地利用热带降雨测量任务卫星（TRMM）上搭载的空间降水雷达的输出，以及结合来自地球同步卫星和极地轨道卫星上的一系列传感器测量得到的微波、红外线和可见波的复杂算法。

不确定性评估对于所有技术而言都是一个关键问题，既可以为用户提供输出结果的可靠度信息，也可以作为以风险为基础的决策方法研究内容之一（参见 12.4.2 节）。由于需要整合来自不同系统和机构之间的输出结果，因此不确定性评估对于多传感器仪器尤其重要，现在一些气象雷达产品通常包括质量指标或集成输出结果（参见专栏 2.2）。

目前，另一个热门的研究领域是将气象雷达反射率输出作为中尺度和对流尺度天气预报模型的数据同化过程的内容之一。特别是，正如在第 2 章和第 4 章所述，观测值和模型输出值之间的差别越来越小，模型输出已被广泛用于解释卫星、气象雷达和其他观测资料。

与正在研发的降水观测技术改进相比，新型观测技术的发展相对较少。然而，相控阵气象雷达、自适应传感技术和微波通信网络在估算突发洪水的降雨量方面具有潜力。新的全球降水观测项目（GPM）也为改进卫星降水估算法的研究提供了支持。以下小节介绍了降水监测领域的最新研究实例，并重点介绍了突发洪水预警程序的潜在优势和效益。

12.2.1.1　微波链路

当微波辐射在两地之间传播时，如果穿过降雨和其他类型的降水，接收到的信号会衰减。因此，微波辐射信号的强弱可以作为一定时期内的平均路径上的降雨强度的表征。当然，虽然微波链路法利用了反向散射或反射信号，但与气象雷达的操作原理密切相关。

使用单频或双频微波链路的研究试验已经开展了十多年（如 Ruf et al.，1996；Rahimi et al.，2004）。研究结果显示，微波链路在降雨估计方面独具潜力，与气象雷达相比，微波链路可以在更低的海拔进行观测。信号传输的典型距离为几公里，在给定的传输频率下，信号的衰减受降雨强度、雨滴大小分布和天线湿度等因素影响。

早期的研究意在建立特定目标之间的联系。然而，随着许多国家移动电话使用的普及，微波链路法的延伸研究方向为是否可利用移动电话网络中的塔间（回程）传输来构建微波链路（如 Leijnse et al.，2007；Zinevich et al.，2010）。

同样，上述研究结果也显示了微波链路在降水观测方面的潜力，尽管在实际应用中，有些操作人员会用低频来连接较长的链路（衰减取决于使用的频率），以及链路的几何结构并未经降雨实测值优化，需要对输出结果进行一系列空间插值。如果衰减和可靠性问题能够得以解决，那么微波链路的关键优势将是能够利用良好的基础设施网络提供空间平均降水量观测值。这项技术在暂无雨量计或没有气象雷达覆盖的地区，以及手机塔覆盖度较高的城市地区特别有用。

12.2.1.2 全球降雨测量任务

美国-日本联合热带降雨测量任务卫星（TRMM）于 1997 年发射，观测范围约在南北纬 35°之间（见 2.4 节）。卫星上的传感器包括首个投入运行的星载降水雷达，其实测值已用于多项研究，包括突发洪水应用研究。

接替 TRMM 项目的是全球降雨测量任务（GPM）（http：//pmm. nasa. gov/GPM/）。这个项目将结合一系列新的现有研究以及投入运行的基于无源微波传感器的极地卫星实现近地轨道核心卫星的全球覆盖。除了多频微波辐射仪和其他仪器外，核心卫星还将携带在 K_u 和 K_a 波段的双频降水雷达（波长分别为 2cm 和 0.8cm），其地面水平分辨率约为 5km。双频降水雷达的输出将为星群中其他卫星上微波传感器的实时校准提供参考。

与 TRMM 项目相比，双频降水雷达可以高频率扫描并覆盖更高的纬度，能够更好地测量小型降雨和降雪（Hou et al.，2008）。双频法还具备对雨滴尺寸分布采样的能力。核心卫星的预定发射年份是 2014 年，结合覆盖范围广泛的地面监测站网，来协助验证整个星群的输出。这些站点（包括新站点和现有站点）将布设于欧洲、美洲、亚洲和非洲的不同纬度地区，使用的仪器包括高密度的雨量计站网、雨滴测量器、气象雷达和其他仪器。

此外，作为其他任务的研究内容之一，NASA 和欧洲航天局都计划在未来几年内发射星载多普勒雷达。下一代地球同步气象卫星（例如 GOES、Meteosat）也将具备对突发洪水的快速测绘能力。所有这些技术都可应用于突发洪水事件中，以便尽早检测风暴，并以更高的频率和更高的精度来准确地测量降雨。

12.2.1.3 适应性观察策略

对于大多数现有的降雨观测系统，空间覆盖程度和时间分辨率是在设计阶段决定的，在一些情况下是无法实时调整的；例如，通过为气象雷达选择不同的扫描方案，或者对于地球同步卫星使用快速扫描模式。再如，在飓风期间美国使用了侦察机，采用机载传感器和下投式探空仪对气象条件进行采样。

此外，也可能使用地面移动传感器进行观测；例如，在危险区域部署便携式气象站、无线电探空仪和其他仪器以及改变无线电探空仪发射的时间表；例如，将地面移动传感器应用在消防行动中（如 Stringer，2006）。如专栏 12.1 所述，美国应用了移动大气河天文站以协助与洪水有关的运行决策，我国台湾地区使用了移动观测站以协助在收到台风警报后提供泥石流预警（见第 9 章）。在河流监测的相关领域，美国一些地区使用了可快速部署的河流水位监测平台（见专栏 3.1）。

一般来说，自 20 世纪 90 年代以来，作为大气和海洋预报模型中数据同化研究内容之一，研究人员已开展适应性观测或目标定位法的积极探索（Langland，2005）。例如，远程控制无人机（UAV）越来越多地用于中尺度气象试验（如 Houston et al.，2012），并且可能发展为日常使用。另一种观测方式是根据研究需要在高空飞行的探空气球部署漂移船。

例如，美国国家研究委员会（National Research Council，2002）建议，随着监测能力的提高，"在很长一段时间内，将天气雷达系统部署在不同的高度上将成为可能"。其他一些措施包括改装带有机载气象传感器的商业客机（见第 2.5 节），并拓展携带设备的范围，包括小型轻型气象雷达。移动气象雷达也可用作更广泛的业务用途；例如，就像加利福尼亚州南部每年冬天那样，气象雷达有助于对受森林火灾影响的地区提供泥石流预警（见专栏 9.1）。

另一个活跃的研究领域是自动化技术的研发，通常称为自适应或灵活传感。一个重要例子是使用自适应雷达网络，将监测工作集中在发展最为迅速的领域，例如雷暴、龙卷风和其他突发事件。例如，在城市周围安装几组雷达，可以协调综合扫描，以便在雷雨穿过该区域时跟踪雷暴，提供有关降水和风场的详细三维信息（见专栏 12.2）。对于未来，极地轨道卫星上搭载的气象传感器的定位也可能有所改进。

专栏 12.2　相控阵雷达

第一个飞机跟踪雷达系统在 20 世纪 30 年代研发，是依靠旋转天线来提供监测点 360°的覆盖。这一原理目前仍应用在大多数天气监测雷达中。

然而，自 20 世纪 70 年代以来，相控阵雷达已广泛应用于军事领域。它们由固态平板或曲面板装置组成，其中以电子方式而不是机械方式进行扫描。每个面板由数百或数千个独立控制的发送-接收元件组成。然后，发射光束的宽度和方向取决于每个元件信号的相位和事件之间的相互作用函数。这种雷达有时也被描述为"e-scan"或"电子扫描"设备。

20世纪80年代和90年代，美国和欧洲首次发现相控阵雷达在气象研究方面的潜力。然而，当时成本是利用该技术进行研究的主要障碍（如Meischner et al.，1997）。等到2003年，作为联合机构研究内容之一，在俄克拉荷马州的国家强风暴实验室（NSSL）建立了S波段相控阵测试台（OFCM，2006；Zrnic et al.，2007；http：//www.nssl.noaa.gov/）。目前，NSSL测试平台已被应用于大量研究项目中，以及在相控阵雷达技术下阶段的研发和评估中。

与现有系统相比，相控阵设备可靠性更高且维护成本更低。在气象、航空和其他民用项目中使用相控阵设备，也可节约很可观的成本。对于突发洪水、龙卷风和其他突发事件，还可以在更宽的扫描角度和高度范围内以更高的分辨率进行快速体积扫描。对于极端天气事件，相控阵雷达提供了"早期发现重大风暴发展、会聚、微爆前兆、风切变和冰雹特征"的可能性（Heinselman et al.，2008）。总的来说，基于相控阵雷达，中尺度天气预报模型的数据同化过程有可能得到改进。

除了NSSL正在研究的大型远程S波段技术之外，小型、短程、低成本的X波段设备也正在研究当中（McLaughlin et al.，2009；http：//www.casa.umass.edu）。这些卫星的射程仅为40km，可用于填补区域或国家雷达覆盖范围内的空白和/或观测极低海拔的边界层现象。在操作使用中，通常采用的典型配置可能是每个站点使用三到四个面板以提供360°覆盖。每个面板的尺寸约为$1m^2$，完全独立，包括所有的发射、接收、波束控制、数据采集、信号处理、通信和功率调节电子设备（McLaughlin et al.，2009）。通常，扫描目标是在1min内完成体积扫描，每个面板覆盖方位角为90°～120°，并且（在部署中）仰角高达约30°。目前，至少有两个这样的系统正在由商业机构研发。

由于尺寸和功率要求较小，小型X波段设备可以安装在城市和其他城市地区的建筑物和桅杆上（图12.2）。自适应或灵活传感方案可用作分布式或中央控制网络的组成部分，以便快速（<1min）地更新风暴发展的数量，如雷暴和龙卷风（McLaughlin et al.，2009）。

电子扫描板

图 12.2　两种可能的电子扫描雷达（e–scan）的设计效果，它们可以安装
在现有基础设施上，例如蜂窝通信塔或建筑物的侧面。安装在通信塔上的
示例展示了一种相位倾斜部署方案（在方位角上采用电子扫描，在高程
上采用机械扫描），而建筑物安装示例展示了一种相位—相位的部署
（在方位角和高程上均采用电子扫描）（McLaughlin et al.，2009）

综上所述，基于大气和卫星观测的技术有可能在任何给定的时间内将监测重点放在最危险的领域，以提供更早、更准确的预警。正如第 12.3 节所讨论的，这可能为预测极端天气提供了一种更为交互的方法，从而使气象预测人员能够将模型运行和观测目标锁定在最具潜在破坏性的风暴上。

12.2.2　流域监测

在突发洪水预测预警系统中，河流水位实测和流域土壤水分估计是重要的输入条件，有时，降雪的观测值在寒冷地区的预警系统中也是重要的输入条件。

如第 3 章所述，自动化的河流监测技术研究已经开展了几十年，而全新的技术相对来说研究较少。然而，近年来包括使用声学多普勒流速剖面仪（ADCP）来测量河流流量，以及使用位于水面以上的非接触式超声波和雷达传感器来测量水位等方法被广泛应用。实际上，在许多机构中，声学多普勒流速剖面仪（ADCP）技术已经迅速从最初的研究工具转变为标准方法。

对于土壤水分估计，由于数值空间变化较大，基于数学模型的估算往往比直接观测使用地更加频繁。然而，卫星遥感数据在土壤水分估计方面具有广泛应用的潜力，并辅之以地面观测，以协助校准输出。类似的研究也用于降雪观测。同样，第3章还讨论了在过去10～20年中已转化为业务使用的技术，以及其他具有业务使用潜力的技术。这包括垂直指向的降雪雷达（见专栏12.1）和基于电容和温度用于自动监测土壤湿度的传感器。然而，与降水测量系统一样，研究通常包括对现有系统的持续改进，以下几节还讨论了一些在突发洪水应用方面具有潜力的创新理念。

12.2.2.1　无线传感网络

计算机和电信系统的最新发展意味着，目前已经可以生产具有内置计算机处理器和环境传感器的小型、低成本无线设备。这些设备通常由电池供电，并且使用机载无线电发射器和接收器用于设备间相互通信和与附近的基站通信。然后，通过基站或网关等任一便捷的遥测方法向终端用户发送信息。

这种所谓的普适网络或网格网络已应用在许多环境项目和工程项目中，包括桥梁监测、栖息地调查和空气质量监测（如 Basha et al.，2008；Hoult et al.，2009）。与传统方法相比，普适网络或网格网络成本低且尺寸小，能容纳更为密集的网格，也能够抵抗任何单一仪器的失效风险。

对于突发洪水应用，一些潜在用途包括河流水位监测、雨水排水管网的监测（如 Stoianov et al.，2007），以及泥石流、大坝和堤防的岩土稳定性监测。在河流水位中，传感器大小类似于房屋砖，可安装在河岸、桥梁或河床上。例如，通过安装传感器可以在河段沿线的几个位置以及河漫滩上记录一些关键地点的水位（如 Hughes et al.，2006）。当使用更传统的河流水位记录仪时，如果可能（或已经）存在视线阻挡或破坏风险等问题，则可以使用无线传感器。

通过采用网络计算能力，还可以运行洪水预测模型并根据预定义的阈值来评估输出结果。例如，使用基于数据机制（DBM）的数据驱动预测模型和概率数据同化模块，采用英国（Smith et al.，2009）几个河流测试站点数据对该方法进行了评估。洪水警报将自动发送到移动电话或用于激活电子信号或其他自动化设备。一些潜在的应用包括向相对独立的机构提供警告，这些机构通常不需要全面的预警服务，以及为关键基础设施运营商（如发电站或水处理厂）开发定制服务。

这些技术也已在美国和洪都拉斯进行了试验（Basha et al.，2008），使用基于降雨、气温和标准观测值的多元回归方法预测洪水，该方法的观测中应用了磁性开关、电阻和压力传感器，然后，根据水位流量关系估算河流流量。例如，在洪都拉斯试验场，将一组传感器与无线电遥测基站相连，传输距离超过 50km。

12.2.2.2   河流测量技术

河流流量的定期测量（或"现场测量"）是许多河流监测站点建立水位流量关系的重要任务（见第 3 章）。然而，对于突发洪水应用，河流水位的快速上涨通常意味着来不及开展峰值流量实测，或者在某些情况下，洪水短时间内就会到达监测点。在洪水附近工作也存在潜在的人身安全问题。

上述这些考虑因素使得人们探索寻求更安全、更快速的流量实测法。例如，自 20 世纪 90 年代以来，河流表层数字图像测速技术一直在持续研发中。通过对图像序列进行处理以估算表面流速和流量（如 Creutin et al.，2003；Muste et al.，2008）。这种方法也用于泥石流的研究中（如 Arattano and Marchi，2008）。通常，河流表层数字图像是用安装在可能最高水位之上、具备一定安全距离位置处的摄像机进行测量的。

河流表层数字图像技术称为粒子图像测速（PIV），最初研发是应用在工业实验室中。然而，对于水文应用，大规模 PIV（或 LSPN）的概念已经提出。该方法依赖于对水面漂浮碎片、泡沫、表面波、湍流涡流、沉积物和其他示踪物的成像。在图像正射校正之后，通常使用统计模式匹配技术来推断表面流速分布。然后，通过基于理论或经验技术或之前在该位置的以往观测值以及河道横断面的调查信息，对流速分布进行假设来估计流量。

粒子图像测速在河流应用层面上面临一些潜在挑战，包括照明条件不佳和某些时期缺乏合适的示踪剂。然而，现场试验表明，粒子图像测速为传统的河流测量技术提供了有用的补充，且可以得到较为准确的实测数据（如 Fujita et al.，2007；Muste et al.，2008；Fujita and Muste，2011）。可视化和分析速度场的性能对于研究河流和漫滩流动的水动力学建模技术也至关重要。在突发洪水应用中，对于高流速监测来说，流速测量和从安全位置开展监测的能力是同样需要特别注意的。例如，基于法国南部集水区的一组固定实验装置的实测成果（Le Coz et al.，2010），该方法随后扩展到其他一些关键的河流测量站点。基于车辆和直升机的观测平台也是另一种流域监测方法（图 12.3）。

经过评估、不需要与水面直接接触的另一项技术是使用雷达测速仪。这项技术依赖于河面风场或湍流产生的波的反射，选用的设备包括各种类型的超高频和微波频率多普勒以及其他装置（Costa et al.，2006；也可参见专栏

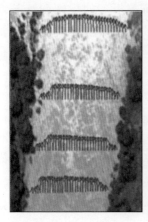

图 12.3 洪水期间直升机测量的流速分布（日本）：（a）Katsura 河
（河流宽度为 90m）的横断面的流速分布；（b）Shinkawa 河
（河流宽度为 80m）河堤决口期间测量的流场分布
（Fujita and Hino，2003；Muste et al.，2008）

3.1）。再次强调，雷达测速技术具有很好的应用前景，特别是对于大流速的测量。

12.3 预报

12.3.1 降雨预报

气象预报成果应用在众多领域，正因如此气象预报是一个活跃的研究领域。对于突发洪水，近期和目前正在进行的一些特别值得关注的研究发展如下：

• 对流和风暴尺度模型——数值天气预报（NWP）模型在 1～4km 或更小的水平尺度下运行，能够预测风暴、特别是雷暴的发展。例如，最终可实现每隔几分钟以 0.25km 或更小的水平网格间距提供集成的输出结果（如 Stensrud et al.，2009）。针对其他要求，需要新的方法来对对流和湍流过程参数化。

• 数据同化——使用高分辨率和大量的观测值来开展大气模型初始化，例如雷达反射率、GPS 湿度和雷达折射率观测值、飞机着陆和起飞阶段的实测值，以及未来使用 X 波段和相控阵气象雷达的自适应传感技术（见 12.2 节）。

• 预报验证——考虑到风暴的形状、位置、时间、大小、空间结构和强度以及其他特征，重拾对适用于最新一代的高分辨率模型的空间验证技术的研究兴趣；例如，使用邻域（"模糊"）、场变形、面向对象和尺度的分解方法，重点关注极端（罕见）事件（如 Jolliffe and Stephenson，2011；Gilleland et al.，2010）。

• 后处理——模拟技术、动态和统计技术的不断发展，将模型输出缩减到水文学所需的尺度，并校准集合预报的概率（如 Jolliffe and Stephenson，2011）。

• 重新预报或后报——基于当前天气雷达改造、卫星和其他历史观测资料支持的模型配置，生成预测档案来模拟当前的数据同化法。

• 雷暴启动——使用概率临近预报技术，结合对流和风暴尺度模型输出和预报员的输入来预测强对流风暴的发生和严重程度，特别是针对雷暴前 0～2h 的预报（如 Wilson et al.，2010）。

许多这方面的发展与引进更高分辨率的数值天气预报模型有关，而且正如第4章所述，一些气象部门已经在业务运行中使用了相关技术（例如专栏12.3）。考虑到初始条件和边界条件以及模型结构、参数和分辨率造成的不确定性，需要找到耗时更短的解决方案和改进的方法来生成总体输出结果。

研究的另一个领域是技术研发，以便在从观测到短期、中期和长期预报的全时间尺度上提供无缝集合预报。最终的预测将包括对所有预见期的不确定性估计，并在所有空间和时间尺度上使用一套相同的后处理和预测验证技术。在这种情况下，多传感器降水产品和临近预报可能作为特有产品而淡出视野。

如图12.4所示，另一个关键的研究领域是决策支持工具的研发，这些工具既可以帮助预测人员，也可以在预测过程中充分利用他们的专业知识。例如，决策支持工作可以让预测人员对比多模式集合预报系统的输出结果，选择采用（"当天"）最合适的模型（或多个模型），使用基于交互式地图的显示器来调整输入，显示当前的观测值和预测值，然后进行一个或多个修正分析。在特别关注领域也可例行产生更高分辨率的预报，正如一些应对环境灾害或军事需要的气象服务中所做的那样。

一般来说，预报人员还可以决定如何以最佳的方式来确定自适应观测系统的观测目标（见12.2节），并根据当前观测和模型输出中确定的最大不确定性区域指导集合的生成（如 Langland，2005；Thorpe and Peterson，2006）。然后，可以根据不同用户和客户的风险概况和经济情况，生成定制的集合预报。针对发布恶劣天气预警，Stensrud 等（2009）提出了一些关键

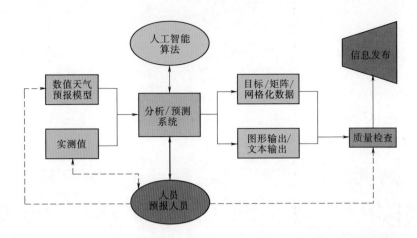

图 12.4 加拿大气象局未来预报人员输入的一种可能情况。与分析/预测系统的
交互是预测过程的核心。黄色框表示多种输入，而绿色框表示多种输出。
粗体箭头表示预测人员和分析/预测系统之间的主要交互。预报人员
有可能会影响数值天气预报模型、观测值和质量检查结果（全部
显示为虚线箭头）。恶劣天气事件的公开报告是一种特殊
类型的观测，可以直接发送给预报人员（也显示为
虚线箭头）（Sills，2009；Sills et al.，2009）

任务，可能包括检查"三维风暴和环境分析，评估概率危险预测的合理性，
在监测信息和验证数据可用时评估系统性能，查找导致不准确概率危险信息
的系统错误，并根据需要发出警告"。这些技术都具备提高降雨预报的准确
性和及时性的能力，并与洪水预报人员合作，开展洪水预报预警。

专栏 12.3　突发洪水集合预报研究，法国南部

　　对于突发洪水预报的应用，最新一代的中尺度数值天气预报模型有
许多潜在的优势。例如，输出结果能够更好地表示诸如对流风暴和地形
效应等特征的影响，这些特征对突发洪水发生的地点和时间影响很大。
中尺度数值天气预报模型还提供了降雨量的空间分布细化数据，输出的
网格分辨率通常为 1～4km。

　　自 2008 年以来，在法国气象局内部，运用了非流体静力学的中尺度模
型（AROME）（Seity et al.，2011）。模型的网格大小为 2.5km，每小时提
供预报，预警预见期最长可达 30h。它构成了包括 ARPEGE 全球模型在内
的可操作模型组件的一部分。在 AROME 中，使用了 3d-var 中尺度数据同

化方案，包括来自无线电探空仪、自动气象站、风廓仪、气象雷达（多普勒风和反射率）、GPS 湿度传感器、浮标、船舶、飞机和卫星的观测数据（Vincendon et al.，2011）。例如，图 12.5 对比了 2002 年的加德大洪水的观测值和后报估算值，加德大洪水是近几十年来法国南部发生的最灾难性的事件之一（Delrieu et al.，2005）。具有临近预报功能的版本也正在开发中，每小时提供预见期为 12h 的预测。

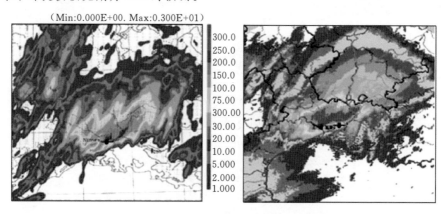

(Min:0.000E+00. Max:0.300E+01)

图 12.5　2002 年加德洪水事件的 AROME 和气象雷达定量
降水估计值的比较（Carriere et al.，2011）

　　AROME 的一个特殊用途是在尼斯-维瓦赖地区和法国南部的瓦尔地区开展快速洪水预报。对于 AROME 的应用，由于降水预报的不确定性，集合预报法优势众多。然而，传统的集合生成方法计算量大，这在快速发展的突发洪水事件中是一个不利因素。基于这方面的考虑，研究人员开始探索更多计算效率更高的方法，这些方法也更加关注可能导致突发洪水的风暴的规模和类型。特别是，利用（保存）气象雷达和卫星观测到的中尺度特征，例如对流单元的空间结构。

　　在法国气象局正在开发的一种方法中，采用基于对象的方法来识别风暴单元，然后根据它们的关键特征生成集合成员。该过程的初始阶段是开发一个误差模型，用于描述确定性的 AROME 模型在一些历史事件上的预报性能，从结构、位置和振幅的角度来描述降水场。例如，在与气象雷达观测（Vincendon et al.，2011）的比较中，发现 2mm/h 和 9mm/h 的阈值可以分别作为降雨和对流降雨的区域外包线。

　　然后从位置误差的概率密度函数中取样来生成集合成员，并修改振幅和降雨分布误差（图 12.6）；例如，产生 50 个成员的集合，允许水平位移长达 50km、振幅因子达 0.5～1.5。之后使用分布式水文模型来估算洪水流量。这与 ISBA 地表模型（Noilhan and Planton，1989）以及针对地中海流域优化的 TOPMODEL 版本相结合（Pellarin et al.，2002）；ISBA 控制了土壤柱中的总体流量，而 TOPMODEL 使用流域地形计算地下水侧通量以及饱和区流量的时空动态分布（Bouilloud et al.，2010）。

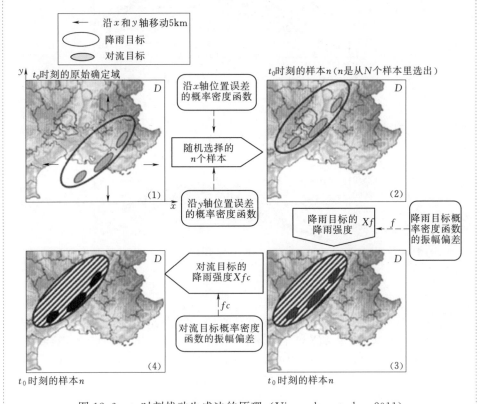

图 12.6　t_0 时刻扰动生成法的原理（Vincendon et al.，2011）

　　法国南部 2008 年两次突发洪水事件的后报分析（Vincendon et al.，2011）显示，集合中值优于确定性 AROME 预估的流量值。基于对象的方法还使用多组计算方案为模型运行提供了类似的技能分数和其他性能统计数据，该方法考虑了初始和横向边界条件的不确定性（Vie et al.，2011）。与设置更多的方法（11 个方法）相比，生成更多集合成员（50 个集合成员）也有助于提高模型性能（图 12.7）。面向对象的预测验证技术

（Wernli et al.，2008）也用于评估降水场在位置、振幅和结构方面的预测性能。

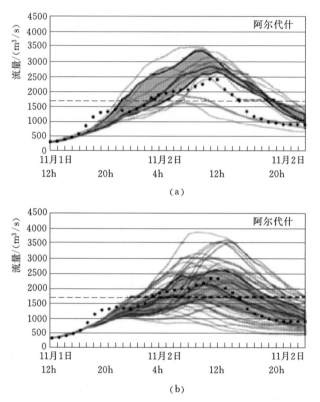

（a）

（b）

图 12.7　2008 年 11 月 2 日，在阿尔代什的瓦伦桥，使用 11 个成员的 AROME 组合和一个基于对象法的 50 个集合成员的组合的方案对比。图中显示了观测到的流量（标记），集合中位数（红线），四分位距（阴影区域），确定性预报（绿线），使用雷达降雨观测的预测值（橙线）以及洪水警报阈值水位（黑色虚线）（改编自 Vincendon et al.，2011）

目前的研究包括针对更多事件的评估方法，包括对在地中海水文循环试验（HyMeX）项目（http：//www.hymex.org/）中进行的现场试验得到的观测值进行评估，且评估考虑了额外的不确定性来源，如初始土壤湿度条件和水文模型参数。此外，还对较短的 X 波段雷达进行了评估，以便在国家雷达覆盖范围和/或数据质量不佳的地区提供更详细的观测数据（特别是在山区）。

12.3.2 突发洪水预报

由于响应时间短，因此，洪水预报在决定是否发布突发洪水预警时非常有用。通常，模型输出有助于解释洪水的复杂情况，并能比仅靠观测更早地发出预警。突发洪水预报包括使用突发洪水指南方法的一般警报和使用降雨径流与综合集水区模型的站点警报。

对于河流预报模型，广泛应用数据同化技术，并且越来越多地使用概率技术。然而，这些方法主要用于研究其他类型突发洪水，如冰塞、泥石流以及地表水和溃坝造成的洪水。第8～11章描述了针对特定类型洪水研发的许多其他技术。更概括地说，目前与突发洪水预报相关的一些水文研究主题包括以下几点：

• 干旱带——为单独由雷暴或其他局部事件引发的洪水开展风险评估和预报，干旱带的洪水径流过程与温带地区明显不同。

• 数据同化——基于网格的（分布式）降雨径流和一维、二维水动力模型技术的发展。

• 概率预测——考虑到集成和其他方法研发的所有不确定性因素，包括模型结构问题和初始化、建模和强迫误差。

针对第一个问题，在干旱或半干旱地区遇到的一些典型问题如下(World Meteorological Organisation，2011)：

• 降雨非常集中，雨量计难以全面覆盖这些降雨范围，特别是当雨量计布设得较为稀疏时。

• 河流季节性变化较大，年内流量和水位变化大。由于在每次洪水事件发生期间和发生之后主流通道条件会发生变化，因此在干旱或半干旱地区都很难监测，或是用流量表测量难度很大。

• 河流流程短，顺河道方向流量损失巨大。

• 洪水会改变河势以及破坏测量装置。

• 在恶劣条件下，尤其是在灰尘大和酷热条件下监控设备的维护和运行问题。

针对干旱和半干旱地区，特别是对于缺乏监测设备的区域，需要开发新技术来评估突发洪水风险并发出警告，例如，概率技术的广泛使用，如专栏12.4所示。如前几章所述，其他的研究方向还包括重点关注地表径流的基于事件的分布式模型（Yatheendradas et al.，2008）和半干旱地区雨量计站网设计技术的应用（Volkmann et al.，2010）。

一般来说，在使用分布式模型时，关键的约束通常是数据同化中可用的实时信息数量限制。遥感观测是克服这一约束的潜在方法之一；例如，利用卫星估计积雪厚度、雪水当量和土壤湿度（如 Konig et al. ，2001；Wagner et al. ，2007）。这一新算法类似于气象学和变分法中的数据同化问题（见第 4 章），通过使用现场和/或卫星观测数据，综合的卡尔曼滤波和其他方法目前已用于洪水预报和季节性应用（如 Lee et al. ，2011；Le Dimet et al. ，2009；Liu et al. ，2012；Ni - Meister，2008）。然而，对于突发洪水应用来说，尽管观测技术仍在不断改进，与科研人员所关注的尺度相比，卫星观测的分辨率仍然较低（见第 3 章）。

另一个需要考虑的问题是，需要使用与实时应用相同的输入来校正模型，否则，可能会积累大量的水量平衡误差和其他误差。理想情况下，校准模型需要当前系统和算法的长期后报数据。还有一个关键问题是，是否要同化原始观测结果（如卫星辐射）或后处理的数值（如土壤湿度）。例如，在使用处理过的数值时，处理过的值更接近于模型中使用的实际变量；然而，使用原始数据可以避免对后处理技术的依赖。同样，这类问题也是研究热点。

这些问题也与实时水动力模型有关。当模型用于洪水淹没范围绘制时，在某些情况下，洪水的范围覆盖了几公里的河流，且几乎没有任何可用的实时河流水位观测值来进行校正。有时，水位在诸如堰和桥梁等建筑物位置会发生突变。实时水位观测是一个正在研究中的领域，有一些可取的方法，可以获得更多洪泛区水位的实时信息，包括利用卫星测高（如 Giustarini et al. ，2011）和分布式无线传感器网络（如 Neal et al. ，2012），参见 12.2 节。

正如第 5 章中所讨论的，对于所有这些方法，如果可能的话，应提供输出结果的不确定性估计，以下分类方案描述了可选方法的类型（如 Beven，2009）。

（1）正向不确定性传播——这个方法用来估算单个来源的不确定性。然后通过整体洪水预报模型的模型组件链进行传播。

（2）概率数据同化——该方法作为同化过程的一部分，可减少不确定性并给出了不确定性估计。

（3）概率预测校正——模型输出的后处理，根据以往预测性能的统计模型来估计概率，并针对所关注的预警预见期进行预测。

在第一类方法中，使用降雨集合预报可能是最负盛名的例子。在降雨集合预报中，通常具有 20～50 个成员的集合通过洪水预报模块传播，提供相同数量的集成洪水预报。在气象学中，集合生成过程（见第 4 章）已经成为 20 多年来广为研究的主题，且通常是为了提供原则上尽可能相同的方案。但是，如第 4 章所述，由于样本容量和所考虑的不确定性来源的限制，如果需要进行定量估算，则需要一些额外的后处理来校准概率数据。第 12.4.2 节讨论了可能需要后处理的一些情景。此外，当概率数据同化或预测校准方法用于洪水预报模型的输出时，校准总体降雨输入是否有优势仍然是一个有待研究的问题。当仅需要指示不确定性时，可以选用以下简单的正向不确定性传播方法：

- 多模式集合预报——使用多个并行的模型输出生成的集合。这有时被称为"简单的集合"，通常，多模式集合预报在探讨模型结构问题所产生的不确定性方面是有用的。
- 多项输入——在模型中并行使用几种类型的观测值和预报值，以指示这些来源所产生的不确定性；例如，考虑基于雨量计和气象雷达观测以及临近预报和中尺度模型预报的降雨输入。
- 延时集成——同时查看包含前几次运行的确定性预测与当前预测的输出结果，以表示随时间推移的预测变化和/或持续性。
- "假设"场景——评估预测对未来雨量、控制闸设置和溃堤等因素的敏感性；例如，假设有以下降雨场景：没有进一步的降雨，持续当前时刻的降雨，降雨与之前的一个或多个极端事件相匹配。

正向不确定性传播技术也可用于评估离线校准研究中模型输出的灵敏度；例如，帮助识别改进模型和遥测技术中存在的模型局限性和可能的需求。对于这类研究，通常使用更为集成的计算方法，如蒙特卡洛法。

另一个考虑因素是，通常需要考虑几种不同且可能相互关联的不确定性来源，特别是在预警预见期较短的情况下。例如，除了模型结构问题和降雨预报引起的不确定性之外，还可能需要考虑的其他一些不确定性来源包括模型参数、等级曲线和气象雷达观测结果。当需要对不确定性进行定量估计时，为避免这些不确定性来源之间的交互作用，正向不确定性传播技术通常最适合于有一个主要的不确定性来源的情况，比如，当降雨量预测的不确定性占主导地位且预警预见期较长的情况。如果关注模型运行时间，可用于减少模型运行时间的措施包括改进计算机处理器、提升模型配置、使用统计方法（例如，集成采样或分组）以及使用模型模拟器。

其他两种主要方法：概率数据同化和预测校准表法。表 12.3 为上述方法的一些例子；然而，许多其他预报技术正在研发中，这是一个活跃的研究领域（如 Beven，2009；Weerts et al.，2012）。此外，需要注意的是，作为预测过程之一，一些数据驱动模型直接提供了不确定性的估计（如 Young et al.，2012）。当使用多模式集合预报系统时，另一种方法是使用如贝叶斯模型平均法来组合估计值（如 Raftery et al.，2005）。

表 12.3　　　　　　　　　概率数据同化和预测校准技术实例

技　术	方　　法	考　虑　因　素
概率数据同化	自适应性增益（如 Smith et al.，2012）	易于实现，可应用于任何类型的模型输出
	集合卡尔曼滤波（如 Butts et al.，2005）	虽然集合法存在潜在的运行时间较长的问题，但其优点是基本无需假设输入和输出之间的关系
	粒子滤波（如 Moradkani et al.，2005）	粒子滤波与集合卡尔曼滤波类似，但需要更少的先前假设条件（尽管可能对假设更敏感）
概率预测校正	贝叶斯不确定性处理（如 Krzysztofowicz and Kelly，2000；Todini，2008；Coccia et al.，2011）	用贝叶斯法来估算预测的不确定性，特别是在水位方面，给出现状的和以前的实测值以及模型预测值；例如，使用模型条件和水文不确定性处理器
	分量回归法（如 Weerts et al.，2011）	校正预定义分量和预见期的统计方法
	ESP 后处理器（Seo et al.，2006）	采用概率匹配和回归技术相结合的统计方法

至于确定性洪水预报模型，采用的最优方法通常取决于一系列因素（参见第 5 章）。这些因素通常包括流域响应时间、洪水风险等级、所需的预警预见期、概率信息的操作要求、预算以及所需的计算资源（如 Beven，2009；Sene et al.，2012）。

特别是误差的主要来源通常随着预警预见期的变化而变化，例如专栏 8.3 所示，这会极大地影响预报方法的选择。例如，当使用河流实测值进行数据同化时，随着实测流量信息的减少，不确定性的降低通常会在流域响应时间之后逐渐减小。因此，有时在较短预见期内使用概率数据同化方法与在较长预见期内使用预测校准方法相结合可能具有一定优势。此外，在雨量计故障的情况下，可将正向不确定性传播方法作为备用，以继续提供不确定性的指示，直到雨量计恢复正常；然而，一些概率数据同化方法允许有数据缺失，也可作为另一种可能的选择。

这些都是发展中的研究领域，最佳技术的构想仍在发展中。正如突发洪水预报的其他方面一样，预报方法的选择应该根据具体情况而调整，12.4.2节将进一步讨论这个主题。

专栏 12.4 突发洪水研究，内盖夫沙漠和死海地区，以色列

内盖夫沙漠面积约 1 万 km^2，占据以色列陆地面积的一半以上，但人口相对稀少。气候类型从北部的半干旱到南部的干旱，年平均降水量约为 350～25mm（Kahana et al.，2002）。

主要的降雨季节是从 10 月至次年 5 月，有时雨季可能会延长，从 9 月至次年 6 月。年降雨量变化很大，年值的变化系数超过 0.35～0.40（Goldreich，1995）。研究区域主要是位于内盖夫山脉中部，海拔约 1000m。这些山脉中有 6 个流域覆盖了内盖夫的大部分地区，出口流向地中海和死海地区。南部较小盆地的河流流入亚喀巴湾。

研究区域大多数年份都有突发洪水，对徒步旅行者和车辆构成威胁，偶尔也给该地区的村庄带来危险。对 1965 年 9 月至 1994 年 12 月期间洪水事件的分析（Kahana et al.，2002）表明，通常导致洪水泛滥的主要天气条件包括：带来了热带水汽的南风，该水汽与热带侵入红海海槽有关，和从地中海汲取水分并以叙利亚为中心的旋风。然而，由于所产生的降雨具有对流性，评估洪水最高风险位置和开展降雨事件下洪水预报的难度较大。

为了研究流域响应规律，已经探索的一项技术就是利用气象雷达观测来确定引发洪水的风暴特征（Yakir and Morin，2011）。然后，将随机风暴变换方法与降雨径流模型结合使用，来估算可能在集水区产生的最大洪水（Morin and Yakir，2012）。与通常使用的理想的设计风暴法相比，使用气象雷达数据的优点是可以更好地表示风暴空间结构对水文响应的影响。

例如，对内盖夫暴雨事件的分析表明，风暴单元通常为圆形或椭圆形，面积小于 $100km^2$（Dayan and Morin，2006）。因此，我们使用椭圆形降雨单元模型，假设中心为高斯分布而外部为指数分布（Feral et al.，2003）。假设风暴单元参数在时间上保持恒定，并且风暴以恒定的速度和方向移动。然后使用半分布式降雨径流模型来估算流量，该模型结合了净雨、坡度和河道演算模块（Bahat et al.，2009；Morin et al.，2009）。

所选择的研究案例（Yakir and Morin，2011）是 1993 年 12 月 22—23 日的一场大暴雨，该场暴雨影响了内盖夫的大部分地区，包括 94km² 的 Beqa 流域。本古里安机场的气象雷达观测表明，集水区降雨量超过 70mm，导致洪水暴发，峰值流量为 81m³/s，重现期约为十年一遇。集水区由 17 个小流域组成，暴雨由 56 个单元组成，其中一半以上单元的降雨强度在 30～80mm/h 的范围之间。单元平均降雨时长为 12.6min，最长持续时间为 70min。

模拟结果表明，实测洪水流量仅由一个主要单元产生。然后对该单元进行灵敏度测试，假设有超过 1000 个不同的起始位置和不同的行进速度以及方向，得到的流量估计值对假定的起始位置最敏感，其次是对速度和方向敏感，其峰值最大值为实测值的三倍；例如，当考虑起始位置时，如图 12.8 所示，距离集水区出口 10～12km 处的单元峰值流量最大。

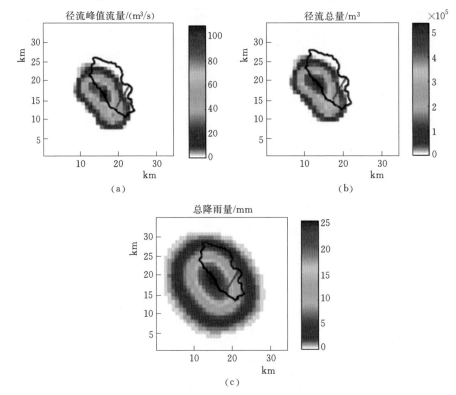

图 12.8　基于暴雨开始位置的灵敏度测试中峰值流量值汇总。（a）峰值流量（m³/s）；（b）总径流量（m³）；（c）集水区总降雨量（mm）。流域（黑色）上洪水单元的初始流向用红线表示（Yakir and Morin，2011）

这个降雨单元能产生的最大流量约为 $175m^3/s$，同时，考虑到其余的降雨单元时，峰值流量可以达到 $260m^3/s$（Morin and Yakir，2012）。通常的结论是，该方法在估算给定概率或重现期的设计暴雨和洪水方面具有潜力。

死海地区的另一项研究也表明，使用气象雷达数据在开展洪水预警方面具有潜能（Morin et al.，2009）。特别是，与遥测雨量计站网相比，雷达降雨观测的使用可提供更好的降雨量空间变异估计，因为遥测雨量计站网在半干旱和干旱地区通常布设得很稀疏。同样，雷达降雨观测可用作水文模型的输入，在这种情况下，水文模型将分布式下渗模块与集中式水文地表径流和传输耗散损失模块相结合。该模型基于事件，时间步长为 $5min$，重点是用来估计峰值流量的大小而不是峰值出现的时间。

以面积分别为 $235km^2$ 和 $70km^2$ 的 Arugot 和 Darga 流域为例，假设重现期为 1.5 年，推导洪水阈值，并使用水力学模型和近期河道调查数据进行了交叉检验（图 12.9）。所使用的阈值是与溢岸流量相对应的预警值，这些值是作为触发洪水警报的阈值，但不一定与洪水水位相对应。

图 12.9　该区域的典型河道断面；虚线表示与平滩流量相对应的水位，
实线表示水流方向［转载自 Morin et al.，2009；已得到
爱思唯尔（Elsevier）的授权］

气象雷达的输入是通过长期的偏差校正来调整的，这种校正要么是基于雨量计的数据，要么是基于每日的调整。每日调整方案为较大集水区提供了最佳结果，为第二大的集水区提供了类似结果；例如，检测概率（POD）和误报率（FAR）值分别为 0.73～0.82 和 0.23～0.25。蒙特卡罗模拟假设雷达偏置校正和水文模型参数的取值范围，也表明改进的检验概率值可以在较低的概率阈值下获得，但是会产生较高的误报率。相反，通过提高阈值可以降低误报率，但其代价就是会漏掉一些洪水事件。在这些研究的基础上，研究人员正在与以色列气象局合作开发一套实用的突发洪水预警系统。

12.4　洪水预警

洪水预警过程的主要流程通常是形成预警决策，然后向公众、应急服务机构和其他人员发布预警。如前几章所述，通过加速或提升预警过程中的各个步骤，可延长预警预见期。

在许多机构中，预警的快速高效发布促进了许多领域的发展。其中，包括广泛使用决策支持系统和新的警报传播技术，如基于网络和多媒体的方法，以及广泛使用洪水预报模型。然而，使用简单的组织形式和变更程序往往可以简化警报发布过程，例如，通过社区代表的广泛参与以及观察员招募站网来报告暴雨和洪水事件。基于社区的人工观测或遥测的突发洪水预警系统也广泛应用于区域和国家洪水预警服务。社会和市场调研在更好地了解人们对洪水警报的反应方面也发挥了重要作用，通过社会和市场调研，以公众意识提升和社区教育为目的，来设计出最好的警报信息。

第 1 章、第 6 章和第 7 章讨论了预警方面的内容，包括近期的一些研究成果，而第 8～11 章给出了具体应用的实例。在此，我们将详细讨论洪水预警的两个研究领域，即向道路使用者提供洪水警报以及在发布洪水警报时处理不确定性的方法。

12.4.1　道路洪水

研究表明，道路使用者是遭受洪水淹没风险最大的群体之一，特别是在夜间和下凹路口。例如，正如第 1 章中所讨论的，对 1959—2005 年期间洪水事件（不包括卡特里娜飓风）的事后统计数据回顾表明，在美国，大约 63%

的与洪水有关的死亡事故发生在车辆中，其中许多是由于突发洪水造成的（Ashley and Ashley，2008）。

开展公共教育活动和改进向司机发出洪水潜在危险警告的方法是减小风险的主要做法。例如，在美国，美国国家海洋和大气管理局（NOAA）和国家气象局（National Weather Service）在"掉头别溺水！"活动中制作了各式各样的教育资料，例如传单、录影带、海报及简报（http：//www.nws.noaa.gov/om/water/tadd/），其中包括一套道路指示牌的设计，以供在下凹路口及地下通道等高风险地点使用。对司机发出的危险警告也经常出现在美国国家气象局（National Weather Service）的突发洪水警戒和警告信息中，许多州还在广播和电视公告中提供道路洪水信息。

提高洪水风险意识的其他措施包括在驾驶执照考试中增加洪水风险试题，包括在车辆检查提醒中发放风险传单。但是，在针对驾驶员的宣传活动和警告信息的发布中，存在的挑战往往是不同人之间风险感知方式的显著差异（如 Ruin et al.，2007）。例如，一项针对得克萨斯州两个城市的研究（Drobot et al.，2007）表明，"不认真对待警告信息的人表示，他们开车通过被洪水淹没道路的可能性更大，18~35 岁的人也是如此，以及那些不知道洪水中机动车死亡人数占所有洪灾死亡人数比例超过一半的人也是如此"。然而，即使在这两个城市中人们的反应也不同。

当洪水警报服务应用在特定位置时，可通过使用标识或障碍物来关闭道路，在某种程度上避免溺水问题，这可能需要警察或地方当局在现场配合。然而，在暴雨洪水情况下，开展这类型的响应通常时间不够，导致越来越多地使用自动或远程控制警告标识、警告灯和障碍物。在某些情况下，这些警告是基于道路路缘的压力传感器或安装在水道或有洪水风险区域的俯视雷达或超声波仪表记录的水位激活的。使用更为简单的浮动开关或电气开关也是另一种方法，在水位超过预定义的阈值时激活警告。

通过增加遥测链路，交通控制中心可以查看警报和障碍关闭的情况（可能被重复覆盖），并可以向业务人员发送短信和电子邮件。更普遍的是，洪水警报越来越多地出现在道路网上的实时电子信息标识牌和电台公告中的插播信息中。也广泛应用网站来显示道路网和事故、洪水等事件的风险图，并附有"实时"交通摄像头的链接。一些国家也开始提供特定路线的预警，比如美国华盛顿州的几条高速公路，网站（http：//i90.atmos.washington.edu/roadview/i90/）会显示路线的高程概况和当前状况、网络摄像头图像和关键位置的天气预报。这类型的系统通常是基于固态降水、空气温度和其他气象传感器的道路气象信息系统来运行的。

通常，这些方法广泛应用在城镇和主要道路上。相比之下，在农村地区，由于所覆盖区域的范围和位置偏远，往往难以发布警告。然而，对于沿河道路，或穿越常发洪水的小河和小溪的道路，在洪水预警服务中也包括这样的站点警告。在某些情况下，还安装了河流流量计，专门提供与道路有关的洪水预警。

如果无法提供站点警告，另一种方法是根据过去的经验确定潜在风险的位置；在某些情况下，可以通过区域洪水风险模型来确定。然后，针对风险最高的区域采取诸如现场检查和道路封闭等措施。降雨量持续时间警报或突发洪水指南也被广泛用于提供潜在洪水的早期预警（见第 8 章）。在一些预报中心，通过调查高风险的低水位交叉口和穿越洪泛区的道路的水位阈值，以提高这些警报的准确性。

近年来，分布式降雨径流模拟法也是一种可向易受灾区的道路使用者提供警告的方法（Versini et al.，2010）。例如，在法国南部的部分地区，针对河流与道路交叉口、低水位积水点以及与水道相邻的路段，可以从数字地形模型中识别出潜在风险位置。在原型测试中，模型分辨率为 $1km^2$ 的约 2000 个点，并采用 15min 的降雨量估计值来进行计算（Naulin et al.，2011）。

12.4.2　不确定性的处理

当洪水泛滥时，淹没情况经常会随着互不相同的信息来源而迅速变化。因此，应急响应人员和民防工作人员需要根据多种因素做出决策，洪水预警预报只是其中一个因素（如 Morss and Ralph，2007；Baumgart et al.，2008）。

复杂决策的管理方法包括制定明确的和经过预演的流程，以及采用决策支持工具和其他工具来实现对整个事件信息的动态采集（见第 6 章和第 7 章）。动态采集需要越来越多地工作人员和受过培训的志愿者通过正式程序提供现场信息；例如通过洪水事件响应网站来报送现场信息。

应急决策通常涉及应急响应工作，而应急响应通常涉及广泛的人群，他们具有不同技能、优先事项判别能力、关注度、信息来源和时间限制，所使用的程序在国家和机构之间也有很大差异。例如，Sorenson 和 Mileti（1987）确定了应急管理者面临的以下四种主要类型的不确定性：解释（事件识别），沟通（沟通能力/通信能力），决策的感知影响（导致不良反应）和外部影响（时间的有效性）。括号中的条目是记录中频率最高的项目。然而，对于洪水事件响应，不确定性对决策过程的影响研究较为有限，实际应用很少。例如，包括模糊逻辑、语言推理、贝叶斯网络、人工神经网络和基于主体的建模方法以及简单的风险评估法在内的技术已经用于实时应用或应急响应中（如 Environment Agency，2007；Simonovic and Ahmad，2005）。

在整个洪水预警过程中，处理不确定性的方法的在洪水预报中可能是最先进的，在预测中向用户提供不确定性的必要性也得到了广泛的认可（如 Krzysztofowicz，2001；UN/ISDR，2006；Schaake et al.，2007）。对于突发洪水，特别需要考虑的是，由于降雨预报的使用往往是延长预警预见期的关键步骤，因此，气象服务越来越多地以集合形式提供降雨预报（见第 4 章）。气象雷达和多传感器降水产品也越来越多地包含质量参数或不确定性综合评估结果（见第 2 章）。

那么一个关键问题是如何充分利用这些信息以及分析这些信息将如何影响相关人员的职责。例如，概率预测的一个潜在优势（Krzysztofowicz，2001）是"……他们将预测工作与决策工作分离开来，因为预测工作仅涉及科学原理，而决策工作包括了决策者对所选应急响应工作和可能的事件后果的评估"。Collier（2005）也指出"我们需要明确区分水文气象服务和洪水应急响应的需求。在前一种情况下，我们的关注点是获得最佳的预测结果，而在后一种情况下，我们应关注如何做出最佳决策。"

虽然预测机构越来越关注概率方法的意义，还有一个重要的考虑因素是如何将这些信息更好地传达给业务人员和最终用户，包括民防组织和公众，这也是洪水预报的发展领域之一（如 Demeritt et al.，2010，2012；Ramos et al.，2010），研究人员可以从像天气预报和飓风疏散（如 National Research Council，2006）这些相关领域的研究中获得很多经验。值得注意的是，洪水预报与天气预报一样（World Meteorological Organisation，2008b），一经预测，通常会有更多难以量化的不确定性来源。例如，预测者对模型输出结果的理解，并将输出结果简化封装成为警告信息，然后，或许最重要的是最终用户对这些信息的理解，这些过程都会带来一定程度的不确定性。

另一个考虑因素是，用户的技术背景有时差异很大，当然，"随着时间的推移，当具备丰富的经验和多次开展用户培训后，有可能提升用户对预报信息的理解"（World Meteorological Organisation，2008b）。因此，对于概率洪水预报应用，如在气象预报中，机构（例如，应急响应人员、地方政府、关键基础设施运营商）和公众对不确定性信息的需求可能会增加。

如第 5~11 章和 12.3 节中所述,许多洪水预报服务已经基于这些研究迈出了重要的一步,越来越多的运营和试运营系统已安装到位(如 Cloke and Pappenberger,2009)。一些用于表述和解释预测的方法如下:

(1)成本损失法——如果不采取任何行动,将采取行动的成本(C)与潜在损失(L)进行比较,假设在多个事件中统一应用相同的策略(无对冲)。

(2)概率阈值法——包括概率模块的决策标准;例如,如果有 60% 或更多的集合成员的预警预见期超过预定义的阈值,则发布警告。

(3)可视化——基于地图和图形的输出,如意粉图、盒状图和须状图、羽流图、置信图和"邮票"地图。

例如,在成本损失法中,从最简单的层面上来看,许多事件的总成本(如 Katz and Murphy,1997)表明,如果每次超过 C/L 的概率阈值就采取行动,此时产生的支出最小。但是,在综合分析中需要考虑许多复杂因素,本节稍后将对这个问题进行讨论。

对于可视化,结果展示的方法很多,可以突显各种情况的空间、时间和场域特性等,这些方法的选择需要与最终用户协商确定。在气象预报中,广泛使用的方法包括监测集成系统的聚类分析(图 12.10)和使用"邮票"图,即多个地图呈现在显示所有当前情景的单个页面或屏幕上。对于洪水预报,广泛使用诸如羽流图、意粉图(图 12.7)和置信区间的方法。同时检查连续预测值之间的一致性(或其他),通过一致性检查可以得到事件性质的判定指标(对流、天气尺度等)(如 Pappenberger et al.,2011a,b)。采用预测大于阈值的持续时间列表来描述输出结果是很有效的方法(如 Bartholmes et al.,2009)。

当使用概率阈值法时,阈值的方法包括根据经验确定(例如,试错、预测验证)和成本损失法。还可以使用基于洪水预测与"理想"预测结果相比产生的收益与气候预测收益的相对价值法(如 Richardson,2012)。

对于上述方法,需要对不确定性进行定量估算,因此通常应使用概率预测校准或数据同化技术来改进预测结果(见 12.3 节)。例如,选择暂时关闭的通往河边低洼道路的阈值,可能比下令疏散居民区时使用的概率阈值要低。在第一种情况下,采取行动的成本很小,尽管每种情况的潜在损失和风险状况不同;第二种情况下成本要高得多。

不确定性分析有时包括其他因素;其目的是为了更好地理解人们(包括预测者)在实践中的实际反应,这通常会偏离最简单的模型形式(如 Morss et al.,2010)。分析因素包括对风险的处理(风险承担、风险中立、风险规

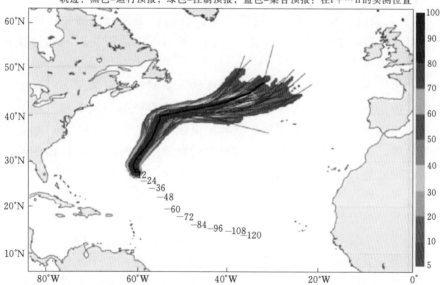

图 12.10 集合气象预报可视化示例,显示了 2011 年 4 月 16 日 00:00
UTC 奥斯陆 850hm² 气温预报的羽流图,以及 2010 年 8 月 28 日 00:00
UTC 热带风暴达尼埃尔 5d 前袭击概率图。在羽流图中,集合预报
显示了第 5 天到第 7 天之间的双模式发展,而运行预报和控制
预报路径一致(Persson,2011;source ECMWF)

避等)、对误报的容差,以及最佳响应和损失与预警预见期和洪水严重程度之间的变化关系 (如 Roulston and Smith,2004;Roulin,2007;Martina and Todini,2009)。与确定性方法相比,不确定性分析可以用概率方法获得增量经济效益估计 (如 Verkade and Werner,2011)。通常,建议使用贝叶斯技术来构建整体框架,考虑诸如预测性能、洪水预警阈值和最终用户需求 (如 Krzysztofowicz et al.,1994) 等内容。

这些方法都是正在发展的领域,但在某些情况下具备应用潜力,比如对于可用财务术语来明确表示成本和效益的响应措施。如果发生洪水且不执行该响应,则还需考虑相应的损失或社会影响。理想情况下,成本和损失需要定义为模型开发人员和潜在最终用户之间的联合行动,特别是在损失不仅仅是经济损失 (例如生命损失、名誉损失) 的情况下。在这些情况下,广泛使用无量纲的效用函数,通常以任意比例 (通常为 0~1) 表示分值。

例如,这类方法已经用于许多已运行的水库和堤防管理系统,用于优化防洪与水力发电和其他功能之间的效益需求 (如 Bowles et al.,2004;Todini,2005;Georgakakos et al.,2007;Kok et al.,2010;Addor et al.,2011)。另一个潜在应用是针对河流控制工程的常规运行,例如挡潮闸和滞洪区,其中可以将中断航运或农业 (举例) 的成本 (或损失) 与通过减轻洪水而带来的效益进行比较。

另一个考虑因素是,在选择校准和评估方法时,理想情况下具备大量的以往事件的信息。通常,校准和评估效用函数法需要基于模型和仪器的重新预报和后报中得到的长系列实测数据和预报数据 (见第 4 章和第 5 章)。对于极端的事件,还存在这样的问题:即使在后报期内,基本没有可用于验证的事件信息。此外,在面临灾难性事件或危及生命的情况时,关于人们行为方式的一些基本假设可能不再适用 (如 Haimes,2009)。

校准和评估都是有前景的研究领域,基于集合输出提供较长的预警预见期在实际应用中发挥了重要作用。例如,第 8 章给出了基于降雨警报可以在较长的预警预见期内采取的低成本或低影响响应措施的若干示例。其中包括启动洪水响应预案、更新工作人员名册、对道路和其他可能存在洪水淹没风险的区域进行临时限行、发布洪水警戒以及各种防洪措施等。特别是出于安全或人员配备的考虑,某些工作在白天或正常工作时间更容易开展,而其他工作需要很长时间才能完成,例如安装可拆卸的防御设备。

概率或集合预报方法也可能为发布洪水预警提供了更基于风险的思路,因为这两种方法考虑了洪水发生的可能性和后果。而后,可以通过多媒体、手机和其他具有独立针对性的警告传播系统向个人用户或用户组发布定制的警告。这种警告发布方法已经在某些气象服务中使用，比如在芬兰，用户可以选定一系列的选项，以获得他们希望通过移动电话来接收到强降雨警报的阈值（见第 4 章）。

然而，提供概率信息的水平因各机构不同而异。[°]此外，如在气象应用中，一些用户可能无法通过互联网或智能手机访问以查看一些较为复杂的输出结果（如 National Research Council，2006；World Meteorological Organisation，2008b）。因此，在警告发布中需要考虑的一些关键问题包括用户对信息内容、资讯设计、传播技术以及培训和宣传活动的要求。

然而，其他极端情况是，一些用户可能希望从预测模型中得到原始的集成输出，经后处理并嵌入自己研发的决策支持系统中，例如水力发电、防潮闸和水库调度的相关工作人员。此外，由于终端最终用户通常最适合于评估洪水的影响后果，因此通常需要在发出警告的工作人员和警告接收者之间提供更多的协作方法。特别是，对于洪水预警服务，这可能意味着要充分发挥服务信息的作用，以便其他人做出响应决策。

对于任何新技术，在洪水预警过程中引入概率技术都需要考虑该技术对整个监测、预测和预警过程的影响。通常情况下，预警及不确定性处理需要采用多学科融合的方法，包括预测专家、社会科学家以及最重要的社区、应急响应和利用洪水警报的民防组织。

12.5　总结

突发洪水预警系统的研究需要贯穿于整个监测、预报和预警过程中。但是，基于规避运营服务风险的需求，有时要耗费数年才能将理论研究转化为实践。水文气象试验平台是加快突发洪水预警系统研发的手段之一，它可以在预运行前对新的方法进行评估。使用开源软件和制定通用的测量、建模和数据交换标准也有助于突发洪水预警系统的研发。

对于降水监测，通常是要提高观测的空间分辨率和准确性，并定期向终端用户提供关于不确定性的估计。对于突发洪水应用，相控阵气象雷达、微波通信链路和自适应传感方法潜力凸显。目前正在开展的 X 波段雷达研究也为洪水预警提供支撑。在未来，全球降水任务有可能逐步改善卫星降水估计在突发洪水应用中的效果。

集水区监测技术的研发通常更倾向于对现有方法的逐步改进。然而，新方法仍在继续研发，近期，一些与突发洪水应用相关的技术包括：低成本无线传感器网络和粒子图像测速技术。

在降雨量预测方面的改进对许多突发洪水预警应用来说都具有潜在优势，因此降雨量预测技术的改进是一个重要且资金充足的研究领域。对于突发洪水应用，当前关注的研究领域包括高分辨率风暴尺度和对流尺度模型研发，相关的数据同化、预测验证和后处理技术，以及相关衔接产品的预警预见期和不确定性估计。在重大影响事件期间，气象部门还提倡让气象预报员最大限度地利用其专业知识发挥更大的互动作用；例如，启动集合预报和针对高速发展领域的自适应观测。

在洪水预报领域，尽管在输出的概率方面仍有许多问题需要解决，但使用集合降雨预报已开始成为常规做法。概率数据同化和预测校准技术是热点研究领域，其总体目标是对所有来源的不确定性提供可靠的估计。通常，水文研究可以促进突发洪水预报应用，其中两个特别关注的专题是干旱地区的洪水评估预警以及实时分布式水动力模型的数据同化。

针对突发洪水警报传播，日益发展的通信技术和进一步明确社会对洪水的应急响应需求为其带来了新的发展机会。目前一些值得关注的研究领域包括向道路使用者发出警告，以及如何在洪水预警过程中最好地利用概率观测和预报。特别是，与在突发洪水警报方面的许多其他创新一样，在整个监测、预测和警报过程中，包括社会经济方面，都需要考虑使用概率输出的影响。

参 考 文 献

Addor N，Jaun S，Fundel F，Zappa M（2011）An operational hydrological ensemble prediction system for the city of Zurich（Switzerland）：skill，case studies and scenarios. Hydrol Earth Syst Sci 15：2327 – 2347

Arattano M，Marchi L（2008）Systems and sensors for debris – flow monitoring and warning. Sensors 8：2436 – 2452

Ashley ST，Ashley WS（2008）Flood fatalities in the United States. J Appl Meteorol Climatol 47：805 – 818

Bahat Y，Grodek T，Lekach J，Morin E（2009）Rainfall – runoff modeling in a small hyper – arid catchment. J Hydrol 373（1 – 2）：204 – 217

Bartholmes JC，Thielen J，Ramos MH，Gentilini S（2009）The European Flood Alert System EFAS – part 2：statistical skill assessment of probabilistic and deterministic operational forecasts. Hydrol Earth Syst Sci 13: 141 – 153

Basha EA, Ravela S, Rus D (2008) Model – based monitoring for early warning flood detection. Sen Sys'08, Raleigh, North Carolina, 5 – 7 Nov 2008

Baumgart LA, Bass EJ, Philips B, Kloesel K (2008) Emergency management decision making during severe weather. Weather Forecast 23: 1268 – 1279

Beven KJ (2009) Environmental modelling: an uncertain future? Routledge, London

Bouilloud L, Chancibault K, Vincendon B, Ducrocq V, Habets F, Saulnier G, Anquetin S, Martin E, Noilhan J (2010) Coupling the ISBA land surface model and the TOPMODEL hydrological model for Mediterranean flash – flood forecasting: description, calibration, and validation. J Hydrometeorol 11: 315 – 333

Bowles DS, Mathias JD, Chauhan SS, Countryman JD (2004) Reservoir release forecast model for flood operation of the Folsom project including pre-releases. In: Proceedings of the 2004 USSD annual lecture, St. Louis, MO, March 2004

Butts MB, Falk AK, Hartnack J, Madsen H, Klinting A, Van Kalken T, Cadman D, Price D (2005) Ensemble – based methods for data assimilation and uncertainty estimation in the FLOODRELIEF project. In: ACTIF international conference on innovation, advances and implementation of flood forecasting technology, Tromsø, Norway, 17 – 19 October 2005

Carriere J – M, Vincendon B, Brovelli P, Tabary P (2011) Current developments for flash flood forecasting at Meteo France. Workshop on flash flood and debris flow forecasting in Mediterranean areas: current advances and examples of local operational systems, Toulouse, 4 February 2011

Cifelli R (2010) HMT West 2011 field season. HMT – West 2010 annual meeting. Sonoma County Water Agency, Santa Rosa, CA, 7 – 8 October 2010. http: //hmt. noaa. gov/

Cloke HL, Pappenberger F (2009) Ensemble flood forecasting: a review. J Hydrol 375 (30 – 4): 613 – 626

Coccia G, Todini E (2011) Recent developments in predictive uncertainty assessment based on the model conditional processor approach. Hydrol Earth Syst Sci 15: 3253 – 3274

Collier CG, Cross R, Khatibi R, Levizzani V, Solheim I, Todini E (2005) ACTIF best practice paper – the requirements of flood forecasters for the preparation of specific types of warnings. ACTIF international conference on innovation advances and implementation of flood forecasting technology, Tromsø, Norway, 17 – 19 October 2005

Costa JE, Cheng RT, Haeni FP, Melcher N, Spicer KR, Hayes E, Plant W, Hayes K, Teague C, Barrick D (2006) Use of radars to monitor stream discharge by noncontact methods. Water Resour Res 42: W07422. doi: 10. 1029/2005WR004430

Creutin JD, Muste M, Bradley AA, Kim SC, Kruger A (2003) River gauging using PIV techniques: a proof of concept experiment on the Iowa River. J Hydrol 277: 182 – 194

Dayan U, Morin E (2006) Flash flood producing rainstorms over the Dead Sea: a review. Special paper 401: New Frontiers in Dead Sea Paleo environmental Research, 401: 53 – 62

Delrieu G, Ducrocq V, Gaume E, Nicol J, Payrastre O, Yates E, Kirstetter P-E, Andrieu H, Ayral P-A, Bouvier C, Creutin J-D, Livet M, Anquetin S, Lang M, Neppel L, Obled C, Parent – Du – Chatelet J, Saulnier G – M, Walpersdorf A, Wobrock W (2005) The catastrophic flash – floodevent of 8 – 9 September 2002 in the Gard region, France: a first case study for the Cevennes – Vivarais Mediterranean Hydrometeorological Observatory. J Hydrometeorol 6: 34 – 52

Demeritt D, Nobert S, Cloke H, Pappenberger F (2010) Challenges in communicating and usingensembles in operational flood forecasting. Meteorol Appl 17: 209 – 222

Demeritt D, Nobert S, Cloke HL, Pappenberger F (2012) The European Flood Alert System and the communication, perception, and use of ensemble predictions for operational flood risk management. Hydrological Processes, doi: 10. 1002/hyp. 9419

Dettinger MD, Ralph FM, Hughes M, Das T, Neiman P, Cox D, Estes G, Reynolds D, Hartman R, Cayan D, Jones L (2012) Design and quantification of an extreme winter storm scenario for emergency preparedness and planning exercises in California. Nat Hazards, 60: 1085 – 1111

Drobot SD, Benight C, Gruntfest EC (2007) Risk factors for driving into flooded roads. Environ Hazards 7 (3): 227 – 234

Environment Agency (2007) Risk assessment for flood incident management. Joint Defral/Environment Agency Flood and Coastal Erosion Risk Management R&D Programme. R&D technical report SC050028/SR1

Feral L, Sauvageot H, Castanet L, Lemorton J (2003) HYCELL – a new hybrid model of the rain horizontal distribution for propagation studies: 1. Modeling of the rain cell. Radio Sci 38: 1056

Fujita I, Hino T (2003) Unseeded and seeded PIV measurements of river flows videotaped from ahelicopter. J Vis 6 (3): 245 – 52

Fujita I, Muste M (2011) Preface to the special issue on image velocimetry. J Hydro – environRes 5 (4): 213

Fujita I, Tsubaki R, Deguchi T (2007) PIV measurement of large – scale river surface flow during flood by using a high resolution video camera from a helicopter, Book of extended abstracts, Hydraulic measurements and experimental methods, Lake Placid,

10 – 12 September 2007

Georgakakos KP, Graham NE, Georgakakos AP, Yao H (2007) Demonstrating Integrated Forecast and Reservoir Management (INFORM) for Northern California in an operational environment. IAHS Publication, 313: 439 – 444, Wallingford

Gilleland E, Ahijevych DA, Brown BG, Ebert EE (2010) Verifying forecasts spatially. Bull Am Meteorol Soc 91: 1365 – 1373

Giustarini L, Matgen P, Hostache R, Montanari M, Plaza D, Pauwels VRN, De Lannoy GJM, De Keyser R, Pfister L, Hoffmann L, Savenije HHG (2011) Assimilating SAR – derived water level data into a hydraulic model: a case study. Hydrol Earth Syst Sci 15: 2349 – 2365

Goldreich Y (1995) Temporal variations of rainfall in Israel. Clim Res 5: 167 – 179

Haberlandt U, Sester M (2010) Areal rainfall estimation using moving cars as rain gauges – a modelling study. Hydrol Earth Syst Sci 14: 1139 – 1151

Haimes YY (2009) Risk modeling, assessment, and management, 3rd edn. Wiley, Chichester

Heinselman PL, Priegnitz DL, Manross KL, Smith TM, Adams RW (2008) Rapid sampling ofsevere storms by the National Weather Radar Testbed phased array radar. Weather Forecast 23: 808 – 824

Hou AY, Skofronick – Jackson G, Kummerow CD, Shepherd JM (2008) Global Precipitation Measurement. In: Michaelides S (ed) Precipitation: advances in measurement, estimation and prediction. Springer, Dordrecht

Hoult N, Bennett PJ, Stoianov I, Maksimovic C, Fidler P, Middleton C, Graham N, Soga K (2009) Wireless sensor networks: creating 'smart infrastructure'. Proc Inst Civ Eng, Civ Eng 162 (CE3): 136 – 143

Houston AL, Argrow B, Elston J, Lahowetz J, Frew EW, Kennedy PC (2012) The collaborative Colorado – Nebraska unmanned aircraft system experiment. Bull Am Meteorol Soc 93: 39 – 54

Hughes D, Greenwood P, Blair G, Coulson G, Pappenberger F, Smith P, Beven K (2006) An intelligent and adaptable grid – based flood monitoring and warning system. 5th UK eScience All Hands Meeting, AHM'06, Nottingham

Jolliffe IT, Stephenson DB (2011) Forecast verification. A practitioner's guide in atmospheric science, 2nd edn. Wiley, Chichester

Kahana R, Baruch Z, Yehouda E, Dayan U (2002) Synoptic climatology of major floods in the Negev Desert, Israel. Int J Climatol 22: 867 – 882

Katz RW, Murphy AH (eds) (1997) Economic value of weather and climate forecasts. Cambridge University Press，Cambridge

Kok CJ，Wichers Schreur BGJ，Vogelezang DHP（2010）Meteorological support for anticipatory water management. Atmospheric Res 100（2 - 3）：285 - 295

Konig M，Winther J - G，Isaksson E（2001）Measuring snow and glacier ice properties from satellite. Rev Geophys 39（1）：1 - 7

Krzysztofowicz R（2001）The case for probabilistic forecasting in hydrology. J Hydrol 249：2 - 9

Krzysztofowicz R，Kelly KS（2000）Hydrologic uncertainty processor for probabilistic river stage forecasting. Water Resour Res 36（11）：3265 - 3277

Krzysztofowicz R，Kelly KS，Long D（1994）Reliability of flood warning systems. ASCE J Water Resour Plann Manag 120（6）：906 - 926

Langland R（2005）Issues in targeted observing. Q J R Meteorol Soc 131：3409 - 3425

Le Coz J，Hauet A，Pierrefeu G，Dramais G，Camenen B（2010）Performance of image - based velocimetry（LSPIV）applied to flash-flood discharge measurements in Mediterranean rivers. J Hydrol 394（1 - 2）：42 - 52

Le Dimet F - X，Castaings W，Ngnepieba P，Vieux B（2009）Data assimilation in hydrology：variational approach. In：Data assimilation for atmospheric，oceanic and hydrologic applicalions. Springer，Berlin/Heidelberg

Lee H，Seo DJ，Koren V（2011）Assimilation of streamflow and in situ soil moisture data into operational distributed hydrologic models：effects of uncertainties in the data and initial model soil moisture states. Adv Water Resour 34（12）：1597 - 1615

Leijnse H，Uijlenhoet R，Stricker JNM（2007）Rainfall measurement using radio links from cellular communication networks. Water Resour Res 43：W03201

Liu Y，Weerts AH，Clark M，Hendricks Franssen H-J，Kumar S，Moradkhani H，Seo D-J，Schwanenberg S，Smith P，van Dijk AIJM，van Velzen N，He M，Lee H，Noh SJ，Rakovec O，Restrepo P（2012）Advancing data assimilation in operational hydrologic forecasting：progress，challenges，and emerging opportunities. Hydrol Earth Syst Sci Discuss 9：3415 - 3472

Martina MLV，Todini E（2009）Bayesian rainfall thresholds for flash flood guidance. In：Samuels P et al（eds）Flood risk management：research and practice. Taylor &. Francis，London

Manner BE，Yuter SE，White AB，Matrosov SY，Kingsmill DE，Ralph FM（2008）Raindrop size distributions and rain characteristics in California coastal rainfall for periods with and without a radar bright band. J Hydrometeorol 9：408 - 425

McLaughlin D，Pepyne D，Chandrasekar V，Philips B，Kurose J，Zink M，Droegemeier

K, Cruz - Pol S, Junyent F, Brotzge J, Westbrook D, Bharadwaj N, Wang Y, Lyons E, Hondl K, Liu Y, KnappE, Xue M, Hopf A, Kloesel K, DeFonzo A, Kollias P, Brewster K, Contreras R, Dolan B, Djaferis T, Insanic E, Frasier S, Carr F (2009) Short - wavelength technology and the potentialfor distributed networks of small radar systems. Bull Am Meteorol Soc 90: 1797 - 1817

Meischner P, Collier C, Illingworth A, Joss J, Randeu W (1997) Advanced weather radar systems in Europe: the COST 75 action. Bull Am Meteorol Soc 78: 1411 - 1430

Moradkhani H, Hsu K - L, Gupta H, Sorooshian S (2005) Uncertainty assessment of hydrologic model states and parameters: sequential data assimilation using the particle fil-ter. Water Resour Res 41: W05012

Morin E, Yakir H (2012) The flooding potential of convective rain cells. In: Moore RJ, Cole SJ, Illingworth AJ (eds) weather radar and hydrology. IAHS Publication 351, Wallingford

Morin E, Jacoby Y, Navon S, Bet - Halachmi E (2009) Towards flash - flood prediction in the dry Dead Sea region utilizing radar rainfall information. Adv Water Resour 32: 1066 - 1076

Morss RE, Ralph FM (2007) Use of information by National Weather Service forecasters and emergency managers during CALJET and PACJET 2001. Weather Forecast 22: 539 - 555

Muste M, Fujita I, Hauet A (2008) Large - scale particle image velocimetry for measurements in riverine environments. Water Resour Res 44 (WOOD19) . doi: 10. 1029/2008WR006950

National Research Council (2002) Weather radar technology beyond NEXRAD. National Academies Press, Washington, DC. http: //www. nap. edu

National Research Council (2006) Completing the forecast: characterizing and communi-catinguncertainty for better decisions using weather and climate forecasts. National Academies Press, Washington, DC. http: //www. nap. edu/

Naulin JP, Gaume E, Payrastre O (2011) Distributed hydrological nowcasting for the management of the road network in the Gard Department (France). Geophys Res Abstracts, 13: EGU2011 - 5745

Neal JC, Atkinson PM, Hutton CW (2012) Adaptive space - time sampling with wireless sensor - nodes for flood forecasting. J Hydrol 414 - 415: 136 - 147

Neiman PJ, White AB, Ralph FM, Gottas DJ, Gutman SI (2009) A water vapour flux tool for precipitation forecasting. Proc ICE 162 (2): 83 - 94

Ni - Meister W (2008) Recent advances on soil moisture data assimilation. Phys Geogr 29

(1): 19 - 37

NOAA (2010a) Flash flood early warning system reference guide. University Corporation for Atmospheric Research, Denver. http: //www. meted. ucar. edu

NOAA (2010b) Hydrometeorology Testbed. Handout. http: //hmt. noaa. gov/

Noilhan J, Planton S (1989) A simple parametrization of land surface processes for meteorological models. Mon Weather Rev 117: 536 - 549

OFCM (2006) Federal research and development needs and priorities for phased array radar. Office of the Federal Coordinator for Meteorological Services and Supporting Research (OFCM), Report FCM - R25 - 2006, Silver Springs. http: //www. ofcm. gov/

Pappenberger F, Bogner K, Wetterhall F, He Y, Cloke HL, Thielen J (2011a) Forecast convergencescore: a forecaster's approach to analyzing hydro-meteorological forecast systems. Adv Geosci 29: 27 - 32

Pappenberger F, Cloke HL, Persson A, Demeritt D (2011b) On forecast (in) consistency in a hydro - meteorological chain: curse or blessing? Hydrol Earth Syst Sci 15: 2391 - 2400

Pellarin T, Delrieu G, Saulnier GM, Andrieu H, Vignal B, Creutin JD (2002) Hydrologic visibility of weather radar systems operating in mountainous regions: case study for the Ardèche catchment (France). J Hydrometeorol 3: 539 - 555

Persson A (2011) User guide to ECMWF forecast products, October 2011, Reading. http: //www. ecmwf. int/

Raftery AE, Gneiting T, Balabdaoui F, Polakowski M (2005) Using Bayesian Model Averaging to calibrate forecast ensembles. Mon Weather Rev 133: 1155 - 1174

Rahimi AR, Upton GJG, Holt AR (2004) Dual - frequency links - a complement to gauges and radar for the measurement of rain. J Hydrol 288 (1 - 2): 3 - 12

Ralph FM, Dettinger MD (2011) Storms, floods, and the science of atmospheric rivers. EOSTrans, Am Geophys U 92 (32): 265 - 272

Ralph FM, Rauber RM, Jewett BF, Kingsmill DE, Pisano P, Pugner P, Rasmussen RM, Reynolds DW, Schlatter TW, Stewart RE, Tracton S, Waldstreicher JS (2005) Improving short - term (0 - 48h) cool - season Quantitative Precipitation Forecasting: recommendations from a USWRP workshop. Bull Am Meteorol Soc 86 (11): 1619 - 1632

Ralph FM, Sukovich E, Reynolds D, Dettinger M, Weagle S, Clark W, Neiman PJ (2010) Assessment of extreme Quantitative Precipitation Forecasts and development of regional extreme event thresholds using data from HMT - 2006 and COOP observers. J Hydrometeorol 11: 1286 - 1304

Ramos MH, Mathevet T, Thielen J, Pappenberger F (2010) Communicating uncertainty in hydro – meteorological forecasts: mission impossible? Meteorol Appl 17: 223 – 235

Richardson D (2012) Economic value and skill. In: Jolliffe IT, Stephenson DB (eds) Forecast verification: a practitioners guide in atmospheric science, 2nd edn. Wiley, Chichester

Roe J, Dietz C, Restrepo P, Halquist J, Hartman R, Horwood R, Olsen B, Opitz H, Shedd R, Welles E (2010) NOAA's Community Hydrologic Prediction System. 2nd Joint Federal Interagency Conference, Las Vegas, 27 June – 1 July 2010

Roulin R (2007) Skill and relative economic value of medium – range ensemble predictions. Hydrol Earth Syst Sci 11: 725 – 737

Roulston MS, Smith L (2004) The boy who cried wolf revisited: the impact of false alarm intolerante on cost – loss scenarios. Weather Forecast 19 (2): 391 – 397

Ruf CS, Aydin K, Mathur S, Bobak JP (1996) 35-GHz dual – polarization propagation link for rain – rate estimation. J Atmos Ocean Technol 13: 419 – 425

Ruin I, Gaillard JC, Lutoff C (2007) How to get there? Assessing motorists' flash flood risk perception on daily itineraries. Environ Hazards 7: 235 – 244

Schaake JC, Hamill TM, Buizza R, Clark M (2007) HEPEX the Hydrological Ensemble Prediction Experiment. Bull Am Meteorol Soc 88: 1541 – 1547

Seity Y, Brousseau P, Malardel S, Hello G, Benard P, Bouttier F, Lac C, Masson V (2011) The AROME – France convective – scale operational model. Mon Weather Rev 139: 976 – 991

Sene K, Weerts AH, Beven K, Moore RJ, Whitlow C, Laeger S, Cross R (2012) Uncertainty estimation in fluvial flood forecasting applications. In: Beven K, Hall J (eds) Applied uncertainty analysis for flood risk management. Imperial College Press, London

Seo D – J, Herr HD, Schaake JC (2006) A statistical post – processor for accounting of hydrologic uncertainty in short – range ensemble streamflow prediction. Hydrol Earth Syst Sci 3: 1987 – 2035

Sills DM (2009) On the MSC forecasters forums and the future role of the human forecaster. Bull Am Meteorol Soc 90: 619 – 627

Sills D, Driedger N, Greaves B, Hung E, Paterson R (2009) iCAST: a prototype thunderstorm nowcasting system focused on optimization of the human – machine mix. In: Proceedings of the World Meteorological Organization symposium on nowcasting and very short term forecasting, Whistler, 31 Augusts – 4 September 2009

Simonovic SP, Ahmad S (2005) Computer – based model for flood evacuation emergency planning. Nat Hazards 34: 25 – 51

Smith PJ, Hughes D, Beven KJ, Cross P, Tych W, Coulson G, Blair G (2009)

Towards the provision of site specific flood warnings using wireless sensor networks. Meteorol Appl 16: 57 - 64

Smith PJ, Beven KJ, Weerts AH, Leedal D (2012) Adaptive correction of deterministic models to produce accurate probabilistic forecasts. Hydrol Earth Syst Sci 16: 2783 - 2799

Sorenson JH, Mileti DS (1987) Decision - making uncertainties in emergency warning system organisation. Int J Mass Emerg Disasters 5 (1): 33 - 61

Stensrud DJ, Xue M, Wicker LJ, Kelleher KE, Foster MP, Schaefer T, Schneider RS, Benjamin SG, Weygandt SS, Ferree JT, Tuell JP (2009) Convective - scale warn - on -forecast system: avision for 2020. Bull Am Meteorol Soc 90 (10): 1487 - 1499

Stoianov I, Nachman L, Madden S (2007) PIPENET: a wireless sensor network for pipeline monitoring. 6th international symposium on information processing in sensor networks, Cambridge, MA, 25 - 27 April 2007

Stringer R (2006) An historical view of adaptive observing strategies in Australia. TECO - 2006 - WMO technical conference on meteorological and environmental instruments and methods of observation, 4 - 6 December 2006, Geneva. http: //www. wmo. int/pages/ prop/www/

Todini E (2005) Holistic flood management and decision support systems. In: Knight DW, Shamseldin AY (eds) River basin modelling for flood risk mitigation. Taylor & Francis, London

Todini E (2008) A model conditional processor to assess predictive uncertainty in flood forecasting. Int J River Basin Manag 6 (2): 123 - 137

UN/ISDR (2006) Guidelines for reducing flood losses. International Strategy for Disaster Reduction, United Nations, Geneva. http: //www. unisdr. org

Vasiloff S V, Seo D - J, Howard KW, Zhang J, Kitzmiller DH, Mullusky MG, Krajewski WF, Brandes EA, Rabin RM, Berkowitz DS, Brooks HE, McGinley JA, Kuligowski RJ, Brown BG (2007) Improving QPE and very short term QPF: An Initiative for a Community - Wide Integrated Approach. Bull Am Meteorol Soc, 88 (12): 1899 - 1911

Verkade JS, Werner MGF (2011) Estimating the benefits of single value and probability forecasting for flood warning. Hydrol Earth Syst Sci 15: 3751 - 3765

Versini PA, Gaume E, Andrieu H (2010) Assessment of the susceptibility of roads to flooding based on geographical information - test in a flash flood prone area (the Gard region, France). Nat Hazards Earth Syst Sci 10: 793 - 803

Vie B, Nuissier O, Ducrocq V (2011) Cloud - resolving ensemble simulations of Mediterranean heavy precipitating events: uncertainty on initial conditions and lateral boundary conditions. Mon Weather Rev 139（2）：403 – 423

Vincendon B，Ducrocq V，Nuissier O，Vie B（2011）Perturbation of convection – permitting NWP forecasts for flash – flood ensemble forecasting. Nat Hazards Earth Syst Sci 11：1529 – 1544

Volkmann THM，Lyon SW，Gupta HV，Troch PA（2010）Multicriteria design of rain gauge networks for flash flood prediction in semiarid catchments with complex terrain. Water Resour Res 46：W11554

Wagner W，Bloschl G，Pampaloni P，Calvet J-C，Bizarri B，Wigneron J-P，Kerr Y（2007）Operational readiness of microwave remote sensing of soil moisture for hydrologic applications. Nordic Hydrol 38（1）：1 – 20

Weerts AH，Winsemius HC，Verkadel JS（2011）Estimation of predictive hydrological uncertainty using quantile regression：examples from the National Flood Forecasting System（England and Wales）. Hydrol Earth Syst Sci 15：255 – 265

Weerts AH，Seo DJ，Werner M，Schaake J（2012）Operational hydrological ensemble forecasting. In：Beven K，Hall J（eds）Applied uncertainty analysis for flood risk management. Imperial College Press，London

Wernli H，Paulat M，Hagen M，Frei C（2008）SAL – A novel quality measure for the verification of quantitative precipitation forecasts. Mon Weather Rev 136：4470 – 4487

White AB，Gottas DJ，Henkel AF，Neiman PJ，Ralph FM，Gutman SI（2010）Developing a performance measure for snow – level forecasts. J Hydrometeorol 11：739 – 753

White AB，Colman B，Carter GM，Ralph FM，Webb RS，Brandon DG，King CW，Neiman PJ，Gottas DJ，Jankov I，Brill KF，Zhu Y，Cook K，Buehner HE，Opitz H，Reynolds DW，Schick LJ（2012）NOAA's rapid response to the Howard A. Hanson Dam flood risk management crisis. Bull Am Meteorol Soc 93（2）：189 – 207

Wilson JW，Feng Y，Chen M，Roberts RD（2010）Status of nowcasting convective storms. ERAD 2010-the sixth European conference on radar in meteorology and hydrology，Sibiu，6 – 10 September 2010

World Meteorological Organisation（2007）Guide to the Global Observing System，3rd. edn WMO – No. 488，Geneva

World Meteorological Organisation（2008a）Guide to meteorological instruments and methods of observation. WMO – No. 8，Geneva

World Meteorological Organisation（2008b）Guidelines on communicating forecast uncertainty. WMO/TD – No. 1422，Geneva

World Meteorological Organisation（2011）Manual on flood forecasting and warning.

WMO – No. 1072，Geneva

Yakir H，Morin E（2011）Hydrologic response of a semi-arid watershed to spatial and temporal characteristics of convective rain cells. Hydrol Earth Syst Sci 15：393 – 404

Yatheendradas S，Wagener T，Gupta，H，Unkrich C，Goodrich D，Schaffner M，Stewart A（2008）Understanding uncertainty in distributed flash flood forecasting for semiarid regions. Water Resour Res 44：WOSS 19 doi：10. 1029/2007WR005940

Young PC，Romanowicz R，Beven K（2012）A data – based mechanistic modelling approach toreal – time flood forecasting. In：Beven K，Hall J（eds）Applied uncertainty analysis for floodrisk management. Imperial College Press，London

Zinevich A，Messer H，Alpert P（2010）Prediction of rainfall intensity measurement errors using commercial microwave communication links. Atmos Meas Tech 3：1385 – 1402

Zrnic DS，Kimpel JF，Forsyth DE，Shapiro A，Crain G，Ferek R，Heimmer J，Benner W，McNellis TJ，Vogt RJ（2007）Agile-beam phased array radar for weather observations. Bull Am Meteorol Soc 88：1753 – 1766

词　汇　表

行动表——当气象、河流和/或沿海条件超过预定阈值时采取的行动列表。

前期状况——在某一事件或模拟时段之前，流域的湿润状况（Beven，2012）。

自动气象站——实时自动测量气象信息的仪器，通常可测量的信息包括风速、风向、太阳辐射、气温、湿度、降雨和可能的其他参数，如土壤温度和积雪深度。

边界条件——在特定流动区域和连续时段内运行模型所需的约束条件和变量值（Beven，2012）。

业务连续性管理——识别和管理可能扰乱机构正常运行或服务顺利交付的隐患或威胁的过程。

校准——基于物理考虑或数学优化调整模型参数，以尽可能地使模型估计值接近实测值（见 UNESCO/WMO 2012 中的模型校准）。

集水区——溪流、河流或湖泊的排水区，或是地表径流中有共同排水出口的区域（见 UNESCO/WMO 2012 中的流域或集水区）。

气候学——对气候全方面的描述和科学研究。通常，这个术语是指多年（一般为 30 年）观测到的单个气象参数或一组参数的分布（Troccoli et al.，2008）。

概念性水文模型——采用一组数学符号表示水文概念，与和自然过程相对应的时间和空间顺序连接在一起，从而简化了水文循环中部分或全部过程的数学表示（UNESCO/WMO，2012）。

列联表——表格汇总了两个或多个变量出现频率之间的关系，最简单的列联表由 2×2 矩阵组成。

成本效益分析——一种决策支持技术，用来对比一项活动或投资可能耗费的成本与其预期收益。

成本损失——采取行动所耗成本与不采取行动所带来的可能损失之间的对比分析技术。

数据同化——运用当前的和近期的气象和流域状况实时观测值来更新预报。

数据收集平台——具备无线电发射机的自动测量装置通过卫星提供与接收站的联系（UNESCO/WMO，2012）。

泥石流——有关的定义见第 9 章。

决策支持系统——决策支持系统是一种支持企业和组织机构决策活动的通用计算机信息系统类型（NASA，2009）。

确定性模型——在一系列初始和边界条件下，仅有一种可能的输出结果或预测结果的模型（Beven，2012）。

预警传播——在应急响应中，通过一系列直接的、基于社区的和间接的方法传播预警。

分布式模型——一种预测空间（通常也包括时间）变化的状态变量值的模型（Beven，2012）。

降尺度——将预测结果从一个空间或时间分辨率转化到一个更高的分辨率。在空间降尺度中，通常将预测结果从网格平均转换到局部点上（Troccoli et al.，2008）。

流域——见集水区的定义。

集合预报——基于不同的初始条件、边界条件、参数设定和不确定性的其他来源，对未来气象、河流或沿海状况进行的一系列预报，集合预报反映了观测和模型中固有的不确定性。

蒸散发——通过蒸发和植物蒸腾从土壤转移到大气中的水量（UNESCO/WMO，2012）。

误报——预警发布后但未发生后续的事件。

突发洪水——有关定义见第 1 章。

突发洪水指南——在指定的时间内，在某一地区的小溪流上引发洪水所需的平均雨量（Sweeney，1992）。

防洪工程——见堤防的定义。

洪水防御——用于减小或防止洪水泛滥的应急响应措施，包括堤防加固、堆积沙袋、安装移动式防洪墙。

流量演算——计算流经河段或水库的洪水波的运动和形状变化的一种技术（UNESCO/WMO，2012）。

预测点——有助于未来水流情况预测的点。

地理信息系统（GIS）——展示和分析空间数据集的计算机软件。

冰川湖溃决洪水——由冰碛、冰块或类似障碍物形成的湖突然下泄引发的洪水。

飓风——见热带气旋的定义。

水动力模型——河流、河口和海岸中的水体、泥沙、热量和其他要素的质量、动量和能量方程的求解方法。

水文过程线——该图显示了一些水文数据如水位、流量、流速、含沙量等随时间变化的过程（UNESCO/WMO，2012）。

冰塞——河流某一位置的积冰，阻碍了水体流动（UNESCO/WMO，2012）。

初始条件——在模拟开始时初始化模型所需的状况变量或压力变量的值（Beven，2012）。

无形的损耗——无法用经济术语简单表达的损失。

堤防——挡水土方工程，用于将水流限制在沿河的某一特定区域内，或防止因波浪或潮汐引起的洪水泛滥（UNESCO/WMO，2012）。还可称为洪水防御工程和堤坝。

中尺度——指水平尺度几公里至几百公里的大气现象，包括雷暴、飑线、前锋、热带和温带气旋的雨带，以及由地形生成的天气系统，如地形波、海陆风等（AMS，2012）。

多准则分析法（MCA）——广泛应用于评估备选方案的结构化决策支持技术。

临近预报——基于天气雷达和卫星实测的当前条件外推的一种气象预报技术。

数值天气预报（NWP）——一种气象预报技术，可得到大气质量、动量和能量守恒方程的近似解，包括陆地和海洋表面的转移过程。

地形雨——由于潮湿空气上升越过地形屏障而引起的降水（UNESCO/WMO，2012）。

参数——模型运行前需定义的常量（Beven，2012）。

圩区——避免受周围水体影响而人为保护起来的低洼地区，可控制其地下水位（UNESCO/WMO，2012）。

定量降水估计（QPE）——通常是基于天气雷达或卫星观测的当前降雨估计。当输出结果是多种来源的组合时，这通常称为多传感器降雨估计。

定量降水预报（QPF）——降雨和其他类型降水的预报，通常基于临近预报或数值天气预报技术。

降雨径流模型——将实测降雨或预报降雨转化为估算河流流量的模型。

流量特性曲线——见水位流量关系曲线的定义。

实时校正——见数据同化的定义。

韧性——一个系统、社区或社会可能面临危险的适应能力，通过防御或改变以达到或维持现有功能和结构的可承受水平。韧性取决于社会系统的自组织程度，以提升从以往灾难中汲取教训的能力，从而改进风险减缓措施，更好地保护未来系统、社区和社会的安全（UN/ISDR，2004）。

河流测站——测量河流水位和流量的地点。

情况报告——在救援工作中定期发布和更新的简报，概括了突发事件的详情、所产生的需求以及所有业主方在得知事件后采取的应急响应措施（IDNDR，1992）。

雪枕——一种填充了防冻液并装有压力传感器的装置，可显示积雪层的雪水当量（UNESCO/WMO，2012）。

水位流量关系或水位流量关联——河道横截面的水位和流量之间的关系，可以用曲线、表格或方程来表示（UNESCO/WMO，2012）。

阈值——用于触发或升级警告或采取应急响应措施的气象或流域条件的预定义值。有时称为触发条件、标准、警告级别、警戒水平或警报。

热带气旋——一种从天气尺度到中尺度的低气压系统，其能量主要来源于强风和低表面压力下的海洋蒸发和汇集在其中心附近的对流云的凝结（Holland，2012）。热带气旋这个术语用于印度洋，飓风用于大西洋和东太平洋，台风用于西太平洋。

台风——见热带气旋的定义。

无资料流域——在所需范围内没有实测径流资料的流域或子流域。

易损性——由物理、社会、经济、政治和环境因素或过程决定的条件，这些因素或过程会增加社区对危险影响的敏感性（UN/ISDR，2004）。

参 考 文 献

AMS （2012） American Meteorological Society Glossary of Meteorology http：// amsglossary. allenpress. com/glossary

Beven KJ （2012） Rainfall runoff modelling – the primer，2nd edn. Wiley – Blackwell，Chichester

Holland G （ed）（2012） Global guide to tropical cyclone forecasting. Bureau of Meteorology Research Centre （Australia） WMO/TC – No. 560，Report No. TCP – 31，World Meteorological Organisation，Geneva，Switzerland

IDNDR （1992） Internationally agreed glossary of basic terms related to Disaster Management. IDNDR 1990 – 2000. DHA – Geneva – December 1992

NASA （2009） Water management glossary. http：//wmp. gsfc. nasa. gov/resources/glossary. php

Sweeney TL （1992） Modernized areal flash flood guidance. NOAA technical report NWS HYDRO 44，Hydrology Laboratory，National Weather Service，NOAA，Silver Spring，MD

Troccoli A，Mason SJ，Harrison M，Anderson DLT （2008） Glossary of terms in 'Seasonal climate：forecasting and managing risk'. In：Troccoli A，Harrison M，Anderson DLT，Mason SJ （eds） NATO science series IV：earth and environmental sciences，vol 82. Springer，Dordrecht

UNESCO/WMO （2012） International glossary of hydrology. International Hydrological Programme. http：//webworld. unesco. org/water/iph/db/glossary/glu/aglu. htm

UN/ISDR （2004） Terminology：basic terms of disaster risk reduction. http：// www. unisdr. org/

致　　谢

　　本书的写作得益于与许多人的讨论。在流体力学领域工作了一段时间后，我转到了英国生态与水文学研究中心。在那里，我有机会从事广泛的研究和咨询项目，其中大部分工作都在海外进行。后来，作为一家大型工程咨询公司的一分子，我的工作重点转向了实时应用，包括概率预测和洪水预警等领域。

　　作为项目和研究工作的一部分，与同事的讨论是非常宝贵的，有太多的人不能一一提及。许多组织现在也把研究和项目工作中的发现放在公共领域，这已证明是一种宝贵的资源。在整个过程中，出版商和我都尽力确定材料的原始来源，并提供适当的引用，不过如果有任何无意的错误，我们深表歉意。

　　在本书的写作过程中，得到了许多人的帮助，包括允许使用他们的插图和/或对他们的项目或系统进行讨论。例如，大多数章节都以专栏的形式包含了简短的案例研究，以下所列的人提供的帮助包括对本书的评论和建议以及使用相关插图的权限（括号中显示了专栏的序号）：G. Blöschl（8.3），S. Cannon（9.1），B. Cosgrove（5.2、8.2），B. Hainly（3.1），P. Javelle 及其同事（8.1），M. Maki（10.1），E. Morin（12.4），O. Neussner（1.2），D. Pepyne（12.2），B. Pratt 及其同事（1.1），M. Ralph（4.1、12.1），P. Schlatter（2.1），A. Shrestha（11.2），M. Sprague（6.1），B. Vincendon（12.3）和 J. Zhang（2.3）。专栏 4.1 的后半部分也改编自 M. Ralph 提供的文本。

其他允许本书使用其插图（括号内显示插图的序号）的人包括：G. Blöschl（8.8），R. Cifelli 和 M. Ralph（12.1），B. Cosgrove（5.4），W. Empson 和 J. Hummert（11.2），I. Fujita 和 M. Muste（12.3），B. Hibbert（2.4部分内容），V. Meyer（7.1、8.3），T. Patterson（11.1部分内容），M. Peura（2.7），P. Rossi 和 K. Halmevaara（图4.11），E. Rudel（3.7），D. Sills（12.4）和 J. Zhang（2.6）。请注意图8.8、图8.12、图8.13和图8.14 "版权所有©国际水利与环境工程学会"，并且 "由泰勒-弗朗西斯有限公司 www. tandfonline. com 代表国际水利与环境工程学会同意重新刊印"。

我还要感谢施普林格出版社的 Robert Doe 和 Robert van Gameren，他们在本书的写作和出版过程中给予了很多的帮助和建议。

本书中来自出版物、会议报告和网站等外部来源的插图，已在插图的标题中注明。然而，为了完整起见，以下总结了本书所含插图的来源。

美国地球物理学会 American Geophysical Union（图12.3）

美国气象学会 American Meteorological Society（图2.8，图2.9，图2.10，图2.11，图4.5，图12.2和图12.4）

澳大利亚政府总检察长办公室 Australian Government Attorney-General's Department（图7.2，图8.6，图8.7和图8.11）

内阁办公室 Cabinet Office（图4.2和图10.7）

法国环境与农业科学技术研究所 Cemagref/Irstea（专栏8.1，图8.1和图8.2）

希芒县环境紧急服务处 Chemung Environmental Emergency Services（专栏6.1，图6.2和图6.3）

关于洪水恢复的 CRUE 资助计划 CRUE Funding Initiative on Flood Resilience（图7.1和图8.3）

英国环境、食品和农村事务部 Defra（图10.1部分内容，图10.2和图10.6）

爱思唯尔 Elsevier（图12.9）

欧洲中程天气预报中心 European Centre for Medium-Range Weather Forecasts（图4.3，图4.8，图4.10和图12.10）

欧洲委员会 European Commission（图1.2）

芬兰气象研究所 Finnish Meteorological Institute（图2.7和图4.11）

德国发展合作署 German Development Cooperation Agency（专栏1.2，图1.7）

国际水文科学协会 International Association of Hydrological Sciences （图 8.1 和图 8.2）

国际山地综合发展中心 International Centre for Integrated Mountain Development （专栏 11.2，图 11.3 和图 11.4）

英国气象局 Met Office（图 2.3，图 2.4 部分内容，图 3.6，图 4.9 和图 5.1）

法国气象局 Météo France（专栏 12.3，图 4.7，图 12.5，图 12.6 和图 12.7）

加拿大气象局 Meteorological Service of Canada（图 12.4）

日本国家地球科学与灾害防御研究所 National Research Institute for Earth Science and Disaster Prevention（专栏 10.1，图 10.3 和图 10.4）

美国国家海洋和大气管理局/地球系统研究实验室 NOAA/Earth System Research Laboratory（专栏 4.1 和专栏 12.1，图 4.4，图 4.5 和图 12.1）

美国国家海洋和大气管理局/国家强风暴实验室 NOAA/National Severe Storms Laboratory（专栏 2.3 和专栏 12.2，图 2.6，图 2.8，图 2.9，图 2.10，图 2.11，图 9.3 和图 12.2）

美国国家海洋和大气管理局/国家气象局 NOAA/National Weather Service（专栏 2.1，专栏 5.2 和专栏 8.2，图 1.5 部分内容，图 2.4 部分内容，图 2.5，图 5.4，图 5.5，图 5.6，图 5.7，图 6.2，图 8.4 和图 8.5）

科学技术办公室 Office of Science and Technology（图 1.1）

OPERA，EUMETNET EIG 的一个项目和运营服务 OPERA，a project and operational service of EUMETNET EIG（图 2.7）

施普林格 Springer（图 4.6，图 5.2，图 5.3，图 5.8，图 5.9，图 6.4，图 7.1，图 8.10 部分内容，图 9.1 和图 12.3 部分内容）

萨斯奎哈纳河流域委员会 Susquehanna River Basin Commission（专栏 1.1，图 1.4 和图 1.5）

泰勒-弗朗西斯有限公司 Taylor & Francis Ltd.（图 8.8，图 8.12，图 8.13 和图 8.14）

耶路撒冷希伯来大学 The Hebrew University of Jerusalem（专栏 12.4，图 12.8 和图 12.9）

美国陆军工程师兵团 U. S. Army Corps of Engineers（图 8.9 和图 11.2）

美国环境保护署 U. S. Environmental Protection Agency（图 10.5）

美国地质调查局 U. S. Geological Survey（专栏 3.1 和专栏 9.1，图 3.2

部分内容，图 3.5，图 9.1，图 9.2，图 9.3 和图 9.4）

美国国家公园管理局 U. S. National Park Service（图 11.1 部分内容）

维也纳技术大学 Vienna University of Technology（专栏 8.3，图 8.8，图 8.12，图 8.13 和图 8.14）

世界气象组织 World Meteorological Organisation（图 1.9，图 2.1 和图 6.1）

中央气象和地球动力学研究所 ZAMG；Central Institute for Meteorology and Geodynamics（图 3.7）